高等学校“十二五”规划教材
市政与环境工程系列研究生教材

污水生物处理新技术

（第3版）

吕炳南　陈志强　董春娟　等编著

哈爾濱工業大學出版社

内容提要

本书全面系统地介绍了国内外研究和应用较多的污水生物处理新技术。全书分3篇共11章，主要内容包括：污水好氧生物处理基本原理、活性污泥法好氧生物处理新技术、生物膜法好氧生物处理新技术、自然法生物处理技术、膜生物反应器污水处理新技术、污水厌氧生物处理基本原理、第二代厌氧生物反应工艺、第三代厌氧生物反应工艺、两相厌氧生物处理技术、水解酸化-好氧生物处理技术、污水生物脱氮除磷技术、污水回用新技术及其他一些生物处理新技术等。

本书理论与实践并重，内容丰富、新颖，可作为高等学校市政工程、环境工程、环境科学等专业的研究生教材，也可供从事环境保护、给水排水等教学及研究领域的科技人员、工程技术人员参考。

图书在版编目(CIP)数据

污水生物处理新技术/吕炳南编著. —3版. —哈尔滨：哈尔滨工业大学出版社，2012.7(2018.1重印)
(市政与环境工程系列研究生教材)
ISBN 978-7-5603-2128-8

Ⅰ.①污… Ⅱ.①吕… Ⅲ.①污水处理-生物处理-新技术应用 Ⅳ.①X703.1

中国版本图书馆CIP数据核字(2012)第163172号

责任编辑 贾学斌
封面设计 卞秉利
出版发行 哈尔滨工业大学出版社
社　　址 哈尔滨市南岗区复华四道街10号 邮编 150006
传　　真 0451-86414749
网　　址 http://hitpress.hit.edu.cn
印　　刷 肇东市一兴印刷有限公司
开　　本 787mm×1092mm 1/16 印张 17.5 字数 410千字
版　　次 2005年2月第1版 2012年8月第3版
　　　　 2018年1月第6次印刷
书　　号 ISBN 978-7-5603-2128-8
定　　价 35.00元

再版前言

全球性水污染问题已经对人类生存和经济发展构成越来越严重的威胁，防治水体恶化、保护水资源，走可持续发展的道路已经成为人类共同追求的目标。随着我国城市化、工业化进程的加快，我国的污水排放量与日剧增，由于没有及时配备相应的污水处理设施，进一步加剧了我国水环境的污染。水环境污染所造成的水危机已经严重制约了我国国民经济的发展，影响了人民生活水平的提高。

污水生物处理是水污染防治和水资源可持续发展的重要技术手段，在水环境保护和缓解资源短缺中起到至关重要的作用。目前，以活性污泥为代表的生物污水处理技术相当成熟，已广泛应用于城市和工业污水处理中，在防治水体污染中发挥了巨大的作用。但由于废水排放量的急剧增加，传统工艺在多功能性、经济节能性及高效稳定性等方面已难以满足人们对废水处理不断提高的要求，研发和应用新型的污水处理新技术、新工艺，已成为水处理工作者的重要课题。面对我国巨大的环境市场，在选用污水处理技术时，更应结合我国国情，因地制宜地选择相应的污水处理技术。

20 世纪 80 年代以来，随着生物技术、材料科学和计算机科学的发展，污水生物处理新技术、新工艺的研究、开发和应用得以迅速发展，这些新工艺多具有高效、稳定、经济、多功能性等优点，如膜生物反应器、曝气生物滤池、CASS 工艺、EGSB 厌氧工艺和 IC 厌氧工艺等，有的已经在实际工程中得到良好的应用，有的显示出良好的应用发展前景。

为适应水污染控制技术的研究和实际应用不断发展的需要，我们在总结分析大量国内外文献资料的基础上，结合近年来的研究成果，编写了此书。本书共分 3 篇，即污水好氧生物处理、污水厌氧生物处理和污水深度处理，详细介绍了目前国内外研究和应用较多的污水生物处理新技术。本书由吕炳南、陈志强主要撰写，吕炳南统稿。具体分工如下：吕炳南和董春娟撰写第 1 章、第 2 章的 2.1 ~2.7 节和 2.9 节，第 3 章的 3.1、3.3 节及第 4 章；陈志强、温沁雪撰写第 2.8 节及第 5 ~9 章；吕炳南、荣宏伟、贾学斌撰写第 3.2 节及第 10、11 章。

在本书的编写过程中得到了哈尔滨工业大学市政环境工程学院的王绍文、赫俊国、王鹤立、张立秋、封丽等老师以及王庆、陆宏宇、李慧丽、张晓菲、贾名准等研究生大力支持和帮助，再此表示衷心的感谢。在本书的编写过程中，也参考了大量的文献、专著和 Internet 网络资源，在此向相关著作者表示感谢；本书得以成书也承蒙黑龙江省自然科学基金(E201103)项目的支持。

由于编者水平有限，书中难免存在一些疏漏及不妥之处，敬请读者批评指正。

作　者

2012 年 7 月

目　录

第1篇　污水好氧生物处理

第2篇 污水厌氧生物处理

第3篇 污水深度处理

第1篇　污水好氧生物处理

污水生物处理技术主要是利用多种多样的微生物群体，将污水中的污染物质转化为微生物细胞及 CO_2、H_2O、H_2S、N_2、CH_4 等多种物质，从而使污水得到净化的过程。

在污水的生物处理过程中，各种生物学上相互依赖的转化过程是非常重要的，主要涉及生物增长过程、衰减过程及水解过程等。吸附过程虽然没有涉及实质的生物转化，但却对这些生物转化过程产生很大影响，所以也应考虑。

活性污泥和生物膜生物处理系统是当前污水处理领域应用最广泛的两种处理技术。它们能有效地应用于生活污水、城市污水和各种工业废水的处理中，但仍存在着一些急待解决的问题。如氧的传递效率、活性生物量、污水与微生物间物质传递、对含难降解或毒性物质的工业废水的有效处理、如何降低运行费用等。

根据活性污泥法和生物膜法生物处理的基本原理，一般可以考虑通过以下手段来解决好氧生物处理所面临的问题。

1) 微孔曝气、射流曝气或加入纯氧来强化氧的传递，从而有效提高反应池内溶解氧含量，同时也可以有效地强化污水与微生物间物质传递；

2) 通过投加粉末活性炭、无烟煤、多孔泡沫塑料、聚氨脂泡沫、多孔海绵、塑料网格、废弃轮胎颗粒等载体来增加微生物量；

3) 向反应器内投加经人工选育的高效菌种，或采用基因工程手段，将针对特殊降解底物而构建的基因工程菌株投加到反应器中驯化，使之成为优势菌株以强化微生物对底物的降解；

4) 改变构筑物的结构形式，增强污水与微生物的碰接机会，加强传质速度；

5) 开发超滤膜组件，使生物处理与膜技术相结合，形成了膜生物处理工艺。

针对以上手段相应地出现射流曝气、受限曝气、加压曝气、微孔曝气等强化曝气活性污泥法，UNITANK 工艺、氧化沟活性污泥法、CASS 工艺、AB 工艺、LINPOR 工艺、粉末活性炭活性污泥法、膜生物反应器等新型活性污泥法或生物反应器，以及序批式活性污泥生物膜法、附着生长污水稳定塘、生物流化床、流动床生物膜反应器、曝气生物滤池、移动床生物膜反应器、微孔生物膜反应器等新型生物膜反应器。同时，人们也开始考虑利用基因工程菌来强化生物反应器的运行效果。

第1章　污水好氧生物处理基本原理

1.1　活性污泥法基本原理

活性污泥法是目前应用最广泛的好氧生物处理技术，保证活性污泥处理系统成功运行的基本条件是：

1) 废水中含有微生物所需的C、N、P等营养物质及微量元素；

2) 混合液中含有足够的溶解氧；

3) 活性污泥与废水应充分接触；

4) 活性污泥需连续回流，并及时排放剩余污泥，使混合液保持适量的活性污泥；

5) 废水中含有的有毒污染物质的量应足够低，对微生物不能构成抑制作用。

1.1.1　活性污泥法的净化反应过程

活性污泥法的净化过程一般包括絮凝吸附、生物代谢、泥水分离等阶段。

1.1.1.1　絮凝吸附

一方面，在正常发育的活性污泥微生物体内，存在着由蛋白质、碳水化合物和核酸组成的生物聚合物，且这些生物聚合物有些是带有电荷的电介质。因此，由微生物形成的生物絮凝体具有生理、物理、化学等作用产生的吸附作用和凝聚沉淀作用。微生物与废水中呈悬浮状或部分可溶性的有机物接触后，能够使后者失稳、凝聚，并被其吸附在表面；另一方面由微生物组成的活性污泥具有较大的表面积，因此，在较短的时间内(15～30 min)就能够通过吸附作用去除废水中大量的有机污染物。

1.1.1.2　生物代谢

被吸附在微生物细胞表面的小分子有机污染物能够直接在透膜酶催化作用下，透过细胞壁而被摄入到微生物体内，但大分子有机污染物则需在微生物体外水解酶的作用下水解成小分子，再被摄入体内。活性污泥中的微生物将有机污染物摄入体内后，以其作为营养物质加以代谢，从而使污染物得以去除，另外一部分污染物被吸附在微生物细胞表面通过剩余污泥排放的形式去除。

1.1.1.3　泥水分离

在二沉池内进行的泥水分离是活性污泥处理系统的关键步骤。良好的絮凝、沉淀与浓缩性能是正常活性污泥所具有的特性。活性污泥在二沉池内的沉降，经历絮凝沉淀、成层沉淀与压缩沉淀等过程，最后在沉淀池的污泥区形成浓度较高的浓缩污泥层。

正常的活性污泥在静置状态下于30 min内即可完成絮凝沉淀和成层沉淀过程。浓缩过程比较缓慢，要达到完全浓缩，需时较长。影响活性污泥絮凝与沉淀性能的因素较多，其中以原废水的性质为主，另外，水温、pH值、溶解氧含量以及活性污泥有机负荷率也是重要的影响因素。

1.1.2 活性污泥絮凝、沉淀性能评价指标

活性污泥的絮凝、沉淀性能可用SVI、SV和MLSS(MLVSS)等指标共同评价。

1.1.2.1 混合液悬浮固体浓度

混合液悬浮固体浓度(Mixed Liquor Suspended Solids 简称 MLSS)表示活性污泥在曝气池内的浓度,包括活性污泥组成的各种物质,即

$$MLSS = M_a + M_e + M_i + M_{ii} \tag{1.1}$$

式中 M_a——具有代谢功能活性的微生物群体;

M_e——微生物内源代谢、自身氧化的残留物;

M_i——由原污水带入的难被微生物降解的惰性有机物质;

M_{ii}——由污水带入的无机物质。

这项指标不能精确表示具有活性的活性污泥量,但考虑到在一定条件下,MLSS中活性微生物所占比例较为固定,所以仍普遍应用MLSS表示活性污泥微生物量的相对指标。

1.1.2.2 混合液挥发性悬浮固体浓度

混合液挥发性悬浮固体浓度(Mixed Liquor Volatile Suspended Solids 简称 MLVSS)表示的是混合液活性污泥中有机性固体物质部分的浓度,即

$$MLVSS = M_a + M_e + M_i \tag{1.2}$$

MLVSS与MLSS比较虽能较精确地表示活性污泥中微生物的量,但由于其中仍包括非活性部分M_e和M_i,所以MLVSS仍是活性污泥微生物量的相对指标。条件一定时,MLVSS/MLSS一般较稳定,生活污水和以生活污水为主体的城市污水的MLVSS/MLSS值一般为0.75左右。

1.1.2.3 污泥沉降比

污泥沉降比(Setting Velocity,简称SV)又称30 min沉降率,表示混合液在量筒内静置30 min后所形成沉淀污泥的容积占原混合液容积的百分率,即沉淀污泥的体积分数,以%表示。该指标能够相对反映污泥浓度和污泥凝聚、沉淀性能,用以控制污泥的排放量和污泥的早期膨胀。SV测定方法简单。处理城市污水的活性污泥的SV一般介于20%~30%之间。

1.1.2.4 污泥容积指数

污泥容积指数(Sludge Volume Index,简称SVI)通过将反应器内混合液置于1 L的量筒内,静沉30 min后的沉淀污泥容积,除以混合液悬浮固体质量浓度来确定,其单位是mL/g,即

$$SVI = \frac{\text{混合液(1 L)30 min 静沉后形成的活性污泥容积(mL)}}{\text{混合液(1 L)中悬浮固体干重(g)}} \tag{1.3}$$

SVI能够更好地评价活性污泥的凝聚性能和沉淀性能,其值过低,说明粒径细小、密实,但无机成分多;过高又说明污泥沉降性能不好,将要或已经发生污泥膨胀。处理城市污水的活性污泥的SVI值一般介于50~150 mL/g之间。表1.1总结了SVI与活性污泥沉淀的关

系。SVI < 50 mL/g 说明污泥活性太低，而 SVI = 150 mL/g 常被作为污泥是否膨胀的界限。

表 1.1 SVI 与活性污泥沉淀特性的关系

SVI 范围/($mL \cdot g^{-1}$)	污泥沉淀特性
70 ~ 100	良好
100 ~ 150	一般
> 150	差

1.1.3 良好生物絮凝体的形成

活性污泥系统成功运行首先需要形成沉淀性能良好、密实的絮状活性污泥。发育良好的活性污泥在外观上呈黄褐色的絮绒颗粒状，也称生物絮凝体，其粒径一般介于 0.02 ~ 0.2 mm之间，具有较大的表面积，大体上介于 20 ~ 100 cm^2/mL 之间，含水率在 99% 以上，相对密度介于 1.002 ~ 1.006 之间，因含水率不同而异。活性污泥的固体物质含量很低，仅占1%以下。

絮凝化是形成污泥絮凝体的第一步。目前的研究结果表明，胞外多聚物(ECP)、离子力和二价阳离子、污泥龄(SRT)及丝状菌的生长等因素对单个菌体聚集形成生物絮凝体是非常重要的。

许多研究表明，ECP 在污泥絮体的形成过程中起着非常重要的作用，与生物絮凝有关的 ECP 过去研究较多的是多聚糖，然而现在人们认为蛋白质也起着非常重要的作用。ECP 是由活性污泥中的原生动物和细菌产生的。对于生物絮凝来说，仅仅存在 ECP 是不够的，活性污泥生存的环境也会对絮凝产生影响，比如，废水的离子力和二价阳离子对生物絮凝起着非常重要的作用。细菌通常是带负电的，因此只有废水的离子力大到一定程度才能使单个细胞相互接近，才能使 ECP 产生的架桥作用能够发生，但此离子力也不能大到使絮凝体解体的程度。因细菌和 ECP 都是带负电的，所以二价阳离子被认为是二者间的桥梁，使细菌能够发生聚集的条件。因此，二价阳离子对生物絮凝是非常重要的。有研究表明，获得有良好沉淀性能活性污泥的最佳 Ca 离子和 Mg 离子质量浓度分别为 14 ~ 40 mg/L 和 8 ~ 24 mg/L。但实际处理中所需二价阳离子的浓度由废水的离子力决定。

实际运行表明，要想形成污泥絮凝体，SRT 必须大于最小的 SRT 值，这与原生动物和细菌产生的 ECP 所起的作用是一致的。原生动物的最大比增长速率一般比细菌小。SRT 低于此值则不能形成污泥絮体。另外有研究发现，单位微生物产生的 ECP 随着 SRT 值的提高而增加并达到最大。这表明能形成絮体的细菌产生 ECP 速率与细菌生长产生新的表面积的速率达到平衡时的 SRT 值为最佳值。因此，SRT 太短时，新细菌产生的速率超过 ECP 产生的速率，从而使絮凝化不完全。

絮凝化能形成活性污泥絮凝体的微结构，但这样的絮凝体强度低，在水流作用下极易破碎。因此，如果絮体的形成是生物絮凝化的惟一机制的话，将会存在各种大小的絮体，可见丝状菌形成的骨架对提高絮凝体的强度是非常重要的。絮凝体形成菌与丝状菌的比例决定着污泥絮体的结构，图 1.1 对正常的活性污泥絮体、细小絮体和膨胀污泥絮体三种情况进行了比较。在正常的活性污泥絮体里，丝状菌为能絮凝化的菌类提供骨架，这既能保证出水水质又能保证二沉池污泥的迅速沉淀，这种污泥的 SVI 一般低于 100 mL/g。

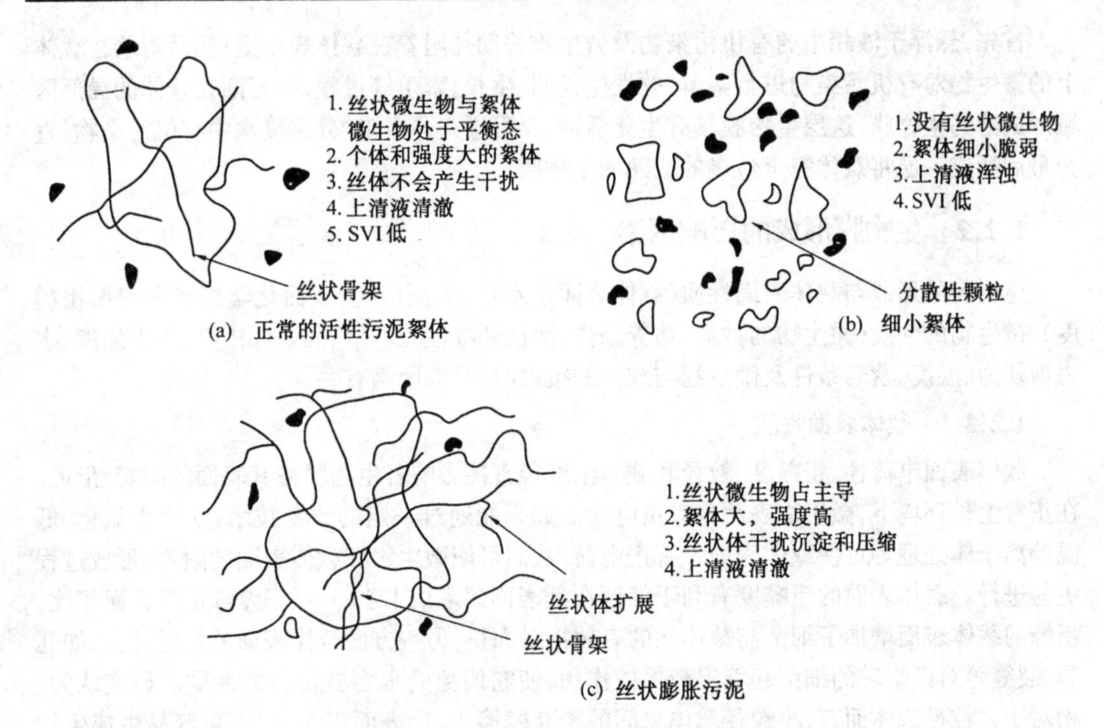

图1.1 正常的活性污泥絮体、细小絮体和膨胀污泥

1.2 生物膜法的基本原理

生物膜法是一种高效的废水处理方法，具有污泥量少，不会引起污泥膨胀，对废水的水质和水量的变动具有较好的适应能力，运行管理简单等特点。生物膜法是使微生物附着在载体表面上并形成生物膜，当污水流经载体表面时，污水中的有机物及溶解氧向生物膜内部扩散。膜内微生物在有氧存在的情况下对有机物进行分解代谢和机体合成代谢，同时分解的代谢产物从生物膜扩散到水相和空气中，从而使废水中的有机物得以降解。

活性污泥法和生物膜法的区别不仅仅是微生物的悬浮与附着之分，更重要的是扩散过程在生物膜处理系统中是一个必须考虑的因素。在生物膜反应器中，有机污染物、溶解氧及各种必须的营养物质首先要从液相扩散到生物膜表面，进而进到生物膜内部，只有扩散到生物膜表面或内部的污染物才有可能被生物膜内微生物分解与转化，最终形成各种代谢产物。另外，在生物膜反应器中，由于微生物被固定在载体上，从而实现了 SRT 与 HRT(水力停留时间)的分离，使得增殖速率慢的微生物也能生长繁殖。因此，生物膜是一稳定的、多样的微生物生态系统。

1.2.1 生物膜的形成

载体表面生物膜的形成是微生物细胞与载体表面的相互作用的过程。此过程一方面取决于微生物细胞的表面生化特性，另一方面取决于载体表面的物化特性。

生物膜的形成过程是微生物吸附、生长、脱落等综合作用的动态过程。

首先,悬浮于液相中的有机污染物及微生物移动并附着在载体表面上;然后附着在载体上的微生物对有机污染物进行降解,并发生代谢、生长、繁殖等过程,并逐渐在载体的局部区域形成薄的生物膜,这层生物膜具有生化活性,又可进一步吸附、分解废水中有机污染物,直至最后形成一层将载体完全包裹的成熟的生物膜。

1.2.2 生物膜形成的影响因素

生物膜的形成与载体表面性质(载体表面亲水性、表面电荷、表面化学组成和表面粗糙度)、微生物的性质(微生物的种类、培养条件、活性和浓度)及环境因素(pH值、离子强度、水力剪切力、温度、营养条件及微生物与载体的接触时间)等因素有关。

1.2.2.1 载体表面性质

载体表面电荷性、粗糙度、粒径和载体浓度等直接影响着生物膜在其表面的附着、形成。在正常生长环境下,微生物表面带有负电荷。如果能通过一定的改良技术,如化学氧化、低温等离子体处理等可使载体表面带有正电荷,从而可使微生物在载体表面的附着、形成过程更易进行。载体表面的粗糙度有利于细菌在其表面附着、固定。一方面,与光滑表面相比,粗糙的载体表面增加了细菌与载体间的有效接触面积;另一方面载体表面的粗糙部分,如孔洞、裂缝等对已附着的细菌起着屏蔽保护作用,使它们免受水力剪切力的冲刷。研究认为,相对于大粒径载体而言,小粒径载体之间的相互摩擦小,比表面积大,因而更容易生成生物膜。另外,载体浓度对反应器内生物膜的挂膜也很重要。Wagner在用气提式反应器处理难降解物废水时发现,在载体质量浓度很低情况下,即使生物膜厚达295 μm,还是不能达到稳定的去除率。但是,在载体浓度为20~30 g/L时,即使只有20%的载体上有75 μm厚的生物膜,反应器依然能达到稳定的(98%)去除率,COD负荷最高可达58 kg/(m^3·d)。

1.2.2.2 悬浮微生物浓度

在给定的系统中,悬浮微生物浓度反映了微生物与载体间的接触频度。一般来讲,随着悬浮微生物浓度的增加,微生物与载体间可能接触的几率也增加。许多研究结果表明,在微生物附着过程中存在着一个临界的悬浮微生物浓度;随着微生物浓度的增加,微生物借助浓度梯度的运送得到加强。在临界值以前,微生物从液相传送、扩散到载体表面是控制步骤,一旦超过此临界值,微生物在载体表面的附着、固定受到载体有效表面积的限制,不再依赖于悬浮微生物的浓度。但附着固定平衡后,载体表面微生物的量是由微生物及载体表面特性所决定的。

1.2.2.3 悬浮微生物的活性

微生物的活性通常可用微生物的比增长率(μ)来描述,即单位质量微生物的增长繁殖速率。因此,在研究微生物活性对生物膜形成的最初阶段的影响时,关键是如何控制悬浮微生物的比增长率。研究结果表明,硝化细菌在载体表面的附着固定量及初始速率均正比于悬浮硝化细菌的活性。Bryers等人在研究异养生物膜的形成时也得出同样结果。影响悬浮微生物活性的因素主要有如下几种。

(1) 当悬浮微生物的生物活性较高时,其分泌胞外多聚物的能力较强。这种粘性的胞外多聚物在细菌与载体之间起到了生物粘合剂的作用,使得细菌易于在载体表面附着、固定。

(2) 微生物所处的能量水平直接与它们的增长率相关。当 μ 增加时，悬浮微生物的动能随之增加。这些能量有助于克服在固定化过程中微生物载体表面间的能垒，使得细菌初始积累速率与悬浮细菌活性成正比。

(3) 微生物的表面结构随着其活性的不同而相应变化。Herben 等人研究发现，悬浮细菌活性对细菌在载体表面的附着固定过程有影响，而且，细菌表面的化学组成、官能团的量也随细菌活性的变化有显著变化。同时，Wastson 等人的研究表明，细胞膜等随悬浮细菌活性的变化而有显著变化。细菌表面的这些变化将直接影响微生物在载体表面的附着、固定。因此，通常认为，由悬浮微生物活性变化而引起的细菌表面生理状态或分子组成的变化是有利于细菌在载体表面附着、固定的。

(4) 微生物与载体接触时间。微生物在载体表面附着、固定是一动态过程。微生物与载体表面接触后，需要一个相对稳定的环境条件，因此必须保证微生物在载体表面停留一定时间，完成微生物在载体表面的增长过程。

(5) 水力停留时间(HRT)。Heijnen 等人认为，HRT 对能否形成完整的生物膜起着重要的作用。在其他条件确定的情况下，HRT 短则有机容积负荷大，当稀释率大于最大生长率时，反应器内载体上能生成完整的生物膜。Tijhuis 等人的试验证明了这种观点。在 COD 负荷为 2.5 $kg/(m^3·d)$，HRT 为 4 h 时，载体上几乎没有完整的生物膜，而水力停留时间为 1 h 时，在相同的操作时间内几乎所有的载体上都长有完整的生物膜，且较高的表面 COD 负荷更易生成较厚的生物膜，即 COD 负荷越高，生物膜越厚。周平等人也通过试验证明了较短的水力停留时间有利于载体挂膜。

(6) 液相 pH 值。除了等电点外，细菌表面在不同环境下带有不同的电荷。液相环境中，pH 值的变化将直接影响微生物的表面电荷特性。当液相 pH 值大于细菌等电点时，细菌表面由于氨基酸的电离作用而显负电性；当液相 pH 值小于细菌等电点时，细菌表面显正电性。细菌表面电性将直接影响细菌在载体表面附着、固定。

(7) 水力剪切力。在生物膜形成初期，水力条件是一个非常重要的因素，它直接影响生物膜是否能培养成功。在实际水处理中，水力剪切力的强弱决定了生物膜反应器启动周期。单从生物膜形成角度分析，弱的水力剪切力有利于细菌在载体表面的附着和固定，但在实际运行中，反应器的运行需要一定强度的水力剪切力以维持反应器中的完全混合状态。所以在实际设计运行中如何确定生物膜反应器的水力学条件是非常重要的。

1.3　好氧生物处理系统运行的主要影响因素

营养物质、溶解氧水平、pH 值、温度、某些污染物对微生物的抑制与毒性作用等环境条件以及生物固体停留时间、水力停留时间、反应器内的微生物浓度等都极大地影响着好氧生物处理系统的运行及净化功能。

1.3.1　营养物质

污水中各种营养物质的量及比例影响微生物的生长、繁殖，从而影响好氧生物处理系统的处理效果。

污水中的营养物质必须包含细菌细胞物质中所含的元素及酶的活力及运输系统所需的元素，另外，营养物质还必须提供为产生生物可利用的能量所需的物质。细菌所需的营养元素分两种：主要生物元素和次要生物元素。主要生物元素见表1.2，由表可以看出，大多数生物元素都占0.5%以上。

表1.2 细菌所需主要生物元素

元素	质量分数/%	来 源	代 谢 功 能
C	50	有机化合物，CO_2	细胞物质主要成分
O	20	O_2，H_2O，CO_2，有机化合物	细胞物质主要成分
H	8	H_2，H_2O，有机化合物	细胞物质主要成分
N	14	NH_4^+，NO_3^-，N_2，有机化合物	细胞物质主要成分
S	1	SO_4^{2-}，HS^-，S^0，$S_2O_3^{2-}$，有机硫化物	蛋白质成分，某些辅酶成分
P	3	HPO_4^{2-}	核酸、磷脂、辅酶成分
K	1	K^+	细胞中主要阳离子，某些酶的辅因子
Mg	0.5	Mg^{2+}	多种酶的辅因子，细胞壁、细胞膜、磷酸脂中均含有
Ca	0.5	Ca^{2+}	细胞中主要阳离子，某些酶的辅因子
Fe	0.2	Fe^{2+}，Fe^{3+}	细胞色素，其他血红素蛋白及非血红素蛋白的成分，许多酶的辅因子

表1.3列出了细菌成分中的次要生物元素，这里所谓的次要是指它们所占的量少，但在细菌的代谢过程中却是不可缺少的。在废水的生物处理中，上述主要和次要生物元素都必须满足要求，而且比例必须适当，任何一种缺乏或比例失调都会影响微生物的代谢作用，从而影响废水生物处理效果。传统观点认为生活污水中C、N、P等主要生物元素及次要生物元素均能满足细菌代谢需求，仅仅是工业废水的生物处理时才需考虑添加一些次要生物元素。事实上，在生活污水和工业废水的生物处理中，也要根据需要添加次要生物元素。

表1.3 细菌所需的次要生物元素

元素	来源	代 谢 功 能
Zn	Zn^{2+}	乙醇脱氢酶，碱性磷酸酶，RNA及DNA聚合酶中均含有
Mn	Mn^{2+}	某些酶的辅因子
Na	Na^+	嗜盐细菌所需的辅因子
Cl	Cl^-	嗜盐细菌所需的辅因子
Mo	MoO_4^{2-}	硝酸盐还原酶、固氮酶中均出现
Se	SeO_4^{2-}	甘氨酸还原酶及甲酸脱氢酶中含有
Co	Co^{2+}	在含有辅酶B_{12}的酶中均有
Cu	Cu^{2+}	细胞色素氧化酶中含有
W	WO_4^{2+}	某些甲酸脱氢酶中含有
Ni	Ni^{2+}	尿酸酶中含有氢氧化钠的自养生长所必需

1.3.2 溶解氧

溶解氧(DO)是影响好氧生物处理系统运行的主要因素之一。溶解氧不足时,轻则使好氧微生物活性受到影响,新陈代谢能力减弱,会使对溶解氧要求较低的微生物加快繁殖,从而使有机物的氧化过程不能彻底进行,出水中有机物浓度升高,反应器处理效率下降。若溶解氧严重不足时,厌氧微生物将会大量繁殖,好氧微生物受到抑制甚至大量死亡,反应器处理效率明显下降。因此,为使反应器内有足够的溶解氧,必须设法从外部供给,但溶解氧含量也不能过大,一般以2~4 mg/L为宜,供氧量过高不仅会造成浪费,还会促使生物膜自身氧化。系统的溶解氧需求取决于给定生物反应器的负荷率和比溶解氧吸收率。

1.3.3 pH值

由于pH值的改变可能会引起细胞膜电荷的变化,从而影响微生物对营养物质的吸收和微生物代谢过程中酶的活性,所以,在生物处理系统中,pH值的大幅度改变会影响反应器处理效率。各种微生物均有一个最适宜的pH值范围。pH值过大或过小,会使微生物酶系统的功能就会减弱,甚至消失。微生物的细胞质是一种胶体溶液,有一定的等电点,当等电点由于pH值的变化而发生变化时,微生物的呼吸作用和对营养物质的吸收功能也会发生障碍。通常生活污水中含有一些缓冲物质,能够对pH值的变化起到一定的缓冲作用,但这一缓冲作用是有限的,尤其是工业废水,缓冲物质含量较少,而且pH值变化幅度较大,所以,在反应器的设计与运行时应重点考虑。

1.3.4 温度

温度对好氧生物处理系统的影响是多方面的,温度的改变,参与净化的微生物的种属与活性以及生化反应速率都将随之而变化。温度一般通过两种方式影响生化反应,一方面温度影响酶反应速率;另一方面温度影响基质向细胞的扩散速率。对好氧生物膜反应器而言,气体转移速率也随温度的变化而变化。由此可见,温度是影响好氧生物处理系统处理效果的又一重要因素。

虽然已发现有些微生物能在极端环境下,如温度达到水的凝固点或沸点,也能存活,但大多数微生物只能在相对较窄的温度范围内发挥作用,在此温度范围内,大多数反应的速率随温度的提高而增加,直至温度上升至使酶失活。根据微生物适应的温度范围可将细菌分为三类:低温菌、中温菌和高温菌。生化反应中主要关注的是中温菌,其在10~35℃温度范围内生长良好。

参考文献

1 张自杰主编.排水工程(下册).第四版.北京:中国建筑工业出版社,2001

2 俞毓馨等. 环境工程微生物检测手册. 北京:环境科学出版社,1990

3 Amalan S. Analysis of factors affecting peaking phenomena in activated sludge oxygen requirements due to diurnal load variations. M.S.Thesis, Clemon University, Clemson, South Carolina, 1992

4 Eckenfelder W W, Grau P. Activated Sludge Process Design and Control: Theroy and Practice, Thchnomic Publish-

ing, Lancaster, Pennsylvania, 1992
5 刘雨,王启东.生物膜增长动力学模型.北京轻工业学院学报,1997(15):28~31
6 刘雨,赵庆良.生物膜反应器进出水底物浓度相关性研究.环境科学,1996,17(4):28~30
7 刘雨,赵庆良,郑兴灿.生物膜法污水处理技术.北京:中国建筑工业出版社,2000
8 Pagilla K R, Jenkins D, Kido W H Nocardia control in activated sludge by classifying selectors. Water Environment Research, 1996(68):235~239
9 Brindle K, Stephenson T, Semmens M. Enhanced biological treatment of high oxygen demanding wastewater by a membrane bioreactor capable of bubbleless oxygen mass transfer, Proc. Water. Environ. Fed 70th Annu, Conf. Exposition, Chicago, Ⅲ, 1997
10 Broch D A, Anderson R, Ophein B. Treatment of intergrated mill wastewater in moving bed biofilm reactors, Wat. Sci. Technol., 1997, 35(2~3): 173~180
12 Chang J, Chudoba P, Capdeville B. Determination of the maintenance requirement of activated sludge. Wat. Sci. Technol., 1993, 28:139~142
13 Liu Y. Dynamique de crossance de biofilm nitrifiant applique aux tracitoment des eaux. PhD. Thesis INSA - Toulouse, France
14 Huang J C, Liu Y. Nitrification of low - level ammonia in water. In: Proc. of 10th International. Wat. Supply. Asso. Conference, Hong Kong, 1996, 605~612
15 Liu Y. Estimating minimum fixed biomass concentration and active thickness of nitrifying biofilm. J. Environ. Eng. ASCE., 1997, 123:198~202
16 Liu Y. Energy uncoupling in microbial growth under substrate sufficient conditions, Appl. Microbiol. Biothechnol., 1998, 5:500~505
17 Moreau M, Liu Y, Capdeville B, et al. Kinetic behaviors of heterotrophic and autotrophic biofilm in wastewater treatment processes, Wat. Sci. Technol., 1994, 29:385~391
18 Capdeville B, Nguyen K M. Kinetics and modeling of aerobic and anaerobic film growth. Wat. Sci. Technol., 1990, 22:149~170
19 Lazzrova V, and Manem J. Advances in biofilm aerobic reactors ensuring effective biofilm activity control. Wat. Sci. Technol., 1994, 29(10~11):319~327
20 Rouxhet P G, Mozes N. Physical chemistry of the interface between attached Microorga - nism and their supports. Wat. Sci. Technol., 1990, 22:1~16
21 Mozes N, Marchal F, Hermerse M P, et al. Immoobilization of microorganisms by adhesion: Interplay of electrostatic and nonelectrostatic interactions. Biotechnol. Bioeng., 1987, 29:439~450
22 Heijnen J J, Van Loosdrecht M C M Mulder A, et al. Formation of biofilms in a biofilm air - lift suspension reactor. Wat. Sci. Technol., 1992, 26(5):647~654
23 De Beer D, Stoodley P, Roe F, et al. Effects of biofilm structures on oxygen distribution and mass transfer. Biotechnol. Bioeng. 1994, 36(11):1131~1138
24 Lazarova V, Pierzo V, Fontviell D, et al. Integrated approach for biofilm characterization and biomass activity. Wat. Sci. Technol., 1994, 29:345~354
25 C P Lesile Grady, Jr Glen T D, Henry C L.废水生物处理.张锡辉,刘勇弟(译).北京:化学工业出版社,2003

第2章　活性污泥法好氧生物处理技术

活性污泥对有机物的分解氧化过程可简单地描述为

$$\underset{(BOD)}{\text{有机物}(C、O、H、N、S)} + \underset{(\text{电子受体})}{O_2} + \underset{(\text{营养物})}{N + P} \xrightarrow{M} \underset{(\text{代谢产物})}{H_2O + CO_2 + NH_3} + \underset{(\text{新增细胞})}{C_5H_7NO_2} + \text{能量} \tag{2.1}$$

由此式可以看出,流入曝气池污水中的有机污染物在曝气池中的氧化分解速率主要取决于溶解氧水平、营养物是否充分及活性污泥的浓度。当N、P及一些微量营养元素不足时,可按一定比例适当加入来满足微生物生长需要;若想提高溶解氧含量,可以通过微孔曝气、加压曝气、加入纯氧等手段来实现;可通过投加粉末活性炭、多孔泡沫塑料、聚氨脂泡沫、多孔海绵、形成颗粒污泥等来增加微生物浓度或微生物量。基于上述观点,出现了许多的活性污泥法好氧处理新技术,如强化曝气技术、一体化活性污泥法处理技术(UNITANK工艺)、AB工艺、LINPOR工艺、粉末活性炭活性污泥法(PACT)等。

2.1　强化曝气技术

曝气是污水好氧生化处理系统中最重要的环节,但由于传统的好氧生物处理系统存在着曝气不均匀、传质方式不合理等弊端,导致其处理效率和有机负荷难以提高。在传统曝气过程中,除曝气器附近和气泡强烈搅动的局部外,大部分时间是处于泥水同向流状态,易产生死区,不均匀,不仅造成曝气能量的浪费,而且限制了活性污泥的代谢速率。另外,鼓入曝气池的空气,在无任何约束的条件下自由逸出,导致局部气泡迅速长大快速上升,而且系统中所形成的湍流剪切强度弱,气泡和活性污泥尺寸较大,氧被吸收后难以快速得到补充,使传质处于不利状态,许多已建污水厂难以维持正常运转的主要原因即在于此。因此,对于好氧处理而言,寻找一种高效、低能耗的曝气技术是其应用的关键。现在,一般考虑从提高好氧系统氧分压和改善传质效果两方面来提高和强化系统曝气,提高处理效率,相应地出现了深井曝气、加压曝气和受限曝气等好氧生物处理新技术。

2.1.1　加压曝气

2.1.1.1　加压曝气原理

在好氧生化处理的过程中,微生物新陈代谢所需要的氧气是由曝气过程所提供的,水中的溶解氧浓度越高,微生物所能够得到的氧气越多。根据亨利定律,在常压下,则有

$$\rho = HP$$

式中　ρ——溶液中溶质气体的质量浓度,mg/L;

H——溶解系数,与温度有关;

P——溶质气体在溶液表面的气压。

对于水中的溶解氧质量浓度，在 25℃时，与溶液表面氧的分压存在下列关系

$$\rho_S = \rho_{S,101.325\ kPa}\frac{P}{101.325}$$

式中 ρ_S——氧分压为 P 时溶解氧质量浓度，mg/L；

$\rho_{S,101.325\ kPa}$——氧分压为 101.325 kPa 时溶解氧质量浓度，mg/L；

P——氧分压，kPa。

由以上两式可以看出，系统中溶解氧质量浓度与表面氧分压成正比。因此，可通过提高系统表面氧的压强来提高系统中溶解氧质量浓度，进而提高微生物所能得到的溶解氧水平。

深井曝气和加压曝气工艺均是根据以上原理来强化曝气、提高系统溶解氧水平的。在反应器里形成高浓度溶解氧和高密度微生物群体来提高微生物的整体代谢水平，从而达到高负荷、高效率的处理效果。目前，深井曝气系统面临着打井技术不太过关，土建投资大，还不太适合处理水量少、毒性大的废水等问题，所以应用受到一定限制。

2.1.1.2 加压曝气工艺流程

图 2.1 是加压曝气工艺流程。

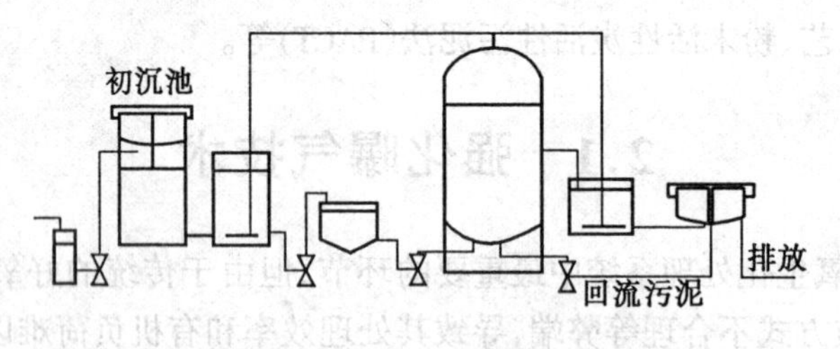

图 2.1 加压曝气工艺流程

2.1.1.3 加压曝气技术的应用

目前，加压曝气技术已应用于味精废水、乙胺废水、煤加压汽化废水、制浆废水等的处理中。

1.处理味精废水

广州奥桑味精食品有限公司废水处理工程采用加压曝气生物反应器。其设计参数和运行效果如下。

(1) 主要设计参数

设计水量为 4 000 m^3/d，加压曝气生物反应器的容积为 150 m^3(8 台)，污泥龄为5 ~ 8 d，MLSS 为 3 500 ~ 5 000 mg/L(根据实际运行情况调整)，HRT 为 7 h，曝气压力为 0.10 MPa，气水比为(20 ~ 30):1，氧利用率为 22% ~ 30%，动力效率为 2.5 ~ 4.0 kgO_2/(kW·h)，溶解氧质量浓度为 2 ~ 4 mg/L，污泥回流比为 80% ~ 100%。调节池(2 座)内设穿孔管曝气系统，用以搅拌和吹脱氨气，气源来自加压生化塔的尾气；8 台加压生化塔分为两排，呈直线形布置，内部采用微孔曝气头曝气，尾气分别送至调节池和脱气池。脱气池采用廊道式，内设穿孔管曝气系统，布置在廊道的一侧以产生旋流。

(2) 运行效果

采用加压曝气生物反应器处理味精废水的运行结果见表2.1,运行效果较好。

表2.1　加压曝气生物反应器处理味精废水的运行结果　mg/L

月份	进水				出水			
	COD	BOD_5	NH_3-N	SS	COD	BOD_5	NH_3-N	SS
11	2 126	895	258	423	46	15	12	25
12	358	942	315	465	48	18	15	29
1	2 884	1 125	265	358	68	16	13	32
2	2 653	1 087	259	397	62	13	8	21
3	2 657	1 057	289	532	58	17	4	25
4	2 468	963	321	548	66	18	9	30
5	2 539	1 088	276	483	54	16	14	28
6	2 739	1 208	269	468	57	19	10	26
7	2 521	1 098	197	421	60	20	13	30

注:以上指标均为当月的平均值。

2.处理乙胺废水

吉化公司乙胺废水处理工程采用加压曝气生物反应器,其设计参数和运行效果如下。

(1) 主要设计参数

设计水量为50 m^3/d,加压曝气生物反应器容积为15 m^3(1台),污泥龄为3~5 d,曝气压力为0.08 MPa,MLSS为3 000~4 000 mg/L,气水比为20:1。氧利用率为20%~27%,动力效率为2.0~3.0 kgO_2/(kW·h),溶解氧质量浓度为4~5 mg/L,污泥回流比为100%。

(2) 运行效果

采用加压曝气生物反应器处理乙胺废水的运行结果见表2.2,运行效果较好。

表2.2　加压曝气生物反应器处理乙胺废水的运行结果

进水 COD/($mg \cdot L^{-1}$)	出水 COD/($mg \cdot L^{-1}$)	HRT/h
1 998	140	5
2 159	120	6
2 257	94	7
2 051	86	7
2 264	138	7
2 878	97	7
1 963	142	5
1 666	92	5

2.1.2 VT 技术

2.1.2.1 VT 技术原理

VT 污水处理工艺是利用潜置于地下的竖向反应器对污水进行超深水好氧生物处理的工艺。该工艺与普通深井曝气工艺相比,其主要特点是:设有 3 个不同功能的处理区,使反应池体积更小、氧的利用率更高,从而有效地降低了工程投资和运行费用。井式生化反应器自上而下分为氧化区、混合区及深度氧化区 3 个部分(图 2.2)。氧化区:这个区在井筒的上部,包括一个同心通风管和供混合液体再循环带;混合区:这个区域直接位于氧化区的下部,恰好位于整个井深度的 3/4 的位置,上部区域高速率的生物氧化反应所需的空气由此被注入到混合区,并由空气提供液体循环的运行动力;深度氧化区:这部分位于井的底部。该反应器深一般为 75 ~ 110 m,直径通常为 0.7 ~ 6 m。

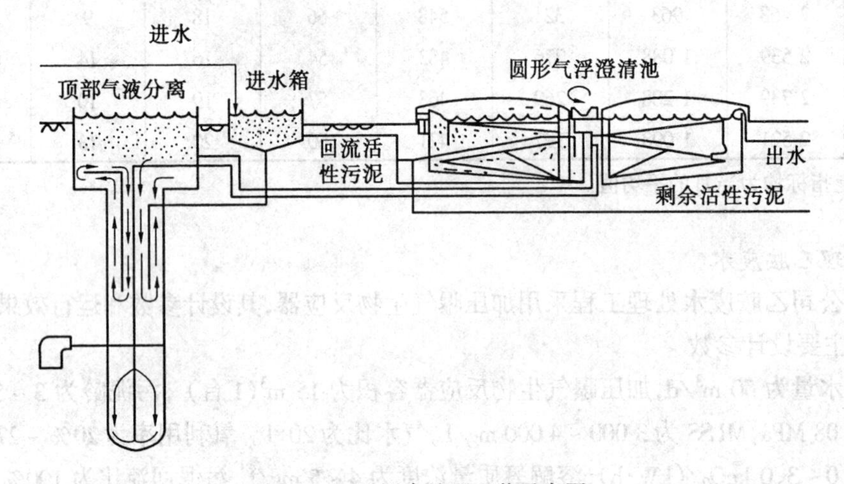

图 2.2　VT 污水处理工艺示意图

2.1.2.2 VT 技术工艺流程

工艺具体流程如下:

1) 起始阶段,空气通过入流管进入混合区,使整个反应器产生循环。升起的气泡产生一个密度梯度,从而导致空气在氧化区内循环。

2) 一旦这个循环建立并稳定后,空气注入点转移到混合区的下部。未处理的污水通过入流管在混合区空气注入点的同等高度进入液体循环。

3) 压力和深度导致了高的氧气传导速率,从而保证混合区内的混合溶液中具有高的溶解氧量。氧化区内高的反应速率保证了有机物能在垂直循环圈的上部被生物氧化。

4) 再循环液体沿着井筒的竖壁到达上部箱体中,在那里含有废气的气泡可以将废气释放进入大气。去掉这些微生物呼吸作用产生的气态产物对于防止这些废气重新回到系统内而影响空气动力效率是非常必要的。

5) 混合液体中比例较小的一部分从混合区进入下部深度氧化区。这个区域内溶解氧含量极高,停留时间较长,因而有极高的 BOD 去除率。同时饱含的溶气也有利于后续气浮澄清池中的固液分离。

6) 深度氧化区内的混合液体以极快的速度(2 m/s)进入气浮澄清池,这可以保证砂粒和固体物质不会沉积在井的底部。

7) 混合液体在行至上表面过程中的快速减压可以产生经过充分充氧的低密度的悬浮物,再经过气浮澄清池的有效分离,可以产生结合密实的生物絮体和高质量的待消毒和排放的液体。

2.1.2.3 VT技术主要工艺特征和优点

VT技术与其他类似生物处理技术,如序批式生物反应器(SBR),传统活性污泥法等技术相比,具有以下优点。

1.运行费用低

VT工艺的运行费用低,去除每公斤BOD耗电小于0.8 kW·h,较低的运行费用主要有以下几方面原因。

1) 高的氧转移率和低曝气量。传统工艺的转移率一般为15%左右,而VT工艺由于反应器深度达到100 m左右,大大提高氧的溶解度,同时通过技术革新,污水同空气的接触时间比深井曝气工艺大为延长,所以转移率大为提高,最高可达到86%,所需的气量为传统工艺的15%,即约1/6,而在供应同样空气量的情况下考虑压力的因素,电耗将高3倍,二者合一综合考虑,VT工艺比传统污水处理工艺节省耗电58%。此工艺不但氧转移效率高,而且高压空气的利用也十分巧妙,压缩气体在充氧的同时,完成了溶气功能,使活性污泥气浮分离、浓缩二步一次完成;压缩空气在充氧的同时,还完成了混合液的搅拌功能,保证了混合液与原污水的充分混合;最后,压缩空气在充氧的同时,还完成了混合液的推流功能,保证混合液按工艺设计要求进行环流和潜流,确保污水在反应器中的反应时间及去除效率。因此,VT工艺实际上是一气多用,即充氧、混合液的推流、搅拌、泥水分离、污泥浓缩及污泥回流。其节能效果是目前任何工艺都无法相比的。

2) 重力污泥回流系统。VT工艺污泥回流量同常规污水处理工艺相当,但VT工艺由于其自身的特殊结构和特征,充分利用了水力学条件,VT工艺的出水以重力流的方式流到气浮分离池,实现泥水分离(不需填加任何药剂),分离出来的污泥回流也可以实现重力回流,从而有效降低运行费用。

3) 较低的人工管理费用和维修费用。整个VT处理系统采用先进的自动控制技术,可以实现无人控制,在CHVERONR EFINERY污水处理场中,日常操作人员仅为3人,夜里无人值班;同时整个VT系统中无活动部件和易损耗件,所需要维护的仅仅是空压机,所以大大降低日常维护和维修工作量,核心设施的使用寿命可达到20年以上,从而大大降低了折旧费用。

4) 低污泥处理费用。VT工艺采用气浮分离池实现泥水分离,剩余污泥的含固率可达到4%,可直接进入污泥脱水机进行脱水;而传统工艺的剩余污泥含固率为0.8%,需要配套污泥浓缩池或预浓缩机进行浓缩后才能进行污泥脱水;同时采用VERTREAT工艺产生的污泥量较少,并且在脱水中加入的药剂较少,所以污泥处理费用较低。

2.较强的耐冲击负荷能力

VT反应器分为循环氧化处理区和深度氧化区,进水在循环区与原污水充分混合,进水的污染因子在反应器内迅速被稀释,具有极强的耐冲击负荷能力;反应器混合液中 CO_2 的浓度很高,对进水的 pH 值具有很强的缓冲作用。

3.环境效益好

与传统的曝气工艺技术相比,VT 工艺的 VOC(挥发性的有机化合物)排放量是最低的。传统的曝气工艺排放到大气中的 VOC 可高达废水中总 VOC 的 60%。没有开放的曝气池,对视觉的影响和气味排放都是最少的。由于所需的曝气程度较低,从而大大减少了运行过程中产生的泡沫;系统的防漏钢和灌浆水泥反应器外壳可防止地面水污染,而这正是传统曝气池经常遇到的问题。

4.占地少

本系统结构非常紧凑,所需的空间和占地面积很小,通常只有传统工艺的 20%。

5.布置灵活

在气候非常恶劣的情况下,本系统可建在封闭的建筑物内,或者根据需要可将本系统和环境有机地结合起来进行设计。

2.1.3 受限曝气

2.1.3.1 受限曝气原理

1.物相接触和质量传递

作为一种高效、低能耗的曝气技术,受限曝气主要考虑好氧生物处理系统中的物相接触和质量传递问题。首先,好氧曝气属于气、液、固多相物系的生化反应过程,其反应最基本的先决条件是物相接触,只有物相接触了,即只有活性污泥、有机质与氧充分接触了,生化反应才能有效进行;再者,为了持续进行反应与加快反应速率,应该不断地更换其接触面,使已经处理好的水从活性污泥或生物膜处流走,未处理的水流进来,使生化消耗掉的溶解氧能得到及时的补充。这就涉及氧与有机质在细微部的质量传递问题,哈尔滨工业大学的王绍文等人提出了亚微观水处理动力学的概念,认为亚微观是介于宏观与微观之间的一种状态,相当于湍流、涡旋微结构尺度量级。通过对亚微观尺度的动力学研究,能更真实地反映湍流水力条件等因素对水中物质迁移的作用和影响。他们认为,亚微观传质与通常用 Fick 定律所描写的宏观传质规律截然不同,其传质阻力比宏观传质阻力高几个数量级,而且其传质过程也与宏观传质过程不同,在此基础上提出了受限曝气的概念。

2.受限曝气

传统的曝气是自由曝气,即上升的气泡流不受边壁的约束,自由上升流动。这种情况下水流上升流速很大,但本身的剪切作用却很小,使得混合液中气泡很大,活性污泥微絮体也相应较大,传质速度很低,致使传质效率低、大量能量浪费。

受限曝气是利用了竖向通道的壁面对上升气流的约束作用,让很少的气流通过一些小的竖向流动空间,在水流中形成的强扰动。这种曝气方式一方面可利用气流的上升作用大幅度增强水流的湍动能量,另一方面可利用湍动水流的剪切作用抑制气泡与活性污泥絮体的增大,从而大大地增加了气泡与活性污泥絮体的比表面积,并实现小尺度气泡与小尺度活性污泥絮体的高分散状态,为实现高传质提供必要条件。哈尔滨世一堂制药厂污水处理工程采用了受限曝气技术,其工艺流程图见图 2.3。

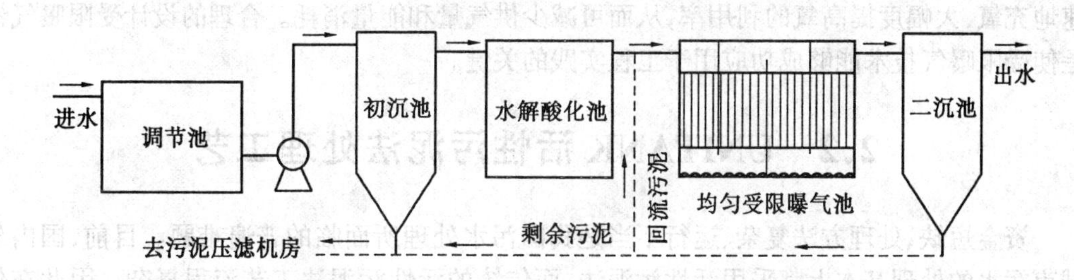

图2.3 世一堂制药厂污水处理工程工艺流程图

2.1.3.2 受限曝气的特点

首先，受限曝气能使气泡与活性污泥均处于高传质状态。弗劳德数 Fr 是反映湍流剪切作用的相似准则数，Fr 越大剪切作用就越强。弗劳德数 Fr 可表示为

$$Fr = v^2/gL \tag{2.2}$$

式中 v——气泡流速，m/h；

L——流动长度，m。

从式(2.2)可以看出，在同样流速下，流动空间 L 越小，剪切作用越强。因此，让很少的气流通过一些小的竖向流动空间就可以造成强剪切，实现小尺度气泡与小尺度活性污泥絮体的高传质状态。这样，就使空气所携带的能量得到了充分的利用。

再者，受限曝气能形成高比例、高强度的微涡旋。利用微涡旋的离心惯性效应可加速微小气泡、活性污泥相对有机底质的迁移，大幅度增加亚微观传质速率和有机底质与氧向微小活性污泥絮体转移的速率。当活性污泥菌胶团因生化作用吸收了附近的氧与有机质后，附近的氧与有机底质向菌胶团的扩散正是属于亚微观尺度的扩散，其扩散阻力很大，扩散速度比宏观扩散小几千倍，速率远小于活性污泥在生物酶作用下的生化反应速率。故此，亚微观传质速率就成了活性污泥法处理效率的决定因素。

研究认为，亚微观尺度下的传质主要是由物质相对迁移造成的，加强惯性效应特别是微涡旋离心惯性效应，是增加氧与有机质在附液膜附近的亚微观区域内与水相对运动的有效措施；再者强化惯性效应的同时也就增加了这个区域的湍流剪切力，降低了附液膜厚度；同时强化惯性效应还能提高附液膜附近液相中氧与有机质的补充速度和浓度，也就增加了附液膜内外的浓度差，因此也就有效地提高了生化体系的传质速度。

2.1.3.3 受限曝气器

传统的微孔曝气器一般都存在非曝气主流区和曝气死区。对于非曝气主流区需要靠消耗较多曝气动能才能形成水力循环，把非曝气主流区的污水带到曝气主流区(一般即微孔曝气头上部有效空间)进行充氧，这就较大地延长了曝气时间，并浪费了较多的能量。对于曝气死区只能通过把已经曝气充氧的水通过缓慢的 Fick 扩散，将氧转移到死区的污水中，这就需要延长曝气时间，并因死区的充氧难以保证而影响曝气效果。

受限曝气器正是针对以上传统曝气器面临的问题，在充分考虑受限曝气理论的基础上对传统曝气器气体的流动空间进行改进而设计的一种新型曝气器。一方面通过在池中设置受限曝气立管填料，以消除传统曝气器存在的非曝气主流区与主流区的差别；另一方面为消除曝气死区，可设计大型微孔曝气器，通过在池底均布大型微孔曝气器而消除死区，均匀迅

速地充氧,大幅度提高氧的利用率,从而可减少供气量和能量消耗。合理的设计受限曝气器是使受限曝气技术能够成功应用于工程实践的关键。

2.2 UNITANK 活性污泥法处理工艺

资金短缺、处理方法复杂、运行不当是我国污水处理所面临的普遍难题。目前,国内外城市污水的处理基本上都采用活性污泥法,而传统的活性污泥法工艺流程复杂。因此在保证处理效率的基础上,开发流程简单、高效、节能的污水处理工艺是国内外污水处理的发展趋势。

2.2.1 UNITANK 工艺的组成与特点

UNITANK 工艺是比利时 SEGHERS 环境工程集团公司针对传统活性污泥法向一体化方向发展的趋势,在 20 世纪 90 年代设计出的一种新型一体化活性污泥法。UNITANK 工艺的外形就是一矩形池体,里面被均分为 3 个单元池,相邻单元池之间以开孔的公共墙相隔,以使单元池之间彼此水力贯通。在 3 个单元池内全部配有曝气扩散装置。其中,外侧池既作曝气池,又当沉淀池;另外,这两个外侧池上均设有溢流堰,用做出水排放,具体见图 2.4。

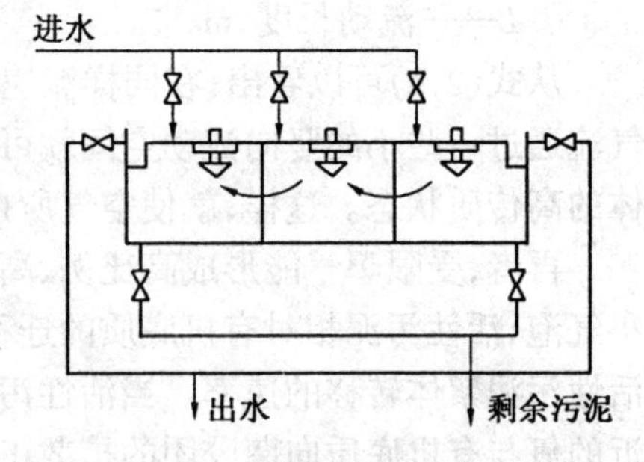

图 2.4　UNITANK 工艺组成

一体化活性污泥法除具有传统活性污泥法的有机物去除效率高、出水水质好、占地面积小的优点外,还具有以下特点:

1) 处理流程简单,无须另设二次沉淀池,也无须刮泥设备和污泥回流设备。特别是当采用生物脱氮、除磷系统时,可以节省大量投资与运营费用;

2) 设计紧凑,可节省占地面积和基建投资,降低运行费用,如同传统活性污泥法相比,UNITANK 工艺节省占地达 50%,从而使建设费用降低 15% ~ 20%;

3) 几乎完全静止状态下的固液分离效率明显高于传统活性污泥法的动态沉淀效率;

4) 吸附再生的交替过程适合脱氮除磷;

5) 依靠吸附与再生阶段能有效抑制污泥膨胀;

6) 简单、可靠的工艺过程仅需很少的机械设备,易于实现自动化控制;

7) 各池之间采用渠道配水,并在恒水位下交替运行,减少管道、闸门、水泵等设备的数量,水头损失小,降低了运行成本;

8) 系统中反应池有效容积能得到连续使用,不需设置闲置阶段,出水堰是固定的,不需设置浮式撇水器。

2.2.2 UNITANK 工艺的运行

UNITANK 工艺在运行过程中,有两个池处于曝气阶段,而其中的一个边池处于沉淀状态,处理后出水从堰口排出,剩余污泥从池底排出。例如,污水从左侧矩形池进水,该池作曝气池，从连通管到中间矩形曝气池，再经连通管至右侧矩形沉淀池，处理水由固定堰排出，水流方向由左向右；经过一定时段后，关闭左侧池进水闸，开启中间池进水闸，此时，左侧池开始停止曝气，而污水从中间池流向右侧池；经一个短暂的过渡段后，关闭中间池进水闸，而改从右侧池进水，此时右侧池曝气，左侧池经静止沉淀后出水，水流从右向左流动，完成一个切换周期，这样周而复始，污水即达到净化目标。由于三个池的水位差，促使水流从一个边池流向中间池再从另一个边池流出，此时进水的一个边池水位最高，并淹没了作为固定堰的出水槽，当该边池由曝气池过渡到沉淀池时，水位必定下降，残留在出水槽中的污泥污水混合液需排除，并要用清水冲洗出水槽，排出的混合液及冲洗水汇集到专门的水池，再用小水泵提升后至中间水池，这些过程均可用程序控制，其过程如图2.5所示。

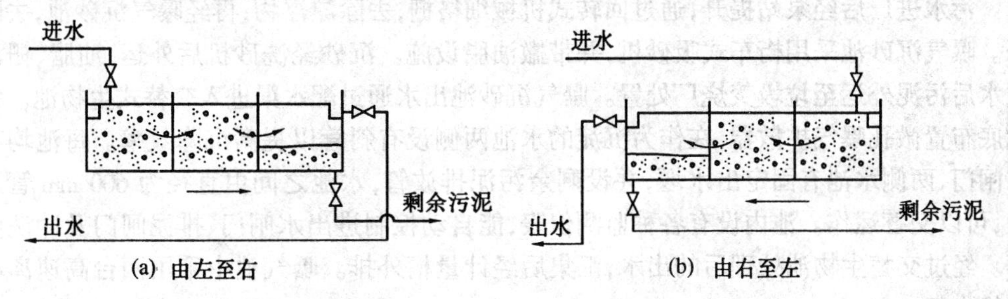

图2.5 UNIRANK工艺运行

2.2.3 UNITANK工艺的运行控制

一体化活性污泥法系统的生化降解过程，设有一套简单而紧凑的生物处理监测与控制仪器，包括溶氧仪、氧化还原电位（ORP）、污泥浓度仪、流量计、pH计等等，根据水质与水量情况，改变或设定运行周期，改变进水点，获得相应的污泥负荷。在需要脱氮除磷的系统中，在池内除了设有曝气设备外，还有搅拌装置，可以根据监测器的指标，切断曝气池供氧，改为开动搅拌器，形成交替的厌氧、缺氧及好氧条件，如图2.6所示。

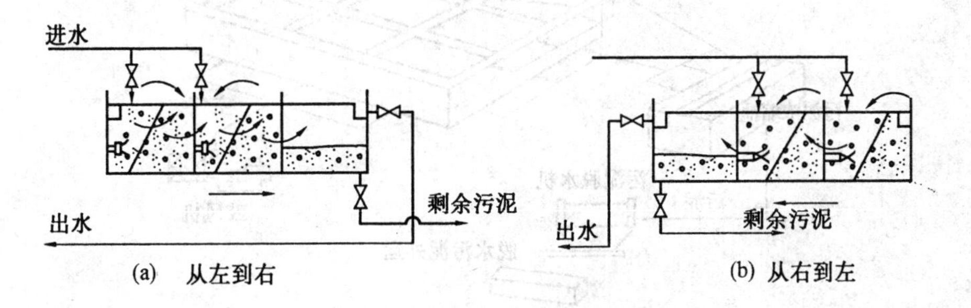

图2.6 UNITANK工艺的控制

另外，依照好氧过程的溶解氧值，可以控制鼓风机开启程度，维持溶解氧值在一定范围内变动；还可通过ORP的测定值，监测与控制反硝化过程，使系统进入除磷所要求的厌氧状态，从而达到脱氮除磷的处理要求。

2.2.4 UNTANK工艺应用工程实例

自从20世纪90年代比利时SEGHERS环境工程集团公司推出一体化活性污泥法工艺后,世界各地已有160多个工程成功地应用了该项技术。在前几年,广东珠江啤酒厂采用了该项技术,建成投产后效果良好。新加坡、马来西亚、越南等地均采用该技术,建成规模不等的工业废水或城市污水处理厂。在我国澳门地区,凼仔污水厂和路环污水厂就是采用此工艺,现把澳门凼仔污水厂的UNT介绍于下。

2.2.4.1 处理工艺

污水进厂后经泵站提升,通过回转式机械细格栅,去除漂浮物,再经曝气沉砂池,去除砂砾。曝气沉砂池采用桁车式吸砂机,并带撇油脂设施。沉砂经洗砂机后外运,油脂、栅渣及脱水后污泥外运至垃圾焚烧厂处置。曝气沉砂池出水通过配水渠进入交替式生物池。每只池底布置微孔曝气扩散器,在作为沉淀的水池两侧设有斜管以提高沉降效率。每池均有进水闸门,两侧水池有固定出水堰,并设剩余污泥排放管,水池之间由直径为600 mm管道相通,可以交替运作。池内设有各种监测仪表,能自动控制进出水闸门、排泥闸门及冲洗闸门等。经过交替生物池处理后的出水,汇集后经计量槽外排。曝气池中采用两台高速离心鼓风机供气。

生物系统中剩余污泥定期排放,排入重力式浓缩池,经浓缩后的污泥送入机械自动板框压滤机,脱水污泥外运焚烧,交替生物池及细格栅和曝气沉砂池上部均加屋盖,内设通风管道,全部风量抽升至生物脱臭设施处理后外排,工艺过程见图2.7。

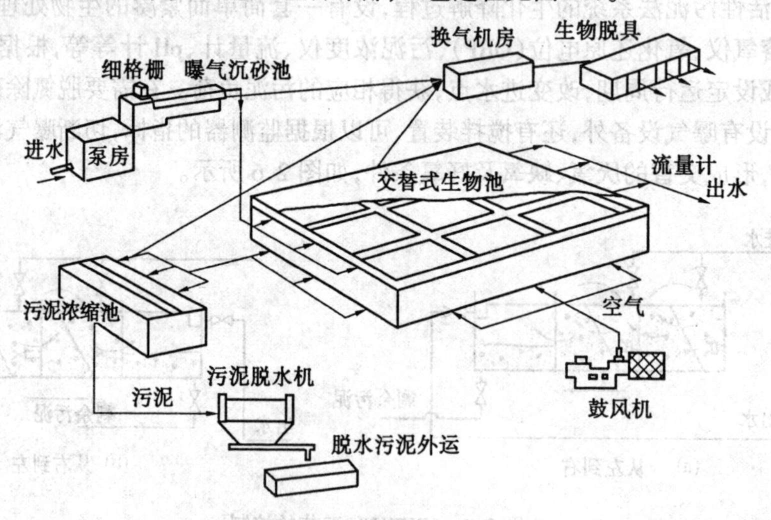

图2.7　澳门凼仔污水厂工艺流程

2.2.4.2 主要设计参数

处理水量为平均流量7×10^4 m^3/d,高峰流量14×10^4 m^3/d。BOD的容积负荷为0.58 kg/(m^3·d);污泥质量浓度4 kg/m^3;BOD污泥负荷0.135 kg/(kg·d);反应池容积4.68×10^4 m^3;水力停留时间16 h(高峰时为8 h)。反应池由三个单元组成,每单元由三池组成,每池平面尺寸25 m×26 m,水深8 m;供氧采用2台高速离心鼓风机,微气泡扩散器;两边池沉淀区采用高度为1 m斜管，与水平成60°以提高沉淀效率；每处理1 m^3 污水，处理厂耗电量为0.35～0.40 kW·h/m^3。本工程由平行的三个单元生物处理池组成，每单元处理水量为2.33×10^4 m^3/d。总的平面尺寸为80 m×80 m，全厂占地面积为100 m×100 m。

2.3　氧化沟活性污泥法

氧化沟活性污泥法又称循环混合式活性污泥法。与传统活性污泥法曝气池相比，氧化沟具有以下特点：平面多为椭圆型，总长可达几十米，甚至几百米；沟深较浅，一般为2～6 m；处理量大，日处理水量为1 000～50 000 m^3，最高可达100 000 m^3；装置简单，进水一般只要设一根水管即可，亦可设成明渠。出水采用溢流堰式，进出水简单、安全、可靠；流态介于完全混合和推流之间，形式多样；工艺简单，可以不设初沉池和二沉池，节省造价；对水质、水温、水量有很强的适应性；污泥龄长、污泥产率低、出水稳定、处理效果好，不仅可达到BOD、SS的排放标准，而且因其水力停留时间长，曝气池内有相对独立的缺氧区与好氧区，可达到脱氮、除磷效果；氧化沟内活性污泥好氧消化比较彻底，故污泥产量少、臭味小、脱水性能好，可直接浓缩脱水，不必消化。

2.3.1　三槽(沟)式氧化沟

三槽(沟)式氧化沟是由丹麦工业大学和克鲁格工程公司开发的，它是与电脑技术相结合的产物，是一种连续运行的大型氧化沟系统。它分三条沟，每沟间设一过水孔，中沟是曝气区，两条侧沟根据运行方式作曝气、沉淀交替使用。三条沟都配置一定数量的曝气转刷，中沟转刷少于两条侧沟。两条侧沟末端配置多个出水堰门。氧化沟前设有一座配水井，三根进水管分别接通三条沟。剩余污泥从中沟以混合液的形式由泵排出，如图2.8所示。根据运行模式，两条侧沟轮流作曝气沟和沉淀沟，每条氧化沟内设有一个溶解氧探头，可根据溶解氧的设定范围，通过转刷的运行状况自动控制。各堰的开与闭和沟内的鼓风实现自动控制，使各沟内能实现专门的处理目的，这样就融会了氧化沟工艺、间歇式及多级串联活性污泥法工艺的特点。三槽式氧化沟按好氧、缺氧、沉淀三种不同的工艺条件运行，所以，除了有一般氧化沟的抗冲击负荷、不易发生短流等优点外，又不需另建沉淀池，污泥也不用回流，管理更方便。整个工艺根据输入的运行模式，由PLC系统自动控制和切换。

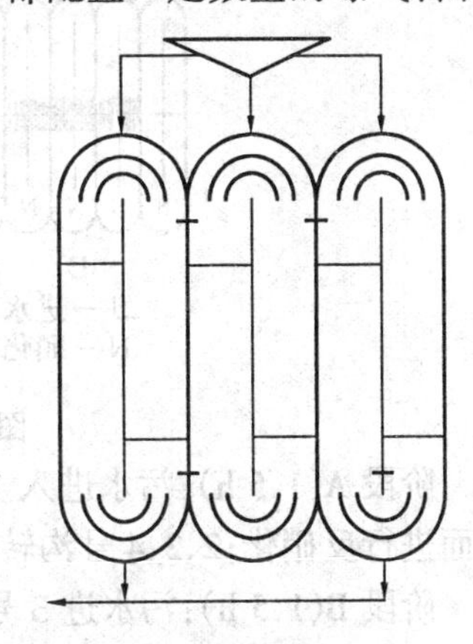

图2.8　三沟式氧化沟示意图

但三槽式氧化沟也有其缺点，如占地较大，对设备的质量要求高，工艺设计以及与其配套的运行方式也存在着需要改进的地方。我国自20世纪90年代初推广应用以来，就对其进行不断的研究和改进，形成了自己的特色。如在张家港市污水处理厂设计中，将氧化沟进水端池边拉平，用池外两个三角形池子代替原先分设的配水井直接配水，使平面布置更加简单，投资更省；又如在常熟市城北污水处理厂的设计中，根据其特点，从生物脱氮除磷的机理考虑，把中沟排泥改为侧沟排泥，使磷的去除率达到了89%，比原设计的65%提高了24%。

2.3.2 五槽(沟)式氧化沟

三槽(沟)式氧化沟的容积利用率低、设备利用率也较低,这对于处理较高浓度的污水来说是不经济的。由三槽(沟)式氧化沟的工作原理可知,其中间沟一直作为生化反应池,如增加中间沟的容积即可增加容积及设备的利用率,从而降低工程造价。为此,出现了五槽(沟)式氧化沟,即以等容积的五条环形沟并联组成五槽(沟)式氧化沟,各沟之间以孔洞连通,两边沟交替作为沉淀池、生化池,中间三条沟作为生化池,配水井可交替向五条沟中的任一条沟配水,并通过控制转刷的开、停以及高、低速运行来达到各沟中好氧、缺(厌)氧、沉淀等不同的运行状态。

五槽(沟)式氧化沟的运行模式类似于三沟式氧化沟,其两边沟交替作为沉淀池和曝气池,中间三沟(交替进水)作为缺氧池、好氧池。沟内配备带双速电机的曝气转刷,其在高速运行时曝气充氧,在低速运行时维持沟内的混合液流动,为反硝化创造一个缺氧环境。南通市污水处理厂采用的是五槽(沟)式氧化沟工艺,该工程采用的工作周期为 8 h,运行方式分为 6 个阶段,见图 2.9。

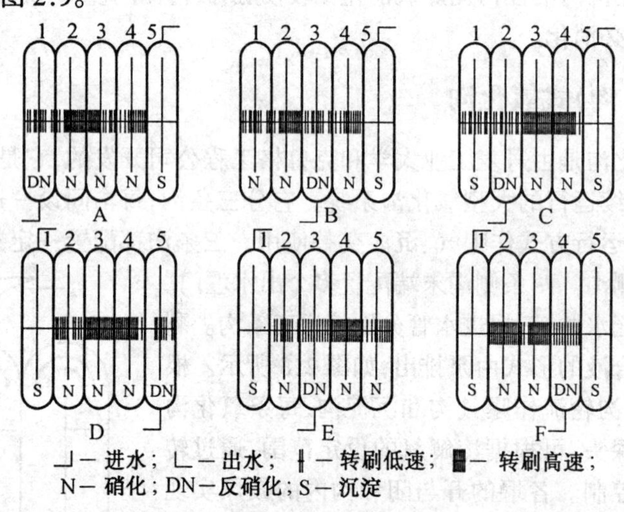

图 2.9 五沟式氧化沟的运行操作程序

阶段 A(1.5 h):污水进入 1 号沟,由 5 号沟出水。1 号沟转刷低速运行,因处于缺氧状态而进行反硝化;2、3、4 号沟转刷高速运行,进行有机物的降解和硝化。

阶段 B(1.5 h):污水进 3 号沟,仍由 5 号沟出水。3 号沟转刷低速运行,因处于缺氧状态而进行反硝化;1、2、4 号沟转刷高速运行。

阶段 C(1 h):污水进入 2 号沟,由 5 号沟出水。1、2 号沟转刷低速运行,3、4 号沟转刷高速运行;1 号沟转刷停开,处于出水过渡状态。

阶段 D(1.5 h):污水进入 5 号沟,由 1 号沟出水。5 号沟转刷低速运行,处于缺氧状态;2、3、4 号沟转刷高速运行。

阶段 E(1.5 h):污水进入 3 号沟,仍由 1 号沟出水。3 号沟转刷低速运行,2、4、5 号沟转刷高速运行。

阶段 F(1 h):污水进 4 号沟,仍由 1 号沟出水。4 号沟转刷低速运行,2 号、3 号沟转刷高速运行;5 号沟转刷停止运行,处于出水过渡状态。

上述各阶段的时间设定及运行周期可根据实际情况进行适当调整。

由运行方式可见,五槽(沟)式氧化沟每条沟每天用于生物处理的时间:1、5 号沟为 9 h,2、3、4 号沟为 24 h。由此可得出,五槽(沟)式氧化沟的容积利用率为 0.75,比三槽(沟)式氧化沟的容积利用率(0.55)提高了 20%,设备利用率也提高了 20%。另外,采用五槽(沟)式氧化沟与采用三槽(沟)式氧化沟相比,其池体体积、曝气转刷数可减少 27%,工程投资可减少 20%~30%,经济效益显著。另外,五槽(沟)式氧化沟能够实现全时反硝化,即五沟中总有一槽(沟)处于缺氧反硝化运行状态。全时反硝化可达到更高的脱氮效率,减少耗氧量,并节省能耗。而三槽(沟)式氧化沟每天只有 13.5 h 处于反硝化运行状态。

2.3.3 生物膜氧化沟

生物膜氧化沟正是通过在普通氧化沟内放置合适填料而发展起来的一种新型的将活性污泥法与生物膜法相结合的混合污水处理工艺,如图 2.10 所示。

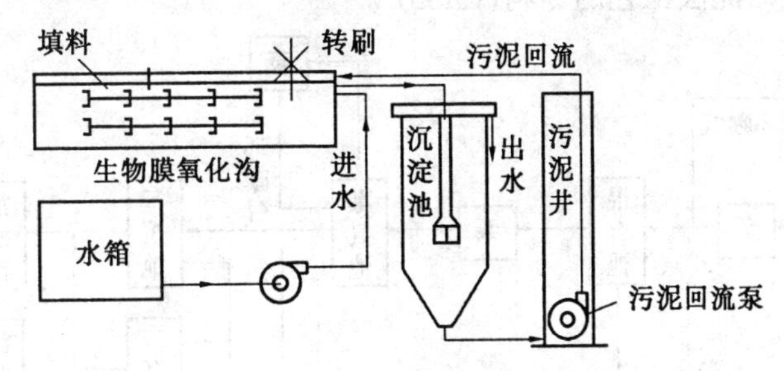

图 2.10　生物膜氧化沟

何太江、陈吕军等通过生物膜氧化沟和普通氧化沟的清水实验发现:

1) 生物膜氧化沟内填料与水流方向平行安装时效果最佳;

2) 生物膜氧化沟对氮的去除效果明显优于普通氧化沟,对 COD、SS 的去除效果相当接近;

3) 生物膜氧化沟的悬浮固体沉降性能优于普通氧化沟,易于管理;

4) 生物膜氧化沟在沉淀池和污水回流系统方面的建设投资低于普通氧化沟污水处理厂。

2.4　CASS 活性污泥法工艺

循环式活性污泥系统(CASS 或 CAST 工艺)以序批式曝气-非曝气方式间歇运行,将生物反应过程和泥水分离结合在一座池中进行,是一种“充水和排水”的活性污泥法系统,废水按一定的周期和阶段得到处理,是间歇式好氧活性污泥反应器(SBR)工艺的一种更新变形,1978 年由 Goronszy 教授在氧化沟技术和 SBR 工艺的基础上开发而成。CASS 工艺在 20 世纪 70 年代开始得到研究和应用,随着电子计算机的日益普及,由于其具有系统组成简单、投资低、运行灵活、可靠性好、无污泥膨胀等优点,具有脱氮除磷功能及抗冲击负荷能力而越来越得到重视。目前,CASS 工艺已在欧美等国家得到较为广泛的应用,国内也已开始对此工艺进行研究并逐步在城市污水、啤酒、医院、制药、印染和化工等工业废水处理的实际工程中得到应用。目前全世界有 300 余座各种规模的 CASS 污水处理厂正在运行或建造中。

2.4.1　CASS 工艺的基本原理

CASS 工艺将可变容积活性污泥法过程和生物选择器原理进行有机的结合,覆盖包容了各种描述此类工艺所采用的如简称为 IDEA 的间隙排水延时曝气工艺（Intermittently Decanted Extended Aeration)、IDAL 间隙排水曝气塘工艺（Intermittently Decanted Aerated Lagoons)、ICEAS 间隙式循环延时曝气活性污泥法（Intermittent Cyclic Extended Aeration System)、CASP 或 CAST 的循环式活性污泥法(Cyclic Activated Sludge Process、Cyclic Activated Sludge Technology)。1969 年 Goronszy 教授从连续进水间隙运行的氧化沟工艺着手,从事可变容积活性污泥法的研究和开发工作,并于 1975 年将连续进水间隙运行的工艺方法应用于鼓风曝气的矩形池子;1978 年又利用活性污泥基质积累再生理论,根据基质去除与污泥负荷的实验结果以及污泥活性组成和污泥呼吸速率之间的关系,将生物选择器与序批式活性污泥法工艺加以有机的结合,开发成功循环式活性污泥法,见图 2.11。于 1984 年和 1989 年分别在美国和加拿大取得循环式活性污泥法工艺的专利(CASS) 。

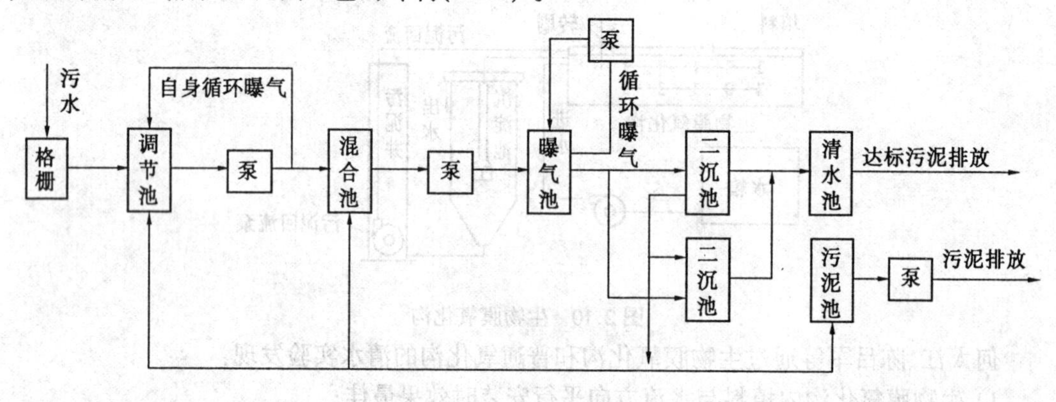

图 2.11　CASS 工艺示意图

CASS 工艺的前身为 ICEAS 工艺,也由 Goronszy 教授开发而成。CASS 工艺在沉淀阶段无进水,故可保证沉淀过程在静止的环境中进行;在操作循环的曝气阶段(同时进水)完成生物降解过程;在非曝气阶段完成泥水分离功能;排水装置系移动式撇水堰,籍此可将每一循环操作中所处理的废水经沉淀阶段后排出系统。图 2.12 表示单池或多池 CASS 系统的各个循环操作过程,可看出生物选择器和主反应区之间的相互联系。

与传统意义的 SBR 反应器不同,CASS 工艺在进水阶段中不设单纯的充水过程或缺氧进水混合过程;另外一个重要特征是在反应器的进水处设置一生物选择器,它是一容积较小的污水污泥接触区,进入反应器的污水和从主反应区内回流的活性污泥在此相互混合接触。生物选择器的设置严格遵循活性污泥种群组成动力学的有关规律,创造合适的微生物生长条件并选择出絮凝性细菌,其机理和作用在 20 世纪 70 ~ 80 年代分别由 Chudoba 和 Wanner 进行了深入的研究。大量研究结果表明,设计合理的生物选择器可有效地抑制丝状性细菌的大量繁殖,克服污泥膨胀,提高系统的稳定性。工艺根据微生物的实际增殖情况自动排除剩余污泥量,处理出水通过移动式滗水器排出。CASS 工艺中的池子构造和操作方式可允许在一个循环中同时完成硝化和反硝化过程。整个系统以推流方式运行,而各反应区则以完

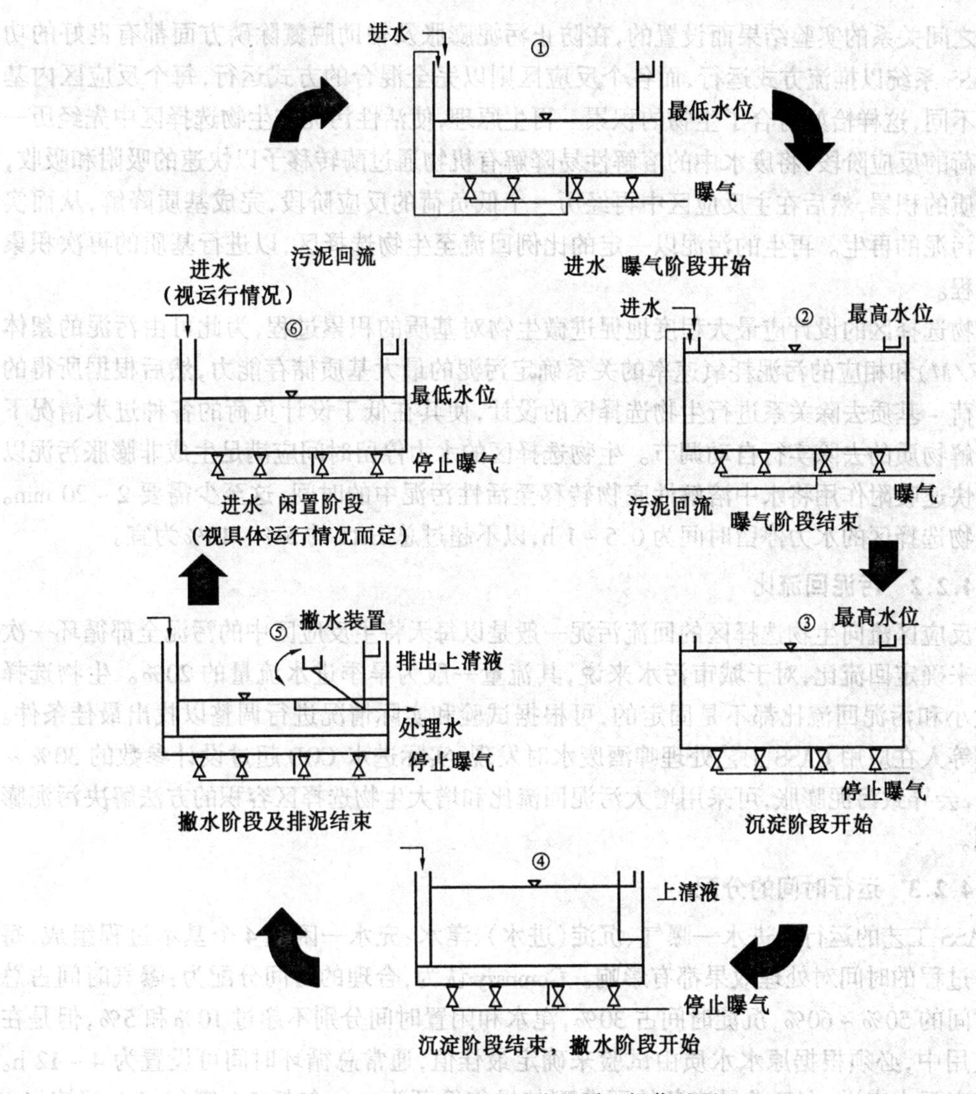

图2.12　CASS系统的循环操作过程

全混合的方式运行，以实现同步硝化－反硝化功能。在设计生物选择器时，必须确保在高污泥絮体负荷条件下有利于磷释放的环境；能保证通过酶反应机理快速去除废水中的溶解性物质（累积在微生物体内）；在污泥回流液中存在的少量硝酸盐氮（NO_3-N 质量浓度约为2 mg/L）可加快反硝化；反硝化量可达整个系统反硝化容量的20%左右；泥水混合液通过主反应区，顺序经过缺氧—好氧—缺氧—厌氧环境，活性污泥在此过程中得到再生。CASS工艺运行过程的一个周期由充水—曝气、充水—泥水分离、上清液滗除和充水—闲置等四个阶段组成。

2.4.2　CASS工艺的设计

2.4.2.1　生物选择区的设置

生物选择区是利用活性污泥基质的积累－再生理论，根据基质去除与污泥负荷以及呼吸速率之间关系的实验结果而设置的,在防止污泥膨胀及辅助脱氮除磷方面都有良好的功能。CASS 系统以推流方式运行,而各个反应区则以完全混合的方式运行,每个反应区内基质浓度不同,这样恰好符合了生物的积累-再生原理,使活性污泥在生物选择区中先经历一个高负荷的反应阶段,将废水中的溶解性易降解有机物通过酶转移予以快速的吸附和吸收,进行基质的积累,然后在主反应区中再经历一个低负荷的反应阶段,完成基质降解,从而实现活性污泥的再生。再生的污泥以一定的比例回流至生物选择区,以进行基质的再次积累再生过程。

生物选择区的设计应最大程度地促进微生物对基质的积累过程,为此可由污泥的絮体负荷(F/M)和相应的污泥耗氧速率的关系确定污泥的最大基质储存能力,然后根据所得的絮体负荷-基质去除关系进行生物选择区的设计,使其在低于设计负荷的各种进水情况下对易降解物质的去除实行自动调节。生物选择区的水力停留时间应满足生成非膨胀污泥以及通过快速吸附作用将水中溶解性底物转移至活性污泥中的时间,这至少需要 2~20 min。通常生物选择区的水力停留时间为 0.5~1 h,以不超过总 HRT 的 5%~10% 为宜。

2.4.2.2 污泥回流比

主反应区流向生物选择区的回流污泥一般是以每天将主反应区中的污泥全部循环一次为依据来确定回流比,对于城市污水来说,其流量一般为旱季进水流量的 20%。生物选择区的大小和污泥回流比都不是固定的,可根据试验和实际情况进行调整以找出最佳条件。强绍杰等人在应用 CASS 工艺处理啤酒废水时发现,实际进水 COD 超过设计参数的 30%~60% 时,会导致污泥膨胀,可采用增大污泥回流比和增大生物选择区容积的方法解决污泥膨胀问题。

2.4.2.3 运行时间的分配

CASS 工艺的运行由进水—曝气、沉淀(进水)、滗水、充水—闲置 4 个基本过程组成,每个基本过程的时间对处理效果都有影响。Goronszy 认为,合理的时间分配为:曝气时间占总循环时间的 50%~60%,沉淀时间占 30%,滗水和闲置时间分别不超过 10% 和 5%,但是在实际应用中,必须根据原水水质由试验来确定最佳值,通常总循环时间可设置为 4~12 h。对于城市污水来说,在正常旱流条件下典型的操作循环为 4 h,包括 2 h 曝气、1 h 沉淀、1 h 滗水和闲置。如果进水流量增加使系统进入高峰循环阶段,则整个操作循环时间减少。当进水流量低于设计负荷时,可以缩短曝气时间或者采用 6 h 循环,增加 2 h 的闲置时间。对工业废水处理来说,比较常见的是采用 6 h 和 8 h 循环。

2.4.2.4 DO 值的控制

在 CASS 工艺中,DO 值的控制是非常重要的,通过 DO 值的控制可以实现高效的同步硝化和反硝化,在曝气过程中使主反应区的主体处于好氧状态进行硝化;同时在活性污泥絮体内部,DO 向其中的扩散受到限制而呈现缺氧状态,而浓度较高的硝酸盐氮则能很好地渗透到絮体内部进行反硝化,从而实现同步硝化与反硝化;而且生物除磷也要求适当控制 DO 浓度,使活性污泥絮体内部 ORP 在 -150~100 mV 变化,因此,一般采用置于池内或污泥回流管线上的 DO 探头来控制。

2.5 AB活性污泥法工艺

AB法是吸附-生物降解法(Adsorption Bio-degradation)的简称,是德国亚琛大学BBohnke教授于20世纪70年代中期开发的一种工艺,属超高负荷活性污泥法。该工艺不设初沉池,由A段和B段二级活性污泥系统串联组成,并分别有独立的污泥回流系统。AB工艺对BOD、COD、SS、磷和氨氮的去除率,一般均高于常规活性污泥法。其突出的优点是A段负荷高,抗冲击负荷能力强,特别适用于处理浓度较高、水质水量变化较大的污水,其主要弱点为产泥量较大,而且AB法工艺不具备深度脱氮除磷功能,出水水质尚达不到防止水体富营养化的要求。但目前AB工艺的B段可根据不同的要求按延时器的原理设计。

2.5.1 AB法的工艺流程

AB法的工艺流程如图2.13所示。污水由城市排水管网经格栅和沉砂池直接进入A段,该段污泥负荷很高,泥龄短,水力停留时间很短,约为30 min;B段污泥负荷较低,水力停留时间约为2~6 h,泥龄15~20 d。由于A段的有效功能使B段的处理效果得以提高,不仅能进一步去除BOD、COD,而且提高了硝化效果。

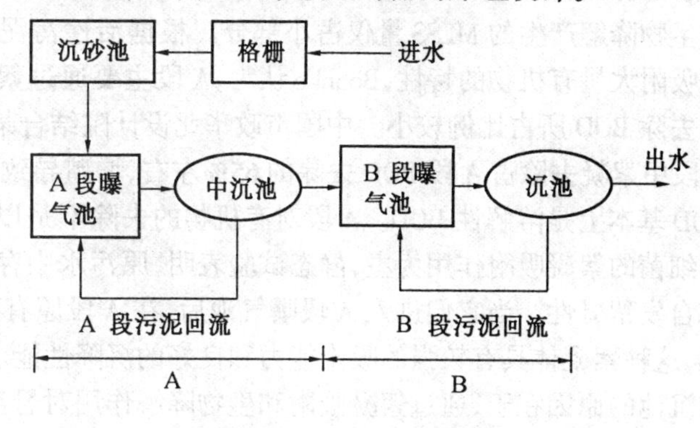

图2.13 AB法工艺流程

2.5.2 AB法的基本原理

AB法处理污水过程分两个阶段:A段和B段。A段细菌数量多,主要以吸附絮凝作用、吸收、氧化等方式去除有机物。吸附作用始于市政管网,污水在市政管沟内流动时,部分有机物被管道内滋生的细菌吸附,原污水到达A段后,由于A段存在大量的细菌,这种吸附去除作用得到加强,有机物被进一步去除。B段去除有机污染物的方式与普通活性污泥法基本相似,主要以氧化为主。难溶性大分子物质在胞外酶的作用下水解为可溶的小分子,可溶小分子物质被细菌吸收到细胞内,由细菌细胞的新陈代谢作用将有机物质氧化为CO_2、H_2O等无机物而产生能量储存于细胞。A、B两段的细菌密度和生理活性都各不相同,A段的细菌密度几乎是B段的2倍,总活性也明显高于B段,因此,A段对有机物的去除起着关键作用,并为B段有机物的进一步去除创造了良好的条件。

2.5.3 AB法中A段的重要作用

2.5.3.1 AB法中A段的作用机理

AB法流程遵循以下两条基本原理。

1) 与单段系统相比,微生物群体完全隔开的两段系统能取得更高效和更稳定的处理效果。

2) 由于AB法不设初沉池,为此一个连续工作的A段,由于外界连续不断地接种具有很强繁殖能力和抗环境变化能力的短世代原核生物,提高了处理工艺的稳定性。

一些排水工程系统的大量测试表明,原污水和排水沟渠内表面已存在大量细菌,这些细菌并在排水管网中发生增殖、适应和选择等生物学过程,使原污水中出现生命力旺盛且能适应原污水环境的微生物群落。生物处理去除污水有机物的作用方式主要包括絮凝、吸附、吸收和生物降解等过程,不同运行条件下,占主导作用的过程将有所不同。一般城市污水中所含的BOD和COD约50%以上是由悬浮固体(SS)形成的。AB法的A段去除污水中非溶解性有机物的效率很高。A段能充分利用原污水中繁殖能力很强的微生物并不断进行更新,但由于A段的水力停留时间和泥龄均很短,缺乏污泥充分再生的有利条件,只有部分快速降解的有机物得以氧化分解,因此,A段中的MLSS大部分由原污水中的悬浮固体组成,而靠生物降解产生的MLSS量仅占小部分。根据活性污泥在与污水接触的短时间内,就能快速吸附大量有机物的特性,Bohnke认为,A段主要通过絮凝吸附作用去除BOD,而靠氧化分解去除BOD所占比例较小。中国市政华北设计院结合某城市污水处理工程所做试验表明:A段中絮凝去除占A段BOD去除的65%左右,增殖导致的去除约占35%。增殖作用去除的BOD基本上是溶解性BOD。A段对有机物的去除不是以细菌快速增殖降解作用为主,而是以细菌的絮凝吸附作用为主,静态试验表明,原污水中存在的大量适应原污水的微生物,具有自发絮凝性。当它们进入A段曝气池后,在A段原有菌胶团的诱导促进下很快絮凝在一起,这种絮凝体具有较强的吸附能力和良好的沉降性能。由上述可知,A段的处理效果优于初沉池的原因在于,通过絮凝吸附和生物降解作用对悬浮物和部分溶解性有机物的去除,其中,絮凝吸附起主导作用。

2.5.3.2　A段对B段的影响

从上面对AB法中A段的作用机理分析可知,A段具有高效和稳定的特点。因此,A段的存在是保证B段高效运行的关键。

1) A段的存在可使B段的运行负荷减少40%~70%,在给定的容积负荷下,活性污泥曝气池的总容积可减少到原容积的45%左右。

2) 原污水的浓度变化在A段得到明显的缓冲,使B段只有较低的、稳定的污染物负荷,污染物和有毒物质的冲击对B段的影响减小,从而保证了污水处理厂的净化效果。

3) 由于A段对部分氮和有机物的去除,以及B段泥龄的加长,改善了B段硝化过程的工艺条件,硝化效果得以提高。

4) A段的存在使得AB法工艺的抗冲击能力很强,主要原因包括下列几点:① A段中起主导作用的是物化和生物絮凝过程,因而对冲击负荷的敏感性较小,去除效果稳定;② A段污泥主要是以进水中细菌为接种而繁殖,并且泥龄很短、更新快,进水中的细菌已适应原水质,抗冲击力较强,因此,污泥无需驯化即可很快恢复正常状态;③ 低负荷运行的B段,活性污泥混合液自身具有很强的稀释缓冲能力和解毒能力。

2.5.4　污水处理厂运行特点及结果

1) 选用的AB工艺合理、可靠,即使在进水水质变化幅度大,可生化性较差的情况下仍可取得稳定的、较好的出水水质。

2) 控制 A 段对有机物的去除率,保证 B 段进水中 $BOD_5/N > 3$,AB 工艺在良好的运转条件下对 N、P 也有较高的去除率。

3) AB 工艺加砂滤对 BOD、NH_3-N、TP 均有较高的去除能力,其去除率分别为 97%、94%、97%,具体见表 2.3。

表 2.3　BOD、NH_3-N、TP 的去除效果

项目 / 处理效率 / 处理阶段	BOD/%	NH_3-N/%	TP/%
A 段	52	42	64
B 段	91	88	91
砂滤	14	26	21
总效率	97	94	97

2.5.5　AB 法的应用实例

与传统活性污泥法相比,AB 工艺在 COD、BOD、SS、总磷和总氮上的去除率均高于前者,且在工程投资和运行费用方面也较省。在德国、瑞士、希腊等国,一些老厂因处理出水达不到排放标准,将原来的常规活性污泥法改为 AB 法从而解决了问题。目前全世界有 60 多座采用 AB 工艺的污水厂在运行、设计和规划之中。在我国,上海、山东等地也有采用 AB 工艺的污水处理厂,表 2.4 列出了国内外一些采用 AB 工艺的污水厂的运行情况及运行参数。

表 2.4　国内外用 AB 法的污水处理厂运行参数和运行效果

	污水厂名	中国				德国		奥地利
		山东淄博污水厂	青岛海泊河污水厂	上海松江污水厂	上海嘉定污水厂	Krefeld	Rheihausen	Siggzerwieso
	处理流量/($10^4\ m^3 \cdot d^{-1}$)	14	8					
	污水成分	工业废水85%以上	工业废水2/3	工业废水80%~85%	工业废水70%			工业废水1/4
	进水 SS/($mg \cdot L^{-1}$)	250	350	250~280	400~500			
	进水 BOD_5/($mg \cdot L^{-1}$)	200~225	300	200~225	200~300	300~350	222	300
	进水 COD_{Cr}/($mg \cdot L^{-1}$)	500~600	700	500~600	600~700	7 800	405	280
	进水 NH_4-N/($mg \cdot L^{-1}$)	50					39	
A段	BOD_5 污泥负荷/[$kg \cdot (kg \cdot d)^{-1}$]	4.5	4.0	4.3	4.0	4.3	5	4.5
A段	溶解氧/($mg \cdot L^{-1}$)	0.3~0.5						
A段	回流比/%	50~75						
A段	泥龄/h	4~5.5		5.52				
A段	停留时间/min	36	48	37.2	72		40	30
A段	BOD_5 容积负荷/[$kg \cdot (m^3 \cdot d)^{-1}$]	10	10	8.75	16			
A段	曝气池混合液质量浓度/($kg \cdot m^{-3}$)	1.5~2.0		2.0	4.0			1.5~2.2

续表 2.4

污水厂名		中国				德国		奥地利
		山东淄博污水厂	青岛海泊河污水厂	上海松江污水厂	上海嘉定污水厂	Krefeld	Rheihausen	Siggzerwieso
B段	污泥负荷(BOD_{Cr})/[kg·(kg·d)$^{-1}$]	0.125	0.37	0.13	0.4		0.15	0.3
	溶解氧/(mg·L^{-1})	0.7~2.0						
	回流比/%	100					氧化沟	
	泥龄/h	21		21				
	停留时间/h	6.26	4.2		6.3		6.0	
	容积负荷(BOD_5)/[kg(m^3·d)$^{-1}$]	0.525	0.5	0.43	0.6			
	曝气池混合液浓度/(kg·m^{-3})	3.45		3.45	1.5		3.3 g/L	
出水 BOD_5/(mg·L^{-1})		15	17	<30	<30	5~7	17	9.1
进水 COD_{Cr}/(mg·L^{-1})		50	61	<150	<100	40~50	52	44
出水 SS/(mg·L^{-1})		15	20	<100				
A段沉淀池停留时间/h			1.3	1.55	1.9			
B段沉淀池停留时间/h			3.9	5.46	5.9			

2.6 LINPOR 工艺

LINPOR 工艺由德国 LINDE 股份公司的 Morper 博士于 20 世纪 80 年代初首次提出，是传统活性污泥工艺的一种改进，其反应器实际上是传统活性污泥法与生物膜法相结合而组成的双生物组分生物反应器，它在传统工艺曝气池中投加一定数量的多孔、泡沫塑料颗粒作为活性生物的载体材料，开发此工艺的目的是为了改进传统工艺的处理效能和运行可靠性，防止污泥流失、污泥膨胀及提高氮磷去除效果等。

2.6.1 LINPOR 工艺工作原理

LINPOR 工艺流程图如图 2.14 所示。LINPOR 工艺最大的特点是在曝气池中添加特殊填料，反应器中所投加的填料通常占其有效容积的 10%~30%。能用做 LINPOR 反应器填料的材料必须满足严格的要求：如比表面积大，孔多且均匀，具有良好的润湿性、机械性、化学性和生物稳定性等，以保证该工艺的良好运行效果及较长的运行周期。目前，可用做此载体的材料仅有几种，而多孔性泡沫海绵或泡沫塑料是其中最常用的两种，其大小为 12~15 mm，空隙率为 90%，微生物在其表面生长后，密度略大于水，在静水中的沉淀速度为 2~10 cm/s，小于传统曝气所需的搅拌速度，因而易通过曝气而使其在池中呈流化态。泡沫

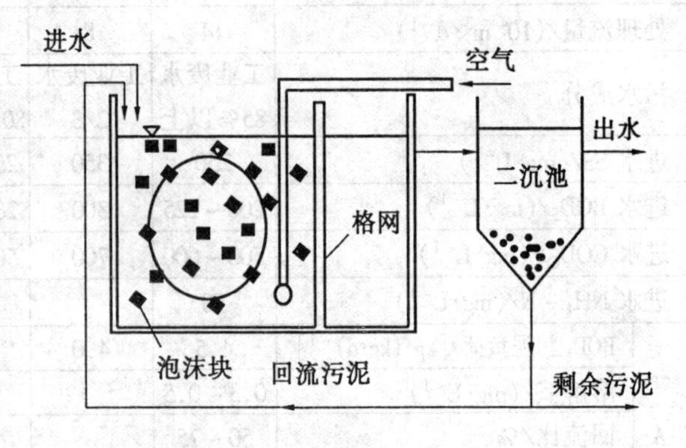

图 2.14 LINPOR 工艺流程图

填料的比表面积为$(1\sim5)\times10^3\ m^2/g$,虽比活性碳低得多,但比一般生物滤池填料的比表面积$(1\sim2)\times10^2\ m^2/g$要高得多。由于此填料的孔径比活性碳颗粒的大得多,因而有利于大小约10^{-2} mm的细菌和10^{-1} mm的原生动物进入其空隙。进入其空隙的微生物并不完全处于附着生长状态,而是在空隙间充满了微生物,并存在着微生物附着生长和悬浮生长状态的不断交换。曝气所产生的紊动作用及气泡在空隙内外的传质,使其中的微生物保持较好的活性并避免结团现象的发生。由于 LINPOR 反应器运行时填料处于悬浮态,因而为防止其随处理出水的流失,需在反应器的出水区一端设置一道专门设计的穿孔不锈钢格栅。为防止填料堵塞格栅,通常要求在出水区的格栅处进行鼓泡曝气。此外,为防止填料在窄长形的 LINPOR 反应器出水区的过多积聚,也需用气体泵将部分填料从出水区回送至进水区。在 LINPOR 反应器运行的初期,可分批将填料投入曝气池,使之形成一层悬浮层并得到润湿,使微生物在其表面生长在水中呈淹没状并最终呈流化态。

LINPOR 反应器实际上是一种传统活性污泥工艺和生物膜工艺相结合而组成的双生长型生物体反应器,通过投加满足特殊要求的生物载体并使之处于流化态,不仅大大增加了反应器中的生物量,增强了系统的运行稳定性及对冲击负荷的抵御能力,而且还可通过运行方式的改变使其具有不同的处理效能,达到不同的处理目的和要求。

2.6.2　LINPOR 工艺的不同运行方式及其应用

LINPOR 工艺可根据其所能达到的处理功能和对象的不同,以三种不同的方式运行:

1) 主要用于去除废水中的含碳有机物的 LINPOR – C 工艺;

2) 用于同时去除废水中的碳和氮的 LINPOR – C/N 工艺;

3) 用于脱氮的 LINPOR – N 工艺。

目前,这三种不同形式的 LINPOR 工艺已在德国、奥地利、澳大利亚、日本和印度等国家的城市污水和工业废水的处理中得到实际应用。

2.6.2.1　LINPOR – C 工艺及其应用

LINPOR – C 工艺主要用于去除废水中的有机碳污染物。与传统活性污泥法不同的是该工艺中生物体由两部分组成:一部分附着生长于多孔塑料泡沫填料中(上);另一部分悬浮于混合液中。载体材料表面及空隙内的生物量通常可达 10 ~ 18 g/L,最大可达 30 g/L;混合液的污泥质量浓度则可达 5 ~ 10 g/L。运行过程中,附着生物体被设置在曝气池末端的特制格栅截留,而处于悬浮态的活性污泥则可穿过格栅而流出曝气池,并在二沉池中进行泥水分离,实现污泥的回流。

LINPOR – C 工艺几乎适用于所有形式的曝气池,因而特别适用于对超负荷运行的城市污水和工业废水活性污泥处理厂的改造,即应用 LINPOR – C 工艺可在不增加原有曝气池容积和不变动其他处理单元的前提下提高处理能力、处理效果及运行稳定性。LINPOR – C 工艺在欧洲较多国家已得到较广泛的应用,如德国慕尼黑市 Groplapen 纸板厂污水处理工艺原采用典型的传统活性污泥法工艺,其设计污染负荷为 230 万人口当量,曝气池的总容积为 39 300 m^3,分 3 组独立运行,每组又分为 9 个并联运行的曝气池,每个曝气池的容积为 1 500 m^3。该厂在运行过程中,由于水量增加而存在处理出水水质超标问题(其中包括氮的问题),为此将其中两组改造成为 LINPOR – C 工艺。改造后,在两组系统的曝气池中分别投加30%的多孔性泡沫塑料方体。改造后,尽管有机负荷大大超过设计值(如BOD_5设计负荷为2.66 kg/(m^3·d),而实际为4.04 kg/(m^3·d)),但经24 h连续采样的监测结果表明,处理出水水质得到明显的改善,达标排放,并优于设计值,表2.5为运行监测结果。

表2.5 德国慕尼黑市Groplapen纸板厂LINPOR-C处理工艺运行效果

项 目	连续4年年平均监测结果			
	1	2	3	4
进水BOD_5/(mg·L^{-1})	235	242	197	210
出水BOD_5/(mg·L^{-1})	10	8	10	7
BOD_5去除率/%	96	97	95	97
进水COD_{Cr}/(mg·L^{-1})	526	554	498	581
出水COD_{Cr}/(mg·L^{-1})	83	72	82	88
BOD_5去除率/%	84	87	84	85
进水BOD_5/COD_{Cr}	0.45	0.43	0.40	0.36
BOD_5容积负荷/[kg·(m^3·d)$^{-1}$]	1.5	1.3	1.15	1.07
BOD_5污泥负荷/[kg·(kg·d)$^{-1}$]	0.28	0.22	0.16	0.17

LINPOR-C工艺的另一个成功应用的实例是澳大利亚的一家造纸厂废水经厌氧处理后出水的处理。该工艺设两组,由两个直径为12 m、深为9 m、容积为1 000 m^3的圆形钢结构LINPOR-C反应器组成。反应器内填料的投加量为25%。运行结果表明,尽管厌氧处理段的效果不佳而导致LINPOR-C工艺的进水负荷较高,但经LINPOR-C反应器处理后的出水仍可完全达标。运行中附着生长的生物量为15 g/L,平均MLSS为74 g/L(低于设计值)。

2.6.2.2 LINPOR-C/N工艺及其应用

LINPOR-C/N工艺具有同时去除废水中碳和氮的双重功能,与LINPOR-C工艺的区别在于其有机负荷较低。与传统工艺不同的是,在LINPOR-C/N工艺中,由于存在较大数量的附着生长硝化细菌及其在反应器中较悬浮态微生物长得多的滞留时间,因而在较高的负荷下仍可获得良好的硝化效果。同时由于在填料内部存在无数微型的缺氧区,因而可实现有效的反硝化作用,脱氮率可达50%以上。日本Bisai市的一家纺织厂采用该工艺对原有的传统工艺进行了改造,处理效果得到明显改善,其中COD_{Cr}去除率由原来的50%提高到72%,TN去除率由原来的54%提高到75%。

2.6.2.3 LINPOR-N工艺及其应用

LINPOR-N工艺十分简单,可在极低或不存在有机底物的情况下对废水实现良好的脱氮效果,常用于经二级处理后的工业废水和城市污水的深度处理。传统工艺出水中的有机物浓度通常是比较低的,具有适合于硝化菌生长的良好环境,不存在异养菌与硝化菌的竞争作用,因而在LINPOR-N工艺中处于悬浮生长的生物体几乎不存在,而只有那些附着生长的生物体。在运行过程中可清楚地观察到反应器中载体的工作状况,所以,LINPOR-N的反应器又被称做"清水反应器"。LINPOR-N工艺中,所有的生物体都附着生长于载体表面,因而运行过程中无需污泥的沉淀分离和回流,从而简化了工艺并节省了投资和运营费。1991年,德国制定了氨氮和TN的出水排放标准:在温度不低于12℃的情况下,处理后出水中的氨氮和 TN 的质量浓度分别不得超过 10 mg/L 和 15 mg/L。为此,德国有不少的污水处理厂纷纷采用 LINPOR－N 工艺(填料投量 30%)对原有工艺进行改造或直接采用改造工艺。其中 Aachen 市最大的 LINPOR－N 工艺污水处理厂其设计污染物负荷为 46 万人口当量,反应器容积为 5 200 m^3,处理出水的 TKN 质量浓度低于 1.0 mg/L,即 TKN 去除效率为 1 250 kg/h。德国北部的 Hohenlockstedt 污水处理厂运用该工艺于好氧塘出水后,NH^{+4}－N 质量浓度始终低于 10 mg/L,在温度低于 6 ℃时亦不例外。澳大利亚 Kembla 污水处理厂采用 LINPOR－N 工艺处理经传统生物工艺处理后的炼焦炉废水,亦获得了明显的脱氮效果。

2.7 PACT 活性污泥法工艺

2.7.1 PACT 活性污泥法工艺特点

近 20 年,粉末活性炭活性污泥法(PACT)已广泛用于化工和石油化工废水的处理。PACT 是 20 世纪 70 年代早期 DuPont 在处理工业废水中的色度时提出的,是通过将粉末活性炭(Powdered Activated Carbon,简称 PAC)加入活性污泥反应器中,利用活性炭吸附和生物氧化去除有机污染物质的综合技术。活性炭吸附是利用液相与活性炭表面(疏水性表面)间的物质分配来去除有机物,适用于去除疏水性有机物;而生化反应是在酶的作用下的液相反应,适用于去除亲水性有机物。与传统的活性污泥处理系统比较,PACT 技术具有以下特点:

1) 可通过吸收溶解性有机物质而提高系统的抗冲击负荷能力;

2) 可通过吸收难降解性有机物质而提高 COD 去除率;

3) 能提高色度的去除率;

4) 可改善污泥的沉淀、浓缩、脱水性能;

5) 由于系统去除率的提高以及混合液生物固体浓度的增加,系统的水力负荷能得到很大提高;

6) 由于 PAC 吸收抑制性物质或硝化菌提供给吸附表面,改善了系统硝化能力;

7) 提高了 EPA 优先污染物的去除率。

PACT 技术的工艺流程如图 2.15所示。粉末活性炭连续或间歇地按比例加入曝气池。由于在曝气池中吸附过程与生物降解过程同时进行,所以能达到较高的处理效率,获得较好的出水水质。完全混合的污泥和粉末活性炭流到二沉池中,污泥回流到曝气池,处理水排放,粉末活性炭再生后回用于该系统。

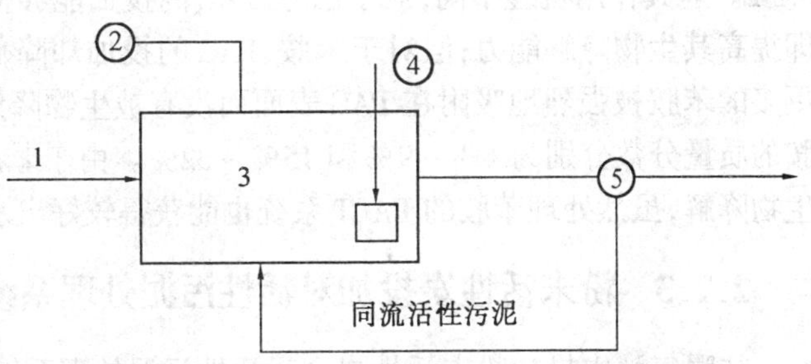

图 2.15　投加活性炭的活性污泥法(PACT)的流程
1—来自一级处理;2—粉末活性炭;3—曝气池;4—空气;5—沉淀池

2.7.2 PACT的代谢机制

PACT的代谢机制包括活性炭作用下的“生物活性的激活”和微生物作用下的“活性炭的生物再生”两种作用。针对微生物是否对活性炭有生物再生作用,一般有下列两种观点。

第一种观点认为PACT中不存在PAC的生物再生。由于微生物对PAC的再生不起作用,所以PAC经过几个吸附周期后,有机污染物的去除率逐渐下降。这种现象可解释为由于PAC表面逐渐达到饱和,从而减小有机物去除率。微生物之所以对PAC的再生不起作用,是因为酶反应需要一定的空间和移动的自由性,以便和基质结合;若要使酶在微孔中起催化作用,微孔直径至少应等于酶直径的3倍。而最简单、最小的酶分子平均直径为3.1~4.4 nm,所以酶若要整个进入孔隙中起催化作用,其孔径须大于10 nm,而粉末活性炭微孔的直径小于4 nm,所以活性炭的生物再生是不可能的。因此,PACT对系统出水水质的改善是PAC吸附与微生物代谢的简单结合。

第二种观点认为微生物细胞与PAC是相互影响的,即存在PAC的生物再生。PAC的存在增加了固液表面,微生物细胞、酶、有机污染物、氧能够吸附在此表面上,为微生物代谢提供良好环境。另表面的物化催化反应也有可能在PAC表面发生。虽然粉末活性炭对有机物的吸附主要发生在微孔中,细菌个体不能进入,但其分泌的胞外酶 $D \leqslant 1$ nm,所以有一部分酶可能通过扩散进入微孔中,与吸附位上有机物反应,使得吸附位空出。另外,在细胞衰老或高冲击力水流作用下出现的细胞自溶使得氧化酶能与污染物接触,而且酶的催化作用只需酶的局部(含活性基团的主链或侧链)进入活性炭微孔与污染物接触即可。所以,酶对活性炭微孔部分生物再生是有可能的。排泄到PAC微孔中的生物酶能够对PAC吸收的有机物进行胞外生物降解,使PAC得到再生。与单纯的吸附系统比较,由于生物再生使得活性炭的吸收能力提高,延长了活性炭使用周期。即PACT系统是PAC与污泥吸附作用和微生物的生物降解作用相结合的系统。

Orshansky和Narkis对处理乙醇和苯胺的PACT系统中的吸收作用和生物降解作用相互促进性进行了研究。发现这两种物质的PACT系统均达到较好的出水水质,当进水乙醇和苯胺的质量浓度均为500 mg/L时,出水乙醇和苯胺的质量浓度分别为0.15 mg/L和0.04 mg/L。但其作用机理不同,对于乙醇,PAC的投加能够提高微生物的呼吸和生物氧化能力,即提高其生物降解能力;但对于苯胺,PAC的投加却降低了微生物的生物降解能力 。因为更多的苯胺被强烈地吸附在PAC表面而没有被生物降解,PAC表面吸附未降解的乙醇和苯胺的质量分数分别为4%~9%和15%~32%。由于苯胺的高吸收能影响了吸附的苯胺的生物降解,虽然处理苯胺的PACT系统也能获得较好出水水质,但必须将PAC分离。

2.7.3 粉末活性炭投加对活性污泥处理系统的影响

往曝气池中投加粉末活性炭会对活性污泥处理系统的运行产生多方面的影响。

2.7.3.1 改善絮凝体的沉降性能

投加到曝气池中的粉末活性炭能与絮凝体结合,增加絮凝体密度,提高絮凝体的沉降性能。Hutton研究表明,PACT系统中的活性炭起着沉淀剂的作用;Tsai等在用活性污泥系统处理煤液化废水时,发现投加PAC能提高有机物去除率,而且污泥的沉降性能也得到改善。

投加 PAC 也能改善医药废水和垃圾渗滤液废水处理系统中活性污泥的沉降性能。但有一点应注意,为提高污泥的沉降性,必须考虑粉末活性炭的粒径大小。

2.7.3.2 提高系统的抗冲击负荷能力

粉末活性炭对污染物的吸附能力与污染物的浓度有关。污染物浓度高时,粉末活性炭的吸附量增加;浓度低时,由于解吸作用又有部分被吸物回到溶液中。所以粉末活性炭能对污染物浓度变化起到缓冲作用。这样粉末活性炭能对微生物起到保护作用,提高了系统的抗冲击负荷能力。据相关报道,Leipzig 等在处理化工废水的活性污泥系统投加粉末活性炭后,抗冲击负荷能力显著提高。Chou 等发现,PAC 的投加能使受到毒性物质冲击的活性污泥系统很快恢复正常。但如果冲击负荷过大,活性污泥的生物活性将受到影响。但据 Galil 研究发现,由于酚的突然排放,处理冶炼厂废水的活性污泥的生物絮凝能力遭到破坏,生物降解完全停止,投加 PAC 后,只能提高生物处理率,但不能改善污泥的沉降性能。

2.7.3.3 除色、除臭并消除发泡现象

与传统的活性污泥法相比,PACT 能有效地去除色度、除臭并消除发泡现象。Wu 等对许多处理方法比较后发现,PACT 是颜料废水处理的最佳工艺。Benedek 等用活性污泥法处理化工废水时,投加 PAC 后,能有效控制曝气池内的发泡现象。另外,Kincannon 等发现,曝气池内投加 PAC 后能降低污水中某些物质如甲苯等发出的恶臭,分析其原因,主要是活性炭对含芳香环的有机物具有较强的选择吸附性。

2.7.3.4 有助于生物系统对污水中氮的去除

传统活性污泥系统对污水中总氮的去除率仅为 30%左右。处理水排放到水体后,易造成水体富营养化。粉末活性炭能吸附某些毒性物质,使得系统硝化与反硝化率提高。Ng 等认为,在用活性污泥法处理石油化工废水时,由于投加的粉末活性炭能吸附废水中抑制硝化菌的物质,从而可促进活性污泥的硝化作用。Leipzig 等也发现,用活性污泥法处理化工废水时,投加粉末活性炭后,即使有毒性物质存在,系统也能正常地进行硝化反应。

2.7.3.5 提高系统处理效率

活性污泥系统投加 PAC 后,处理效率能大幅度提高。一方面,PAC 加入后能使污水中有机物与微生物接触时间延长,为一些难降解物质的生物降解提供了可能;另一方面,粉末活性炭具有选择性吸附难降解性物质(如木质素、腐殖质等)和毒性物质(苯酚、有机氯化物等)的特性。而且,微生物本身产生的有毒、难降解性物质也能被有效吸附,能防止生物活性的下降。另外,投加粉末活性炭还能增加系统的污泥浓度,有效地提高了各种废水处理系统的处理率。

Ying 等发现,在各种运行条件下,往处理垃圾渗滤液 SBR 系统投加 PAC 后,许多卤代有机物浓度均降到各自的允许检测浓度。投加 PAC 的活性污泥系统处理含 Cr^{6+} 废水时,COD 和 Cr6 + 的去除率均显著提高。对处理医药行业废水的活性污泥系统和处理垃圾渗滤液 SBR 系统投加 PAC 后,COD 的去除率都有较大提高。

2.7.4 PACT 系统的运行

PACT 系统的成功运行在很大程度取决于所投加的粉末活性炭的量和粒径大小及系统

中活性污泥的浓度。一般针对某一具体的 PACT 系统,首先需要进行间歇试验,确定所需投加的 PAC 的量及尺寸大小;然后再进行连续实验确定系统的污泥浓度。

Marquez 和 Costa 在首先确定投加的 PAC 的量及粒径大小(0.5 g/L 和 81 μm),用连续流 PACT 系统对偶氮染料废水进行处理,发现当进水 COD 质量浓度为 250 ± 30 mgO_2/L,偶氮染料质量浓度为(20 ± 3) mg/L,污泥质量浓度为(1 000 ± 200) mg/L 时,偶氮染料的去除率达到(97.0 ± 1.6)%。他们通过光学显微技术发现,偶氮染料的去除率与污泥浓度之间存在紧密关系,当污泥质量浓度低于 2 500 mg/L 时,PAC 表面能够与混合液充分接触,有利于 PAC 对偶氮染料的吸附和微生物的生物降解;但当污泥浓度比较高时,PAC 被网捕在污泥絮体中,失去其吸附性能,在这种情况下,微生物的生长不能被加强,偶氮染料的去除率很低。

2.8 喷射环流生物反应技术

传统活性污泥法日益暴露出来以下缺陷:

1) 曝气池中的生物量低;

2) 耐水质、水量冲击负荷能力差,运行不够稳定;

3) 易产生污泥膨胀;

4) 污泥产量大;

5) 基建和运行费用高,占地面积大等。

为适应废水处理发展的要求,人们不断地改进传统活性污泥法,开发了许多新的处理工艺。喷射环流生物反应技术就是其中一种,反应器中运用了高速射流曝气、物相强化传递、紊流剪切等技术,具有氧利用率高、反应器的容积负荷大,水力停留时间短等特点。

2.8.1 喷射环流反应技术简介

喷射环流反应器系统的组成如图 2.16 所示。原水经进水泵①流入管道②与反应器上部回流污水和回流污泥混合,被送到两相喷嘴 B,混合液被高速喷出,并与从吸气管 A 吸进的空气混合,沿着内管反应区③向下流动,到达底部后,转为上向流流过外环反应区,到达反应器顶部后污水分为三部分:

1) 一部分反应后的污水被喷嘴再次吸入内管反应区循环;

2) 一部分被循环泵引入管道与新进入的污水混合再经喷嘴喷入;

3) 一部分(进水量)在反应器的上部流出反应器。

考虑到空气和生物絮体多次被喷嘴剪切,成为细小生物碎片和微气泡,为防止微气泡粘附生物絮体上影响沉淀分离,污水经脱气室④脱气后进入二沉池⑤。

高速液体从两相喷嘴高速喷出,由两相喷嘴引入的液流在套筒内形成一个剪切区,在剪切区内由吸力吸进的空气被分散形成超细气泡(初级分散)。气泡粒径越小,越能有效的进行氧的传质。与此同时,回流污泥中的生物菌团也被分解为薄膜,产生希望得到的液相和细菌之间的大的接触面,使被处理的污水真正地形成完全混合状态。气泡、污水和细菌薄膜的混合物沿导流筒向下流动,在反应器底部转向,一起向上流过外套筒。在导流筒的上端一部分混合物由于两相喷嘴的抽吸作用再次进入导流筒,气泡和细菌薄膜再次被分散(二次分

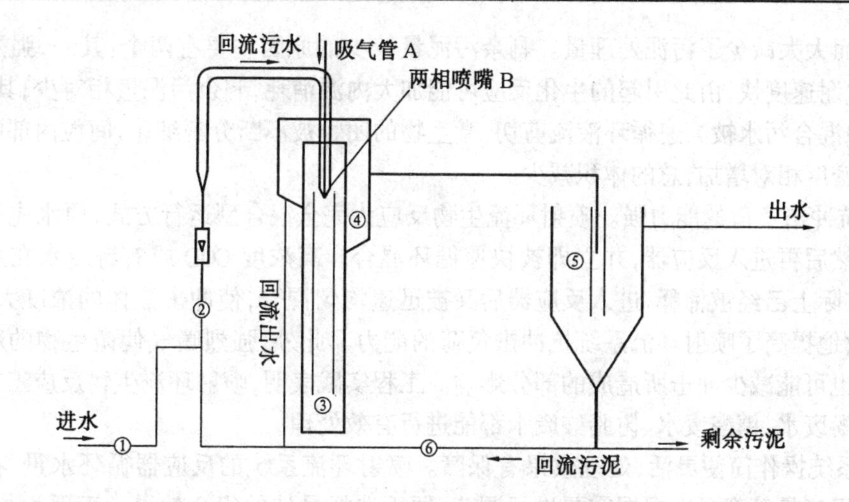

图2.16 喷射循环反应器系统图

1—进水泵；2—循环泵；3—反应器；4—脱气室；5—二沉池；6—污泥回流泵

散)，从而提高氧的利用速率。

综上分析，污水好氧生物处理过程主要受到氧从气相向细菌表面传质的制约，喷射式内循环反应系统则是建立在传质科学和反应动力学相统一的基础上的，并满足了以下条件：

1) 所供给的空气喷射后散布成超细气泡，加快氧从气相向液相的传质；

2) 生物絮体经喷射产生的薄膜(片)增大了污染物质和生物絮体的接触面积。

2.8.2 喷射环流反应技术特点

喷射环流生物反应系统的工艺原理决定了这种技术具有以下特点：

1) 系统占地少，基建费用低。其原因主要有三：一是系统设计紧凑，结构合理，减少了占地；二是反应器高径比大(7:1)且大都分被埋在地下，有效地利用了垂向空间，减少了平面上的占地；三是由于容积负荷和污泥负荷都很高，水力停留时间很短，减少了反应器的体积。实际工程预算结果对比表明，采用喷射环流工艺处理同样数量的污水，其基建费用比活性污泥法工艺要减少30%以上。

2) 空气氧转化利用率高，容积负荷和污泥负荷高。喷射环流生物反应工艺的曝气方式采用射流扩散式，并通过垂向循环混合，使溶解氧达到最大值，这一过程实际上吸取了深井曝气依靠压头溶氧的优点。高速喷射形成紊流水力剪切，使气泡高度细化并均匀分散，决定了该方法对空气氧的转化利用率高。据试验测定，其空气氧的转化利用率可高达50%，溶解氧质量浓度可保持在5 mg/L以上。足够的溶解氧是保证好氧生物处理系统高负荷运行的条件，这也是喷射环流生物反应工艺的优势所在。一般情况下，喷射环流生物反应系统的污泥质量浓度在10 g/L左右，最高可超过20 g/L，反应器中生物量之大，决定了其负荷值必然高。试验和已有工程的运行结果显示，喷射环流的容积负荷最大可达70 kg/(m^3·d)，其污泥COD负荷值可以超过6 kg/(kg·d)。

3) 固液分离效果好，剩余污泥量较少。喷射环流生物反应工艺混合污水中的微生物菌团颗粒小，其沉降性能好，这是其显著特点之一，污泥在沉淀池中的停留时间一般只需要40 min左右。该工艺每降解1 kg BOD所产生的剩余污泥量，比其他好氧方法平均减少40%

左右，从而大大减少了污泥处理量。剩余污泥量较少的原因主要有两个：其一，强烈曝气使微生物代谢速度快，由此引起的生化反应可能加大内源消耗，剩余污泥量相对少；其二，由于反应器中混合污水被高速循环液流剪切，微生物的团粒被不断分割细化，间粒内部的气孔减少，使其密度相对增加，总的体积减少。

4) 抗冲击负荷的能力强。喷射环流生物反应为完全混合型运行方式，原水先与回流污水合流，然后再进入反应器，并立即被快速循环混合。高浓度 COD 或有毒废水在进入反应器之前实际上已经被稀释，进入反应器后又被迅速均匀混合，使冲击液体的浓度大大降低，从而有效地提高了喷射环流系统抗冲击负荷的能力。此外，强烈曝气使微生物的新陈代谢加快后，也可能减少冲击所造成的部分影响。工程实践表明，喷射环流生物反应工艺对甲醛废水、含酚废水、糖醛废水、树脂酸废水都能进行有效处理。

5) 系统操作简便灵活，处理效果有保障。喷射环流系统的反应器循环水量、补充曝气量、污泥回流量等都可以根据需要进行调节，便于选择最佳的组合效果。正因为如此，采用喷射环流生物反应工艺容易保证有较高的 COD 去除率，COD 去除率受容积负荷影响较小。

6) 启动快、管理方便。

2.8.3 喷射环流反应技术研究进展

喷射环流生物反应技术融合了射流曝气、生物流化床、深井曝气等技术的特点，广泛地应用于德国、意大利、挪威、加拿大、法国、韩国、中国等国的啤酒废水、垃圾渗滤液、造纸废水、乳品废水及生活污水的处理中，取得很好的效果。资料表明，目前该技术的核心首先掌握在德国(HCR 高效生物反应器)，而后挪威、韩国等国通过技术引进与技术革新发明了 ECR 高效生物反应器，而大部分国家目前正处于引进研究阶段。我国近几年分别从德国和挪威引进该技术，用于广州造纸废水处理工程($600\ m^3/h$)、南宁味精厂废水处理工程($1\,500\ m^3/d$)和杭州萧山城市污水处理工程(处理城市污水 $12\times10^4\ m^3/d$)，取得良好的效果。

2.8.3.1 国外研究进展

早在 20 世纪 40 年代，美国道氏化学公司就将射流器作为曝气设备应用于污水处理，建造成了一个处理厂，处理水量为 $1.85\times10^5\ m^3/d$，共布置了 724 只射流器。空气由鼓气机压入，工作介质采用二沉池出水或曝气池混合液。当活性污泥混合液为工作流体，在压力为 0.17 ~ 0.21 MPa 下循环流动时，美国宾州大学的孔兹经研究指出，溶解氧速率是喷嘴的函数。1965 年，西德威尔定根化工厂开始用射流曝气进行污水生化处理小型试验，1975 年正式投产，每天处理 $2.4\times10^4\ m^3$ 工业污水，以上射流充氧生物反应技术由于采用传统射流方式，氧转移效率较低，污水处理优势相比于传统工艺不明显。

20 世纪 90 年代，德国 clausthal 大学多相研究室结合射流生物反应器和环流反应器的优点，开发出喷射环流反应器(Jet Loop Reactor)，命名为 HCR(High Compact Reactor)反应技术。该技术结合了喷射与环流的特点，一方面由于高速液体的剪切作用，使气体破碎成非常细小的气泡，产生很大的气液接触面积，提高单位功耗下的传质效率；另一方面，由于喷射推动力和气提推动力的相互作用，使反应器内形成规则的循环流动，从而使物料间的混合、扩散、传质、传热性能得到显著改善；同时由于没有机械传动装置、结构简单、操作方便，因而在化学工程、生物工程及制药工程领域得到广泛的应用。

E. A. Naundordf 采用喷射环流生物反应技术处理 Clausthal－Zellrfeld 城市的生活污水，污水 COD 质量浓度为 270～540 mg/L；BOD 质量浓度为 180～360 mg/L；反应器中污泥质量浓度变化范围是 1 000～6 000 mg/L，污水停留时间为 15～45 min，BOD 容积负荷变化范围是 20～84 kg/(m^3·d)，研究发现喷射环流生物反应技术生化池仅仅为传统活性污泥工艺的1/6，而且形成优于传统工艺沉降性的污泥。

H. Wildhagen 采用喷射环流生物反应技术处理啤酒废水，进水 COD 质量浓度平均为 3 500 mg/L，最高达到 10 000 mg/L，喷射环流反应器中的 COD 容积负荷为 60～120 kg/(m^3·d)，相应 COD 去除率为 80%～95%。Elisabeth Magnus 利用喷射环流生物反应技术处理新闻纸废水，车间出水 COD 质量浓度为 3 500 mg/L，采用工艺流程为

进水——→中和池——→喷射反应 1——→喷射反应 2——→脱气池——→(二沉池)

两级生物反应水力停留时间各为 1.5 h，经过两级喷射生物反应处理后，COD、BOD 去除率分别为 86%和 99%。由于喷射环流生物反应器具有很高的高容积负荷，处理生活污水仅仅需要停留 0.5 h，如果和具有高效固液分离能力的膜组件结合一起，将开发出一套高效一体化污水处理设备。J. Jungblut 利用喷射环流生物反应技术和膜过滤联合工艺处理垃圾渗滤液，由于采用膜过滤进行泥水分离，使得生化反应器中保持高生物量，可以适应其高负荷要求。进水 COD 质量浓度范围为 2 800～4 300 mg/L，氨氮质量浓度为 820～1 300 mg/L，研究发现联合工艺对 COD 去除 80%以上，出水氨氮质量浓度仅仅为 1 mg/L。

挪威 Norske Skog Follum 新闻纸厂采用喷射环流生物反应技术工艺处理造纸废水，处理水量 22 500 m^3/d，处理 COD 进水质量浓度平均为 3 500 mg/L，喷射环流反应器水力停留时间 2 h，COD 去除率达到 85%，BOD 去除率为 95%，体积负荷为 10～45 kg/(m^3·d)，COD 污泥负荷值为 2～5 kg/(kg·d)。在污水厂运行中发现，反应器中污泥浓度 MLSS 为 7 g/L，溶解氧质量浓度为 1.0～1.2 mg/L，喷射环流法所产生的活性污泥量比预料的低得多，通常去除 1 kg COD所产生的活性污泥量为 0.15～0.2 kg TSS(总悬浮固体)。营养盐投机比例 C:N:P 为 200:5:1，低于传统活性污泥工艺的营养盐投加量。研究发现，喷射环流生物反应器的活性污泥絮凝非常快，反应器良好的沉降特性和高水平的混合，可以使 MLSS 达 6～10 g/L，尽管在如此高的 MLSS 水平下运行，由于每立方米反应器有机物负荷极高，使得 F/M 比率也较常规高出很多。运行还发现，COD 负荷与 COD 去除总量呈现直线相关关系，表明现有条件下还没有达到最大负荷，仍可以提高负荷。

2.8.3.2 国内研究进展

喷射环流生物反应技术具有经济高效，占地面积少的优点也引起我国环境工作者的注意，通过技术引进的方式引进了德国、挪威等国的喷射环流生物反应技术，成功用于味精废水、造纸废水、石化废水及生活污水的处理中，取得良好的效果。

1. 处理富含硫酸盐高浓度有机废水

处理富含硫酸盐高浓度有机废水，通常采用厌氧方法，但是由于高浓度硫酸盐的存在，会使硫酸盐还原菌(SRB)与产甲烷菌(MPB)竞争基质。而且在硫酸盐还原作用的产物(硫化物)浓度高时，会降低甲烷菌的活性，甚至使厌氧反应无法进行，COD 去除率和甲烷产率都会很低。为使富含硫酸盐有机废水处理问题得到尽快解决，寻找能摆脱硫酸盐的影响并能

高效降解废水中的有机物的高效经济的生物处理技术至关重要。桂林工学院刘康怀与德国克劳斯塔尔工科大学物相传递研究室合作,从德国引进一套喷射环流生物反应器的高负荷好氧处理试验模型,研究其用于处理富含硫酸盐工业废水的可行性,利用喷射环流生物反应工艺后接生物接触氧化工艺处理高浓度味精废水和糖蜜废水,试验进水 COD 质量浓度为 4 000 ~ 8 000 mg/L,硫酸盐质量浓度变化在 6 700 ~ 15 000 mg/L 之间,喷射环流反应器水力停留时间 3 ~ 5 h,反应器污泥质量浓度达到 13 ~ 18 g/L,COD 容积负荷达到 25 ~ 42 kg/(m^2·d),喷射反应工艺废水总 COD 去除率达到 84% ~ 93%,喷射反应器去除率为 75% ~ 80%。研究结果表明,喷射环流生物反应工艺对硫酸根有较强的适应能力,可以用于富含硫酸盐高浓度有机废水的处理。

2.处理造纸废水

李显(1997)介绍了我国引进的第一套喷射环流工艺的运行特点,广东造纸厂通过对挪威、瑞典、芬兰 3 家环保公司的处理技术进行综合评价,选择了占地面积少,基建费用低的喷射环流生物反应工艺,从挪威引进喷射环流生物反应技术处理造纸废水。工艺的液体循环比为(10 ~ 12):1,污泥的产生量比以微生物同化作用为主的常规活性污泥法少 40%左右。根据挪威克瓦纳公司提供的技术数据,喷射环流反应器的 COD 容积负荷可达 50 ~ 70 kg/(m^3·d),是常规活性污泥法的 10 ~ 30 倍,反应时间为 1 ~ 2 h,是常规活性污泥法 1/20 ~ 1/4,每公斤 MLSS 的 COD 负荷可达 5 ~ 10 kg,从而使“喷射环流”系统的反应体积仅为常规活性污泥法的 1/50 ~ 1/30,大大减少了占地面积。同时,喷射环流技术还可处理高浓度(COD 质量浓度可达 13 000 mg/L)、低生化性的亚硫酸盐废液蒸发的污冷凝水等有毒废水。表 2.6 为喷射环流工艺系统处理各种造纸废水的数据。

表 2.6 喷射环流工艺处理各种造纸废水

	处理前			处理后				
	COD /(mg·L^{-1})	pH	SS /(mg·L^{-1})	COD 容积负荷/ [kg·(m^3·d)$^{-1}$]	COD 污泥负荷/ [kg·(kg·d)$^{-1}$]	剩余污泥产量 /(kgSS·CODkg^{-1})	糠醛去除率/%	COD 去除率/%
半化学浆废水	15 000 ~ 24 000	4 ~ 5	50	70	7	0.2		70
亚硫酸盐废液蒸发污冷凝水	5 000 ~ 10 000		50	60	7	0.2	100	80
可溶性亚硫酸盐废水	3 000 ~ 5 000	10 ~ 12		65	7	0.17		65
TMP	2 500	4.5 ~ 5	120	60	6	0.2		70

曲景奎(2002)介绍了我国某造纸厂引进喷射环流工艺(HCR 工艺)处理造纸废水情况,喷射环流系统的污泥质量浓度在 10 g/L 左右,最高可超过 20 g/L,工程的运行结果显示,喷射环流的 COD 容积负荷最大可达 70 kg/(m^3·d),COD 污泥负荷值达到 6 kg/(kg·d)。处理进出水水质与传统活性污泥工艺比较见表 2.7。

表 2.7　某造纸厂废水采用传统活性污泥法和喷射环流工艺主要参数比较

参　　数	传统活性污泥法	喷射环流工艺
充氧速率/[$kg/(m^3 \cdot h)^{-1}$]	<0.06	0.5~3.0
DO 能耗/[$kg/(kW \cdot h)^{-1}$]	0.7~2.0	0.5~3.0
COD 容积负荷/[$kg/(m^3 \cdot d)^{-1}$]	13.5	70
污泥浓度/($kg \cdot m^{-3}$)	2.5~3.0	8~12
BOD 污泥负荷/[$kg/(kg \cdot d)^{-1}$]	0.3	6
COD 去除率/%	<50	80~90
停留时间/h	5	<2
污泥指数/($m^3 \cdot kg^{-1}$)	100~150	<70
沉淀池表面负荷/[$m^3/(m^2 \cdot h)^{-1}$]	<6	10~20
剩余污泥产率/($kgSS \cdot kgCOD^{-1}$)	1.0	<0.2

管秀琼(2002)等认为,在改进传统活性污泥法基础上,将活性污泥法和流化床结合起来的高效内循环生物反应器是种新型的污水处理装置,兼有二者的优点。用于处理造纸脱墨废水,进水 COD 质量浓度为 1 500~2 050 mg/L,容积负荷较高,可达 10~30 $kg/(m^3 \cdot d)$,水力停留时间多为 2~3 h,污泥负荷可达 5~10 $kg/(kg \cdot d)$,系统 COD 去除率超过 80%且剩余污泥量很少。研究认为,用此工艺处理脱墨废水,处理效果较好,相对于传统活性污泥法,在容积负荷、污泥负荷、剩余污泥量、水力停留时间等方面都具有明显的优势。

3.处理石化废水

汪海峰(2002)等引进德国喷射环流试验设备处理石化废水,该技术采用射流曝气强制溶氧,具有设计集成合理、充氧效率高、传质效果好、COD 降解率高且操作控制便利等优点。对喷射环流反应器处理石化废水进行的试验研究表明,在水力停留时间 20 min 时, COD 去除率达到 57.3%、BOD 去除率达到 87.1%,适合作为预处理工艺。喷射环流池有效容积 1 m^3,总容积 1.53 m^3,直径 0.6 m,高 3.85 m,内径 0.18 m。

4.生活污水

温沁雪等采用喷射环流生物反应技术处理生活污水,研究发现,喷射环流反应器在好氧条件下具有良好的脱氮效能,其氨氮和总氮去除率分别达到 80%和 70%以上,两者的去除率成正比。试验测定反应器出水中 $NO_x^- - N$ 含量,结果表明,出水中氮主要以氨氮和亚硝酸盐氮形式存在,证明该反应器在硝化过程中实现了亚硝酸盐的积累。反应器中脱氮效果随进水 C/N 比的增加而升高,证明了异养硝化细菌的存在。对废水处理过程中产生的废气进行的气相色谱分析结果表明,废气中 N_2 含量相比于空气样品中增加了 24%,证明了反应器中反硝化过程的发生。各种试验结果表明,喷射环流反应器中脱氮机理为亚硝酸盐型同步硝化反硝化。

杭州市萧山污水处理厂引进挪威喷射环流生物反应技术处理生活污水,处理水量 12×10^4 t/d,水力停留时间为 30~45 min,生物反应池容积仅仅为常规活性污泥工艺的 1/6,处理出水达到国家二级排放标准。

2.8.4 结论

综上所述，喷射环流生物反应技术在国外得到广泛的应用，我国也逐渐得到推广使用，但大都是技术引进项目，没有知识自主权，仅仅杭州萧山污水处理厂的生物反应池就含有技术费用近 140 万美元。喷射环流生物反应技术作为一项高效经济的污水处理技术，其研究开发对解决我国水污染状况、节省基建投资具有重要意义。研制开发出具有自主知识产权的喷射环流生物反应器，不但具备原技术的各项优点，更加具有独特的技术优势，为喷射环流反应器技术的国有化及其进一步的推广应用奠定基础。

2.9 好氧颗粒污泥反应器

传统的和现今流行的主要好氧生物处理工艺可分为悬浮处理系统和附着处理系统两大类。悬浮处理系统的代表为活性污泥法及其变形工艺，活性污泥结构松散，为达到设计的出水要求，污泥二沉池的体积一般较大；附着处理系统的代表为生物滤池和接触氧化法，好氧生物膜负荷难以提高，而且反应器容积也很大。在生物处理系统中，处理效率的高低是由微生物的特性决定的，反应器内微生物量越大、活性越高、沉降性能越好，单位体积反应器的处理效率也越高。在好氧生物处理系统中，如何将以上两类系统的优势很好地结合，利用微生物本身的生理生化特性，产生絮体密度比较大、有一定水力强度、沉降性能好、传质效果好的活性污泥聚集体，对于改进现有工艺、提高处理效率、降低运行费用和工程造价有很大意义。

好氧颗粒污泥和好氧颗粒污泥反应器正是为满足上述要求而出现的新型污泥和新型工艺模式。常规的活性污泥法存在着容易产生大量的剩余污泥、对冲击负荷敏感、反应器体积庞大等缺点，而且容积负荷低，一般为 $0.2 \sim 2.0\ kg/(m^3 \cdot d)$。针对高效厌氧反应器，如 UASB、EGSB 等由于高活性、良好沉淀性能的颗粒污泥的形成，反应器的容积负荷能够高达 $30\ kg/(m^3 \cdot d)$以上的特点，考虑在好氧反应系统中实现污泥的颗粒化，将使反应器中存留大量沉降性能良好的活性污泥，且降低了污泥沉淀系统要求、减少了剩余污泥的排放。由于颗粒污泥拥有高容积负荷下降解高浓度有机废水的良好生物活性，因而可减少反应器占地面积，减少一定的投资，尤其在土地紧张的地区具有积极的意义。

2.9.1 颗粒化反应器的选择

目前，好氧生物处理主要以连续流反应器为主。但相对于连续流反应器，间歇式反应器有如下明显的优点：

1) 设计和操作简单；

2) 污泥沉淀发生在反应器中，不需要额外的沉淀池；

3) 反应器有较高的 H/D(反应器高/直径)比，占地面积小；

4) 可以积累高浓度的污泥，承受较高的容积负荷及冲击负荷；

5) 间歇进水可以改善污泥沉淀性能，通过沉淀时间的选择可以在反应器中获得颗粒污泥，较高的 H/D 比有利于颗粒化过程。

基于上述分析，颗粒化反应器多采用间歇式反应器，包括 SBR、SBAR 和厌 - 好氧交替工艺(后两种均为SBR的变形)。SBR独特的厌-好氧交替反应,反应器内气液二相均呈升流状态,在技术上具有培养出颗粒活性污泥的可行性。而且,借鉴厌氧颗粒污泥培养的成功经验,近几年国内外均有在SBR中培养出好氧颗粒污泥的报道。

2.9.2　接种污泥的选择

好氧颗粒污泥反应器可采用不同接种污泥:

1) 以普通的絮状活性污泥为接种污泥,此为丝状菌和小颗粒的混合物,接种污泥占反应器体积25%左右;

2) 以去除COD为主的悬浮、不沉降的细胞为接种污泥,接种污泥占反应器体积0.5%左右;

3) 直接采用厌氧颗粒污泥进行驯化。

直接采用厌氧颗粒污泥进行驯化的方法简便且成功率高;而以普通絮状活性污泥为接种污泥,启动时间长,控制难度较大。卢然超等以厌氧颗粒污泥为接种污泥在SBR反应器中培养出好氧颗粒污泥,而以普通活性污泥为接种污泥未获成功。

2.9.3　颗粒化过程的影响因素

COD负荷、污泥龄、进水水质、温度、水力停留时间和表面气体流速等均不同程度地影响着好氧颗粒污泥的形成。

2.9.3.1　COD负荷

COD负荷的变化会影响到活性污泥的积累,在最小沉降速率、表面气体流速和HRT等最优的情况下,高负荷会产生大量污泥。COD负荷在一定范围内对颗粒化过程并无直接影响,但会影响到颗粒污泥的最终形状。

2.9.3.2　污泥龄

污泥龄(SRT)的控制与颗粒污泥的形成密切相关。难于沉降的絮状污泥因为它们的SRT与HRT相同而在排水阶段被洗出。在SBR反应器启动阶段,由于丝状菌和絮状污泥的减少,造成出水中污泥浓度的降低和SRT的增加,稳定阶段SRT为9 d。但短泥龄的颗粒粒径比长泥龄的颗粒粒径小,这是因为在同样的有机负荷下,泥龄短,颗粒没有足够的时间长大,颗粒小,传质条件好,比表面积大,有助于提高反应器的处理能力。

2.9.3.3　进水水质

已有的研究结果表明,可以在很广的进水有机物组成范围内形成颗粒污泥,而并不局限于特定的微生物种群。但进水中的含氮量过高或过低都会使反应器中污泥的颗粒化程度下降,已有的颗粒污泥逐渐解体,向絮状转化,并带有丝状絮体,污泥沉淀性能变差。所以,进水中合适的TN/TP比是影响污泥颗粒化的重要因素。

2.9.3.4　温度

颗粒污泥反应器处理效率与温度密切相关。竺建荣等发现在厌-好氧交替工艺中随着温度的降低,除磷效率下降,出水越来越浑浊,含污泥量增加,反应器中污泥量减少,颗粒化结构不好,大多数变为絮状污泥,污泥颜色变暗,沉淀性能明显下降。分析其原因可能为:

1）低温抑制污泥中的微生物生长，污泥浓度降低，生物降解能力下降，除磷效率下降；

2）低温影响发酵菌的产酸；

3）温度降低使硝化和反硝化作用明显下降，NO_3^- 和 N 的存在，抑制了产酸菌的厌氧发酵和挥发性脂肪酸的产生。

2.9.3.5　水力停留时间

较低的水力停留时间(HRT)能洗出悬浮微生物，减少反应器中悬浮微生物的生长，促进颗粒污泥的形成。在 SBR 反应器中，HRT 为 8 h 时不能有效洗出悬浮微生物；当 HRT 为 6.75 h，表面气体流速较低时，好氧颗粒污泥可以稳定存在。较低的 HRT 有利于活性污泥的颗粒化。

2.9.3.6　表面气体流速

气体流动是反应器中产生剪切力的主要原因。在较高的表面气体流速下(0.041 m/s)，好氧颗粒污泥表面多余的丝状菌脱落，导致形成较光滑的颗粒污泥。脱落的微生物因为沉淀较慢而被洗出，使得易于沉淀、易于形成颗粒污泥的微生物留在反应器内。在较高的表面气体流速(0.041 m/s)下，沉淀时间适当延长，负荷可增至 7.5 kg/(m^3·d)，使得丝状菌等快速生长，提供颗粒污泥形成的骨架。而较低的表面气体流速(0.014 m/s 或 0.020 m/s)并不能形成稳定的颗粒污泥。刘雨等通过四个 SBR 的对比试验分析了不同表观气速(3.6 cm/s、2.4 cm/s、1.2 cm/s、0.3 cm/s)对好氧颗粒污泥形成、结构代谢的影响，发现在同样的污泥接种量条件下，两个星期后污泥中 MLSS 质量浓度分别为 6.9 g/L、6.5 g/L、5.4 g/L，而最后一个仅为 1.4 g/L。接种污泥的 SVI 值为 205 mL/g，形成颗粒污泥后，前三个反应器的 SVI 均降到了 55 mL/g 左右，而最后一个的 SVI 值仍高达 170 mL/g 。同时，相关资料表明，水力剪切力与细菌表面疏水性能之间有密切的关系，而疏水性结构是细菌和细菌间相互聚合的关键。观察得知，形成颗粒污泥前后，表观气速较大的三个反应器中，细菌表面疏水性由 50% 上升到 80% 左右，而第四个反应器的表面疏水性反而有所下降。水力剪切力还会对污泥的生理活动产生影响。当水力剪切力较大时，新陈代谢产生的能量主要被用于生理反应产生多糖，而非用于增加污泥的数量。多糖能够促成细胞间的凝聚和吸附，对于保证颗粒污泥结构的完整性起到了关键的作用。当然，水的剪切力也不宜太大，培养颗粒污泥时，应当控制适当的条件。

2.9.3.7　碳源

刘雨等分别以醋酸盐、葡萄糖为碳源做平行试验，研究发现，对形成颗粒污泥来说，醋酸盐较葡萄糖是更佳的碳源。曝气两个星期后，以醋酸盐为碳源的反应器中，丝状菌已几乎不存在，而以葡萄糖为碳源的反应器中，丝状菌还占主导地位。这证实了 Chudoba 的观点：大分子的碳水化合物有利于丝状菌的生长。三个星期后，在两种底物的反应器中均形成了成熟的颗粒污泥，但以葡萄糖为碳源的颗粒污泥表面有明显的绒毛，通过扫描电镜观察发现，以醋酸盐为碳源的颗粒污泥比另一种颗粒污泥致密得多，且前者由杆状菌构成，而后者内层主要是球状菌，外层由杆状菌和丝状菌构成。按照碳源的消耗情况，曝气过程分为两个连续阶段——外碳源降解阶段和内源碳降解阶段。外碳源降解阶段，即外碳源从大量存在到被各种细菌消耗完毕；内源碳降解阶段是异氧细菌均处于“饥饿”状态。内源碳降解阶段对于细菌间的聚合和吸附起到了积极的作用,这是因为在“饥饿”状态下,细菌的疏水性增强,而疏水性有利于颗粒污泥的形成。

2.9.4　好氧颗粒污泥的应用

目前,人们对好氧颗粒污泥的应用主要集中在脱氮除磷方面,尤其是对同步硝化反硝化的研究。

实现活性污泥法的高效同步硝化反硝化(SND),必须在曝气状态下满足以下两个条件:

1) 入流中的碳源应尽可能少地被好氧氧化;曝气池内应维持较大尺度的活性污泥。在连续流好氧条件下硝化发生在碳氧化之后,入流中的碳源被碳氧化或合成为细胞物质,只有当 BOD 浓度处于较低水平时硝化过程才开始。此时,即使污泥尺度较大也能形成有利于反硝化的微环境,但外源碳已消耗殆尽,只能利用内源碳进行反硝化,而内源水平反硝化的反应速率小,因此 SND 效率就低。在非连续条件下微生物的代谢模式则截然不同,入流中的碳源可在很短的时间内被微生物大量吸收,并以聚合物或原始基质的形态储藏于体内,从而使曝气池中的碳源浓度迅速降低,为硝化创造良好条件。如果颗粒污泥较大,形成有利于反硝化的微环境,则微生物可利用预先储存的基质进行反硝化。由于反硝化处在基质水平,反硝化的速度快,SND 效率就高。所以,一般选择 SBR 反应器培养好氧颗粒污泥的途径来进行高效同步硝化反硝化。

2) 具有一定大小尺寸的好氧颗粒污泥内存在溶解氧梯度,即好氧颗粒污泥的外表面溶解氧浓度高,以好氧硝化菌及氨化菌为主,深入到颗粒污泥的内部,氧传递受阻及外部氧的大量消耗,产生缺氧区,反硝化菌占优,从而形成有利于实现同步硝化反硝化的微环境。杨麒等在 SBR 反应器中,采用自配的模拟生活污水,通过对 SBR 运行条件的调控,形成了高活性的好氧颗粒污泥,颗粒污泥质量浓度达到 4.5 g/L 以上,SVI 值为 32.5 左右。颗粒污泥的形成,对于提高出水水质,特别是脱氮做出了重要的贡献,在 SBR 反应器中,一个循环周期内 NH_4^+ - N 浓度随运行时间明显的下降的同时,出水中的 NO_3^- - N、NO_2^- - N 质量浓度均一直维持在低于 1 mg/L 的较低范围内,说明反应器内发生的是同步硝化反硝化反应,而不是通常所认为的顺序式硝化反硝化。而且其较高的生物活性和生物量,提高了反应器的处理负荷。

参 考 文 献

1　王鹤立,郭晓,徐立群等. 受限曝气式活性污泥法的实验研究. 哈尔滨建筑大学学报. 1999,32(6):121~125

2　冯生华,黄晓东,蒋慧敏. 一种占地小耗电少的污水污泥处理新工艺. 给水排水,2001(12)

3　王绍文. 惯性效应在絮凝中的动力学作用. 中国给水排水,1998,14(2):13~16

4　王绍文,王鹤立,徐立群等. 高分散系、高传质均匀受限曝气处理制革废水研究. 中国给水排水,1999,15(8):1~5

5　何大江,陈吕军,钱易. 生物膜氧化沟污水处理性能的研究. 环境污染与防治,1996,18(2):7~11

6　肖金辉. 三沟式环形氧化沟应用前景浅析. 石油化工环境保护,1997(2):31~35

7　吴华明,陈启德. 五沟式氧化沟的设计及运行. 中国给水排水,2002,18(11):53~55

8 高云,常爱铃,胡志光. 氧化沟污水处理新技术. 工业水处理,2002,22(9):16~18
9 龙腾锐,周键.AB法A段工艺的机理探讨.中国给水排水,2002,18(9):20~22
10 郑琴.AB法在城市污水中的应用-介绍德国Krefeld污水处理厂.给水排水,2000,26(2):10~12
11 孙剑辉,闫怡新.循环式活性污泥法的工艺特性及其应用.工业水处理,2003,23(5):5~8
12 张小满,曹达文,高廷耀等.常规水处理工艺应用粉末活性炭技术的最佳投点选择研究.给水排水,1998,24(2):29~31
13 申秀英,许晓路. 投加粉末活性炭的活性污泥法研究进展. 环境科学进展,1994,2(4):23~28
14 金伟,李怀正,范瑾初. 粉末活性炭吸附技术应用的关键问题. 给水排水,2001,27(10):11~12
15 罗虹,顾平,杨造燕. 投加粉末活性炭对膜阻力的影响研究. 中国给水排水,2001,17(2):1~4
16 姜成春,马军,李圭白. 高锰酸钾强化粉末活性炭吸附效能研究. 哈尔滨建筑大学学报,2000,33(6):40~44
17 温沁雪,陈志强,高负荷内循环生物反应技术处理啤酒废水.哈尔滨工业大学学报,2004(2):195~198
18 温沁雪,陈志强. 喷射式循环反应器在废水处理中的应用.给水排水,2002(8):22~25
19 陈志强,温沁雪,吕炳南,温岩,王丹.高负荷好氧生物技术在生活污水回用中的应用研究.给水排水,2004,30(5):17~20
20 李月中,刘康怀.高负荷好氧生物洁处理味精废水试验研究.桂林工学院学报,2001,21(1):77~80
21 李显,康蔡卫,介绍HCR废水处理新技术的特点.广东造纸,1997(4):24~26
22 刘康怀,席为民,李月中.HCR一种高效好氧生物处理技术.给水排水,2000,26(4):25~28
23 曲景奎,周桂英.HCR工艺在造纸废水治理中的应用.环境污染治理技术与设备,2002,3(1):74~76
24 R M Narbaitz, R L Droste, L Fernandes, et al. PACTTM process for treatment of kraft mill effluent. Wat. Sci. Tech.,1997,35(2~3):283~290
25 M C Marquez, C Costa. Biomass concentration in PACT process. Wat. Res.,1996,30(9):2079~2085
26 周律,钱易.好氧颗粒污泥的形成和技术条件. 给水排水,1995(4):11~14
27 谢珊,李小明,曾明光等.好氧颗粒污泥的性质及其在脱氮除磷中的应用.环境污染治理技术与设备,2003,4(7):70~73

第3章　生物膜法好氧生物处理技术

生物膜是由生长发育活跃的单一或混合的微生物群体组成,附着在活性的或非活性的载体表面,由好氧菌、厌氧菌、兼性菌、真菌、原生动物和较高等动物组成的微生态体系。

生物膜反应器中微生物膜菌群构成的差异是影响反应器效率的最重要的因素。对于混合菌群的微生物膜,好氧菌群一般位于膜外部表层,而厌氧菌群则集中于生物膜内部深层,而且增长率较高的菌群一般集中生长在膜的外表层,而增长率较低的菌群往往位于膜的内层。生物膜作为一个功能化的有机体,其种群的分布是按照系统的各种功能需求而优化组成的。生物膜的种群分布不是种群间的一种简单组合,而是根据生物整体代谢功能最优化原则有机组成配置的。一般生物膜系统种群分布具有如下特征:厌氧和兼性厌氧菌的比例高;丝状微生物数量较多;存在较高等的微型动物;存在成层分布现象,即随着反应器内负荷的变化出现优势菌分层分布现象。对生物膜系统中微生物种群分布的分析通常采用桔黄夹氮蒽染色——荧光显微镜观察法及扫描电镜观察法。

近年来,国内外对生物膜种群的研究已进入到微观领域,如采用氧化还原微电极技术研究生物膜中微生物过程的层化现象及其相关的氧化还原电位的变化规律。因许多研究发现,氧化还原电位在生物膜中随膜深度的变化能够作为衡量生物膜中特定微生物反应过程存在的指示因子,生物膜氧化还原电位参数的变化与生物膜中微生物反应过程的更替相关联。一般可通过强化营养供给来刺激反应器内微生物菌群的生长,使生物膜降解废水中的有机物性能进一步提高,如向反应器内投加经自然选育的高效菌种;采用基因工程手段,将针对特殊降解底物而构建的基因工程菌株投加到反应器中驯化,使之成为优势菌株以强化生物膜对底物的降解;采用具有生物亲和性、孔隙结构发达的功能型新型载体,强化生物膜对有机物降解的活性等。

3.1　复合生物膜技术

3.1.1　活性污泥－生物膜技术

活性污泥－生物膜技术是向反应器内投加载体作为微生物附着载体,悬浮生长的活性污泥和载体上附着生长的生物膜共同承担着去除污水中有机污染物的任务。其可按连续和间歇两种方式运行,由此可将其分为连续流活性污泥－生物膜法和间歇流活性污泥－生物膜法(又称序批式活性污泥－生物膜法,SBBR)。

3.1.1.1　连续流活性污泥－生物膜法特点

连续流活性污泥－生物膜法是一种通过将填料投加到活性污泥法的反应器中,形成活性污泥与生物膜微生物共同作用的体系。该体系是三相混合流态,通过曝气提供流化动力。该技术的关键是载体,现比较成型的有日本的 CB 球的水泥煤灰烧结物和德国的多孔塑料载体,后者已有很多实用工程,可使活性污泥系统处理能力提高一倍。我国最先于20世纪80年代末将焦炭作为载体研究,但焦炭的密度大,流动能耗大的缺点。最近已对多孔性泡沫材料作为活性污泥曝气池的载体进行实验研究。发现该多孔性泡沫材料有以下四个特点:

1) 易于挂膜,一般一到两周即可完成挂膜过程;

2) 挂膜后的生物粒子密度稍大于水,正常的曝气量即可使生物粒子流化,减少了额外的动力消耗;

3) 处理能力强,处理效果好,基本与三相流化床处理能力相当;

4) 反应器的基本构造与活性污泥法相同,基本无外加辅助设备,有利于现有活性污泥处理系统的改造。

3.1.1.2 气提式循环反应器

气提式循环反应器是一种常用的连续流复合式活性污泥-生物膜技术,如图3.1所示,向反应器内投加生物载体,污水和空气从底部进入中心提升管,被提升的气、液、固三相进行强烈搅动接触,并上升到顶部,通过下降区回到底部,形成流体循环,实现各种传质,完成有机物等的降解。一般气提式循环反应器不需处理水回流,也不需设置专门的脱膜装置。

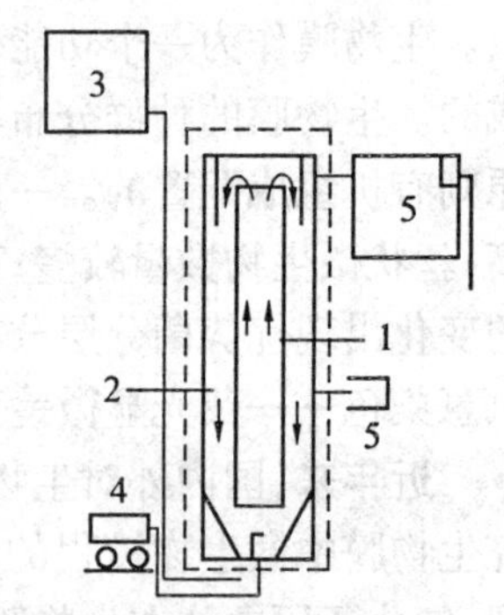

图3.1 气提式循环反应器

1—提升区;2—下降区;3—水箱;4—空压机;5—沉淀池;6—温控器

气提式循环反应器的载体一般选择一些易于生物附着、生长、流化、少流失又能脱膜的颗粒。粒径一般在0.2~10 mm不等,密度常在1.0~3.0 g/cm^3,载体的投配率一般在5%~10%。赵庆良等用废弃轮胎颗粒作为气提式循环反应器生物膜载体进行实验,如图3.2所示。实验表明,废弃轮胎颗粒具有强度高、耐磨损、材料易得、价格低廉等优点,可作为复合生物膜反应器的生物膜载体。在轮胎颗粒表面形成成熟的生物膜约需60 d左右,每克轮胎颗粒附着生长生物膜量可达到50~100 mg,生物膜厚度平均在255 μm左右。

气提式循环反应器处理污水是载体生物膜和游离活性污泥共同作用的结果。良好的活性污泥不但能大量降解有机物,而且能改善混合液的沉降性;具有载体生物膜的混合液,使生物总量和种类增加;反应器对污水的处理效率明显优于单纯的活性污泥;固着生长的生物膜存在世代较长的硝化菌等,对污水氨氮的去除起主要作用;提高载体生物膜量是提高反应器混合液生物总量的有效途径,也有利于提高反应器的处理效率和稳定性。

对于不同的复合式生物膜反应器系统处理不同的污水时,悬浮生长与附着生长的微生物所表现出的活性亦不尽相同。在生物膜形成的初期,即生物膜量较低时,悬浮生长与附着生长的微生物表现出的活性基本相同。但随着生物膜量的增加,即生物膜厚度的增加,附着生物膜的活性就有所降低,这主要是受到基质和氧传质的限制。在附着生长生物膜量较少时(如生物膜量为50 mg/g),附着生长微生物的活性比悬浮生长的活性略低,其比耗氧率(SOUR)为40~70 mg/(g·h)。

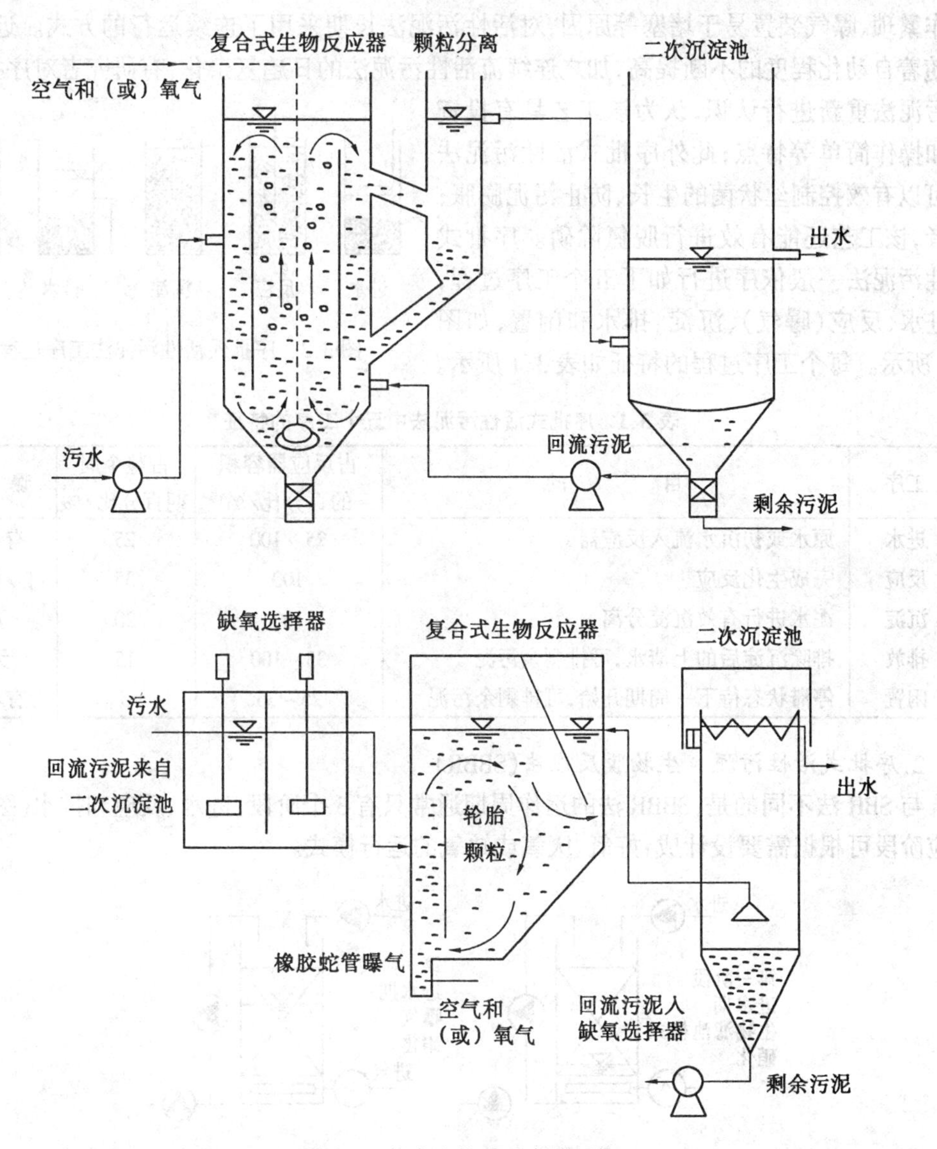

图3.2　复合生物膜反应器系统

3.1.1.3　序批式活性污泥－生物膜法

序批式活性污泥－生物膜反应器(SBBR)是在序批式活性污泥反应器中引入生物膜的一种新型复合式生物膜反应器。它既具有生物膜法的优点，又具有SBR的操作简单、管理方便的特点，近年来引起研究者们的兴趣。当废水水质较差，如可生化性较差，基质浓度低时，序批式活性污泥－生物膜法特别有效。

1.序批式活性污泥法(SBR)

序批式活性污泥法(SBR)也称做间歇式活性污泥法，与传统的连续流活性污泥法的主要不同在于曝气、沉淀与澄清均是在同一反应器内依序进行的。而前者的曝气、沉淀与澄清则是分别在曝气池和沉淀池内同时进行的。该工艺出现在活性污泥法开创的初期，后来因操作繁琐、曝气装置易于堵塞等原因,对活性污泥法长期采用了连续运行的方式。近30年来随着自动化程度的不断提高,加之连续流活性污泥法的日趋复杂化,有研究者对序批式活性污泥法重新进行认识,认为该工艺具有投资少和操作简单等特点;此外序批式活性污泥法还可以有效控制丝状菌的生长,防止污泥膨胀;再者,该工艺还能有效进行脱氮除磷。序批式活性污泥法一般依序进行如下五个工序过程,即进水、反应(曝气)、沉淀、排水和闲置,如图3.3所示。每个工序过程的特征如表3.1所示。

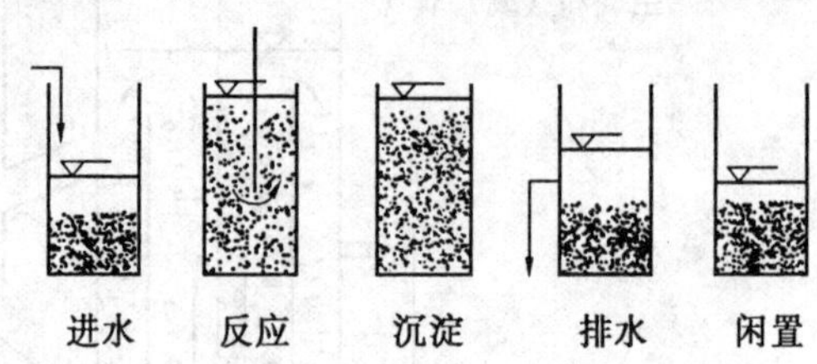

图3.3　序批式活性污泥法工序过程

表3.1　序批式活性污泥法中五个工序的特征

工序	目的	占反应器容积的百分比/%	占整个周期百分比/%	曝气
进水	原水或初沉水流入反应器	25~100	25	有/无
反应	完成生化反应	100	35	有/循环
沉淀	泥水进行有效沉淀分离	100	20	无
排放	排除沉淀后的上清水,可排剩余污泥	35~100	15	无
闲置	停滞状态待下一周期开始,可排剩余污泥	25~35	5	有/无

2.序批式活性污泥-生物膜反应法(SBBR)

与SBR法不同的是,SBBR法的运作周期通常只有3个阶段:进水、反应和排水(图3.4)。反应阶段可根据需要设计成:好氧、厌氧或缺氧的运行模式。

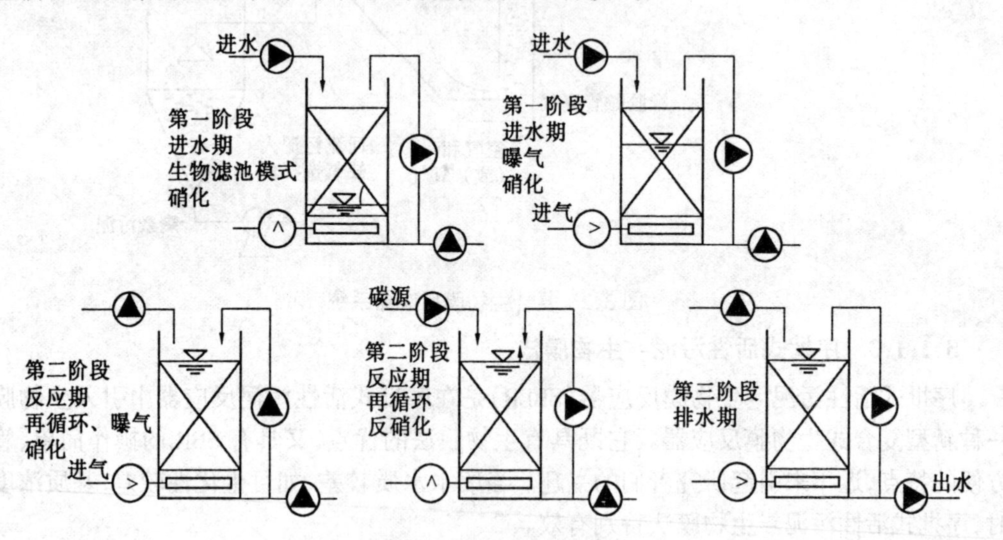

图3.4　SBBR工艺过程示意图

氧在微生物好氧代谢中主要起分解代谢产物的电子受体的作用,氧的转移是废水处理过程的重要方面。好氧氧化(接触曝气)是序批式生物膜法中的重要步骤,氧的传递性能直接影响好氧氧化的处理效果。K_{La}值能反映系统的氧传递能力。胡龙兴等人采用如图3.5所示SBBR系统,以陶粒作为填料,考察了SBBR系统的氧传递能力。所用SBBR系统有关数据见表3.2。

表3.2　SBBR系统的有关数据

项　目	数　值	单　位
填料层高度	0.70	m
陶粒高度	8	mm
陶粒密度	1 586	kg/m^3
陶粒层孔隙率	0.43	
柱内径	18.8	cm
柱外径	20	cm
填料层体积	0.017 8	m^3
陶粒总表面积	7.62	m^2

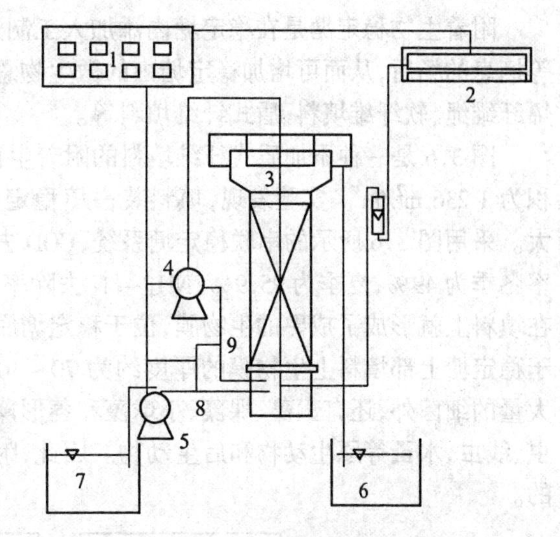

图3.5　序批式生物膜反应器系统

1—电路自控箱;2—气泵;3—反应器;4—循环泵;5—进水泵;6—出水槽;7—集水槽;8—进水止回阀;9—曝气止回阀

实验表明,该SBBR系统氧传递系数K_{La}较大,在39~103(h^{-1})之间,氧传递快,主要是由于该反应器采用了较小空隙率的陶粒填料层,较小的空隙率有利于产生附加紊动,将大气泡剪切为小气泡,增加了气水界面的接触面积,导致氧传递速率系数的提高。考虑到动力消耗及满足生物好氧反应的需要,对该反应装置的好氧氧化阶段,气量一般可控制在0.35~0.55 m^3/h。

序批式活性污泥-生物膜法能用于处理多种废水,而且均能取得良好的效果。

在Fang等进行的序批式生物膜反应器处理由奶粉等合成的污水的小试研究中发现,采用软纤维填料作为生物膜附着生长载体可以更有效地去除COD和NH_4^+-N,与传统的序批式活性污泥法相比,序批式生物膜反应器因省略了沉淀程序而使整个周期缩短;即使悬浮液连续曝气,软纤维填料上生物膜内部也能进行有效的反硝化作用,当进水COD质量浓度为250~1 034 mg/L和NH_4^+-N质量浓度为25~100 mg/L,或COD负荷为0.56~4.51 kg/(m^3·d)和NH_4^+-N负荷为0.04~0.49 kg/(m^3·d)时,COD和NH_4^+-N的平均去除率分别为95%和57%,至于处理后水中的总悬浮物,其质量浓度为150 mg/L左右,可以没有任何困难地通过沉淀去除出去。

在Kolb等进行的序批式生物膜反应器处理含难降解物质的工业废水的研究中,采用活性炭作填料和微孔膜的序批式生物膜反应器处理苯、二氯酚和三氯乙烷、酚的人工配水时,可充分利用活性炭的吸附性并减少其再生,减少混合液中有机污染物对细菌的毒性。研究结果表明,活性炭的使用寿命比单纯作为吸附剂时可延长至少5倍,在24 h的运行周期内,95%的苯或二氯酚可以被生物降解,在每一个周期内所加入的三氯乙烷亦有5%可以降解;再有,活性炭先吸附然后再进行生物再生降解比两个过程同时进行对有机污染物的去除速率要快。

3.1.2　附着生物稳定塘

传统的稳定塘虽然具有投资少、运行管理费用低等特点。但由于稳定塘内微生物浓度低,从而使其存在着所需停留时间较长、有机负荷较低、占地面积大、抗冲击负荷能力差等缺点。

附着生物稳定塘是在稳定塘内添加人工制造的附着生长载体,使之成为微生物和藻类等栖息的场所,从而可增加稳定塘内的微生物总量。用于稳定塘的载体一般有:聚偏二氯乙烯纤维绳、软纤维填料、盾式纤维填料等。

图 3.6 是一种添加盾式纤维填料的附着生物稳定塘的流程图。稳定塘内填料的比表面积为 1 236 m^2/m^3。实验发现,填料装占填稳定塘容积的 22%时各污染物指标的去除率最大。采用图 3.6 所示的串联稳定塘系统,COD 去除率冬季为 50%,夏季为 91.4%;BOD 去除率冬季为 49%,夏季为 95.9%;NH_4^+ - N 去除率为 30.3% ~ 95.9%。在稳定塘运行 20 天后,在填料上就形成了成熟的生物膜,位于稳定塘底部填料上生物膜的厚度约为 30 ~ 40 mm,位于稳定塘上部填料上生物膜的厚度约为 70 ~ 100 mm。附着生长的生物膜上的生物相除了大量的细菌外,还有颤藻、裸藻、小球藻和菱形藻等,此外还有一般稳定塘内没有的钟虫、轮虫、线虫、水蚤等原生动物和后生动物。因此,附着生物稳定塘的生态系统是完整而又稳定的。

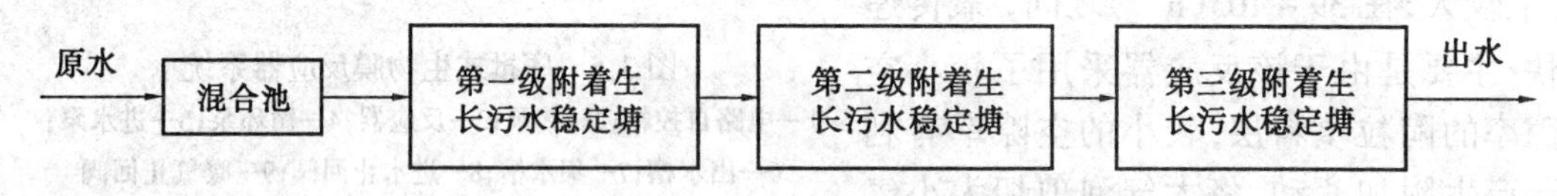

图 3.6 附着生长污水稳定塘工艺流程

3.2 曝气生物滤池

3.2.1 曝气生物滤池工艺概述

生物膜法工艺的研究一直受到西方各国研究者的重视,目前是水处理领域较为活跃的研究课题之一。近年来,水处理领域的重大进展和发展很多集中在生物膜法处理工艺上。其中最新的发展之一是曝气生物滤池(Biological Aerated Filter,简称 BAF)工艺。

曝气生物滤池是 20 世纪 80 年代末 90 年代初在欧美兴起的一种膜生物法污水处理工艺,是在普通生物滤池的基础上,并借鉴给水滤池工艺而开发的污水处理新工艺。曝气生物滤池是普通生物滤池的一种变形,也可看成是生物接触氧化法的一种特殊形式,即在生物反应器内装填高比表面积的颗粒填料,以提供微生物膜生长的载体,并根据污水的流向分为下向流或上向流,污水由上向下或由下向上流过滤料层,在滤料层下部鼓风曝气,使空气与污水逆向或同向接触,使污水中的有机物与填料表面生物膜通过生化反应得到稳定,填料同时起到物理过滤作用。

曝气生物滤池最初用于污水的三级处理,由于其良好的处理性能,应用范围不断扩大,后发展成直接用于二级处理。自 20 世纪 80 年代在欧洲建成第一座曝气生物滤池污水处理厂后,曝气生物滤池已在欧美和日本等发达国家广为流行。目前世界上已有数百座大大小小的污水处理厂采用了这种技术。随着研究的深入,曝气生物滤池从单一的工艺逐渐发展成系列综合工艺。曝气生物滤池不仅可用于水体富营养化处理,而且可广泛地被用于城市污水、小区生活污水、生活杂排水和食品加工废水、酿造和造纸等高浓度废水的处理，具有去除SS、COD、BOD以及硝化、脱氮除磷、去除AOX(有害物质)的作用，其最大特点是集生物氧化和截留悬浮固体于一体，节省了后续二次沉淀池，在保证处理效果的前提下使处理工艺简化。此外，曝气生物滤池工艺有机物容积负荷高、水力负荷大、水力停留时间短、所需基建投资少、能耗及运行成本低，同时该工艺出水水质高，到20世纪90年代初得到了较大发展，在法国、英国、奥地利和澳大利亚等国已有较成熟的技术、设备和产品，使用BAF的污水处理厂最大规模也已扩大到几十万 m^3/d，同时发展为可以脱氮除磷的工艺。

20世纪90年代初，我国就已开始对曝气生物滤池工艺进行试验研究和开发，中冶集团马鞍山钢铁设计研究总院环境工程公司、北京环境保护科学研究院、清华大学等是我国研究开发该技术较早的单位。哈尔滨工业大学市政环境工程学院及清华大学环境科学与工程系对曝气生物滤池处理生活污水、啤酒废水的处理效能和处理机理进行了初步研究。上海市政设计研究院也研究开发了一种称为Biosmedi的曝气生物滤池。另外，国内的一些设计单位也尝试采用了曝气生物滤池单元处理生活污水和工业废水，并已将曝气生物滤池成功地应用于多个大、中、小型工程。随着实际工程的应用运行，曝气生物滤池的特殊优点越来越受到我国水处理界各方的关注。

3.2.2　曝气生物滤池工艺的原理与特点

3.2.2.1　曝气生物滤池的工作原理

从图3.7可知，曝气生物滤池从结构上共分成三个区域，即缓冲配水区1、承托层2、滤料层3、出水区4及出水槽5。待处理污水由管道13流入缓冲配水区1，污水在向上流过滤料层时，经滤料上附着生长的微生物膜净化处理后经过出水区4和出水槽5，由管道7排出。缓冲配水区的作用是使污水均匀流过滤池。在待处理污水进入滤池起，由鼓风机鼓风并通过管道10向池内供给微生物膜代谢所需的空气(氧源)，生长在滤料上的微生物膜从污水中汲取可溶性有机污染物作为其生理活动所需的营养物质，在代谢过程中将有机污染物分解，使废水得到净化。由于生物膜生长，在比表面积较大的滤料表面上固着，这就使得池中容纳着大量微生物，从而体现出容积负荷高、停留时间短的特点，同时又能保证滤池在较低的污泥负荷下运行，为进一步降解污水中的有机污染物提供了可靠的保证，进而获得了优良的处理效果，保证了出水的稳定性。当滤池运行到一定时期，随着生物量和滤料中截留杂质的增加，滤料中水头损失增大，水位上升，需对滤料进行反冲洗。在滤池反冲洗时，较轻的滤料有可能被水流带至出水口处，并在斜板沉淀区8处沉降，回流至滤池内，以保证滤池内的微生物浓度。斜板沉淀器的倾斜角度是根据实际运行经验而设定的，以保证脱落的微生物膜在运行或反冲洗时能被水流带到池外，而滤料则不会带到池外。当运行到一定程度时，由于滤料上增厚的微生物膜脱落，出水中会带有部分脱落的微生物膜，使出水水质变差，这时必须关闭进水管阀门，启动反冲洗水泵，利用储备在清水池中的处理后的水对滤池进行反冲洗，反冲洗采用气、水联合方式。为保证布水、布气均匀，在滤料支撑板14上均匀布置有曝气生物滤池专用的配水、配气滤头15。

3.2.2.2　曝气生物滤池的构造

曝气生物滤池(BAF)的构造与污水三级处理的滤池基本相同，只是滤料不同。BAF一般用单一均粒滤料,与普通快滤池类似,其构造见图 3.7。曝气生物滤池根据污水在滤池运行中过滤方向的不同,可分为两种:一种是池底进水,水流与空气流同向运行,即同向流或上向流滤池;另一种是上进水,水流与空气流逆向运行,称之为逆向流或向下流滤池。除污水在滤池中的流向不同外,上向流和下向流滤池的池型结构基本相同。早期曝气生物滤池的应用形式大多都是下向流态,但随着上向流曝气生物滤池相比于下向流滤池的众多优点被人们所认同,近年来国内外实际工程中绝大多数采用上向流曝气生物滤池结构。本节以上向流曝气生物滤池为例对其结构进行介绍。

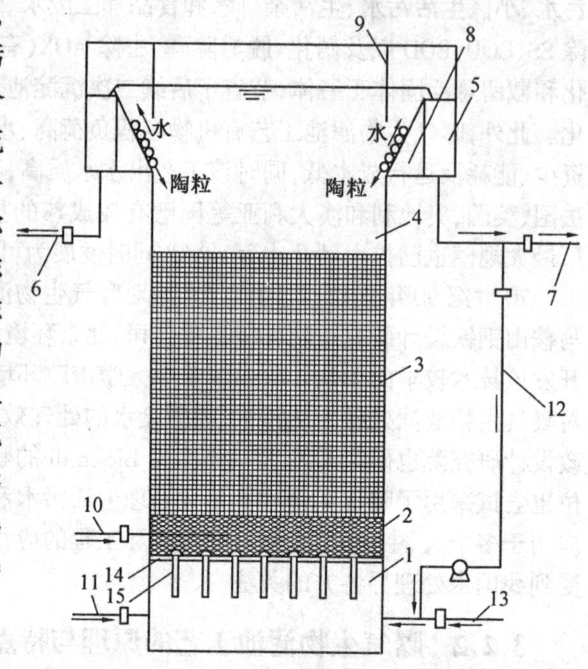

图 3.7 曝气生物滤池构造图

1—缓冲配水区;2—承托层;3—滤料层;4—出水区;5—出水槽;6—反冲洗排水管;7—净化水排出管;8—斜板沉淀区;9—栅型稳流板;10—曝气管;11—反冲洗供气管;12—反冲洗供水管;13—滤池进水管;14—滤料支撑板;15—长柄滤头

从图 3.7 可看出,曝气生物滤池的结构形式与普通快滤池类似,曝气生物滤池主体可分为滤池池体、生物填料层、承托层、布水系统、布气系统、反冲洗系统、出水系统、管道和自控系统等八个部分组成。下面分别对这几部分进行介绍。

1.滤池池体

曝气生物滤池池体的作用是容纳被处理水量和围挡滤料,并承托滤料和曝气装置的重量。曝气生物滤池的形状有圆形、正方形和矩形三种,结构形式有钢制设备和钢筋混凝土结构等。一般当处理水量较少、池体容积较小并为单座池时,采用圆形钢结构的池体较多;当处理水量和池容较大,选用的池体数量较多并考虑池体共壁时,采用矩形和正方形钢筋混凝土结构较经济。滤池的平面尺寸以满足所要求的流态、布水布气均匀、填料安装和维护管理方便、尽量同其他处理构筑物尺寸相匹配等为原则。

2.生物填料层

填料是生物膜的载体,并兼有截留悬浮物质的作用,因此,载体填料是曝气生物滤池的关键,直接影响着曝气生物滤池的效能。同时,载体填料的费用在曝气生物滤池处理系统的基建费用中占较大比重,所以填料的选用及性能关系到系统的合理性。

国内外通常采用的填料形状有蜂窝管状、束状、波纹状、圆形辐射状、盾状、网状、筒状、规则粒状与不规则粒状等,所用的材质除粒状填料外,基本上采用玻璃钢、聚氯乙烯、聚丙烯、维尼纶等。由于制作加工和价格等原因,目前,国内采用的接触填料主要有玻璃钢或塑料蜂窝填料、立体波状填料、软性纤维填料、半软性填料以及不规则粒状填料(砂、碎石、矿渣、焦炭、无烟煤)等。玻璃钢或塑料填料表面光滑,生物膜附着力差,易老化,且在实际使用中往往容易产生不同程度填料的堵塞;软性填料中的水流流态不理想,易被微生物膜粘结在一起,产生结球现象,使其有效表面积大为减小,进而在结球的内部产生厌氧现象,影响处理效果。不规则粒状填料水流阻力大,易于引起滤池堵塞。近年来我国也开展了应用片状陶粒处理水源水的微污染研究,片状陶粒属不规则粒状填料,尽管挂膜性能良好,但存在水流阻力大、空隙率小、容易堵塞、强度差、易破碎、不耐水冲刷等缺陷,使它仅能应用于水源水的微污染处理,而不适合污水处理。因此选用一种好的滤池填料非常关键。

在我国,正是由于这些传统的接触填料存在一定的缺陷,使曝气生物滤池在我国污水处理中的应用,所以对曝气生物滤池填料的研究一直在进行。

不同的颗粒填料的物理化学特性有一定的区别,有的甚至相差很大。生物载体填料的选择是曝气生物滤池技术成功与否的关键,它决定了曝气生物滤池滤料能否高效运行,所以填料的选择应综合以下各种因素。

(1) 机械强度好

填料必须具有可以满足所用反应器在不同强度的水力剪切作用以及载体之间摩擦碰撞过程中破损率低的机械强度要求。因为填料破损的直接后果会导致出水水质扰动,布水布气短路。

(2) 比表面积大

填料一般选用比表面积大、开孔孔隙率高的多孔惰性载体,这种载体有利于微生物的吸附、持续生长和形成生物膜,并有利于促进主体相和生物膜内部的溶解氧、底物及代谢产物的传质过程。

(3) 填料的形状

最好选用规则的球状填料。规则填料能使布气、布水均匀,水流阻力小。过去国内生物滤池所用的填料均为不规则状,如碎石、矿渣、焦炭、无烟煤等,不规则填料的水流阻力大,易堵塞,布水布气不易均匀,因而限制了生物滤池在国内污水处理中的应用。

(4) 孔隙率及表面粗糙度

填料表面应具有一定的孔隙率及粗糙度,这样有利于微生物膜的附着、生长,并减少填料之间摩擦碰撞而造成固着微生物的脱落,有利于生物滤池的运行。

(5) 密度

填料密度过大,造成在反冲洗时载体悬浮困难或使反冲洗时能耗增加;而密度过小,又不易于载体在反应器中的运行,填料容易上浮,反冲洗时容易出现跑料现象,因此载体密度需在一定范围之内。

(6) 表面电性和亲水性

微生物一般带有负电荷,而且亲水,因此,载体表面带有正电荷将有利于微生物固着生长,载体表面的亲水性同样有利于微生物的附着,使附着的生物膜数量尽可能地多,并具有良好的抗反冲洗能力。

(7) 生物、化学稳定性好

生物膜在新陈代谢过程中会产生多种代谢产物,某些代谢产物会对载体产生腐蚀作用,因此,生物膜载体必须具有一定的化学稳定性和抗腐蚀性,同时需不参与生物膜的生物化学反应,且其本身是不可生物降解的,不含有害于人体健康和妨碍工业生产的有害杂质,以保证填料在使用中不被损坏和不对处理水产生二次污染。

当然,由于不同颗粒填料的物理化学特性差异很大,填料的选择应综合各种因素,应本着性能优良、价格低廉和易于就地取材的原则。

表 3.3 是曝气生物滤池常用的几种填料的物理化学特性,由此可以看出,活性炭的比表面积远远高于其他材质颗粒,其次是粘土陶粒、炉渣、页岩陶粒,其他的颗粒物质比表面积相差无几;总孔体积也以活性炭为最高,其次为粘土陶粒和页岩陶粒,其他几种颗粒的总孔体积则相对较小;颗粒的松散密度以砂子和麦饭石为最大,其他颗粒的松散密度均小于 1 000 g/L。各种颗粒化学组成均以 Al 和 Si 为主要成分,两者之和达 60%~80%,这些颗粒的碱性成分所构成的微环境可能有利于微生物的生长。

表 3.3 曝气生物滤池常用的填料的物理性质

名称	产地	物理性质		
		比表面积/($m^2 \cdot g^{-1}$)	总孔体积/($cm^2 \cdot g^{-1}$)	松散密度/($g \cdot L^{-1}$)
活性炭	太原	960	0.9	345
粘土陶粒	马鞍山	4.89	0.39	875
炉渣	太原	0.91	0.488	975
页岩陶粒	北京	3.99	0.103	976
砂子	北京	0.76	0.016 5	1 393
沸石	山西	0.46	0.026 9	830
麦饭石	新华县	0.88	0.008 4	1 375
焦炭	北京	1.27	0.063 0	587

可见,除了活性炭之外,粘土陶粒和页岩陶粒是最佳的填料材料,其他的人工材料中焦炭和炉渣的物理性质较佳,其中砂子由于密度较大,并且颗粒较小不适宜作为曝气生物滤池的填料,其他材料主要是考虑经济上的原因而不适宜作为曝气滤池的填料。

粘土陶粒是以粉煤灰为主要原料,粘土为粘接剂和添加少量造孔剂,经高温熔烧而成的。首先需将粘土烘干,并粉碎到粒度小于 100 目。然后按配方取粉煤灰 50%(质量分数)、粘土粉 45%(质量分数)、造孔剂 5%(质量分数)进行干粉混合,然后加入 20%(质量分数)的水混合均匀,并造粒成型,粒度一般为 3~6 mm 左右。湿颗粒需先在干燥室内烘干,然后放入炉内在 950~1 100 ℃的高温下熔烧而成。

页岩陶粒以页岩矿土为原料,经破碎后,在 1 200 ℃左右的高温下熔烧,膨胀成 5~40 mm的球状陶粒,再经破碎后筛选而成。页岩陶粒外壳呈暗红色,表皮坚硬,表面粗糙、不规则,有很多大孔而不连通,开孔一般大于 0.5 μm,而细菌直径为 0.5~1.0 μm,所以有利于细菌附着生长。页岩陶粒的详细理化性质见表 3.4。

表 3.4 粘土陶粒和页岩陶粒的物理化学特征

名称	物理性质			主要化学元素组成/%					
	比表面积/($m^2 \cdot g^{-1}$)	总孔体积/($cm^3 \cdot g^{-1}$)	松散密度/($g \cdot L^{-1}$)	SiO_2	Al_2O_3	FeO	CaO	MgO	烧失量
粘土陶粒	4.89	0.39	875	69.77	14.54	4.73	0.73	2.1	15.63
页岩陶粒	3.99	0.103	976	61~66	19~24	4~9	0.5~1	1~2	5.0

填料级配对曝气生物滤池的运行有重要影响。填料级配不但影响出水 BOD_5 和 TSS(总悬浮物)的浓度,而且影响水头损失的增长速度和反冲洗间隔时间。填料粒径越小,出水水质越好,但是填料粒径越小,固体容量也越小,水头损失越大,反冲间隔越短。

3.承托层

承托层主要是为了支撑生物填料,防止生物填料流失和堵塞滤头,同时还可以保持反冲洗稳定进行。承托层常用材料为卵石,或破碎的石块、重质矿石、磁铁矿等。为保证承托层的稳定,并对配水的均匀性充分起作用,要求材料具有良好的机械强度和化学稳定性,形状应尽量接近圆形。承托层接触配水及配气系统的部分应选粒径较大的卵石,其粒径至少应比孔径大4倍以上,由下而上粒径渐次减小,接触填料部分其粒径比填料大一倍,承托层高度一般为400~600 mm。承托层的级配可以参考滤池的级配。

4.布水系统

曝气生物滤池的布水系统主要包括滤池最下部的配水室和滤板上的配水滤头。配水室的功能是在滤池正常运行时和滤池反冲洗时使水在整个滤池截面上均匀分布,它由位于滤池下部的缓冲配水区和承托滤板组成。设置缓冲配水区的目的在于使进入滤池的污水能够均匀流过滤料层,尽量使滤料层的每一部分都能最大限度地参与生物反应,使曝气生物滤池发挥其最佳的处理能力。承托滤板的作用是使进入滤池的污水先在缓冲配水区进行一定程度的混合后,依靠承托滤板的阻力作用污水在滤板下均匀、均质分布,并通过滤板上的滤头而均匀流入滤料层。在气、水联合反冲洗时,缓冲配水区还起到均匀配气作用,气垫层也在滤板下的区域中形成。

对于上向流滤池,配水室的作用是使某一短时段内进入滤池的污水能在配水室内混合均匀,通过配水滤头均匀流过滤料层,配水室除作为滤池正常运行布水外,还作为对滤池进行反冲洗布水用。而对于下向流滤池,该布水系统主要用作滤池的反冲洗布水和收集净化水。

由于曝气生物滤池在正常运行时一直处于曝气阶段,曝气造成的扰动足以使得进水很快均匀分布在整个反应器截面上,所以单从进水来讲,其配水设施没有一般给水滤池要求那么严格。滤池在运行时,生物滤料层截留部分悬浮物、生物絮凝吸附的部分胶体颗粒和微生物膜在新陈代谢过程中增殖老化脱落的微生物膜,这些物质的存在明显地增加了曝气生物滤池的过滤阻力,会使处理能力减小和处理出水水质下降,同时也使水溶液主体的溶解氧和生物易降解的有机物与生物膜上微生物之间的传质效率下降,同时也使水溶液主体的溶解氧和生物易降解的有机物与生物膜上微生物之间的传质效率下降,影响生物滤池对有机物的去除效率。所以在运行一定时间后必须对滤池进行反冲洗,将这些物质通过反冲洗随冲洗水排出滤池外,保证滤池的正常运行。如果反冲洗系统设计不合理或安装达不到要求,使反冲洗时配水不均匀,将产生下列不良后果:

1) 整个生物滤池冲洗不均匀,部分区域冲洗强度大,部分区域冲洗强度小,使得曝气生物滤池冲洗周期缩短。

2) 如果反冲洗布水不均匀,使部分区域反冲洗达不到要求,该区域的生物填料中杂质冲洗不干净,将影响生物滤池对污染物的去除效果。

3) 冲洗强度大的区域,由于水流速度过大,会冲动承托层,引起生物填料与承托层的混合，甚至引起生物填料的流失，有时也会引起布气系统的松动，对曝气生物滤池造成极大危害。

曝气生物滤池一般采用的管式大阻力配水方式，其形式如图3.8所示，由一根干管及若干支管组成，污水或反冲洗水由干管均匀分布进入各支管，支管上有间距不等的布水孔，孔径及孔间距可由公式计算得出，支管开孔向下，反冲洗水经承托层的填料进一步切割而均匀分散。管式大阻力配水系统设计参数一般可参照表3.5采用。除上述采用滤板和配水滤头的配水方式以外，国内也有小型的曝气生物滤池采用栅型承托板和穿孔布水管（管式大阻力配水方式）的配水形式。

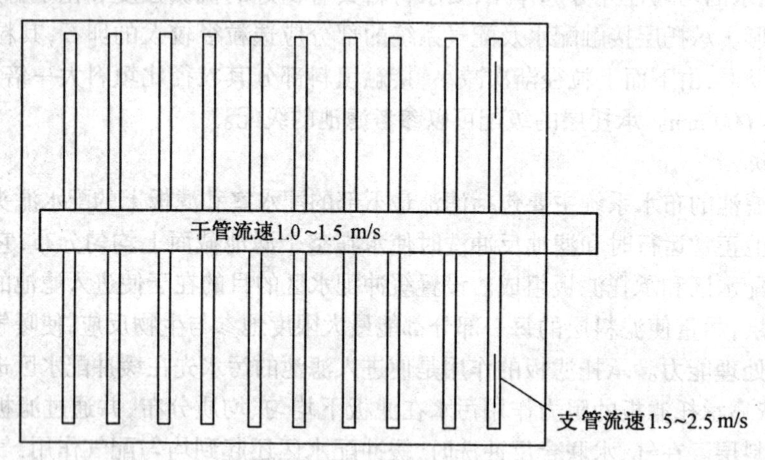

图3.8 管式大阻力配水系统

表3.5 管式大阻力配水系统设计参数

干管进口流速	1～1.5 m/s	开孔比	0.2%～0.25%
支管进口流速	1.5～2.5 m/s	配水孔径	9～12 mm
支管间距	0.2～0.3 m	配水孔间距	70～300 mm

5.布气系统

曝气生物滤池内设置布气系统主要有两个目的：一是保证正常运行时曝气所需；二是保证进行气水反冲洗时布气所需。

保持曝气生物滤池中有足够的溶解氧是维持曝气生物滤池内生物膜高活性、对有机物和氨氮的高去除率的必备条件，因此，选择合适的充氧方式对曝气生物滤池的稳定运行十分重要。

曝气系统的设计，必须根据工艺计算所需供气量来进行。曝气生物滤池最简单的曝气装置可采用穿孔管。穿孔管属大、中气泡型，氧利用率较低，仅为3%～4%，其优点是不易堵塞，造价低。在实际应用中，有充氧曝气与反冲洗曝气共用同一套布气管的形式，但由于充氧曝气需气量比反冲洗时需气量小，因此配气不易均匀。共用同一套布气管虽然能减少投资，但运行时不能同时满足两者的需要，影响曝气生物滤池的稳定运行。在实践中发现此办法利少弊多，最好将两者分开，单独设立一套曝气管，以保持正常运行；同时另设立一套反冲洗布气管，以满足反冲洗布气的要求。曝气管的位置往往在承托层之上30～50 cm的填料层之中，这样做的优点是在曝气管之下的滤池填料层可以起到截留污水中悬浮物的作用，在有滤头的情况下可以起到预过滤的作用;在没有滤头的情况下,可以避免曝气对于填料截留层的干扰。

曝气生物滤池采用气水联合反冲洗时气冲洗强度可取 10~14 L/(m^2·s)。反冲洗布气系统形式同布水系统相似,但气体密度小且具有可压缩性,因此,布气管管径及开孔大小均比布水管要小,孔间距也短一些,并且布气管与进水布水管一样,一般安装在承托层之下。

现在国内外曝气生物滤池常用生物滤池专用曝气器作为滤池的空气扩散装置,如德国 PHILLIP MijLLER 公司的 OXAZUR 空气扩散器、中冶集团马鞍山钢铁设计研究总院环境工程公司开发的单孔膜滤池专用曝气器。单孔膜滤池专用曝气器按一定间隔安装在空气管道上,空气管道又被固定在承托板上,曝气器一般都设计安装在滤料承托层里,距承托板约 1 m,使空气通过曝气器并流过滤料层时可达到 30% 以上的氧的利用率。该种曝气器的另一个特点是不容易堵塞,即使堵塞也可用水进行冲洗。

6.反冲洗系统

曝气生物滤池进水中的颗粒物质或胶体物质以及运行过程中脱落的生物膜被截留在滤料间的孔隙中,在一定情况下,这些物质起到了生物截留作用。但随着处理过程的持续进行,填料的孔隙度减小,一方面加大了滤池的水头损失,另一方面加大了对水流的剪切应力。在达到或接近滤池的设计流量时,当总的水头损失接近通过曝气生物滤池所必须的水头损失或出现截留物质穿透滤层时,曝气生物滤池应停止运行并进行反冲洗。

反冲洗是保证曝气生物滤池正常运行的关键,其目的是在较短的反冲洗时间内,使滤料得到适当的清洗,恢复其截污功能,但也不能对滤料进行过分冲刷,以免冲洗掉滤池正常运行必要的生物膜。反冲洗的质量对出水水质、运行周期、运行状况的影响很大。采用气水联合反冲洗的顺序通常为:先单独用气反冲洗,再用气水联合反冲洗,最后用清水反冲洗。在反冲洗过程中必须掌握好冲洗强度和冲洗时间,既要将截留物质冲洗出滤池,又要避免对滤料过分冲刷,使生长在滤料表面的微生物膜脱落而影响处理效果。

7.出水系统

曝气生物滤池出水系统可采用周边出水或单侧堰出水等方式。在大、中型污水处理工程中,为了工艺布置方便,一般采用单侧堰出水,并将出水堰口处设计为 60°斜坡,以降低出水口处的水流流速;在出水堰口处设置栅形稳流板,以将反冲洗时有可能被带至出水口处的陶粒与稳流板碰撞,导致流速降低而在该处沉降,并沿斜坡下滑回滤池中。

8.管道和自控系统

曝气生物滤池运行时既要完成降解有机物的功能,也要完成对污水中各种颗粒及胶体污染物以及老化脱落的微生物膜的截留过滤功能,同时还要实现滤池本身的反冲洗,这几种方式交替运行。对于小型工业废水处理中,滤池的控制可以简单些,甚至可以采用手动控制;而对于污水处理规模较大的城镇污水处理厂,为提高滤池的处理能力和对污染物的去除效率,需要设计必要的自控系统。

图 3.9 所示为某类滤池的控制方式,运行过程中可以采用控制机构定时关启各阀门。具体如下:

1) 上向流关阀 1, 3, 4, 6,开阀 2, 5;

2) 下向流关阀 2, 3, 5, 6,开阀 1, 4;

3) 反冲洗关阀1, 2, 4, 5,开阀3, 6。

通过上述阀门关启的配合,可实现不同进水方式的运行,实行不同的功能。缺点是阀门较多,增加投资和阀门安装的难度。

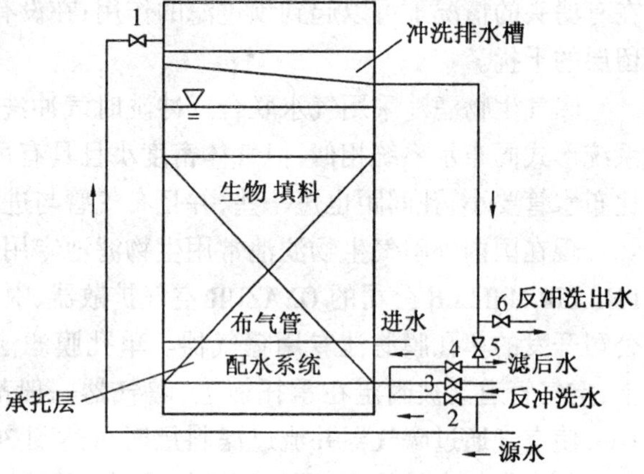

图 3.9　曝气生物滤池控制方式

3.2.2.3　曝气生物滤池的性能特点

通过对曝气生物滤池的工作原理与结构介绍,可以发现曝气生物滤池具有很多优点:

1) 该工艺的处理装置结构紧凑,生化反应和过滤在一个单元中进行,不需要二次沉淀池,从而有利于发展高效、快速的处理工艺,同时节省了占地面积和土建费用;

2) 填料的颗粒细小,提供了大的比表面积,使滤池单位体积内保持较高生物量。由于填料上的生物膜较薄,其活性相对较高,因此,工艺的有机物容积负荷和去除率都较高,具有高质量的出水;

3) 气、水相对运动,气泡接触面积增大,增加气、水与生物膜的接触时间,从而提高处理效果。在处理水水质相同的状态下,填料的容积负荷高,还可使生物膜处于对数生长期;

4) 生物曝气滤池具有多种净化功能,除了用于有机物去除外,还能够去除 NH_3-N 等;

5) 曝气生物滤池在采用上向流或下向流方式运行时均有一定的过滤作用。过滤作用主要基于以下几个方面的原因:① 机械截留作用,生物陶粒滤池所用陶粒填料的颗粒粒径一般为5 mm,填料高度为1.5~2.0 m,根据过滤原理,进水中的颗粒粒径较大的悬浮状物质被截留;② 颗粒滤料上生长有大量微生物,微生物新陈代谢作用中产生的粘性物质如多糖类、酯类等起吸附架桥作用,与悬浮颗粒及胶体粒子粘结在一起,形成细小絮体,通过接触絮凝作用而被去除;③ 曝气生物滤池中由于微生物作用,能使进水中胶体颗粒的 Zeta 电位降低,使部分颗粒脱稳形成较大颗粒而被去除。

3.2.2.4　与其他生物处理工艺的比较

1.曝气生物滤池的优点

曝气生物滤池除了上述自身的优点外,与其他生物处理方法相比还具有非常明显的以下几个优点:

1) 占地面积小,过滤速度高,由于曝气生物滤池的处理负荷大大高于常规处理工艺,BOD_5 容积负荷可达到5~6 kg/(m^3·d),是常规活性污泥法或接触氧化法的6~12倍,所以它的池容和占地面积通常为常规处理厂占地面积的1/10~1/5,而且厂区布置紧凑,节省了土建费用;

2) 总体投资省,包括机械设备、自控电气系统、土建和征地费,直接一次性投资比传统方法低1/4;

3) 处理水质量高,在 BOD_5 容积负荷为6 kg/(m^3·d)时,其出水 SS 和 BOD_5 可满足回用要求;

4）氧的传输效率高，供氧动力消耗低，处理单位污水电耗低，运行费用比常规处理低1/5；

5）曝气生物滤池抗冲击负荷能力强，受气候、水量和水质变化影响小，没有污泥膨胀问题，微生物也不会流失，能保证池内较高的微生物浓度，因此，日常运行管理简单，处理效果稳定，便于维护；

6）设施可间断运行，由于大量的微生物生长在填料的内部和表面，微生物不会流失，即使长时间不运转也能保持其菌种，其设施可在几天内恢复运行；

7）处理设施采用全部模块化结构，便于进行后期的改扩建，可建成封闭式厂房，减少臭气、噪声和对周围环境的影响，视觉景观好。

2.曝气生物滤池的主要缺点

1）预处理要求较高；

2）产泥量相对于活性污泥法稍大，污泥稳定性稍差。

曝气生物滤池与其他常规生物处理工艺的比较见表3.6、表3.7、表3.8。

表3.6 BAF、SBR、A^2/O三种污水生物处理工艺的比较

项目		BAF工艺	SBR工艺	A^2/O工艺
投资费用	土建工程	无需二沉池，土建量小	无需二沉池，池体一般较深，土建量较大	土建量很大
	设备及仪表	设备量稍大，自控仪表稍多	设备闲置浪费大，自控仪表稍多	设备投资一般
	征地费	占地最小，是传统工艺的1/10～1/5，征地费最小	占地较大，征地费较多	占地最大，征地费最大
	总投资	最小	较大	最大
运行费用	水头损失	3～3.5 m	3～4 m	1～1.5 m
	污泥回流	不需污泥回流	不需污泥回流	100%～150%
	曝气量	比活性污泥法低30%～40%	与A^2/O工艺基本相同	大
	出水的消毒	消耗较小	消耗较大	消耗较大
	总运行成本	较低	较高	最高
工艺效果	出水水质	SS<15 mg/L BOD<10 mg/L COD<40 mg/L TKN<15 mg/L	SS<30 mg/L BOD<15 mg/L COD<100 mg/L TKN<15 mg/L	SS<30 mg/L BOD<15 mg/L COD<100 mg/L TKN<15 mg/L
	产泥量	产泥量相对于活性污泥法稍大，污泥稳定性稍差	产泥量与A^2/O工艺差不多，污泥相对稳定	产泥量一般，污泥相对稳定
	污泥膨胀	无	容易产生，需加生物选择器	容易产生，需加生物选择器
	流量变化影响	受过滤速度限制，有一定影响	受容积限制，有一定影响	受沉淀速度限制，有一定影响
	冲击负荷影响	可承受日常的冲击负荷	承受冲击负荷能力较强	承受冲击负荷能力较强
	温度变化影响	水温波动小，低温运行稳定	受低温影响较大	受低温影响较大

续表 3.6

项目		BAF 工艺	SBR 工艺	A^2/O 工艺
运行管理	自动化程度	连续进水可实现供氧量和反冲洗的自动调节和控制,自动化程度高	序批式反应,可实现供氧量和回流比的自动调节	连续进水,可实现供氧量和回流比的自动调节
	日常维护	设备和管道布置紧密,厂区小,曝气不堵塞,维护巡视简单	设备闲置较多,膜式曝气头易堵塞,维修量大	厂区大,设备分散,微孔曝气头易堵塞,维护巡视量大
	大　　修	滤池数量多,可停一个滤池进行依次大修,对处理水质和水质影响很小	需停一个 SBR 池,对处理水量和水质影响较大	需停一条线进行大修,时间长,对处理水量和水质影响较大
	管理操作人员	很少	较多	较多
未来扩建	增加处理量	全部模块化结构,扩建非常容易,所需占地和土建工程量很小,工期短	池体为模块结构,扩建相对容易,但所需占地和土建工程量大,工期较长	非模块化结构,构筑物均需增加,所需占地和土建工程量大,工期长
	提高出水水质	现有构筑物即可实现	需新建三级处理	需新建三级处理
环境问题	臭气问题	生化部分为封闭式,臭味对周围环境影响很小	生化部分为敞开式,臭味对周围环境影响较大	生化部分为敞开式,臭味对周围环境影响很大
	噪音问题	风机、水泵等设备位于廊道内,对周围环境影响极小	对周围环境影响很大	对周围环境影响很大
	外观环境	占地小,易覆盖,视觉和景观效果好	占地面积较大,覆盖困难,视觉和景观效果一般	占地面积大,覆盖困难,视觉和景观效果差

表 3.7　不同处理工艺出水水质的比较

处理工艺	$BOD_5/(mg\cdot L^{-1})$	$COD/(mg\cdot L^{-1})$	$NH_4-N/(mg\cdot L^{-1})$	$N/(mg\cdot L^{-1})$	$P/(mg\cdot L^{-1})$	$SS/(mg\cdot L^{-1})$
A/O 工艺	15	75	5	18	1	10
SBR 工艺	<10	<60	<2	<10	<1	<10
BAF 工艺	<10	<60	<2	<10	<1	<10

表 3.8　不同处理工艺占地及投资运行费用比较

项　目	A/O 工艺	SBR 工艺	BAF 工艺
占　地	100%	60%	25%
投资费	100%	90%~95%	75%
运行费	100%	85%~90%	60%

3.2.3　曝气生物滤池工艺流程

曝气生物滤池是 20 世纪 80 年代末 90 年代初在普通生物滤池的基础上,并借鉴给水滤池工艺而开发的污水处理新工艺,最初用于污水的三级处理,后发展成直接用于二级处理。

以曝气生物滤池为基础的多种组合工艺现已不仅仅用于生活污水的处理,还可以用于工业废水以及饮用水微污染的处理。随着水体富营养化的日趋加剧,污水排放要求越来越严格,对污水排放要求除磷脱氮,在采用曝气生物滤池处理工艺时,根据其处理对象的不同和要求排放水质指标的不同,通常有以下三种工艺流程:一段曝气生物滤池工艺;二段曝气生物滤池工艺;三段曝气生物滤池工艺。

3.2.3.1 一段曝气生物滤池工艺

一段曝气生物滤池工艺,主要用于处理可生化性较好的工业废水以及对氨氮等营养物质没有特殊要求的生活污水,其主要去除对象为污(废)水中的碳化有机物和截留污水中的悬浮物。单纯以去除污(废)水中碳化有机物为主的曝气生物滤池称为DC曝气生物滤池。DC曝气生物滤池处理污(废)水的流程如图3.10所示。

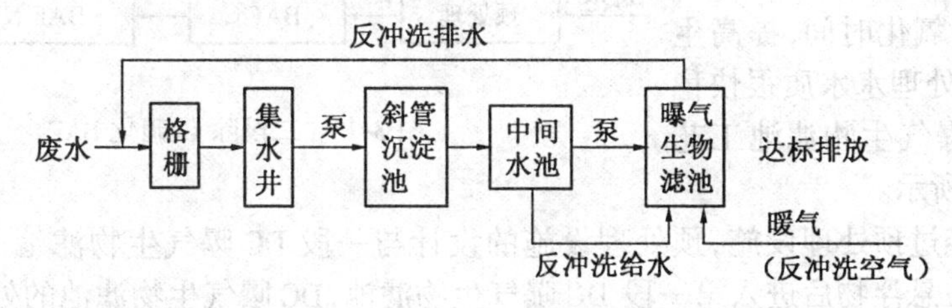

图3.10 DC曝气生物滤池

原污(废)水先经过预处理设施,去除污(废)水中大颗粒悬浮物后进入DC曝气生物滤池。对于工业废水,预处理设施应包括格栅、调节池、初沉池或水解池。由于工业废水的来水水质不稳定,所以设置调节池是必要的;同时对于高浓度有机工业废水,在COD的质量浓度大于1 500 mg/L时,建议在DC曝气生物滤池前增加厌氧或水解酸化处理单元,以缓解滤池的处理负荷,同时也可节省能耗,降低运行费用。对于城镇生活污水,预处理设施应包括格栅、沉砂池、初沉池或水解池。根据具体工程所采用处理工艺高程布置的要求,经预处理后的污水或自流或由提升泵送至DC曝气生物滤池进行处理。

由于DC曝气生物滤池属于生物膜法处理工艺,其去除污水中有机物的原理在于反应器内填料上所吸附生物膜中的微生物的氧化分解作用、填料及生物膜的吸附阻留作用和沿水流方向形成的食物链分级捕食作用。DC曝气生物滤池还可以将生物转化过程中产生的剩余污泥和进水挟带的悬浮物截留在滤床内,起到生物过滤的作用,所以在曝气生物滤池后不需要再设二沉池。另外,为避免积累的生物污泥和悬浮固体堵塞生物滤池,需定期利用处理后的出水对滤池进行反冲洗,排除增殖的活性污泥。

通过一段曝气生物滤池工艺也可达到同时去除有机物和硝化的作用。在预沉池中投加絮凝剂通过絮凝、沉淀作用去除原水中大部分有机物,在曝气生物滤池进水端通过异养微生物的降解作用,又进一步去除污水中部分有机物。沿水流方向随着有机物浓度较低,异养微生物减少,而自养性硝化菌逐渐增加,将原水中的氨氮氧化成硝酸氮或亚硝酸氮。工艺流程如图3.11所示。

在一段曝气生物滤池工艺中为了实现脱氮的目的,可以将工艺流程基于A/O工艺思想进行改进,如图3.12所示。原水经过水解预处理去除SS等固体杂质,进入BAF滤池,在

BAF 滤池中去除有机污染物,同时将 NH_3-N 氧化为 NO_3-N, BAF 滤池出水的一部分回流进入水解池,利用进水中的 C 源,实现反硝化。回流比 R 一般为 100% ~ 300%。

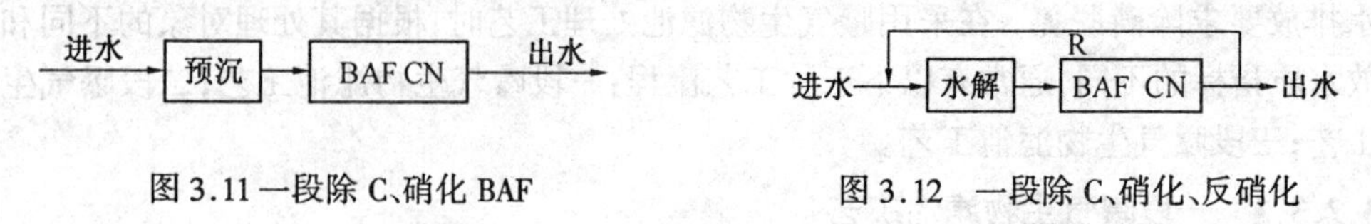

图 3.11 一段除 C、硝化 BAF　　图 3.12　一段除 C、硝化、反硝化

3.2.3.2　二段曝气生物滤池工艺

二段曝气生物滤池法主要用于对污水中有机物的降解和氨氮的硝化。二段法可以在两座滤池中驯化出不同功能的优势菌种,缩短生物氧化时间,提高生化处理效率,使处理水水质很快稳定达标。二段曝气生物滤池工艺流程如图 3.13 所示。

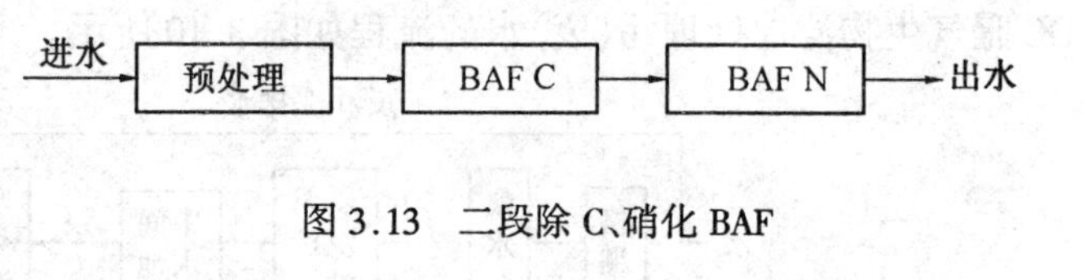

图 3.13　二段除 C、硝化 BAF

原污水先经过预处理设施,预处理设施的设计与一段 DC 曝气生物滤池一样,去除污(废)水中大颗粒悬浮物后进入第一段 DC 曝气生物滤池,DC 曝气生物滤池的处理出水直接自流入第二段曝气生物滤池进行硝化处理。

第一段 DC 曝气生物滤池以去除污水中碳化有机物为主。在该段滤池中,异养菌为优势生长的微生物。沿滤池高度方向从进水端到出水端有机物浓度梯度逐渐递减,其降解速率也呈递减趋势。在进口端由于有机物浓度较高,异养微生物处于对数增殖期,异养微生物膜增长很快,微生物浓度很高,BOD 负荷率也较高,有机物降解速率很快,而此时自养微生物处于抑制状态。随着降解反应的进行,在滤池中有机物浓度沿水流方向不断降低,异养微生物处于减速增殖期,微生物膜增长缓慢,而自养微生物处于增殖过程,DC 曝气生物滤池最终出水中的有机物浓度已处于较低水平。

第二段曝气生物滤池主要对污水中的氨氮进行硝化,称为 N 曝气生物滤池。在该段滤池中,由于进水中的有机物浓度较低,异养微生物较少,而优势生长的微生物为自养性硝化菌,将污水中的氨氮氧化成硝酸氮或亚硝酸氮。同样在该段滤池中,由于微生物的不断增殖,老化脱落的微生物膜也较多,所以间隔一定时间也需对该滤池进行反冲洗。

二段曝气生物滤池工艺还可以实现除有机物/硝化/反硝化作用,如图 3.14 所示,将硝化和反硝化分别在两个滤池中进行,该工艺操作方便,运行可靠。根据原水水质情况选择预沉或水解预处理,出水进入一级 BAF 滤池,在滤池中实现有机物的去除,同时发生硝化反应。一级 BAF 滤池的出水进入二级 BAF 滤池前必须外加碳源(醋酸盐、乙醇、甲醇等有机物),因为经过一级 BAF 滤池后的污水中的有机物一般不能满足二级 BA F 进行反硝化所需的碳源。外加碳源的量必须严格控制,如果外加碳源量过少,反硝化不彻底,TN 排放不能达标,如果外加碳源过多,出水 COD 又可能超标,因此建议适当多加碳源,但必须在

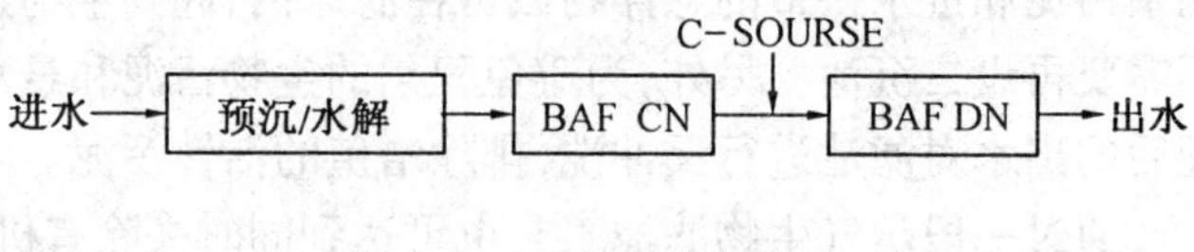

图 3.14　后置反硝化脱氮

出水中将DO质量浓度维持在2~4 mg/L以防出水COD超标。

3.2.3.3 三段曝气生物滤池工艺

三段曝气生物滤池是在二段曝气生物滤池的基础上增加第三段反硝化滤池,同时可以在第二段滤池的出水中投加铁盐或铝盐进行化学除磷,所以第三段滤池称为DN-P曝气生物滤池。在工程设计中,DN-P曝气生物滤池也可前置。三段曝气生物滤池工艺流程如图3.15所示。

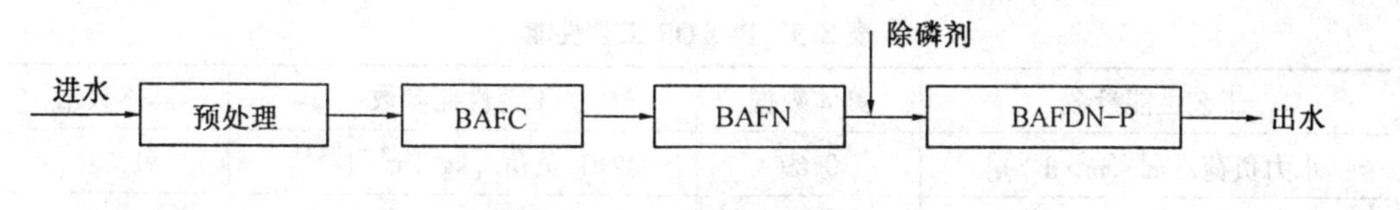

图3.15 三段除磷脱氮BAF工艺

3.2.4 曝气生物滤池工艺的发展与应用

最早的曝气生物滤池出现于20世纪初期,其发展可以追溯到早期的淹没石片滤池以及后来在德国出现的EMSCHER滤池。现代意义的曝气生物滤池在20世纪80年代初出现于欧洲大陆。与其他生物膜方法不同,曝气生物滤池将生物氧化过程与固液分离集于一体,在同一个单元反应器中完成碳源去除、固体过滤和硝化过程,并且对池结构进行改进后增加了厌氧区的生物滤池还可以进行反硝化脱氮和除磷。曝气生物滤池研究在20世纪80年代中后期经历了一个快速发展时期,出现了比较有代表性的BIOFOR、BIOSTYR、和BIOPUR等反应器和工艺形式,90年代以来有关曝气生物滤池的技术方法、工艺流程不断完善,在填料的选择、反冲洗技术的改进以及提高滤速研究等方面取得了一定的进展。

目前,全球范围内的以曝气生物滤池作为处理主体的污水处理厂已超过100座,主要分布在欧洲和北美地区。亚洲的韩国、中国台湾也有曝气生物滤池的实际应用,大连马栏河污水处理厂也引进了BIOFOR形式的曝气生物滤池。这些曝气生物滤池被应用于处理工业废水、生活污水以及微污染水源水的预处理中,取得了良好的处理效果,在水处理事业中发挥着越来越重要的作用。

3.2.4.1 BIOFOR工艺

BIOFOR工艺(Rio-Fil-Tration Oxygenated Reactor,简称BIOFOR)是由Degremont公司开发出来的,其结构示意如图3.16所示,底部为气水混合室,之上为常柄滤头、曝气管、垫层、填料。

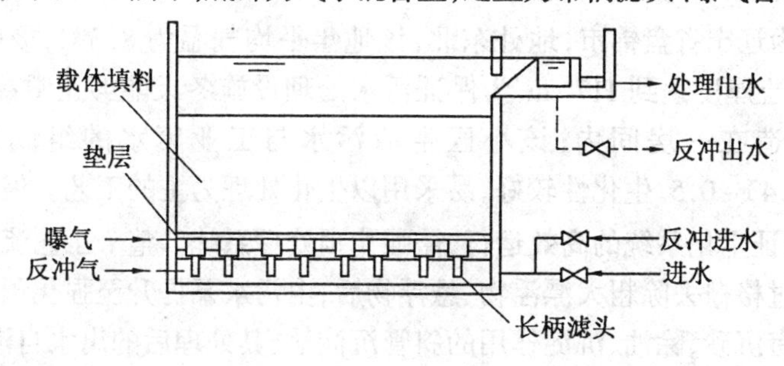

图3.16 BIOFOR滤池结构示意图

BIOFOR 工艺在欧洲已广泛用于污水处理,美国目前有 5 个 BIOFOR 曝气生物滤池,规模为 750 ~ 7 570 m^3/d,在法国已经运行和正在建设的有 15 个 BIOFOR 曝气生物滤池,服务人口范围为 20 000 ~ 200 000 人。法国 OTV 公司建造的第一座 BIOFOR 曝气生物滤池在法国 Soissons,它呈环状,中心是清水井,储存处理过的水并用于反冲洗,服务人口数为 40 000 人,用于处理城市污水和工业废水。表 3.9 和 3.10 为其工艺运行性能和处理效果(均为平均数)。

表 3.9 BIOFOR 工艺性能

工艺性能参数	具体数据	工艺性能参数	具体数据
水力负荷/[m^3·(m^2·d^{-1})]	0.69	BOD_5 负荷/[kg·(m^3·d)$^{-1}$]	1.74
进水量/(m^3·d)	3 460	COD 负荷/[kg·(m^3·d)$^{-1}$]	3.22
反冲洗水量(进水量的百分数)/%	33.2	NH_3 - N 负荷/[kg·(m^3·d)$^{-1}$]	0.32

表 3.10 BIOFOR 工艺处理效果

项目 \ 指标	COD/(mg·L^{-1})	BOD_5/(mg·L^{-1})	NH_3 - N/(mg·L^{-1})	TSS/(mg·L^{-1})
进水	299	161	30	111
出水	61	10	8	10

冶金部马鞍山钢铁设计研究院用 BIOFOR 工艺处理辽河油田机械修造总厂生活污水和厂区部分工业废水。该工程所处理的污水主要由辽河油田机械修造公司生活区污水和厂区工业废水组成,设计规模为日处理污水 1 500 m^3,其中生活污水 900 m^3/d,工业废水 600 m^3/d。废水中主要污染物为 COD、BOD、SS 及石油类,根据盘锦市环境监测站对该公司的综合污水连续取样分析,其废水水质为(作为本工程的设计进水水质):COD 的质量浓度为 350 ~ 500 mg/L,BOD_5 的质量浓度为 150 ~ 250 mg/L, SS 的质量浓度为 170 ~ 200 mg/L,石油的质量浓度为 60 ~ 80 mg/L,pH 值 7.5 ~ 8.2。按照当地环保部门要求,污水处理的出水执行《辽宁省污水与废气排放标准》(DB 21 - 60 - 89)二级标准,即 COD 的质量浓度小于 100 mg/L, BOD_5 的质量浓度小于 30 mg/L, SS 的质量浓度小于 150 mg/L,油类的质量浓度小于 10 mg/L, pH 值 6 ~ 9。

该工程地点为辽宁省盘锦市,地处东北,该地年平均气温为 8.3℃,极度最低气温达到 - 28.2℃,最大冻土厚度达到 117 cm,为保证污水处理设施冬天能够正常高效运行,设计中将所有构筑物建造在一房间内;该小区生活污水与工业废水的组成比例为 6:4,其 BOD_5/COD约为 0.43 ~ 0.5,生化性较好,易采用以生化处理为主的工艺。但由于原污水中油的含量较高,为保证生化系统的高效运行,需强化预处理系统。整个工艺流程图见图 3.17。

原污水先经过格栅去除粗大漂浮物、悬浮物后,由污水泵提升至强化预处理系统。强化预处理系统为具有沉砂、除油、沉淀作用的斜管沉淀池,其处理后的出水自流至中间水池,通过泵提升至上流式曝气生物滤池进行生物降解,滤池出水即达标排放。当滤池运行一定时间后,由于微生物膜增厚,导致出水 SS 增高,这时必须进行反冲洗,反冲洗水来自中间水池。

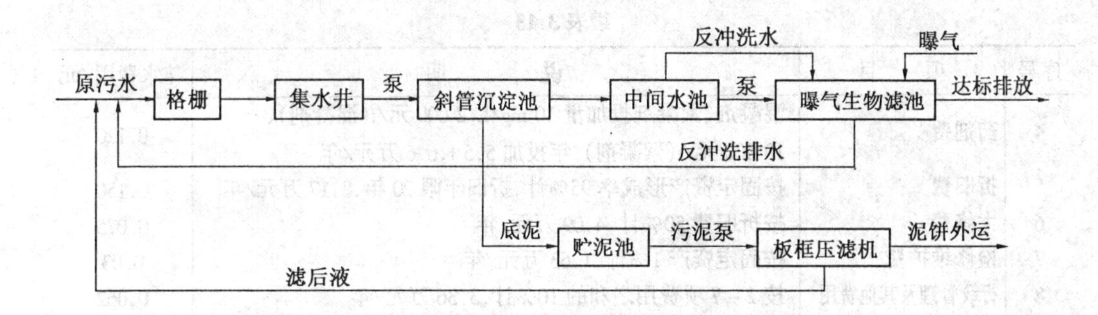

图3.17　BIOFOR工艺处理生活污水流程图

而反冲洗水排至集水井，从而进入污水处理系统。整个系统的污泥从沉淀池排出，经板框压滤机脱水后，泥饼含水率在75%左右，外运处置。表3.11为该工程BIOFOR的工艺性能。

该工程于1999年底竣工投运，运行情况良好，当曝气生物滤池 BOD_5 容积负荷在5～6 kg/(m^3·d)时，其出水COD质量浓度平均保持在60 mg/L以下，远低于国家《污水综合排放标准》(GB 8978－1997)中的一级标准。表3.12为该工程的污水处理效果表。该工程的主要技术经济指标见表3.13。

表3.11　辽河油田机械修造总厂BIOFOR的工艺性能

工艺性能参数	具体数据	工艺性能参数	具体数据
滤池速度/($m·h^{-1}$)	2～11	反硝化负荷(10℃)/[kg·(m^3 滤料·d)$^{-1}$]	2.5
空气速度/($m·h^{-1}$)	4～15	反硝化负荷(20℃)/[kg·(m^3 滤料·d)$^{-1}$]	6
固体负荷能力/($kg·m^{-3}$)	4～7	去除AOX/%	40(Ca)
BOD有机负荷/[kg·(m^3 滤料·d)$^{-1}$]	6	氧效率/%	20～30
COD有机负荷/[kg·(m^3 滤料·d)$^{-1}$]	12	反冲洗水(进水量的百分数)/%	3～8
硝化负荷(10℃)/[kg·(m^3 滤料·d)$^{-1}$]	1	去除1 kg BOD污泥产量	0.75
硝化负荷(20℃)/[kg·(m^3 滤料·d)$^{-1}$]	1.5		

表3.12　辽河油田机械修造总厂污水处理效果

项目＼指标	pH值	COD/($mg·L^{-1}$)	BOD_5/($mg·L^{-1}$)	TSS/($mg·L^{-1}$)	石油类/($mg·L^{-1}$)	挥发酚/($mg·L^{-1}$)	硫化物/($mg·L^{-1}$)
进水	8.02	491	230.8	263	454.08	0.298	0.881
出水	8.24	57	14.3	64	1.24	未检出	0.356
去除率	—	88.4	93.8	75.7	99.73	—	59.6

表3.13　辽河油田机械修造总厂工程的主要技术经济指标

序号	项　　目	说　　明	吨水费用/元
1	工程总投资	183万元，其中固定资产投资171.9万元	
2	人工费	定员3人，22 800元/(人·年)	0.125
3	电费	平均运转负荷22.5 kW，每年用电 15×10^4 kW·h，电费0.42元/(kW·h)，共计6.3万元/年	0.115

续表 3.13

序号	项　目	说　明	吨水费用/元
4	药剂费	混凝剂、絮凝剂投加量 10 mg/L,2 000 元/t(混凝剂)、10 000 元/t(絮凝剂),年投加 5.5 t,6.6 万元/年	0.120
5	折旧费	按固定资产形成率 95%计,折旧年限 20 年,8.17 万元/年	0.150
6	大修费	按折旧费 50%计,4.09 万元/年	0.075
7	检修维护费	按固定资产 1%计,1.63 万元/年	0.03
8	行政管理及其他费用	按 2~7 项费用之和的 10%计,3.36 万元/年	0.062
9	直接运行费	为 2+3+4+7+8 项之和,共计 24.73 万元/年	0.452
10	处理成本	为 5+6+9 项之和,共计 36.99 万元/年	0.677

3.2.4.2 BIOSTYR 工艺

Biostyr 滤池是 BAF 工艺的一种,是法国 OTV 公司的注册工艺,由于采用了新型轻质悬浮填料 Biostyrene(主要成分是聚苯乙烯,且密度小于 1.0 g/cm³)而得名。这种滤池采用固定床形式,充气方式几经改变,曾经报道过的有:进水预充氧的上向流滤池、底部充氧的上向流颗料滤料滤池、底部充氧的上向流塑料滤料滤池,最后改为将穿孔管曝气系统设在滤床中间,从而将滤床分为两部分,上部分为曝气的生化反应区,下部分为非曝气的过滤区,这样就省掉了二次沉淀池。其后又开发了带回流的底部不曝气的具有脱氮功能的曝气生物滤池。脱氮的 Biostyr 反应器的结构和原理如图 3.18 所示。

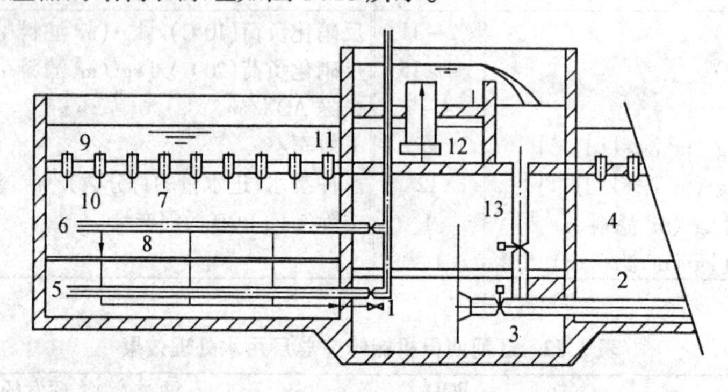

图 3.18　Biostyr 滤池结构示意

1—配水廊道;2—滤池进水和排泥管;3—反冲洗循环闸门;4—填料;
5—反冲洗气管;6—空气管;7—好氧区;8—缺氧区;9—挡板;
10—出水滤头;11—处理后水的储存和排出;12—回流泵;13—进水管

从图 3.18 可以看出,Biostyr 滤池与一般 BAF 工艺不同之处在于其滤头设在池子的上部,在上部挡板上均匀安装有出水滤头。挡板上部空间用做反冲洗水的储水区,其高度根据反冲洗水头而定,该区设有回流泵用以将滤池出水泵送至配水廊道,继而回流到滤池底部实现反硝化。滤池底部设有进水和排泥管,中上部是填料层,厚度一般为 2.5~3 m,填料顶部装有挡板,防止悬浮填料的流失。其填料底部与滤池底部的空间留作反冲洗再生时填料膨胀之用。滤池供气系统分 2 套管路。置于填料层内的工艺空气管用于工艺曝气,并将填料层分为上下 2 个区:上部为好氧区,下部为缺氧区。根据不同原水水质、处理目的和要求,填料高度可以变化,好氧区、厌氧区所占比例也可有所不同。滤池底部的空气管路是反冲洗空气管。

经预处理的污水与经硝化的滤池出水按一定回流比混合后进入滤池底部。在滤池中间进行曝气,根据反硝化程度的不同将滤池分为不同体积的好氧区和缺氧区。在缺氧区,一方面反硝化菌利用进水中的有机物作为碳源,将滤池中的 NO_3-N 转化为 N_2,实现反硝化。另一方面,填料上的微生物利用进水中的溶解氧和反硝化产生的氧降解 BOD,同时,一部分 SS 被截留在滤床内,这样便减轻了好氧段的固体负荷。污水在缺氧段经处理后进入好氧段,在好氧段微生物利用气泡中转移到水中的溶解氧进一步降解 BOD,硝化菌将 NH_3-N 氧化为 NO_3-N,滤床继续截留在缺氧段没有被去除的 SS,流出滤层的水经上部滤头排出。滤池出水分为:① 排出处理系统;② 按回流比与原水混合进行反硝化;③ 用作反冲洗(在多个滤池并联运行的情况下,当某一个滤池反冲洗时,反冲洗水由其他工作着的滤池出水共同提供)。

如果在 BIOSTYR 中,只需进行单独硝化或反硝化,只需将曝气管的位置设置在滤池底部即可。

随着过滤的进行,由于填料层内生物膜逐渐增厚,SS 不断积累,过滤水头损失逐步加大,其水头损失增长与运行时间成正相关。当水头损失达到极限时,设计流量将得不到保证,此时应进入反冲洗再生以去除滤床内过量的生物膜及 SS,恢复滤池的处理能力。由于 BIOSTYR 中没有形成表面堵塞层,使得 BIOSTYR 工艺运行时间相对要长。反冲洗水自上而下,填料层受下向水流的作用发生膨胀,填料层在单独水冲或气冲过程中,不断膨胀和被压缩;同时,在水、气对填料的流体冲刷和填料颗粒间互相摩擦的双重作用下,生物膜、被截留吸附的 SS 与填料分离,冲洗下来的生物膜及 SS 在漂洗中被冲出滤池。

Biostyr 工艺最初是为在污水的二级、三级处理中实现硝化、反硝化而开发的,设计思想来自 A/O 法。在具体工艺形式的实现中,相比而言 BIOSTYR 工艺有如下优点:

1) Biostyr 滤池采用的是密度小于水的球形新型有机填料,粒径为 3.5~5 mm,具有较好的机械强度和化学稳定性,在为微生物提供生长环境、截留 SS、促进气水均匀混合等方面有一定优势。

2) Biostyr 工艺将 BOD 降解、硝化、反硝化集于一个处理单元内,简化了工艺流程。

3) 滤头布置在滤池顶部,预处理水接触不易堵塞,便于更换。

4) 反冲洗采用重力流反冲洗,无需反冲泵,节省了动力。

5) Biostyr 工艺的处理能力高,滤池易于规范化设计,工程结构紧凑,占地省,投资少。

6) Biostyr 工艺一般具有自动化程度较高的控制系统,运行灵活,管理方便。

Biostyr 工艺在欧美应用较为普遍,而且多集中在用地紧张、出水水质要求高的处理厂。对于已实现有机碳降解、硝化的处理厂,该工艺可在外加有机碳源的情况下完成反硝化;也可对只进行有机碳降解的二级处理厂进行升级,达到脱氮的水平。表 3.14 为 BIOSTYR 滤池处理城市生活污水,同时进行硝化/反硝化的常用设计参数。

表 3.14　BIOSTYR 常用设计参数

滤速 /($m\cdot h^{-1}$)	COD 负荷 /[$kg\cdot(m^3\cdot d)^{-1}$]	NH_3-N 负荷 /[$kg\cdot(m^3\cdot d)^{-1}$]	单池面积 /m^2	好氧区高度/厌氧区高度	回流比 /%	气水比
1~2.2	2~5.5	<1.1	<100	1.5/1.0~4.0/1.0	100~300	(1~3):1

3.2.4.3 BIOSTYR 工艺

BIOPUR 是瑞士 VA TA TECH WABAG Winterthur(原苏尔寿环境技术部)于 20 世纪 80 年代初期研究开发的一种曝气生物滤池,其填料采用规整波纹板和颗粒载体,并可根据污水类型和进、出水指标结合不同的填料类型组合成不同的工艺。表 3.15 介绍了 BIOPUR 工艺几种类型填料的性能与应用。

表 3.15 BIOPUR 工艺采用的填料性能与应用

填 料	应用范围	特 性	优 点
规整波纹板	去除有机物(BIOPUR - C) 预反硝化(BIOPUR - DN) 硝化(BIOPUR - N)	规整填料,高 3 ~ 6 m,容积表面积 220 ~ 450 m^2/m^3,滤速小于 25 m/h,滤池反冲洗周期 24 ~ 72 h,单格滤池面积 1 ~ 80 m^2	过滤水头损失可忽略不计,滤池运转周期长,抗高负荷冲击的能力强
陶粒填料	去除有机物(BIOPUR - C) 预反硝化和后续反硝化(BIOPUR - DNK) 硝化(BIOPUR - NK)	颗粒状填料,高 3 ~ 6 m,容积表面积 600 ~ 1 200 m^2/m^3,滤速小于 20 m/h,滤池反冲洗周期 24 ~ 48 h,单格滤池面积 1 ~ 80 m^2	延长了固体的停留时间,同时去除磷
石英砂	絮凝过滤 后续反硝化 去除剩余的氨和亚硝酸盐	单层或多层滤料,高度 1.2 ~ 2.5 m,滤速小于 20 m/h,滤池反冲洗周期 24 ~ 48 h	深层过滤运行安全,反冲洗水消耗少

BIOSTYR 工艺可以处理城市污水和工业废水,也可用于废水的深度处理(硝化、脱氮、除磷)。与其他工艺一样,BIOSTYR 工艺的设计负荷应根据不同的水质和处理要求选择不同的设计负荷,具体的工艺设计负荷取值范围见表 3.16。

表 3.16 BIOSTYR 工艺设计负荷指标

条 件		BOD 负荷指标 /$[kg\cdot(m^3\cdot d)^{-1}]$	备 注	
去除有机物	$COD/BOD_5 < 1.7$	6 ~ 10	二级曝气生物滤池去除有机物	
	$COD/BOD_5 > 1.7$	3 ~ 6		
去除有机物 + 硝化	第一级去除有机物	3 ~ 6	去除有机物	
	第二级硝化	0.5 ~ 1	BOD/TKN = 2 ~ 3	
硝化和反硝化	第一级反硝化	1.5 ~ 3	BOD/TKN = 5 ~ 6	回流比 100% ~ 300%
	第二级硝化	0.5 ~ 1	BOD/TKN = 5 ~ 6	
除 磷	出水 TP 含量 < 1 mg/L		BOD/TP > 10	最好加 $FeCl_3$
	出水 TP 含量 < 0.5 mg/L		BOD/TP > 20	

3.3 其他生物膜处理技术

3.3.1 生物流化床

废水的生物流化床处理技术是继流化床技术在化工领域广泛应用之后发展起来的。生物流化床处理污水的研究和应用始于20世纪70年代初的美国,20世纪70年代中后期,生物流化床处理城市污水和工业废水在工程上开始得到应用。生物流化床技术是以砂、活性炭、焦炭等颗粒为载体充填于生物反应器内,因载体表面附着生长着生物膜而使其质变轻,当污水以一定流速从下向上流动时,载体处于流化状态,废水中的有机物在床内同均匀分散的生物膜相接触而获得降解去除。

生物流化床是一类既有固着生长特征又有悬浮生长特征的生物反应器。因生物流化床内载体颗粒较小,总表面积大,提高了单位容积反应器内的微生物量(可高达10~14 g/L);载体处于流化状态,污水可与其表面的生物膜充分接触;载体在床内的互相摩擦碰撞作用,使生物膜的活性提高并加速了有机污染物由污水中向微生物细胞内的传质过程,使得生物流化床具有容积负荷高、传质速度快、抗冲击能力强、占地面积小、运行稳定等优点。

按照使载体流化的动力来源的不同,生物流化床一般可分为以液流为动力的两相流化床和以气流为动力的三相流化床两大类。

3.3.1.1 两相生物流化床

两相流化床是以液流为动力使载体流化,在反应器内只有作为污水的液相和作为载体上附着生物膜的固相相互接触。

两相流化床主要由床体、载体、布水装置及脱膜装置等组成,床体平面多呈圆形,多由钢板焊制,有时也可以由钢筋混凝土浇灌砌制。

载体是生物流化床的核心部分,常应用的载体见表3.17。

表3.17 流化床内常用载体

载　体	粒径/mm	相对密度
石英砂	0.25~0.5	2.50
无烟煤	0.5~1.2	1.67
焦　炭	0.25~3.0	1.38
颗粒活性炭	0.96~2.14;长度1.3~4.7	1.50
聚苯乙烯球	0.3~0.5	1.005

载体在床内的装填高度一般为0.7 m左右。当流化床底部进入污水而使床断面流速等于临界流化速度时,滤床开始松动,载体开始流化;当进水流量不断增加而使床断面流速大于临界流化速度时,滤床高度不断增加,载体流化程度加大;当滤床内载体颗粒不再为床底所承托而为液体流动对载体产生的上托力所承托,即在载体的下沉力和流体的上托力平衡时,整个滤床内颗粒出现流化状态。在这种情况下,滤床膨化率通常为20%~70%,颗粒在

床中做无规则自由运动,滤床孔隙率比原来固定床的高得多,载体颗粒的整个表面都将和污水相接触,致使滤床内载体具有了更大的可为微生物与污水中有机物接触的表面积。

布水装置通常位于滤床底部,它既起到布水作用,同时又要承托载体颗粒,因而是生物流化床的关键技术环节。布水的均匀性对床内的流态产生重大影响,不均匀布水可能导致部分载体堆积而不流化,甚至破坏整个床体状态。作为载体的承托层,又要求在床体因停止进水不流化时而不致于使载体流失,并且保证再次启动时不发生困难。目前,在生物流化床的试验与应用中常采用多孔板,多孔板上设砾石粗砂承托层、圆锥布水结构及泡罩分布板的方式布水,见图 3.19。

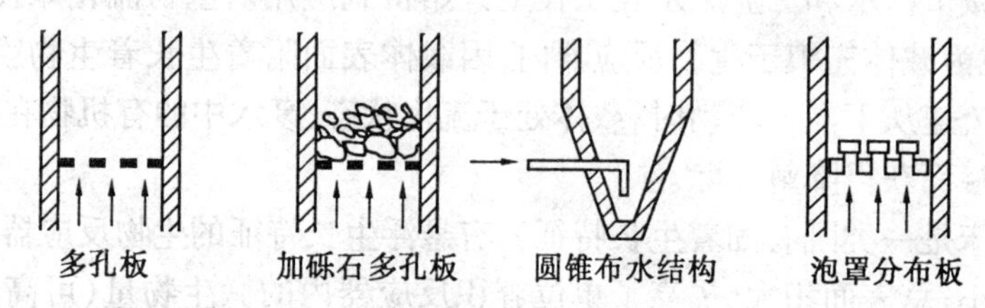

图 3.19 生物流化床的布水装置

脱膜对于生物流化床工艺也是至关重要的,有时单靠滤床内载体之间的相互摩擦还不够,此时应考虑设有专门脱膜装置,目前,主要应用叶轮搅拌器、振动筛和刷形脱膜机等。叶轮搅拌器是设于生物流化床上部的脱膜装置,已膨胀到控制界面的覆有生物膜的载体被脱膜机沿水平方向吸入,经旋转叶轮切割,老化的生物膜与载体剥离,随后载体和剥落的生物膜一起上升到沉淀分离室,由于顶部扩大处流速下降,生物膜因相对密度较轻而排出流化床外,而去膜载体则因相对密度相对较大而返回到流化床内。在振动筛脱膜装置中,用泵将载体从流化床的中上部抽出,再送到振动筛脱除生物膜,脱膜后的载体返回生物流化床,而脱掉的生物膜污泥则由振动筛排出。刷形脱膜机(图 3.20)设于生物流化床上部,转动时产生一定的提升力,把膨胀层表面上层一部分带有生物膜的载体提升,被刷子剥离生物膜作为剩余污泥而被排除,而被剥离生物膜的载体由于相对密度大又重新返回流化床。

两相流化床的典型处理流程见图 3.21。

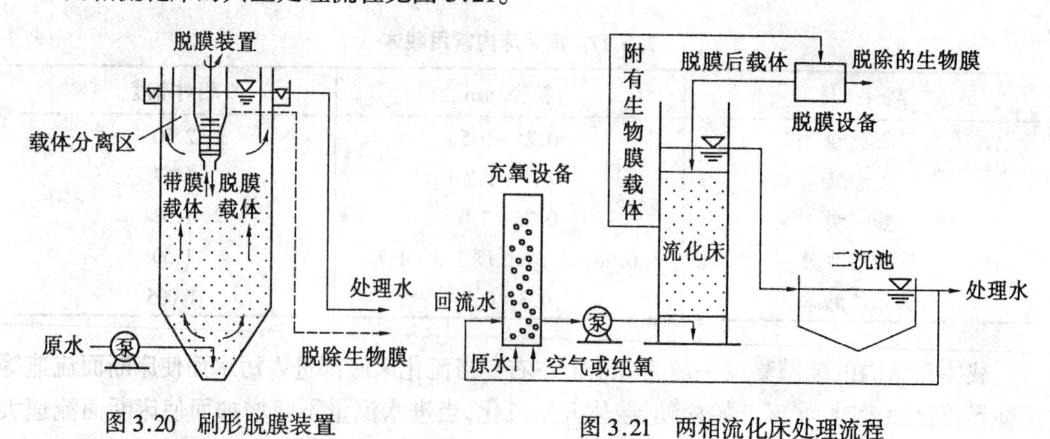

图 3.20 刷形脱膜装置　　图 3.21 两相流化床处理流程

3.3.1.2 三相生物流化床

三相流化床是以气体为动力使载体流化,在流化床反应器内有作为污水的液相、作为生物膜载体的固相和作为空气或纯氧的气相三相相互接触。

与好氧的两相流化床相比，由于空气直接从床体底部引入流化床，故不需另设充氧设备；又由于反应器内空气的搅动，载体之间的摩擦较强烈，一些多余或老化的生物膜在流化过程中即已脱落，故不需另设专门的脱膜装置。

图 3.22 为典型的三相流化床构造及工艺图，流化床本身由床体、进出水装置、进气管和载体等组成。床体内部通常内设导流管，起到向上输送载体的作用，床体上部为载体分离区，防止载体流出。由于空气的搅动，也有可能使少部分载体从流化床中随水流出，此时应考虑设置载体回流泵。当原污水污染物浓度较高时，可以采用处理水回流的方式稀释进水。

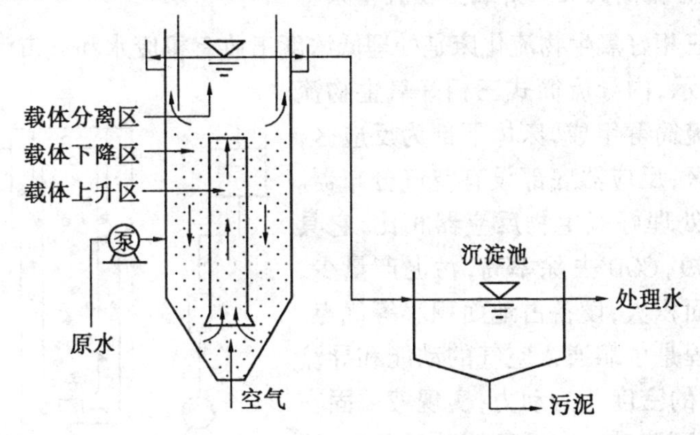

图 3.22　三相流化床构造及工艺图

实际运行表明，三相流化床能高速去除有机物，COD 容积负荷率可高达 5 $kg/(m^3 \cdot d)$，处理水 BOD_5 质量浓度可保证在 20 mg/L 以下；便于维护运行，对水量和水质波动具有一定的适应性；占地少，在同一进水水量和水质条件下并达到同一处理水质要求时，设备占地面积仅为活性污泥法的 20% 以下。三相生物流化床处理污水的高效性主要是由于反应器内具有较高的生物浓度，而流态化操作方式所创造的良好传质效果则是维持反应器内较高生化反应速率的必要条件。

当载体的材质和粒径确定以后，载体表面生物膜的厚度决定了载体颗粒在水中的沉降特性，从而决定了床层的膨胀高度。另一方面，当载体的粒径和数量确定以后，生物膜的厚度决定了反应器中微生物的浓度，而微生物浓度与处理效率密切相关。因此，生物膜厚度是联系生物流化床流体力学特性和生化反应动力学特性的关键参数。

在设计中，当已知污水的水质水量时，需要确定一个合适的生物膜厚度，使其能满足处理效率上的要求，由此再确定床层的膨胀高度。载体表面所生长的生物膜一般由两部分组成：靠近载体表面的部分称为惰性生物层，这部分微生物由于难以获得食料，活性差，基本不参与生化反应；包裹于惰性层外面的叫活性生物层，有机污染物的去除主要依靠这一层中的微生物。液相主体中的基质通过水膜进入活性生物层并在该层内扩散速率的直接影响着生化反应的速率，也就影响了流化床的处理效率。单位体积生物膜吸收基质的速率随生物膜厚度先增大后减小，其间存在最大值，最大吸收速率对应的生物膜厚为最佳膜厚。直观上，当生物膜厚较小时，所有的生物膜都是活性的，这时生物膜量的增加当然会使处理效率增大。当膜厚增大到大于最佳膜厚时，尽管生物膜的总量仍在增大，但活性却降低得很快，造成处理效率下降。由此可见，生物膜厚度并不是越大越好。在两相生物流化床中，一般是通过专门的脱膜设备来控制生物膜厚。由于膜厚决定了床层膨胀高度，在实际运转中，控制床层高度就达到了控制膜厚的目的。在三相床中，由于反应器内气泡的搅动，水力紊动剧烈，生物膜表面更新快，在进水浓度不是很高时，一般不需专门的脱膜设备，而是在反应器内设置沉淀区以去除剩余污泥。在这种情况下，床内稳定的生物膜厚度通常不会大于最佳膜厚度。所谓稳定生物膜厚，是指生物膜的增长速率与内源呼吸、水力冲刷等因素造成的生物膜减少速率相等时的膜厚。

3.3.1.3　内导流筒式三相好氧生物流化床

内导流筒式三相好氧生物流化床是处理低浓度工业有机废水和城市污水的一种高效装置。如图 3.23 所示，内导流筒式三相好氧生物流化床由床体和导流筒等组成，床体下部为反应区，上部为三相分离区，反应器底部设有空气分布器。与其他一些污水处理好氧生物反应器相比，它具有水力停留时间短，COD 去除率高，污泥产量少，气－液－固接触面积大，设备占地面积小等优点。反应器的工作过程是依靠通入空气的动能和导流筒内、外流体介质的密度差为动力，实现液－固在导流筒内、外的循环流动。在循环流动过程中，液相中的溶解氧和有机质与载体表面的生物膜充分接触，实现微生物对有机质的分解。在这种流化床中，选择适宜的微生物固定化载体，是保证反应器高效和经济运行的重要条件。潘永亮等将一种已成功用于厌氧流化床的新型球形多孔高分子载体用于此流化床反应器，这种载体的密度小、多孔、表面粗糙、操作过程中易于流体的循环流动、所耗能量少。实验表明，应用于内导流筒式三相好氧生物流化床反应器处理低浓度废水时，该载体固定好氧微生物的性能好。在水力停留时间 2.5～3 d，COD 容积负荷 6.01～7.08 kg/(m^3·d)条件下，能培养出稳定的生物膜。

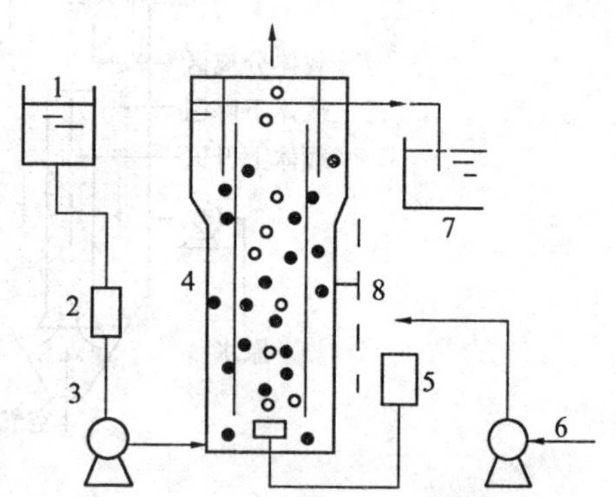

图 3.23　内导流筒式三相好氧生物流化床
1—高位水槽；2—液相计；3—进水泵；4—三强化床；5—气体流量计；6—空气压缩机；7—出水储；8—取样口

3.3.2　生物接触氧化法

生物接触氧化法一方面与曝气池相同，供氧并搅拌与混合，具有活性污泥法的供氧优势；另一方面池内有填料，填料上布满微生物，具有生物膜法污泥停留时间长及微生物种类多的优势。

3.3.2.1　传统生物接触氧化法

生物接触氧化法是 20 世纪初德国的 Close、Bach 和美国的 Buswell 等人在研究接触曝气法的基础上发展而来的。20 世纪 70 年代初，日本的小岛贞男采用塑料蜂窝填料作为生物接触氧化法的载体，增加了生物膜附着面积，提高了处理效率。我国于 1975 年开始对该法进行试验研究，目前，在化工废水、纺织印染废水、啤酒废水、制药废水、食品废水、屠宰废水、焦化与煤气废水等方面已有大量应用。

生物接触氧化法有两个特点:一方面在池内充填填料,充氧污水浸没填料并以一定流速流经填料,填料形成生物膜。污水与生物膜接触,在生物膜上的微生物作用下,污水中的有机物得以去除,污水得到净化。所以,生物接触氧化法又称为“浸没式生物滤池”;另一方面,生物接触氧化法采用与曝气池相同的曝气方法,向微生物提供生长所需的氧,并起到搅拌与混合的作用,相当于在曝气池内充填供微生物栖息的填料。所以,生物接触氧化法又称为“接触氧化法”。

生物接触氧化法的主体是填料,填料一般有三类:

1) 硬性填料,有焦炭、活性炭、波纹板、蜂窝等,硬性填料的水力流通性能差,传质不好,有生物膜堵塞的现象。

2) 软性填料,由纤维束、中心绳和塑料环构成,纤维束是生物膜的载体。软性填料空隙可变,气水配布好,但容易结团,使有效表面积变小。

3) 半软性填料,是针对软性填料容易结团的缺点而发展起来的,一是考虑对塑料环进行改进,使纤维束不易搭接成团,有盾式填料,笼式填料等;二是弹性填料,是由塑料或尼龙等拉丝组合而成,这些丝本身是有一定强度的,因此填料本身也有一定强度,彼此不易搭接。

生物接触氧化法的曝气设备一般设在填料下,不仅供氧充足,而且对生物膜起到了搅拌作用,加速了生物膜的更新,使得生物接触氧化法的生物膜活性高;强化了其传质效果;使生物接触氧化法微生物质量浓度高,一般 10~20 g/L。所以生物接触氧化法处理效率高,常用于处理高浓度废水。生物接触氧化法虽然容积负荷率高,但由于生物浓度高,其污泥负荷并不高,因此,剩余污泥量少,而且维护管理简单,所以应用较广泛。

3.3.2.2 流动床生物膜反应器

如图 3.24 所示,Bio - Sac 流动床生物膜反应器和传统的生物接触池有着不同的运行原理,它的主要特点为:

1) 在运行时,进水水流和曝气气流在反应器内形成逆流,增大了气、水接触面积。并且,池内载体填料在反应器内部由于导流板的作用形成循环流动运动,这样就极大地提高了氧利用率,有利于氧的转移;

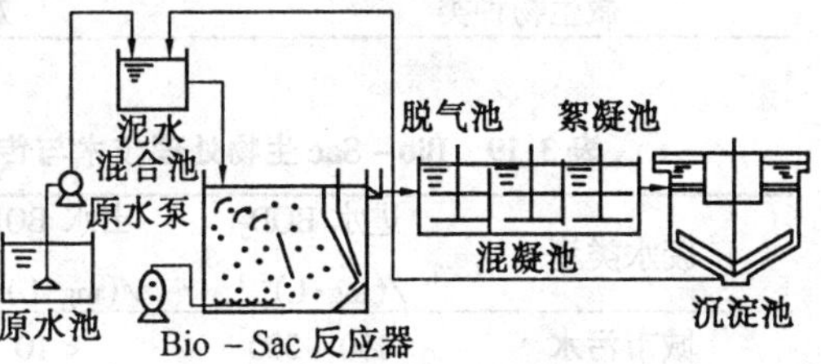

图 3.24 Bio - Sac 流动床生物膜反应器

2) 反应器内填料载体相互激烈碰撞的运行方式,克服了传统接触池在运行一段时间后,由于生物膜过厚脱落造成的阶段性出水水质变差的缺点。并且,这种激烈碰撞的方式,非常有利于水体中污染物在生物膜上的传递,提高了处理效率;

3) 反应器内所用载体填料为 80% 的旧轮胎粉末和 20% 的其他物质的混合物,并将其压缩形成直径为 5~10 mm 的颗粒。该载体容积表面积大,可达 4 500 m^2/m^3,是一般传统填料的 5~10 倍,使得反应器内部能保持较高的微生物量。由于此填料质轻、松散、空隙率高,与传统填料相比更易挂膜,在初期运行和检修后运行时,极易恢复正常;

4) 由于填料间相互碰撞,使得载体表面生物膜较薄,其生物活性相对较高。反应器内生物膜微生物和悬浮微生物共同起着生物降解作用。填料上的各菌种有着明显的分层分布,由外向里分别为好氧菌种、兼氧菌种、厌氧菌种,菌种的多元化有利于提高处理效率,缩

短污水处理时间,也使得有机污染物、氮、磷等均有很好的去除效果;

5) Bio-Sac反应器的出水,经脱气、絮凝,在沉淀池内进行泥水分离。突破了传统将生物二级处理和三级深度处理相分离的界限,这在污水处理后回用的工程中将大大节省了用地和基建投资;

6) Bio-Sac工艺可和其他工艺组合使用,也可对已有污水处理的老厂进行包括提高水质及提高处理能力等方面的技术改造;另外,由于该成套设备具有较高的处理效率和紧凑的结构,处理设备的占地面积仅为传统设备的1/8~1/4;

7) Bio-Sac工艺可用于处理生活污水、高浓度COD的工业废水、要求深化处理(硝化和脱氮)或饮用水的处理等。

表3.18对Bio-Sac生物处理技术和活性污泥法的各项参数进行了比较。表3.19列举了Bio-Sac生物处理技术与活性污泥法在各行业废水处理中的性能。

表3.18　Bio-Sac生物处理技术与活性污泥法的比较

项　目	Bio-Sac生物处理技术	活性污泥法
预处理	悬浮物质量浓度小于5 000 mg/L,油质量浓度小于50 mg/L,不需预处理	一般都需要预处理
MLSS/(mg·L^{-1})	20 000	2 000~3 000
有机负荷(BOD_5)/(mg·L^{-1})	1~20	0.3~0.9
曝气时间/h	一般1~2 延时2~6	一般4~12 延时16~40
适应性	高低浓度均可	低浓度
微生物种类	好氧、兼性、厌氧	好氧

表3.19　Bio-Sac生物处理技术与传统活性污泥法在各行业废水处理中的性能

废水类型	进水BOD_5/(mg·L)$^{-1}$	出水BOD_5/(mg·L)$^{-1}$	去除率/%	停留时间/h	
				Bio-Sac	活性污泥法
城市污水	150~300	<10	>92	1.5	8
造纸废水(白水)	200~450	<15	>92	1.5	8
石化废水	500~800	<30	>92	2.2	28
食品工业废水	800~1 200	<30	>97	1.5	24

3.3.3　移动床生物膜反应器

移动床生物膜反应器(Moving-Bed Biofilm Reactor, 简称MBBR)是近年来在生物接触氧化法和生物流化床的基础上开发的一种新型高效的生物膜法废水处理装置。它既具有传统生物膜法耐冲击负荷、泥龄长、剩余污泥量少的特点,又具有活性污泥法的高效和运转灵活的特点。它是为解决固定床生物反应器需定期反冲洗、流化床需使载体流化、淹没式生物滤池易堵塞需清洗滤料和更换曝气头的复杂操作而发展起来的。

如图3.25所示,在移动床生物膜反应器中,装填密度略低于水的填料,这些漂浮的载体随反应器内混合液的回旋翻转作用而自由移动(由曝气提升力提供)。为防止生物膜载体从

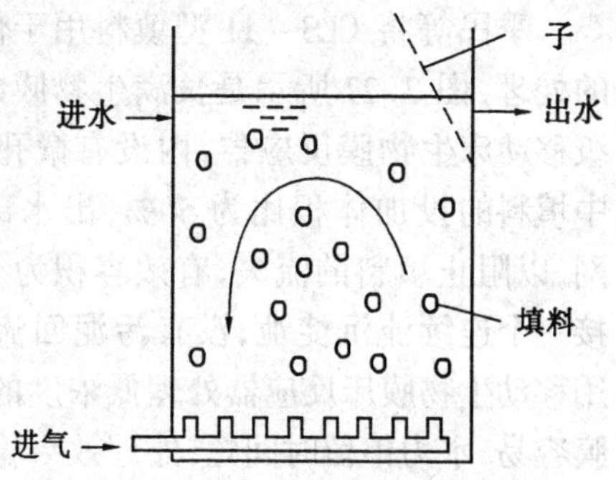

图3.25 移动床生物膜反应器

反应器内流出，在反应器出口处设置一个筛子(筛孔径7 mm)，设计的搅拌方式便于将筛子截留的载体冲走。反应器内生物膜容积表面积由载体投加数量来控制。移动床生物膜反应器既不需要反冲洗，也不需要污泥回流。

目前，移动床生物膜反应器采用的填料多为聚乙烯、聚丙烯塑料，密度一般为0.96 g/cm^{3}左右。移动床生物膜反应器中的填料的容积表面积大，可达200～500 m^2/m^3，微生物在填料上能够大量附着和繁殖；填料对气泡有剪切、阻隔和吸附的作用，使气泡的停留时间和气、液的接触面积增加，提高了传质效率，节约了能源；各菌种在填料上的分布由表及里依次为：好氧菌种、缺氧菌种、厌氧菌种。菌种的多元化有利于提高污水的处理效果，缩短处理时间；由于运行时填料相互碰撞，使载体外表面生物膜较薄，生物活性相对较高；填料的多孔性使其容易挂膜。

图3.26 聚乙烯塑料填料

图3.26所示为移动床生物膜反应器中所用的一种聚乙烯塑料填料，直径约为10 mm、高度约为7 mm的短圆柱体状，密度略低于水(0.96～0.97 g/cm^3)，内设交叉面支撑、外侧沿不同径向伸展许多鱼状沟棱以增加填料的容积表面积(约为500 m^2/m^3)。

填料的性能好坏，直接影响到挂膜的难易程度、反应器中生物量的多少、反应器处理效果的好坏。天津大学的季民等研制开发出一种新型移动生物膜轻质填料，该填料的基本构造为空心圆柱体，可设计成为多种形式。圆柱体内部有多个支撑面，它们既可以强化圆柱体的强度，也能够增加生物膜的附着面积。圆柱体外表面可设计为平面、凹凸面、带小刺的面、波纹状或带竖条的面。移动生物膜填料用聚丙烯和聚乙烯做成，相对密度为0.92～0.95，耐磨性能好。这两种生物膜填料的基本性能见表 。实验表明，该填料挂膜较容易；在高负荷时，填料内部不易形成堵塞现象或厌氧结团的问题；在水流和气流冲击下，填料上生物膜的更新速度较快，生物活性高，使用方便，池内不需要任何安装填料的组件；填料在池中运动的能耗低，一般满足供氧的气量，即能起到良好的搅拌作用。表3.20对CLS－10，CLS－11两种填料的基本性能进行了比较。

表3.20 移动床生物膜反应器两种填料的基本性能

型号	空心圆柱体外径/mm	圆柱体高度/mm	壁厚/mm	内容积表面积/(m^2·m^{-3})	总容积表面积/(m^2·m^{-3})	单个填料质量/g	相对密度	体积密度/(kg·m^{-1})	空隙率/%
CLS－10	10	10	0.9	263	527	0.389	0.92	120.0	83.03
CLS－11	25	15	0.6	289	410	1.699	0.95	119.7	87.54

季民等将 CLS－11 型填料用于低浓度生活污水的处理，图 3.27 所示是长满生物膜的填料。采用单级移动床生物膜反应器，内设有微孔曝气头，反应器中填料的投加体积比为 50%，出水部分设有拦截筛网，以阻止填料的流失，有效容积为 24 L。反应器后接一个连续流沉淀池，没有污泥回流。试验表明，应用移动生物膜床反应器处理低浓度的生活污水时，挂膜容易，水力停留时间短，处理效果稳定，不需污泥回流，反应器体积紧凑，操作简单。当进水 COD 质量浓度为 100～200 mg/L，水力停留时间为 2～4 h 时，COD 去除率可达 70%～80%。

图 3.27　长满生物膜的填料

国内外的研究表明，移动床生物膜反应器处理生活污水，造纸、肉加工等工业废水及脱氮都具有较好的效果。Chandler 等采用塑料填料，应用两级生物反应器对造纸厂废水回用处理进行中试。结果表明，HRT 为 3 h，可溶解性 BOD 平均可减少 93%，出水 BOD 平均浓度达到 7.83 mg/L。Vallery Pride Pack 污水处理厂的二级污水处理系统中，COD 表面负荷为 20 g/(m^2·d)，第一个 MBBR 反应器的可溶解性 BOD 的去除率大于 90%，第二个 MBBR 反应器氨氮负荷可达 0.38 g/(m^2·d)。MBBR 在高负荷条件下性能稳定，可多级联用处理废水。如将 3 个 MBBR 联用处理肉类加工废水。第一个 MBBR 反应器的 COD 负荷高达 10 kg/m^3，HRT 约为 4 h，TCOD 去除率为 50%～75%；第二个和第三个 MBBR 反应器的总 HRT 为 4～13 h，可分别达到 75%的 TCOD 去除率、70%～88% SCOD 去除率。MBBR 反应器处理家禽加工废水，填料容积表面积 250 m^2/m^3，COD 有机负荷 30～45 kg/(m^3·d)，单级 MBBR 反应器 COD 去除率为 80%，两级 MBBR 反应器 COD 去除率可达 90%～95%。Broch 等采用中试规模的移动床生物膜反应器处理新闻纸厂的污水的研究表明，当水力停留时间在 4～5 h 时，COD 和 BOD 去除率分别为 65%～75%和 85%～95%；适当延长水力停留时间，COD 和 BOD 的平均去除率可分别提高到 80%和 96%。1991 年，Ruster 等用移动床生物膜反应器处理中性亚硫酸纸浆废水，当载体填充率为 70%，进水 COD 质量浓度为 25 000～30 000 mg/L，有机负荷高达 25～30 kg COD/(m^3·d)时，反应器的总 COD 去除率为 70%，BOD 去除率高达 96%。当 COD 负荷逐渐增加到 50 kg/(m^3·d)时，去除率基本恒定，总的去除率约为 60%～70%。Cpdegaard 等用移动床生物膜反应器对牛奶废水的小试实验表明，载体容积表面积为 276 m^2/m^3，进水 COD 质量浓度为 3 310 mg/L，COD 负荷达 12 kg/(m^3·d)时，COD 的去除率可达 85%。Rusten 等将移动床生物膜反应器用以乳酪加工废水生化处理厂的改造工程中，用来解决日益增加的负荷问题和提高有机物和 P 的去除率，将原有的曝气池改建成均衡池，原有的两座生物滤池改建成移动床生物膜反应器，运行结果表明，当负荷大幅度变化且超出设计值时，改造后的处理系统可达到 98%的 COD 与 P 的去除率。Dalentofa 和 Thulin 用移动床生物膜反应器与活性污泥法组合工艺处理木材加工业纤维污水。试验结果表明，作为第一段的移动床生物膜反应器可承受的有机负荷(COD)范围通常高达 15～25 kg/(m^3·d)。

在 MBBR 反应器中，在一定厚度的生物膜上，硝化和反硝化可同时进行。因为此时氧只能渗透到填料外层的某一深度，即外层为好氧状态，发生硝化反应；内层为缺氧状态，脱氮菌利用硝化菌产生的硝酸盐进行脱氮。所以SBBR反应器可用于脱氮处理。Rusten等提出的两种中试规模的硝化和反硝化的污水处理流程如图3.28所示。研究结果表明，当水温介于7～18℃、城市污水的溶解性COD质量浓度低于100mg/L和TN质量浓度为25mg/L时，采用前置反硝化工艺（先反硝化后沉淀除磷工艺），在回流比为2.0和空床水力停留时间约为6.5 h的条件下，总氮的去除率可达到60%～70%；而采用后置反硝化工艺（先沉淀除磷后反硝化脱氮工艺），在外加适量醋酸盐作为碳源和空床停留时间为3.0 h的条件下，总氮的去除率可高达80%～90%。

寒冷地区采用MBBR处理污水也能取得较好效果。RBC污水处理厂采用MBBR进行脱氮处理，温度5～15℃，平均COD负荷为7.9 g/(m^2·d)，氨氮负荷为0.9 g/(m^2·d)，温度低于8℃时，碳和氮的去除率可分别达到73%和72%。

总之，从技术、投资和运行费用方面考虑，移动床生物膜均表现出运行操作简单、高效、稳定和不易发生堵塞等特点。很容易将现有的传统活性污泥工艺改造为移动床生物膜工艺，增加其运行效率和脱氮率。所以，移动床生物膜反应器是很具有应用与发展前景的。图3.28为移动床生物膜反应器脱氮除磷工艺流程。

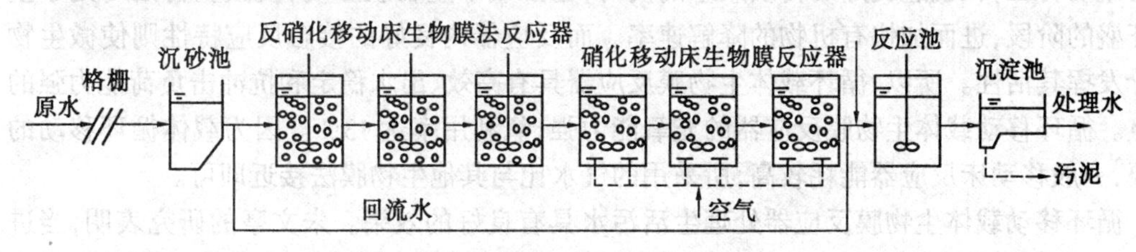

先硝化后沉淀

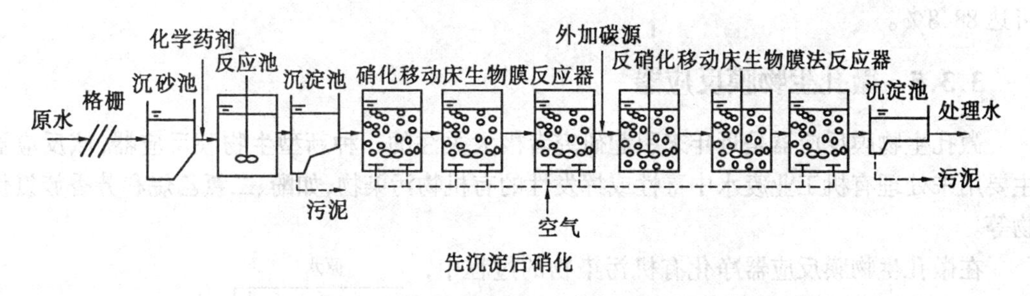

先沉淀后硝化

图3.28　移动床生物膜反应器脱氮除磷工艺流程

3.3.4　循环移动载体生物膜反应器

由于池型和曝气装置的限制，生物载体在移动床反应器内的移动状态不均衡，池内不同程度地存在死区，混合传质效果受到影响。为保证载体的循环移动，所需动力消耗较高，在水力流动特性及能耗方面尚有待于改善。鉴于以上问题，朱文亭等对一般移动床生物膜反应器的池型和内部结构进行改造，开发了循环移动载体生物膜反应器。如图3.29所示，在上升气流的推动下，填料在循环移动载体生物膜反应器的反应区内形成了良好的循环移动，混合液从隔板底部的圆孔流入到右侧沉淀区，沉淀后的澄清水经上部的溢流孔溢流出水。反应器的导流板在此起了很好的导流作用，底角设计成斜面也是为了改善反应器的流动特性进行强制循环。

循环移动载体生物膜反应器的构造在很大程度上决定了它的水力特性，通过导流板的强制循环，使循环移动载体生物膜反应器的水力流动特性同一般移动床生物膜反应器相比得到明显改善，载体在全池内的循环、混合传质效果更好，池内几乎不存在死角。由于载体与污水的循环速度不同，污水以较高的速度穿过载体间的空隙，并与载体表面的生物膜进行接触反应。整个循环过程中，载体与污水始终处于良好的混合接触状态，强化了微生物与污水、氧气间的三相传质过程。朱文亭认为，反应器的长深比为0.5左右时，有利于填料的完全移动，过大或过小的填充比都不利于填料转动，当填充比在30%~65%时，填料转动较为充分。循环移动载体生物膜反应器内良好的水力流动特征，在创造良好的传质效果的同时，也控制了生物膜厚度，使微生物始终处于生长旺盛的阶段，进而加快有机物的降解速率。而反应器内良好的接触反应特性则使微生物充分发挥其活性。所以，循环载体生物膜反应器具有高效、出水稳定和抗冲击负荷能力强的特点。循环移动载体生物膜反应器的充氧能力强，氧利用率达13%。因为载体循环移动的需要，一般移动床反应器能耗较高，所采用的气水比与其他生物膜法接近即可。

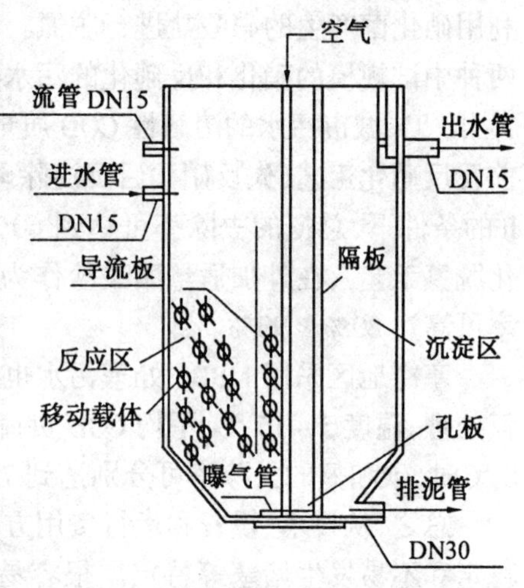

图3.29　循环移动载体生物膜反应器

循环移动载体生物膜反应器处理生活污水具有良好的效果。朱文亭的研究表明，当进水COD质量浓度为200~700 mg/L，气水比为10:1，水力停留时间为4 h时，COD平均去除率可达88.8%。

3.3.5　微孔生物膜反应器

微孔生物膜反应器是近年来引起研究者极大关注的一种新型生物膜反应器，该反应器主要用来处理有机工业废水中毒性或挥发性的有机物污染物，如酚、二氯乙烷和芳香族氯代物等。

在微孔生物膜反应器净化有机污染物的过程中，为避免有机挥发性污染物与曝气直接接触，解决传统生物膜反应器中空气吹脱引起的污染物挥发的问题，通过采用逆向扩散的操作方式，即进水与曝气分开，挥发性有机物从微孔膜内侧向生物膜方向扩散，而O_2则从微孔膜外侧向生物膜扩散，两者在生物膜内相聚并在微生物的作用下氧化分解有机污染物，见图3.30。

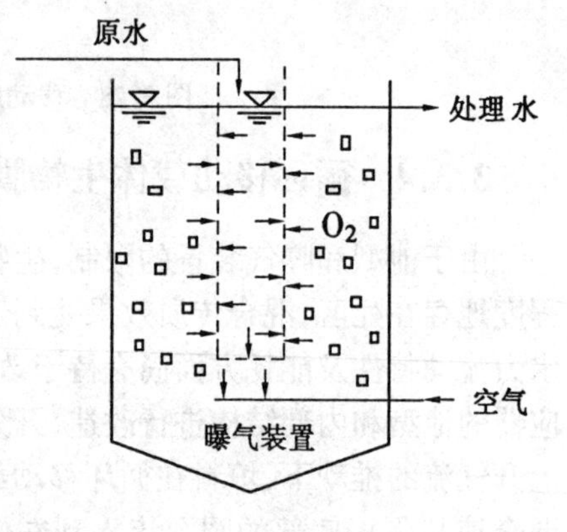

图3.30　微孔生物膜反应器

微孔膜通常是透过性超滤膜，可用做微孔膜的一般有中空纤维、活性炭膜和硅橡胶膜等。

微孔膜反应器是一种很有开发前景的生物膜反应器，这是因为许多工业废水中均含有有毒或难降解的有机污染物，这些有机污染物常常会造成生物处理系统的运行失败;再者工业废水中有毒或难降解的污染物一般都需要特殊菌代谢,而这些菌在悬浮生长处理系统(如活性污泥法)中易流失。而采用微孔膜生物反应器可避免有毒或难降解物质与微生物直接接触,并可避免曝气造成的污染物的挥发,还可对特殊菌加以固定化,因而该反应器具有较高的处理效率。在一项采用中空纤维的微孔膜生物反应器处理合成污水的研究中,用纯氧曝气,氧气转移效率大,COD 最大负荷为 8.94 kg/(m^3·d),接触时间为 36 min,COD 的去除率为 86%。在另一项研究中,中空纤维的微孔膜生物反应器去除含氮的合成污水,当起始的 NH_4^+ - N 质量浓度为 30 ~ 50 mg/L 时,可承受负荷高达 0.2 kg/(m^3·d)。还有一项采用硅橡胶膜的微孔膜生物反应器用以处理含酚废水的研究表明(Livingston,1993),当流量为 18 L/min、起始酚质量浓度在 1 000 mg/L、停留时间为 6 h 时,对酚的去除率可达到 98.5%。

参考文献

1 徐丽花,李亚新.一种好氧生物处理有机废水的新工艺设备——生物曝气滤池.给水排水,1999,25(11):1~4

2 乌扬善.为什么生物接触氧化法处理城市污水只需 1.0 h 左右.给水排水,1999,25(2):78~79

3 衰志宇,程晓如,陈小庆,陈忠正.滤池冲洗力一式探讨.给水排水,1999,25(1):96~98

4 郑俊,王晓焱.水解酸化 - 曝气生物滤池处理啤酒废水.给水排水,2001,27(1):48~49

5 牛学义.生物滤床污水处理工艺的应用范围和效率.给水排水,1999,25(17):26~30

6 杜茂安,邱立平,冯琦.曝气生物滤池处理生活污水的试验研究.哈尔滨建筑大学学报,2001(4):22~24

7 张智,阳春,邓晓莉,童代石,周劲松.复合变速曝气生物滤池深度处理城市污水研究.中国给水排水,2000,16(5):21~23

8 刘建广.水解 - 气浮 - 曝气生物滤池工艺在印染废水处理中的应用.给水排水,2001,27(2):43~45

9 郑俊,程寒飞,王晓焱.上流式曝气生物滤池工艺处理生活污水.中国给水排水,2001,17(1):51~53

10 章非娟.生物脱氮工艺设计中的几个问题.给水排水,1997,23(4):21~24

11 李汝琪,孔波,钱易.曝气生物滤池处理生活污水试验.环境科学,1999,20(5):69~717

12 李汝琪,钱易,孔波等.曝气生物滤池处理啤酒废水的研究.环境科学,1999,20(4):83~85

13 李汝琪,孙长虹,钱易等.曝气生物滤池去除污染物的机理研究.环境科学,1999,20(6):49~52

14 齐兵强,王占生.生物过滤氧化反应器处理生活污水中试研究.给水排水,2001,27(3):42~45

15 郭天鹏,汪诚文,陈吕军等.升流式曝气生物滤池深度处理城市污水的工艺特性.环境科学,2002,23(1):58~61

16 张忠波,陈吕军,胡纪萃.新型曝气生物滤池 - Biostyr.给水排水,2000,20(6):15~18

17 王飞际.一种新的污水处理技术 - Biopur 法.给水排水,2001,27(1):11~14

18 邹伟国,孙群,王国华 等.新型 Biosmedi 滤池的开发研究.中国给水排水,2001,17(1):1~4

19 聂军,王珊珊.第三代生物膜反应池 BIOFOR.给水排水,1998,24(10):26~27

20 M F Hamoda, H A Al Sharekh. Sugar Wastewater Treatment with Aerated Fixed - film Biological System. Water Science & Technology, 1999, 40 (1): 313~321

21 P W Westerman, J R Bicudo, A Kantardjieff. Upflow Biological Aerated Filters for the Treatment of Flushed Swine Manure. Bioresource Technology, 2000, 74(1): 181~190

22 L Yang, L Chou, W Shieh. Biofilter Treatment of Aquaculture water for Reuse Application. Water Research, 2001, 35 (13): 3 097~3 108

23 Heijnen J J, et al. Development and Scale Up of. An Aerobic Biofilm Air Lift Suspension Reactor. Wat. Sci. Tech., 1993(27): 5~6

24 Heijnen J J, et al. Large Scale An Aerobic Treatment of Complex Industrial Wastewater Using Biofilm Reactors. Wat.

Sci. Tech., 1991, 23
25 Kent T D, et al. Testing of Biological Aerated Filter(Baf) Media. Wat. Sci. Tech., 1996, 34(3 ~ 4): 363 ~ 370
26 M Tschui, M Boller, W Gujer, et al. Tertiary Nitrification in Aerated Pilot Biofilters. Water Science & Technology, 1993, 29(10 ~ 11): 53 ~ 60
27 J Cromphout. Design of an Upflow Biofilm Reactor for the Elimination of High Ammonia Concentration in Eutrophic Surface Water. Water Supply, 1992, 10(3): 145 ~ 150
28 P C Chui, Y Terashima, J H Tay, H Ozaki. Wastewater Treatment and Nitrogen Removal Using Submerged Filter Systems. Water Science & Technology, 2001, 43(1): 225 ~ 232
29 R Pujol, H Lemmel, M Gousailles. A Keypoint of Nitrification in an Upflow Biofiltration Reactor. Water Science & Technology, 1998, 38(3): 43 ~ 49
30 M Tschui, M Boller, W Gujer, et al. Tertiary Nitrification in Aerated Pilot Biofilters. Water Science & Technology, 1993, 29(10 ~ 11): 53 ~ 60
31 F Fdz Polanco, E Mendez, M A Uruena, et al. Spatial Distribution of Heterotrophs and Nitriers in a Submerged Biofilter for Nitrification. Water Research, 2000, 34(10): 4 081 ~ 4 089
32 S Wijeyekoon, T Mino, H Satoh, et al. Fixed Bed Biological Aerated Filtration for Secondary Effluent Polishing - Effect of Filtration Rate on Nitrifying Biological Activity Distribution. Water Science & Technology, 2000, 41(4 ~ 5): 187 ~ 195
33 S Zhu, S Chen. Effects of Organic Carbon on Nitrification Rate in Fixed Film biofilter. Aquacultural Engineering, 2001(25): 1 ~ 11
34 Lahav, E Artzi, S Tarre. M Green. Ammonium Removal Using a Novel Unsaturated Flow Biological Filter with Passive Aeration. Water Research, 2001, 35(2): 397 ~ 404
35 L J Hem, et al., Nitrification in a moving bed biofilm reactor. Wat. Res., 1994, 128(6): 1 425 ~ 1 433
36 Rusten, et al., Nitrogen removal from dilute waste - water in cold climate using moving bed biofilm reactor. Wat. Environ. Res., 1995, 67(1): 65 ~ 74
37 H Odegaard, B Rusten, T Westrum. A New Moving Bed Biofilm Reactor. Application and Results [J]. Wat. Sci. Tech., 1994(29): 10 ~ 11
38 Minett, Steve. The Kaladnes Moving Bed Process for Wastewater Treatment at Pulp and Paper Mills [J]. Filtration &Separation, 1995, 32(5)
39 L J Hen, B Rusten, H Odegaard. Nitification in a Moving Bed Biofilm Reactor[J]. Wat. Res., 1994, 28(6)
40 Bailey K, Vieth W R, Chotani G K. Analysis of Bioteactors containing immobilized recombinant cells. Ann N Y Acad Sci, 1997, 417: 196
41 Bickerstaff G F. Immobilization of enzymes and cells. Immobilization of Enzymes and cells. Ed. by Gordon F B ickerstaff, Human Press, 1997, 1
42 马士洪,都绛瑛,曲天明等.固定化细胞膜反应器生产 6 - APA 的研究.生物工程学报,1992(8):77
43 Gosman B, Rehm HJ. Oxygen uptake of microorganism s entrapped in calcium alginate. Appl Microbiol Biotechnol, 1986(23): 163
44 Ospina S, Merino E, Ramirez OT, et al. Recombinant whole cell penicillin acylase biocatalyser. BiotechLett, 1995 (17): 615
45 朱文亭,颜玲,阎海英等.循环移动载体生物膜反应器的实验研究.中国给水排水,2000(16):51 ~ 54
46 刘焱,杨平,方治华.生物流化床中生物膜特性与反应器效率的关系.环境科学进展,1998,7(5):111 ~ 122
47 俞爱媚,张恒焱,葛海新等.混凝 - 弹性立体填料生物膜 SBR 法处理染整废水.环境科学与技术,2001 (6):32 ~ 34
48 郑育毅,廖满琼,林金画.生物膜 - 活性污泥联合工艺在高浓度工业废水中的应用.给水排水,2001,27 (10):61 ~ 62

第4章　自然法生物处理技术

自然法生物处理技术有稳定塘和土地处理系统两种。这两种处理系统具有以下显著优点:投资和运行费用低、运行管理方便、能够实现污水资源化。尤其是这两种自然生物处理系统基本上不耗能,这是其他处理方法无法与之相比的。水处理工艺的能耗不仅仅是经济问题,同时也是环境问题。因为耗能过程中产生的 CO_2、SO_2 等气体,会污染大气环境。在当前世界能源危机,必须保护生态的背景下,人们对污水处理工艺的经济优越性必须重新认识。但传统的自然生物处理系统仍存在着有机负荷低、卫生条件差等不足。最新出现的一些自然法生物处理系统,如强化稳定塘、垂直复合流人工湿地等,通过强化稳定塘和湿地中的溶解氧量、改善床体结构、优化水生植物和净化微生物的环境等,使得这些自然法生物处理系统的有机负荷大幅提高。

4.1　稳定塘处理系统

稳定塘是经过人工适当休整的土地,设有围堤和防渗层的污水池塘。稳定塘处理技术是指主要依靠自然生物净化功能使污水得到净化的一种污水生物处理技术,污水在塘中的净化过程与自然水体的自净过程相近。污水在塘内缓慢流动,通过微生物和水生植物的综合作用,使得污染物降解,污水得到净化。

4.1.1　稳定塘的分类

稳定塘按塘内溶解氧的含量一般可分为好氧稳定塘、兼性稳定塘、厌氧稳定塘和曝气稳定塘。

好氧稳定塘的深度较浅,一般不超过 0.5 m,阳光能够透入塘底,主要由藻类供氧,全部塘水均处于好氧状态,整个塘内溶解氧均在 1~2 mg/L 以上。

兼性稳定塘的塘水较深,一般在 1.0 m 以上,塘内存在好氧区、兼性区、厌氧区。从塘面到一定水深(大约 0.5 m 左右),阳光能够透入,藻类光合作用显著,溶解氧比较充足,为好氧区;塘底为厌氧区;在好氧区和厌氧区之间是兼性区。兼性塘内好氧菌、兼性菌和厌氧菌共同发挥作用,对污染物进行降解。

厌氧稳定塘的塘水深度一般在 2.0 m 以上,整个塘水几乎都呈厌氧状态。净化速率低,污水停留时间长,整个塘内溶解氧均在 1~2 mg/L 以下。

曝气稳定塘的塘水深度也在 2.0 m 以上,但需进行曝气,一方面给系统提供氧气,另一方面对塘水进行搅拌。

曝气塘是经过人工强化的稳定塘,采用人工曝气装置向塘内曝气并使塘水搅动。曝气塘可分为好氧曝气塘和兼性曝气塘两类。当曝气装置的功率大,足以使塘内全部污泥都处于悬浮状态,并能向塘内提供足够溶解氧时,即为好氧曝气塘;如果曝气装置的功率只能使部分污泥处于悬浮状态，也不能给塘内提供足够溶解氧时，即为兼性曝气塘。具体如图 4.1 所示。

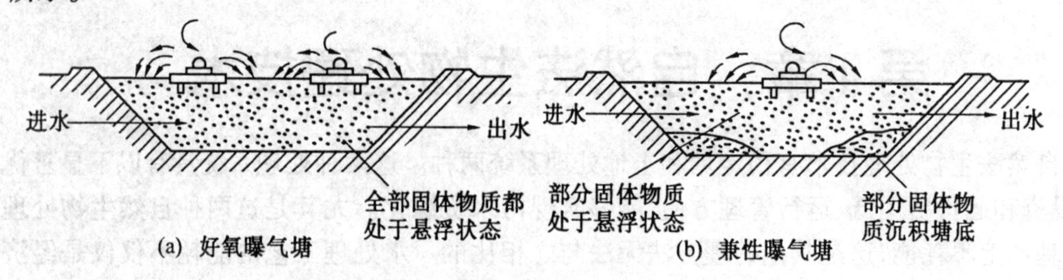

图 4.1　好氧曝气塘和兼性曝气塘

曝气塘是介于活性污泥法、延时曝气法和稳定塘之间的处理工艺。由于经过人工强化，曝气塘的净化功能、净化效果均强于一般稳定塘，另还有污水停留时间短、占地面积少等优点。

4.1.2　稳定塘内的溶解氧

4.1.2.1　稳定塘中溶解氧的来源

稳定塘中氧的来源主要有藻类光和作用放氧和大气复氧两种方式。稳定塘中藻类的生长，可通过光合作用放氧，但同时藻类的死亡也会大量耗氧。好氧反应中所需的氧气主要来源不是藻类光合作用，而是大气的复氧，大气复氧量与藻类供氧量之比为 3∶1。稳定塘水体大气复氧过程可以表示为表面传质系数与饱合溶解氧和实际溶解氧差值的乘积。

$$F_C = K_L(\rho_S - \rho) \tag{4.1}$$

式中　F_C—— 溶解氧通过水面的通量，mg/(h · m²)；

ρ—— 溶解氧的质量浓度，mg/L；

ρ_S—— 饱合溶解氧的质量浓度，mg/L；

K_L—— 表面传递系数，m/h。

稳定塘中水体由于没有纵向混合，所以主要是确定 K_L 值，而 K_L 值主要与风速有关。风速高，复氧时间短；风速低，复氧时间长。表面传递系数 K_L 的推导过程为

$$\frac{dm}{dt} = K_{LA}(\rho_S - \rho) \tag{4.2}$$

$$\frac{d\rho}{dt} = \frac{K_L}{H}(\rho_S - \rho) \tag{4.3}$$

$$\frac{dC}{\rho_S - \rho} = \frac{K_L}{H} \cdot dt \tag{4.4}$$

$$\ln(\rho_S - \rho) = -\frac{K_L}{H}t + 常数 \tag{4.5}$$

式中　K_L—— 表面传递系数，m/h；

ρ_S—— 饱和溶解氧的质量浓度，mg/L；

ρ—— 溶解氧浓度，mg/L；

H—— 水深，m；

t—— 时间，h。

以 t 为横坐标，$\ln(\rho_S - \rho)$ 为纵坐标，求得斜率即可得到 K_L 值。

4.1.2.2　稳定塘供氧能力

提高大气复氧量是加强稳定塘供氧能力的关键。一般可通过以下措施提高稳定塘供氧能力：

1) 通过对稳定塘的塘型进行合理的设计，充分发挥风力作用，使塘中水体易于循环；

2) 设制简单的风力机，对稳定塘增氧；

3) 增加少量的动力设施，使塘中水体处于流动状态，加速氧的转移，提高大气复氧速率；

4) 设计植物塘，利用植物茎的传氧能力，提高复氧效率。

5) 稳定塘内溶解氧的变化规律

稳定塘内藻类光合作用放氧主要是在水体上层进行；大气复氧也是由水面向下传递的。所以，稳定塘下层只能通过传递接受溶解氧。氧气向水中传质过程的表达式为

$$\frac{dC}{dt} = \frac{K_L}{H}(\rho_S - \rho) \tag{4.6}$$

式中　ρ—— 水中溶解氧的质量浓度，mg/L；

t—— 时间，d；

K_L—— 表面传质系数，m/d；

H—— 水深，m；

ρ_S—— 水中饱和溶解氧浓度，mg/L。

由此式可知，氧气向水中的传质过程与水深成反比。水深越深，溶解氧越少。中国环境科学院人工模拟试验研究也表明：稳定塘内溶解氧是随水深变化而变化的。如图 4.2 所示，溶解氧在水体表面最多，越向下越少，当距水面0.3 ~ 0.4 m时溶解氧为零。另外还发现稳定塘内溶解氧与有机负荷也有很大关系，如图 4.3 所示，当稳定塘内有机负荷高，微生物的食料多，分解代谢速率快，所需溶解氧就多，相应地水体中剩余溶解氧就少，反之，剩余溶解氧量就多；当有机负荷高时，水体中剩余的无机物少，藻类生长所需的营养物少，相应地藻类光合作用产生的溶解氧也少，反之，产生的溶解量就多。

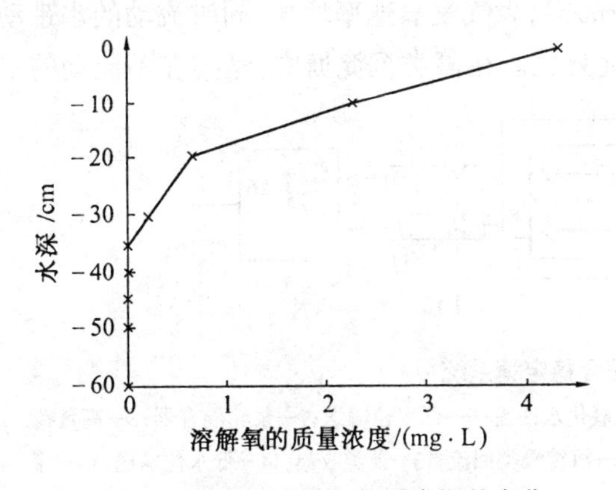

图 4.2　稳定塘内溶解氧随水深的变化

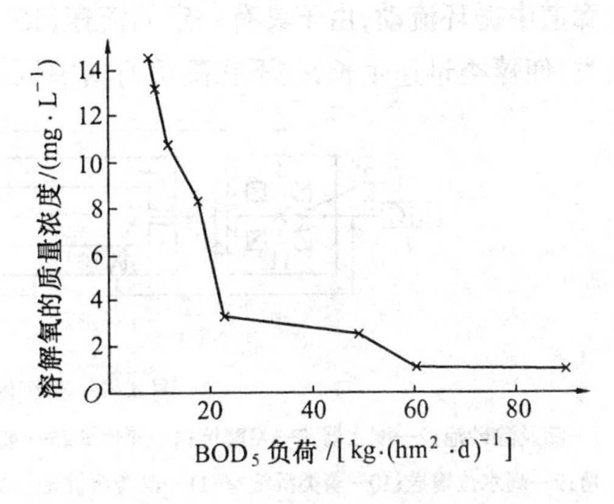

图 4.3　稳定塘内溶解氧随有机负荷的变化

稳定塘中溶解氧与水深和有机负荷的关系式为

$$Y = aX_1^bX_2^c \tag{4.7}$$

式中 Y—— 稳定塘中溶解氧的质量浓度,mg/L;

X_1—— 稳定塘中从水体表面向下的深度,m;

X_2—— 稳定塘中的 BOD_5 负荷,kg/(m^3 · d);

a,b,c—— 系数,$b < 0,c < 0$。

上式中如 Y 固定,即稳定塘中溶解氧的含量确定时,塘中水深与有机负荷的关系为

$$X_1 = \left(\frac{a}{Y}X_2^c\right)^{-\frac{1}{b}} = AX_2^{-\frac{c}{b}} \tag{4.8}$$

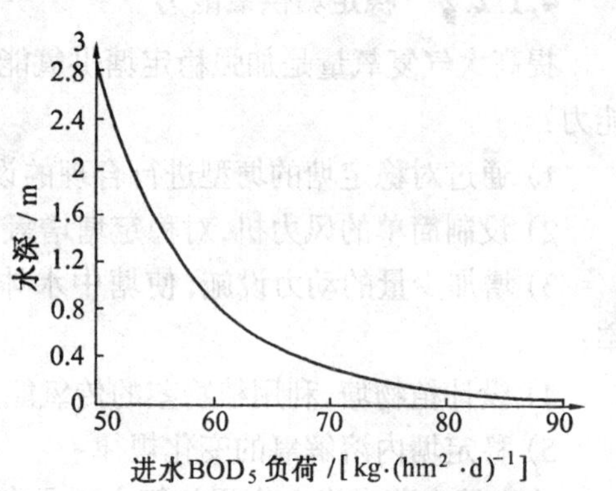

图4.4 稳定塘溶解氧确定时水深与进水有机负荷的关系

由图 4.4 可看出,当稳定塘中有机负荷提高时,水体含氧层深度增加,反之,含氧层减小。因此,设计稳定塘时,为使塘内溶解氧达到要求,不仅要注意池深的设计,而且要注意正确投配有机负荷。

4.2 稳定塘处理系统的强化

4.2.1 高级综合塘系统

传统稳定塘的主要缺点是产生气味、占地面积大、出水中存在悬浮藻类等。高级稳定塘正是为解决上述问题而发展起来的。高级综合塘系统(AIPS)是一种利用自然降解手段的稳定塘工艺,由加州大学伯克利分校的 Oswald 教授研究并发展起来。AIPS 由兼性塘、高负荷塘、藻类沉淀塘和深度处理塘组成,每一个塘为达到预期目的而专门设计,具体如图 4.5 所示。高级稳定塘占地比一般稳定塘少,处理效果相当于三级处理的水平,各种污染物去除率:BOD 为 95% ~ 97%,COD 为 90% ~ 95%,TN 为 90%,TP 为 60%,大肠菌群为 99.999%。在 AIPS 中采用了比一般稳定塘特殊的工艺,在高负荷塘中,通过机械带动叶轮浆板推动水在廊道中循环流动,由于具有一定的流速(15 cm/s),大气复氧速率增加,同时流动的水带动藻类,使藻类迅速生长,并不在高负荷塘中沉淀死亡。在藻类沉淀塘中,藻类在不流动的水

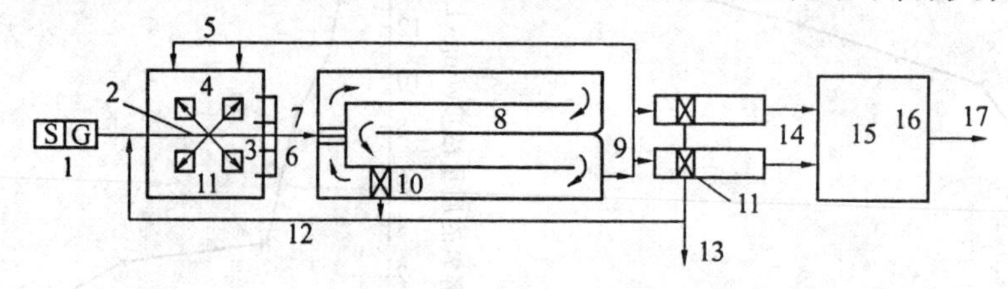

图 4.5 高级综合稳定塘系统

1—筛及除砂池;2—配水器;3—发酵坑;4—兼性塘;5—被氧化水回流;6—低水位输送;7—浆轮混合器;8—高负荷塘;9—高水位输送;10—藻类沉淀室;11—藻类沉淀池;12—沉淀藻类回流;13—藻类收集;14—低水位输送;15—深度处理塘;16—高水位输送;17—水回用;18—补充曝气

体中沉淀后被去除。AIPS工艺的优点是提高大气复氧能力,促使藻类在塘中生长放氧,不使藻类在塘中分解耗氧,沉淀去除藻类,进一步去除有机物,提高出水水质。

由于AIPS新型稳定塘系统与活性污泥法相比具有投资少、运行费用低、运行维护简单的优点,与传统稳定塘系统相比又具有占地少、无不良气味等优点,所以此技术非常适合我国采用,对温暖地区更为适用。

4.2.2　寒冷地区稳定塘强化技术

集宁市某稳定塘充分利用了伊垦沟污水库区的自然地形建设而成,由沉淀(厌氧)塘、强化厌氧塘、兼性塘、好氧Ⅰ塘和好氧Ⅱ塘等组成(图4.6)。为了提高稳定塘在低温时期的净化效果,系统中用了软纤维填料、跌水曝气、漫流曝气、碎石与植物过滤等多种工程强化技术,是目前国内稳定塘系统中塘类型最为齐全、工程化程度高、强化技术应用多的稳定塘工程之一。该塘总占地面积为$2.45\times10^5\ m^2$,总容积为$8.22\times10^5\ m^3$,处理能力为$3\times10^4\ m^3/d$,污水停留时间为28 d。该塘平均进水COD为250 mg/L左右,BOD_5为100 mg/L左右,SS为200 mg/L左右。

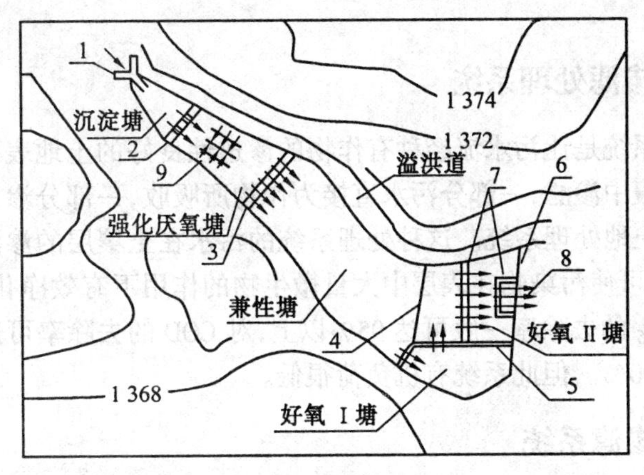

图4.6　集宁市稳定塘平面图

1—入口导流区;2—底部过水坝;3—阶梯式跌水坝;4—漫流过水坝;5—瀑布式跌水坝;6—溢流过水坝;7—碎石过滤坝;8—出水区;9—纤维填料

为了提高稳定塘系统的净化功能,尤其是低温时节的净化效率,在厌氧塘中加设了纤维填料(装填密度为1%)。它增大了厌氧塘中的生物量,使微生物立体分布,同时增加了有机污染物的停留时间,使一些大分子和难生物降解的有机物可以分解成小分子和易生物降解有机物,这样不仅提高了厌氧塘自身的净化功能,而且为后续塘对有机物的降解创造了条件。

该稳定塘系统充分利用了地形特点和地势变化,采用了不同形式的跌水曝气充氧设施,提高了净化效果,每一次跌水曝气(或漫流曝气)后,DO值都有一定的升高,为实现污水从厌氧处理到兼性和好氧处理的最佳流程创造了良好的条件。同时改善了稳定塘的水流流态,并使各功能塘分类更明显。

碎石-植物坝的过滤作用实践表明,碎石坝上密集种植水生植物,进而形成碎石-植物坝,可有效地去除水中的悬浮物。该坝利用碎石和植物的根系,不仅能对水中悬浮物有很好的过滤作用,而且能利用植物根系上的微生物膜来降解部分悬浮性有机物,同时防止了堵塞现象的发生。

集宁某稳定塘采用了多种处理单元塘优化组合的工艺流程,应用了较全的工程强化措施,有效地提高了稳定塘的净化效率与效果,大大缩短了稳定塘的水力停留时间。该稳定塘对多种污染物都有较好的去除效果,经过净化的污水完全可以达到农田灌溉标准,不仅减轻了对下游受纳水体的污染,还可回收利用水资源。

4.3　污水土地处理系统

污水土地处理系统是在人工控制的条件下,将污水投配到土地上,利用土壤、微生物、植物组成的生态系统的自我调控机制和对污染物的综合净化功能使污水得到净化的一种生物处理技术。

目前,常见的土地处理系统有慢速渗滤处理系统、快速渗滤处理系统、地表漫流处理系统和湿地处理系统。

4.3.1　慢速渗滤处理系统

慢速渗滤处理系统是让污水流经种有作物的渗透性良好的土地表面,污水缓慢地在土地表面流动并向土壤中渗滤,一部分污水直接为作物所吸收,一部分渗入土壤中,从而使污水得到净化的一种土地处理系统。这种处理系统的污水在土壤层的渗滤速度慢,在土壤中的停留时间长,从而可使污染物在表层中大量微生物的作用下有效净化。国内外运行经验表明,此工艺对 BOD_5 的去除率一般可达 95%以上,对 COD 的去除率可达 85%~95%,氮的去除率可达 80%~90%。,但此系统有机负荷很低。

4.3.2　快速渗滤系统

快速渗滤系统是让污水周期性地流经具有良好渗滤性能的土地表面,使表层土壤处于淹水/干燥,即厌氧/好氧交替运行状态,使污水在渗滤的过程中,通过物理、化学和生物的综合作用得到净化的土地处理系统。快速渗滤系统在严格控制灌水/修灌周期的情况下净化效果很好。国内外研究表明,此工艺对 BOD 的去除率可达 95%,对 COD 的去除率可达 91%,对氮的去除率可达 80%~85%,除磷率可达 65%。而且此系统的负荷率相对较高。

4.3.3　地表漫流处理系统

地表漫流处理系统是将污水投配到多年生长牧草、坡度和缓、土壤渗透性差的土地上,污水在土壤表面缓慢流动的过程中得到净化。净化出水以地表径流方式汇集排放。据国内外实际运行资料,地表漫流系统对 BOD 的去除率可达 90%左右,总氮去除率可达 70%~80%,悬浮物去除率高达 90%~95%。

4.3.4 湿地处理系统

湿地处理系统是使污水沿经常处于水饱和状态而且生长有芦苇等水生植物的沼泽地流动,在水生植物、土壤和微生物的共同作用下得到净化的污水处理系统。

湿地处理系统一般可分为自然湿地处理系统、自由表面流人工湿地处理系统和潜流人工湿地处理系统。自由表面流人工湿地处理系统虽与自然湿地处理系统最为接近,但由于其是人工设计、监督管理的湿地系统,去污效果要优于自然湿地系统,但也未能充分发挥填料和植物的作用,占地面积相对较大。与自由表面流人工湿地相比,潜流人工湿地处理系统能充分利用整个系统的协同作用、占地小、对污染物的去除效果好。

4.4 人工湿地处理系统

人工湿地(Constructed Wetland)是20世纪70~80年代发展起来的新型废水处理工艺,人工湿地是由一些浮水或潜水性植物以及处于水饱和状态的基质层和生物组成的复合体,通过一系列生物、物理、化学过程实现对污水的净化。水生植物为氧化有机物、去除N、P的微生物提供栖息场所,并改善氧化还原条件。

人工湿地处理系统是由人工优化模拟湿地系统而建造的具有自然生态系统综合降解净化功能,且可人为监督控制的废水处理系统,是一种集物理、化学、生化反应于一体的废水处理技术;一般由人工基质和生长在其上的水生植物组成,是一个独特的土壤、植物、微生物综合生态系统。人工湿地具有缓冲容量大、处理效果好、工艺简单、投资省、耗电低、运行费用低等特点,它利用生态系统中物种共生、物质循环再生原理,结构与功能协调原则,在促进废水中污染物质良性循环的前提下,充分发挥资源的生产潜力,防止环境的再污染,获得污水处理与资源化的最佳效益,是一种同时具有环境效益、经济效益及社会效益的废水处理技术,适合于水量不大、水质变化不很大、管理水平不很高的城镇的污水处理。自1974年第一个用于污水处理的人工湿地在西德建成以来,因其优越的性能,获得较快的发展。20世纪80年代在欧洲等地区或国家都广泛开展了这方面的研究工作。我国1987年建立了第一个人工湿地系统后,在人工湿地净化机理、系统控制、设计及运行参数等方面均取得可喜的进展。

4.4.1 人工湿地系统的特点

人工湿地系统最大的特点是基本不耗能,这是其他处理方法无法与之相比的。水处理工艺的能耗不仅仅是经济问题,同时也是环境问题,因为耗能过程中产生的CO_2、SO_2等气体还会污染大气环境。但人工湿地占地面积与其他生化处理厂相比占地仍较多,相当于生化处理厂的1~3倍。但相对于其他土地处理及天然处理方法,占地面积还是相对较小的。据国外统计,一般湿地系统的投资和运行费用仅为传统的二级污水厂的1/10~1/2。对我国已建成或正在建的常规生化二级水处理厂投资进行分析表明,人工湿地系统的投资远远低于常规二级水处理设施。从表4.1可以看出,人工湿地吨水处理费用仅为相近地区的鼓风曝气型项目投资的16%~20%,为同一地区氧化沟方法投资的34%。较低的投资对于我国现阶段经济承受能力来说是最佳方案。另外,人工湿地运行费用仅为生化二级处理厂的1/10,而且,由于人工湿地基本上不需要机电设备,故维护上只是清理渠道及管理作物。高昂的运行费用常常是中小城镇开展污水处理的限制条件,10万人以下规模的中小城镇也缺少专职的高技术人才来管理污水处理设施的运营,而人工湿地则避免了这些缺点,使广大中小城镇采用人工湿地处理污水成为可能。

表 4.1　人工湿地与其他工艺的比较

项目名称	处理方式	总投资/万元	吨水投资/(元·t^{-1})	年运行费用/万元	吨水处理成本/(元·t^{-1})	年耗电/kW·h	吨水耗电/(kW·h·t^{-1})	吨水用地/(m^3·t)
深圳水质净化厂	鼓风曝气	3 300	660	>100	>0.20	319	0.175	2
珠海某污水净化厂	鼓风曝气	1 500	833	>100	>0.20	420	0.64	1
海南某污水净化厂	氧化沟	574	574	36.5	0.20	102.4	0.28	1.2
白泥坑人工湿地处理系统	人工湿地	4.89	138	2.0	0.02	0	0	2.7

4.4.2　人工湿地的种类

人工湿地可以按湿地中主要植物的种类、废水在湿地中的流经方式进行分类。

4.4.2.1　根据湿地中主要植物种类分类

根据湿地中主要植物种类,人工湿地可分为浮水植物系统、挺水植物系统和沉水植物系统三种。浮水植物主要用于N、P去除和提高传统稳定塘效率。沉水植物系统还处于实验室阶段,其主要应用领域在于初级处理和二级处理后的精处理。现常用的人工湿地系统都是指挺水植物系统。

4.4.2.2　根据废水在人工湿地中流经的方式分类

根据废水在人工湿地中流经的方式,人工湿地可分为自由表面流人工湿地(Surface Flow Wetland,简写为SFW)、水平潜流人工湿地(Sub Surface Flow Wetland,简写为SSFW)、垂直(立式)流人工湿地(Vertical flow Wetland,简写为VFW)三种,具体构造如图4.7所示。不同类型人工湿地对污染物的去除效果不同,而且具有各自优缺点。

表面流湿地与自然湿地最为接近,废水在填料表面漫流。但是自由表面流人工湿地是人工设计、监督管理的湿地系统,去污效果优于自然湿地系统。绝大部分有机物的降解由位于植物水下茎秆上的生物膜来完成。这种类型的人工湿地具有投资少、操作简单、运行费用低等优点,但这种类型湿地未能充分发挥填料和丰富的植物根系的作用、占地面积较大、水力负荷率较小、去污能力有限、卫生条件不好、夏季有孳生蚊蝇的现象。

水平潜流湿地是水在填料表面下潜流,它由一个或多个填料床组成,床体填充基质,床底设有防渗层,防止污染地下水。与自由表面流人工湿地相比,水平潜流人工湿地的水力负荷、污染负荷大,能充分利用整个系统的协同作用,对BOD、COD、SS、重金属等污染指标的去除效果好,卫生条件较好,占地小,处理效果较好。但水平潜流人工湿地控制相对复杂,脱N

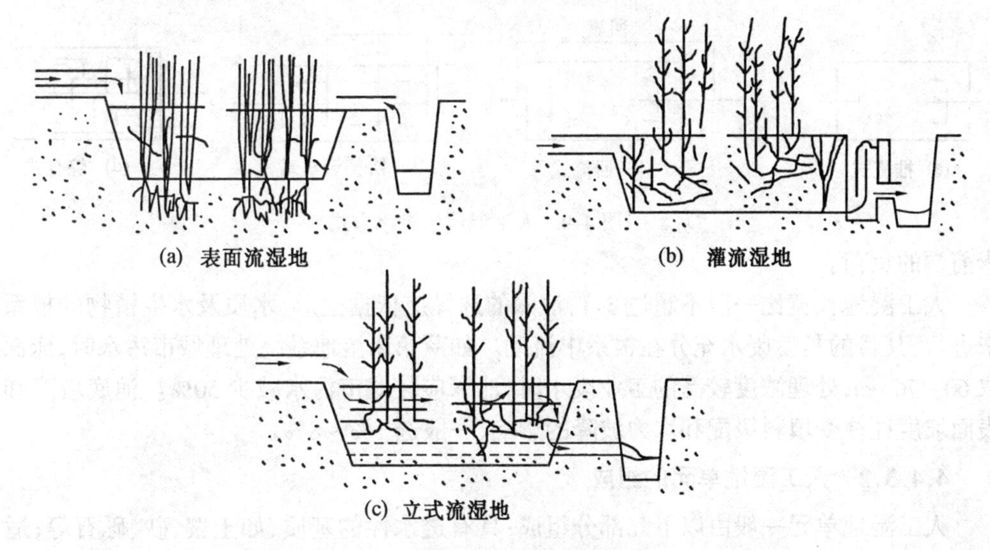

图4.7　三种人工湿地构造示意图

除P效果不如垂直流人工湿地。

垂直潜流人工湿地的污水从湿地表面纵向流向填料床的底部,床体处于不饱和状态,氧可通过大气扩散和植物传输进入人工湿地系统。垂直潜流人工湿地的硝化能力高于水平潜流湿地,可用于处理氨氮含量较高的污水。其缺点是对有机物的去除能力不如水平潜流人工湿地系统,落干/淹水时间较长,控制相对复杂,夏季有孳生蚊蝇的现象。

4.4.3　人工湿地系统的组成

4.4.3.1　人工湿地系统的组成

人工湿地污水系统一般由预处理单元和人工湿地单元组成。

为确保人工湿地生态系统的稳定性,增加湿地处理寿命及处理能力,一般都要增加预处理单元。预处理可以防止污水在贮存、输送过程中产生臭气,防止未经处理的污水污染土壤、地下水及植物。预处理主要是去除粗颗粒和降低有机负荷。预处理设施与人工湿地可以有不同的组合以达到不同的去除目的。预处理单元一般包括格栅、沉砂池、沉淀池、稳定塘等。

根据处理规模大小,人工湿地本身可进行多种方式的组合,一般有单一式、并联式、串联式和综合式等,具体如图4.8所示。

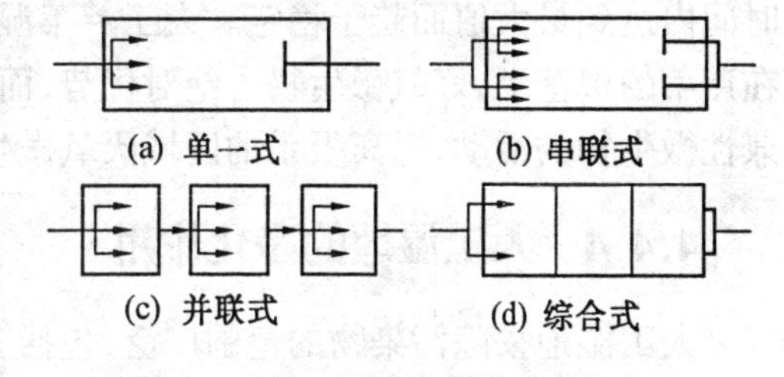

图4.8　人工湿地的不同组合方式

人工湿地的进水方式一般有推流式、阶梯进水式、回流式和综合式,具体如图4.9所示。

阶梯进水可避免处理床前部堵塞,使植物长势均匀,有利于后部的硝化脱氮作用;回流式可对进水进行一定的稀释,增加水中的溶解氧并减少出水中可能出现的臭味;采用低扬程水泵或通过水力喷射或跌水等方式进行充。出水回流可促进填料床中的硝化和反硝化作用。综合式进水则一方面设置出水回流,另一方面将进水分布至填料床的中部,以减轻填料

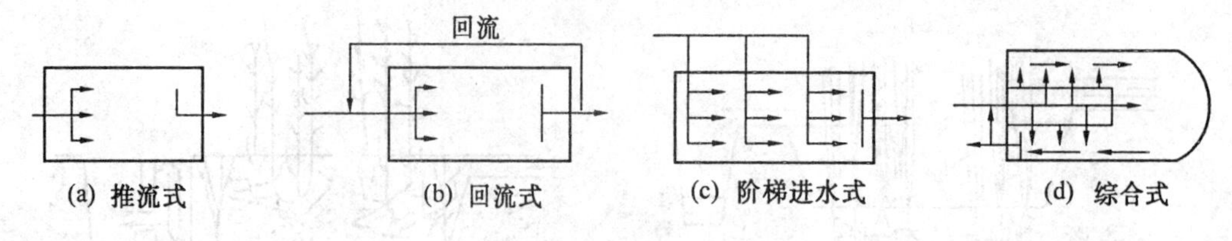

图 4.9 人工湿地中进水方式

床前端的负荷。

人工湿地长宽比一般不超过 3:1,池深的选择应依据池形、水质及水生植物的根系深度来进行,其目的是使废水充分在根系中流动。如芦苇床湿地系统处理城市污水时,床深一般取 60~76 cm;处理浓度较高的工业废水时,池深应较城市污水减少 50%。池底坡降和填料表面坡度往往受填料级配和水力坡降的影响,一般选 1%~8%。

4.4.3.2 人工湿地单元的组成

人工湿地单元一般由以下几部分组成:具有透水性的基质,如土壤、砂、砾石等;适于在饱和水和厌氧基质中生长的植物,如芦苇等;水体(在基质表面下或上流动的水);微生物种群和微型动物。水体可为动植物、微生物提供营养物质。

人工湿地中的基质又称填料、滤料,一般由土壤、细沙、粗砂、砾石、碎瓦片或灰渣等构成。土壤、砂、砾石等基质具有为植物提供物理支持、为各种复杂离子、化合物提供反应界面、为微生物提供附着的作用。

水生植物在人工湿地系统中主要起固定床体表面、提供良好的过滤条件、防止湿地被淤泥淤塞、为微生物提供良好根区环境以及冬季运行支撑冰面的作用。另外,水生植物还可具有显著增加微生物的附着(植物的根茎叶)、将大气氧传输至根部、增加或稳定土壤的透水性的作用,主要有芦苇、灯心草、香蒲等。湿地中生长的植物有挺水植物、沉水植物和浮水植物,一般多采用挺水植物。

微生物是人工湿地中净化废水的主要“执行者”。微生物能将有机污染物质作为丰富的能源,将其转化为营养物质和能量。人工湿地在处理污水之前,各类微生物的数量与自然湿地基本相同。但随着污水不断进入人工湿地系统,某些微生物的数量将逐渐增加,并在一定时间内达到最大值而趋于稳定。人工芦苇湿地床内存在较明显的好氧区、兼氧区和厌氧区。在芦苇的根茎上,好氧微生物占绝对优势,而在芦苇根系区则既存在好氧微生物的活动也有兼性微生物的活动,远离根系的区域厌氧微生物比较活跃。

4.4.4 人工湿地的净化作用

人工湿地去除污染物的范围广泛,包括 N、P、SS、有机物、微量元素、病原体等。

4.4.4.1 人工湿地中氧的变化

人工湿地中的氧来源于植物根毛的释氧及水的溶氧,通过光合作用产生的氧由植物组织输送到根部,再通过根毛释放到外部环境中,具体如图 4.10 所示。

由于植物根部的释氧作用,使植物根毛周围形成一个好氧区域,有利于好氧生物的生长;由于好氧生物对氧的利用,使离根毛较远的区域呈缺氧状态,更远区域则呈完全厌氧状态。由于水生植物根系发达,植物根毛丰富,具有很大表面积,从而能形成许多好氧、缺氧、

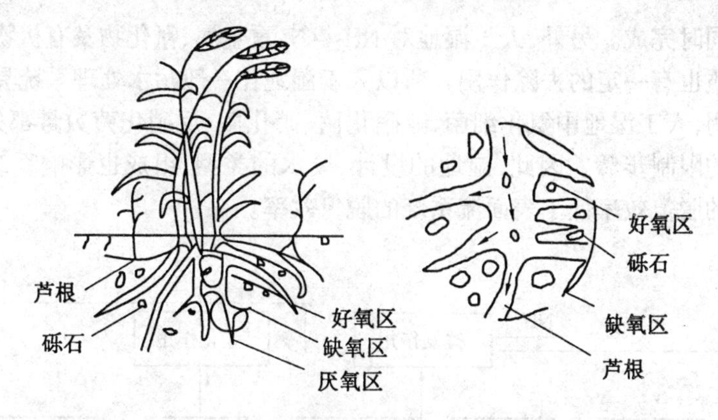

图4.10　人工湿地中水生植物的释氧情况

厌氧区,其中的物质传递、转化过程如图4.11所示。

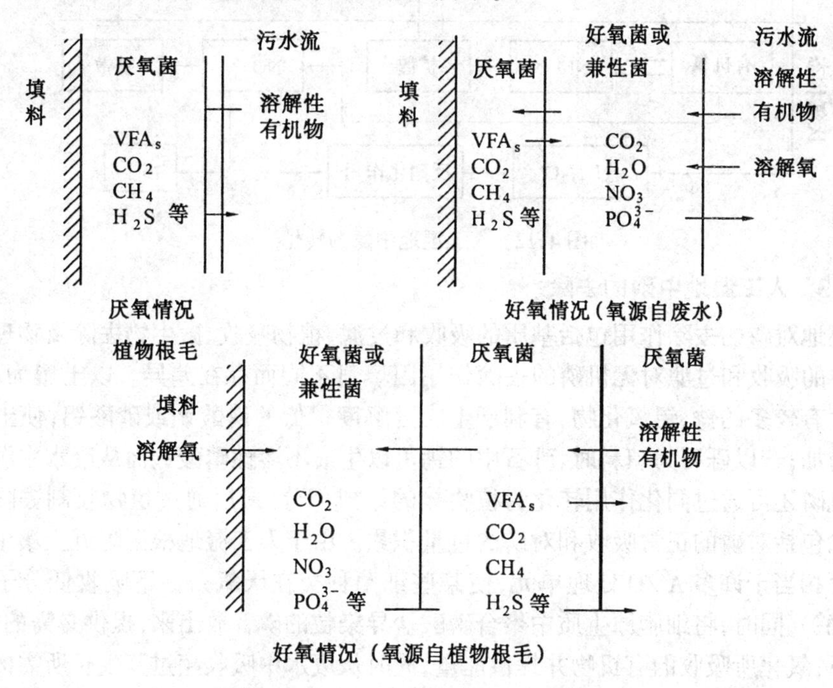

图4.11　人工湿地中物质传递与变化过程

4.4.4.2　人工湿地中氮的去除

人工湿地处理系统对氮的去除作用包括基质的吸附、过滤、沉淀、挥发、植物的吸收和微生物硝化、反硝化作用。具体如图4.12所示。氮是植物生长的必需元素,废水中的无机氮包括 NH_3-N 和 NO_3-N,均可以被人工湿地中的植物吸收,合成植物蛋白质,最后通过植物的收割形式从人工湿地的废水中去除。另外一部分 NH_3-N 还可以挥发到大气中去。微生物的硝化、反硝化作用对氮的去除起重要作用。硝化所需氧或直接从大气扩散至水中或沉淀表面,或由植物根释放。根据根区法理论,由于人工湿地植物中根毛的输氧,根区附近湿地土壤中连续出现好氧、缺氧、厌氧状态,为自养型好氧微生物亚硝酸菌、硝酸菌和异养型微生物反硝化细菌大量的存在提供了条件,使要求好氧条件的硝化反应和要求厌氧条件的反硝化反应可以同时完成。另外，人工湿地对 NH_3-N、重金属、氰化物及有机物等对硝化反应有抑制作用物质也有一定的去除作用。所以人工湿地比一般污水处理系统具有更强的脱氮能力。研究表明，人工湿地中氨化细菌、亚硝化菌、硝化菌、反硝化菌数量都处于较高水平。氧化常是脱氮的限制步骤。因此，湿地的设计、废水的类型、组成也影响系统的脱氮效率。一般潜流系统的脱氮效率低于表面流系统的脱氮效率。

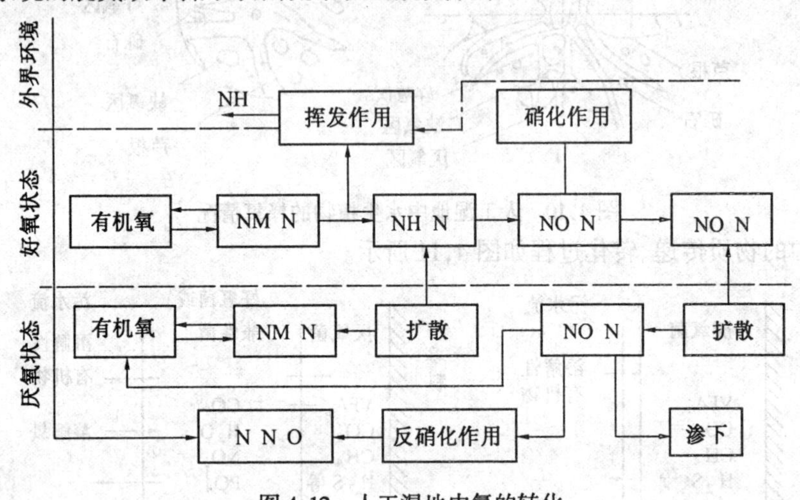

图 4.12　人工湿地中氮的转化

4.4.4.3　人工湿地中磷的去除

人工湿地对磷的去除作用包括基质的吸收和过滤、植物吸收、微生物去除及物理化学作用。基质中的吸收和过滤对无机磷的去除作用因填料不同而存在差异。以土壤为填料时，如土壤中含有较多的铁、铝氧化物，有利于生成溶解度很低的磷酸铁或磷酸铝，使土壤固磷能力大大增加；若以砾石为填料时，砾石中的钙可以生成不溶性磷酸钙而从废水中沉淀。植物吸收无机磷还可通过同化作用转化为植物体的组成部分，最后通过植物收割去除。微生物对磷去除包括对磷的正常吸收和对磷的过量积累。由于人工湿地根区附近土壤中不同的含氧状态而相当于许多 A^2/O 处理单元，使某些细菌种类在厌氧条件下吸收低分子的有机物（如脂肪酸），同时，将细胞原生质中聚合磷酸盐异染粒的磷释放出来，提供必需的能量；在好氧条件下，氧化所吸收的有机物并提供能量，同时从废水中吸收超过其生长所需的磷并以聚磷酸盐的形式成为微生物细胞的内含物而被贮存起来。因此，人工湿地有较高的除磷效果。Bhamidimarri 等研究表明，进水 TP 的质量浓度为 2.6 ~ 35.9 mg/L 时，人工湿地平均去除率为 90%。

4.4.4.4　人工湿地中有机物的去除

人工湿地对有机物有较强的降解能力。污水中不溶性有机物通过湿地的沉淀、过滤作用，可以很快地被截留而被微生物利用；污水中可溶性有机物则可通过植物根系生物膜的吸附、吸收及生物代谢降解过程而被分解去除。国内外有关城市污水的研究表明，在进水浓度较低的条件下，人工湿地对 BOD_5 的去除率可达 85% ~ 95%，对 COD 的去除率可达 80% 以上，处理出水中 BOD_5 的质量浓度在 10mg/L 左右，SS 的质量浓度小于 20 mg/L。废水中大部分有机物可作为异养微生物的基质而被转化为微生物及 CO_2、H_2O。肖邦定等研究了人工湿地对非离子表面活性剂(NIS)的去除效果,采用垄沟和漫灌渗滤两种类型的人工湿地进行对比试验,试验结果表明,在 COD 平均负荷率约为 4.5 g/(m^2·d)、NIS 平均负荷率约为 0.6 g/(m^2·d)的情况下,这两种类型人工湿地的 COD 去除率分别达到 71%和 69.8%,NIS 去除率分别为 99.2%和98.9%。可见,这两种人工湿地对 NIS 的去除率远高于对 COD 的去除率。人工湿地对 NIS 的去除作用主要有土壤中有机、无机胶体及其复合体对 NIS 的吸附、络合等作用,通常吸附作用是表面活性剂在土壤中的主要迁移转化方式之一;另外,土壤中大量的微生物能迅速将土壤吸附的 NIS 生物氧化,使土壤的吸附能力迅速恢复,即人工湿地中 NIS 的去除是吸附作用和生物氧化作用共同作用的结果。

4.4.4.5　人工湿地中藻类的去除

因藻类过量繁殖引起的富营养化问题在我国日趋突出,众多水厂也因水源中藻类过多而引起管道堵塞及饮用水质量下降。为解决富营养化水体中的过量藻类或藻类水化难以去除的问题,研究人工湿地的除藻也显得尤为重要。况琪军等对小试和中试规模的人工湿地系统除藻性能进行研究。其中小试系统由 1 个蓄水池和 12 个 1 m×1 m×1 m 的处理池组成,各处理池的最底层 15 cm 深处填以 40~80 mm 的石头,石头上面铺以粒径 0~4 mm 的细砂,砂深 50 cm 左右。每两小池彼此串联作为一组,其中 5 个组分别种植 10 种不同的水生植物,另一组未种任何植物作为对照。中试系统由一个蓄水池(6 m×4.5 m×1.2 m)和两个处理池(9 m×9 m×1 m)串联而成,处理池底层铺设 20 cm 石头,石头上面铺以细砂,两池的砂深第一池为 65 cm,第二池为 55 cm,基部依水流方向倾斜 0.5%,被处理水的流向及进水方式同小试系统,池中种植植物为菰和石菖蒲,与小试系统的二号处理池相同,植株高度在 1.0~1.5 m 之间。试验结果表明,小试和中试的人工湿地生态系统对去除水体中的藻类效果均很显著,即使是在冬季温度低、水草长势欠佳、冲击负荷加大或进水中藻细胞密度增加等情况下,其除藻率仍能维持在 80%左右的水平。

因此,人工湿地系统无论是在污水深度处理或者在减免下游接纳水体富营养化方面,均能发挥其独特的作用。特别是在中国多数水体富营养化和自来水厂水源受到藻类疯长危害的情况下,人工湿地除藻具有广泛的应用前景。人工湿地不仅可以用于城市和各种工业废水的二级处理,还可用于高级处理中的精处理和对农田径流的处理。在有些情况下,人工湿地可能是惟一适用技术。

4.4.4.6　人工湿地净化效果的影响因素

人工湿地的床体结构、湿地中的植物种类、湿地的供氧情况等均对湿地的净化效果产生很大影响。

人工湿地的床体结构有许多类型,常见的有碎石床、卵石床、石(碎石、卵石)土壤混合床、石沙土混合床等。不同的床体结构会影响渗流能力及人工湿地生态系统的组成,并最终影响其净化能力。

1.床体结构对渗流速度的影响

水在床体(由碎石、细粒土壤、砂粒组成的饱和基质)中流动,可视为以层流为主。其渗流速度可应用达西定律计算,即

$$v = ki = kh/L = Q/At \tag{4.9}$$

式中 v—— 渗流速度,m/h;

i—— 床体的水力坡降;

k—— 渗透系数,即水力坡降为 1 时的渗流速度,m/h;

Q—— 渗流量,m^3/h;

t—— 渗流时间,h;

A—— 床体截面积,m^3。

实际上渗流不是通过整个床体截面,而是通过床体的孔隙,因此利用达西定律所计算的速度是理想的平均速度,实际渗流速度的计算式为

$$v' = \frac{1+e}{e}v \tag{4.10}$$

$$e = \frac{V_v}{V_s}$$

式中 v'—— 实际渗流速率;

e—— 床体孔隙比;

V_v—— 床体孔隙体积;

V_s—— 床体固体(碎石、砂粒、土壤、植物根系等组成)的体积。

人工湿地的净化过程可按附着生物膜反应器考虑,可用下式描述其动力学过程,即

$$C_e/C_o = \exp\left[-k_t T\right] \tag{4.11}$$

$$T = lwde/(1+e)Q$$

式中 C_e—— 出水的质量浓度,mg/L;

C_o—— 进水的质量浓度,mg/L;

k_t—— 反应速率常数;

T—— 水力停留时间;

L—— 沿水流方向的长度;

w—— 与水流方向垂直的宽度;

d—— 床深;

Q—— 系统平均处理量,m^3/d。

提高水力停留时间可以提高净化能力;减少孔隙比 e 可增加水力停留时间,进而提高净化能力,但处理量会下降。另由于不同床体深度植物根系生长状态不同,从而净化效果也不同。表 4.2 对比分析了不同床体结构对污染物的去除率的影响。

表 4.2 床体结构对污染物去除率的影响

污染指标	不同床体结构对污染物的去除率/%			
	芦苇碎石床		芦苇碎石土壤混合床	
	1	2	1	3
SS	93~95	—	85~90	
COD	—	>80	—	77.5~97
BOD	85~90	85~95	80.4	89~97
NH_3-N (TN)	35~42	—	36~78	84~95
TP	—	28.2	67	83.7

人工湿地中土壤的选择也十分重要。有研究表明,土壤在处理营养元素和有机污染物过程中发挥着重要作用。排除植物因子的作用,对TN、TOC、TP的去除率可达70%以上。

2.植物对净化过程的影响

植物是人工湿地的重要组成部分,人工湿地系统中植物代替曝气机输氧,同时也为碎石等基质内微生物群落创造了有利的活动场所。张甲耀等的试验表明,有植物系统的人工湿地总氮(TN)的去除率明显高于无植物系统的人工湿地。

植物是人工湿地的重要组成部分,对污染物的降解和去除有重要作用。不同的植物有不同的生长速度,对污染物的吸收转化能力不同,对不同的污染物的适应能力不同,泌氧能力不同,从而净化能力不同。表4.3为不同水生植物对污染物的净化效果。

表4.3　不同水生植物对污染物的净化效果

污染指标	不同水生植物的各种污染物去除率/%				
	黄菖蒲	美人蕉	水葱	芦苇	水葵
COD	88.4	89.1	89.7	86.9	91.8
BOD	94.7	91.7	97.0	94.6	95.9
凯氏氮	83.8	82.1	84.1	85.5	92.3
NH_3-N	90.8	87.7	91.9	91.7	97.1
TP	96.9	95.8	96.8	96.8	98.1
SS	75.8	66.1	72.2	69.6	76.4
含盐量	42.5	37.6	41.8	37	48.4

选择人工湿地中水生植物的原则有:① 耐水耐污抗寒能力强,适于本土生长;② 根系发达,茎叶茂盛;③ 抗病虫能力强;④ 有一定经济价值。一般多选择高等水生维管植物。我国第一个人工湿地污水处理工程——深圳白泥坑人工湿地栽种的是芦苇、茳芏、灯心草、蒲草、水葱等,国内外目前最常用的是芦苇。

3.人工湿地的供氧与耗氧

人工湿地系统中一般有以下两种供氧方式:水生植物根系的泌氧作用,空气中的氧直接向水体中的扩散作用。依据昆明地区的大气压,并假设水温为15℃时,水面的溶解氧量为0.362 g/(m²·d),由表4.4可知,各种水生植物的输氧速率远比依靠空气向液面扩散的输氧速率大。因此,在湿地处理系统中,水生植物的泌氧作用是非常重要的。

表4.4　不同水生植物的输氧速率

植物种类	芦苇	水葵	水葱	黄菖蒲	美人蕉
输氧速率/[g·(m⁻²·d)]	11.59	11.57	10.45	9.63	5.07

4.5　最新人工湿地

近年来,国内外污水土地处理系统发展迅速,新型污水土地处理系统已经成为去除有机营养物质的重要措施。目前世界上人们正在投入大量精力以改良人工湿地技术。潜流人工湿地系统可通过选择竖流人工湿地系统、采用间歇负荷、合理选用介质来提高处理效率,还可引入一些传统处理技术的理论,如回流。以土壤作为人工湿地的介质时,植物根的生长会增加并稳定导水性。但土壤湿地系统会遇到了表面短流的问题,为保证潜流,许多人工湿地系统采用砾石床(但砾石床也有堵塞问题)。

下面具体分析一些人工湿地的改良技术。

4.5.1　用填料代替湿地系统中的水生植物

目前,人工湿地系统的设计研究往往局限于土壤、微生物、植物组成的陆地生态系统的框架内,而对于污水土地处理工艺,与其他污水处理工艺,如生物滤池、接触氧化法等相互借鉴和吸收研究极少。传统的湿地系统的处理效果受制于植物系统的生长状况和生长周期,因此容易造成出水水质的不稳定,同时这种工艺要求对植物进行定期收割和处理,增加了系统操作的难度。如果湿地系统中的植物可以用填料片替代,又不影响处理效果,则不仅解决了植物收割、处理和出水水质随植物生长状况的不同而变化的问题,而且是对湿地处理系统理论也是一个大胆的尝试和创新。

深圳市某橡胶厂建造了一种以填料代替植物的新式自由水面人工湿地处理系统,如图4.13所示。该橡胶厂的氧化塘出水,通过水泥管抽往自由水面湿地处理系统,作为湿地系统的进水。该湿地系统的第一片垄沟共48条,每条长100 m,坡度0.05%,宽5 m;第二片垄沟共20条,长85 m,宽4 m。过水总长度为7.5 km,总面积4×10^4 m^2,平均处理水量2 000 m^3/d,水深30~40 cm,水力停留时间30 h,整个土地处理系统坡度8%,总坡度差3.3 m,垄高40~50 cm。大多数垄沟中并不种植水生植物,而是采用在其中插入填料片的方法加以替代,填料采用聚氯乙烯制成的波纹板状填料。

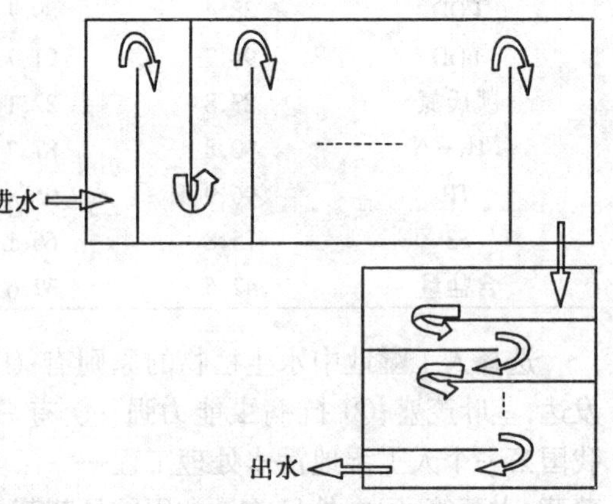

图4.13　以填料代替植物的人工湿地处理系统

钟定胜等通过对该橡胶厂自由水面湿地处理系统的设计和运行情况进行观测分析,认为利用填料代替自由水面湿地处理系统中的植被系统的方法有待进一步的研究和改进。该系统没有种植足够的植被和放置足够的活性土壤,而是在许多垄沟中插入填料片,这样做虽然可以在一定程度上起到附着活性污泥形成生物膜从而提高污水处理效果的作用,但由于水温过高、阳光直射、水流速度慢等原因,造成填料片上所附着的生物膜活性较低,微生物群落畸形繁荣。因此,在该厂的湿地系统中,这样一种做法并没有起到很好的作用,所生长的菌种类型也不合理,造成了其对有机物的降解功能并不好。湿地系统中,微生物对水中有机物、N、P等的去除起着主要作用,其中起主导作用的微生物如钟虫、纤毛虫、轮虫、线虫等均对温度有着较严格的要求,它们的生长、繁殖温度以室温为宜。而在该系统中,进水水温高达38~40 ℃,因此,在较大程度上抑制了这类微生物的生长,却刺激了喜爱阳光和适应高温的藻类等微生物的生长。尽管藻类也能在一定程度上去除部分有机物,但是一方面,光凭藻类吸引有机物的作用毕竟有限。另一方面,藻类的不易沉降性导致了出水含SS、BOD_5、COD较多,色度较高。由此引发了这样一个问题:如果将该系统进水水温降低至室温,其处理效果能否有较大幅度的改善？就目前的运行结果来看，以填料代替植物系统的方法是能够取得一定的处理效果的，其工作特性和运行机制还有待深入研究和探讨。

4.5.2　提高湿地处理系统的溶解氧量

人工湿地是一种新型的废水处理工艺。它由人工基质和生长在其上的植物组成，形成一个独特的土壤、植物、微生物生态系统，用以净化污水。水线低于土壤表面称为潜流型，目前应用较多的是潜流型人工湿地系统。由于无机氮可以使水体中藻类大量生长，高含氮排放水会造成水体富营养化，因此对氮的去除是污水处理中的重要任务。人工湿地处理系统对氮的去除作用包括基质的吸附、过滤、沉淀、挥发，植物的吸收和微生物作用下的硝化、反硝化作用。微生物的硝化、反硝化作用在氮的去除中有重要作用，其基本条件是存在大量的氮转化细菌和湿地土壤适当的环境条件。在人工湿地中，植物根的放氧作用对根际、根区土壤产生很大的影响，因此，这部分土壤比较特殊，其氧状态与其他土壤有较大区别。这部分土壤只占全部土壤的小部分，大部分土壤是根外土壤，它们决定了整个系统的状态。

张甲耀等研究了人工湿地处理系统的氮净化能力。如图4.14所示的潜流型人工湿地处理系统(模拟)，处理区长140 cm，宽49 cm，高50 cm，坡度为2%，下部填充粒径3～5 mm碎石，上部再铺厚10 cm的细砂，其上栽种植物。按水面线计总体积为314 L，总间隙水体积约为97 L。系统长宽比接近3:1，使污水流态接近推流式。其中两个分别种芦苇(Phragmites australis Trin)、茭白(Zizania latifolia Turcz)，另一个不种植物。芦苇和茭白移栽后形成生长良好的群体。芦苇平均密度为26 239株/hm^2，每株6根茎蘖，属中等密度，茭白的密度与芦苇大致相当。

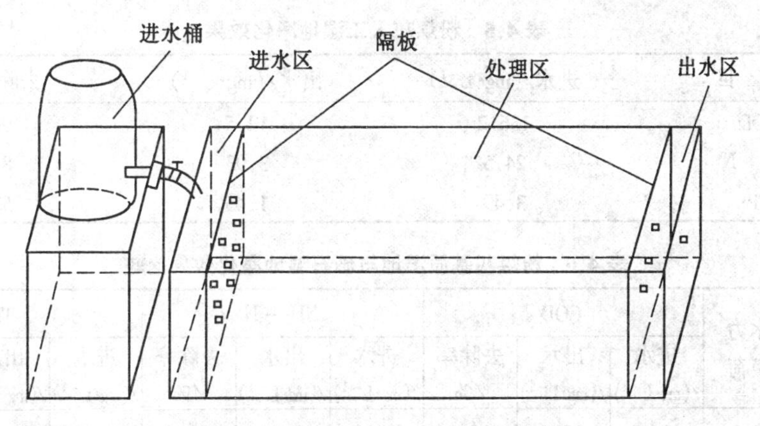

图4.14　潜流式人工湿地处理系统

实际运行结果表明，人工湿地污水处理系统中有大量微生物参与氮素物质的转化。氨化细菌、亚硝化菌、硝化菌、反硝化细菌数量都处于较高水平。其中的硝化菌达到肥沃土壤10^{4}的水平，因此人工湿地具有硝化、反硝化脱氮的良好基础和很大潜力。但由于系统中整体厌氧，因此不能提供良好的硝化作用环境条件，不能产生大量反硝化作用底物——硝酸盐，硝化、反硝化脱氮的途径不畅通。要使硝化、反硝化途径畅通，提高氮的去除速率最重要的是提高湿地系统中的硝化作用强度。如对进入湿地的污水进行曝气以增加污水中的溶解氧；或对污水中的氮素物质在进入人工湿地前作预处理，使其转化成硝态氮；也可以增加湿地植物的密度，或采用间歇进水方法，提高系统中的氧浓度。

湿地系统中影响氮的去除的限制过程是硝化作用。研究表明,不同的进水流量对床体中溶解氧含量或硝化速率几乎没有影响,可考虑通过预曝气、回流及其他机械方法来改善系统的硝化作用,但这些方法运行费用均较高。有研究者提出可以考虑通过选择合适的水生植物使系统内好氧区尽可能扩大,以提高系统硝化作用。湿地系统中水生植物虽然对污染物的去除有一定作用,但水生植物根系放氧和为微生物提供栖息空间是其主要功能。另外,通过植物根系的生长、死亡、代谢等作用可维持床体较好的水力传导性,另外,腐烂的植物也可为反硝化菌提供必要的碳源。因此,有研究者认为,具有浓密和较长根系的湿地植物对人工湿地而言是较理想的。植物通气组织具有将氧从大气传递到根系区和将二氧化碳从根系区传递到大气中的作用。有研究表明,在光照条件下每厘米新增长植物根茎所释放的氧是老植物的两倍。因此,为提高湿地系统硝化作用效率,需综合考虑植物根系密度、根系表面积和植物地下茎等因素。

4.5.3 用粉煤灰替代湿地系统中的传统基质

传统的湿地基质采用土壤、砂、砾石等,用粉煤灰和水生植物复合而成的粉煤灰基质人工湿地生态系统是一种低成本、多效益的污水处理新技术。

尹连庆等对以粉煤灰为基质的人工湿地进行试验研究。结果表明,采用粉煤灰的人工湿地对COD、NH_3-N和T-P都有较好的去除效果,而且对NH_3-N和TP的去除效果优于常规二级生化处理,具体见表4.5、4.6。粉煤灰与水生植物芦苇构成的人工湿地系统对污水的净化充分利用了粉煤灰的吸附性能,同时由于植物吸收和微生物的生物氧化作用,使粉煤灰的吸附能力能够自然再生,延长了粉煤灰的使用寿命,保证了系统的长期稳定运行。

表4.5 粉煤灰人工湿地净化效果

项目	进水/($mg \cdot L^{-1}$)	出水/($mg \cdot L^{-1}$)	去除率/%
COD	136.2	12.5	90.8
NH_3-N	24.5	3.93	84.1
TP	3.49	1.45	58.5

表4.6 粉煤灰基质湿地与砾石湿地净化效果比较

基质	水力负荷	COD			NH_3-N			TP		
		进水/($mg \cdot L^{-1}$)	出水/($mg \cdot L^{-1}$)	去除率/%	进水/($mg \cdot L^{-1}$)	出水/($mg \cdot L^{-1}$)	去除率/%	进水/($mg \cdot L^{-1}$)	出水/($mg \cdot L^{-1}$)	去除率/%
粉煤灰	4.0	136.2	12.5	90.8	24.5	3.93	84.5	3.49	1.45	58.5
砾石	3.0	145	19	87	—	14	12	14.3	32	33.3

由此可见,实际工程中可考虑将粉煤灰场建成一个湿地污水处理系统,既可处理污水,又可治理灰场,防止污染,实现环境效益与经济效益的有效统一。

崔理华等发现垂直流人工湿地中人工土基质对城市污水中磷的去除效果仅为30%~50%,这可能与人工土基质磷的吸附能力较弱以及水力负荷较高和水力停留时间较短有关。他们采用高磷吸附能力的煤灰渣人工土填料(用煤灰渣、土壤和草炭等混合配制而成)替代人工土基质,以提高对磷的吸附去除能力,延长填料的使用寿命,并种植对氮磷去除效果好的风车草组成垂直流人工湿地系统。研究了以煤灰渣人工土壤和风车草组成的垂直流人工湿地系统对化粪池出水中磷的去除效果。研究表明,这种人工湿地系统对化粪池出水中总磷和无机磷的去除率分别达到75%~92%和73%~92%,其处理出水中总磷和无机磷的质量浓度大部分低于1mg/L,达到了城市污水二级生化处理的二级排放标准。垂直流煤灰渣人工湿地系统对磷的去除作用主要有:物理作用、化学吸附与沉淀作用和微生物同化作用以及植物摄取作用等,其对化粪池出水中总磷的去除率分别为22.8%、50%~65%和1%~3%。

4.5.4　垂直复合流人工湿地系统

国际上湿地水处理技术发展较快,欧洲芦苇床技术应用较广泛,大多采用水平流、单一的垂直流等方式。垂直流人工湿地是一种新型的具有独特下行流—上行流复合水流方式的构建湿地系统。同其他类型人工湿地一样,垂直流人工湿地系统的水流状态是维持系统正常运行,使系统充分发挥净化效果的重要因素。付贵萍等研究了如图4.15所示的垂直流人工湿地系统,该人工湿地系统由两个大小均为1 m×1 m×1 m的池子组成,池中填有石、砂等填料,两个池的填料构成相同,底部均为厚度为150 mm、粒径为40~80 mm的砾石,上部是粒径为0~4 mm的细砂,所不同的只是第一池细砂层厚度为550 mm,第二池细砂层厚度

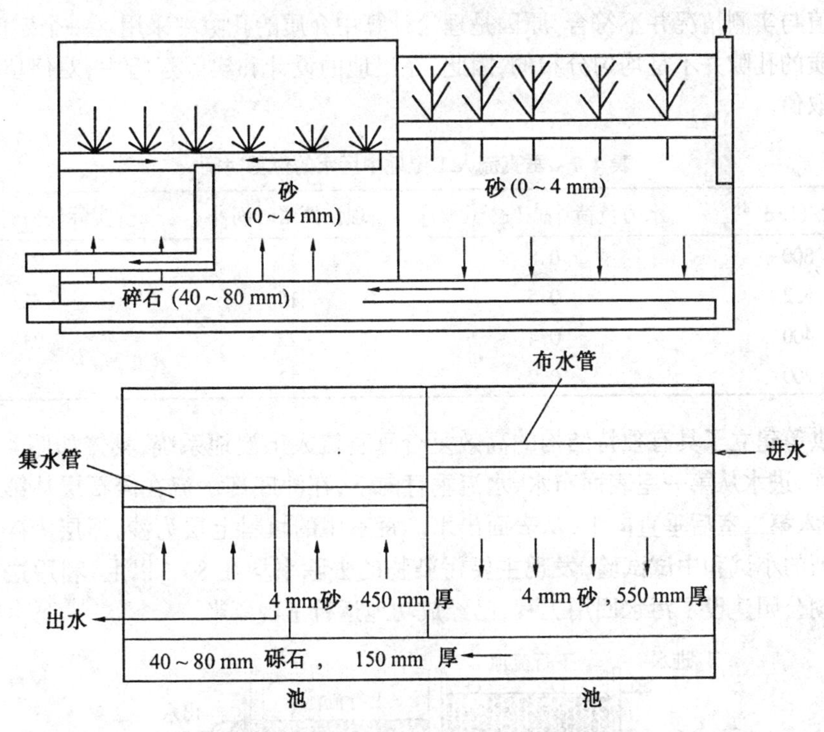

图4.15　垂直流人工湿地结构示意图

为450 mm。由于两池不同厚度的细砂层使第一池形成100 mm不饱和水层,利于系统复氧。两池砂层设隔墙,砾石层相通。一、二池分别种植芦苇、香蒲,种植密度为38~41株/m²,这些植物的根系为微生物提供了栖息场所,并发挥着向根茎周围充氧的作用,促进污染物的分

解和转化。垂直流人工湿地处理系统的流程为:经沉淀池预处理的污水首先流入位于第一池砂层表面中央的直径为70 mm的多孔布水管,使进水均匀分布在第一池整个表面上,随后污水垂直向下依次流过第一池的砂层、砾石层。由于整个系统底部有0.5%的倾斜度,污水自流进入第二池底部,并向上经过第二池的砂层,被位于二池表面直径为70 mm的H型多孔集水管均匀收集,最后从二池砂层底部流出系统。在垂直流芦苇床中,污水的引入采取了间歇方式,大大提高了污染物的去除率。垂直流人工湿地系统在具备了好氧条件的同时,由于系统独特的结构设计使得整个系统下部存在永久饱水层,形成了系统底部厌氧的环境,这种好氧与厌氧条件的共存为根区的好氧、兼性厌氧和厌氧微生物提供了不同的适宜的小环境,必将促进污染物的降解转化,特别是污水脱氮过程中的硝化与反硝化作用,使得该垂直流人工湿地系统在污水处理中发挥出独特的作用。垂直流人工湿地系统的滞留区范围较大,与系统自身的水力条件有关,滞留区的存在在一定程度上可避免系统"短路",有利于污水中污染物的分解和转化,但是滞留区也不宜过大,若造成系统水流流动极慢,则会导致系统堵塞,影响系统的正常运行。

从表4.7中可以看到,垂直流人工湿地中污水实测停留时间在流量为200~800 L/d时均超过20 h(0.8 d),大于通常潜流型湿地0.3 d的停留时间,从而使中不会出现以往在渗滤湿地中易发生污水停留时间极短的"短路"现象。另外垂直流人工湿地中污水的停留时间的理论计算值与实测情况并不符合,原因是理论计算中介质的孔隙率采用了一个定值,而实际系统中介质的孔隙并不是均匀分布的,因此,在湿地的设计和实际运行中,对停留时间需正确估算和取值。

表4.7　垂直流人工湿地中污水的停留时间

流量/($L \cdot d^{-1}$)	水力负荷/[$m^3 \cdot (m^{-2} \cdot d^{-1})$]	理论停留时间/h	实际停留时间/h
800	0.8	11	21
532	0.5	16	32
400	0.4	22	23
200	0.2	43	24

雷志洪等建立了具有独特结构的高效复合垂直流人工湿地系统,具体如图4.16所示,由两室串连,进水从第一室表面布水,水流垂直向下,在池底部水流在碎石层从第一室进入第二室,进入第二室后垂直向上,从表面出水。每室中的填料上层为沙,下层为碎石。并进行了一系列的小试和中试试验,发现主要污染物的去除率均在80%以上,利用这项技术在深圳市洪湖公园建设了污水回用工程,已经成功地运行了两年半。

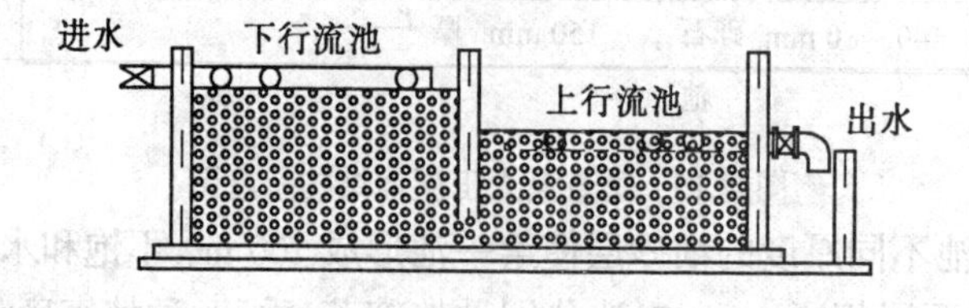

图4.16　高效复合垂直流人工湿地系统

参考文献

1 王志盈,高羽飞等.试论稳定塘作为城镇污水灌溉前处理的经济性.西安冶金建筑学院学报,1993(2):15~22
2 Beneman J. Development of microalagae harvesting and high - rate pond technologies in California. Algae Biomass. 1980, 5: 457 ~ 459
3 万登榜,丘昌强,刘剑彤等. 污水稳定塘除藻的可行性技术研究. 应用与环境生物学报,1999(5):84~87
4 李献文等. 城市污水稳定塘设计手册.北京:中国建筑工业出版社,1990
5 向连城,李平.稳定塘的数学模型和技术参数. 环境科学研究,1994,7(5):7~11
6 Edwin W. Lee Ponding systems treat wastement inexpensively. EPA Small Flows, 1990,4(6):30~33
7 祁佩时,王宝贞,赵福明等. 寒冷地区短停留时间稳定塘研究. 中国给水排水,2000,16(10):6~9
8 向连城. 稳定塘中氧传递规律研究. 环境科学研究,1997,10(4):20~24
9 向连城. 新型稳定塘处理技术 AIPS. 环境科学研究,1995,8(1):48~51
10 白晓慧. 稳定塘系统与城镇污水资源化.西北水资源与水工程,1998,9(2):20~24
11 杨敦,徐丽花,周琪. 潜流式人工湿地在暴雨径流污染控制中应用. 农业环境保护,2002,21(4):334~336
12 郑亚杰. 人工湿地系统处理污水新模式的探讨. 环境科学进展,1995,3(6):1~8
13 J N Carleton, T J Grizzard, A N Godrej, et al., Factors affecting the performance of stormwater treatment wetlands. Wat Res, 2001,35(6): 1552~1562
14 钟定胜,罗华铭. 填料在自由睡眠人工湿地中的应用. 环境与开发,2000,15(4):14~15
15 陈博谦,王星,尹澄清.湿地土壤因素对污水处理作用的模拟研究. 城市环境与城市生态,1999,12(1):19~21
16 王宜明. 人工湿地净化机理和影响因素探讨. 昆明冶金高等专科学校学报,2000,16(2):1~6
17 张甲耀等. 潜流型人工湿地污水处理系统中芦苇的生长特性及净化能力. 水处理技术,1998,6:15~18
18 丁疆华,舒强. 人工湿地在处理污水中的应用. 农业环境保护,2000,19(5):320~封三
19 张甲耀,夏盛林,邱克明等. 潜流型人工湿地污水处理系统氮去除及氮转化细菌的研究. 环境科学学报,1999,19(3):323~327
20 况琪军,吴振斌,夏宜诤. 人工湿地生态系统的除藻研究. 水生生物学报, 2000,24(6):655~658
21 肖邦定,胡凯,流剑彤等. 非离子表面活性剂在模拟人工处理系统中的净化. 水生生物学报,1999,23(4):385~387
22 尹连庆,张建平,董树军等. 粉煤灰基质人工湿地系统净化污水的研究. 华北电力大学学报,1999,26(4):76~79
23 Chrise Tanner. Treatment of dairy farm wastewater in horizontal and up - flow gravel - bed constructed wetland. Wat. Sci. Tech., 1994, 29(4):85~93
24 白晓慧,王宝贞,余敏等. 人工湿地污水处理技术及其应用发展. 哈尔滨建筑大学学报,1999,32(6):88~92
25 Hans Brix. Use of constructed wetland in water pollution control: historical development, present stratus, and future perspectives. Wat. Sci. Tech., 1994, 30(8):209~223
26 Hammer, D A General principles constructed wetland for wastewater treatment. Lewis Publishers, 1989
27 张毅敏,张永春. 利用人工湿地治理太湖流域小城镇生活污水可行性探讨.农业环境保护,1998,17(5):232~234

28 成水平,夏宜诤.香蒲、灯心草人工湿地的研究－Ⅲ.净化污水的机理.湖泊科学,1998,10(2):66～71
29 曹向东,王宝贞,蓝云兰等.强化塘－人工湿地复合生态塘系统中氮和磷的去除规律.环境科学研究,2000,13(2):15～19
30 沈耀良,王宝贞.人工湿地的除污机理.江苏环境科技,1997,3:1～6
31 郑雅杰.人工湿地系统处理污水新模式的探讨.环境科学进展,1995,3(6):1～8
32 黄时达,杨有仪,冷冰等.人工湿地植物处理污水的实验研究.四川环境,2000,14(3):5～7
33 吴晓磊.污染物质在人工湿地中的流向.中国给水排水,1994,10(1):40～43
34 R. Bhamidimarri et al. Constructed wetlands for wastewater treatment: the New Zealand Experice, Wat. Sci. Tech.,1991,24(5):247～253
35 付贵萍,吴振斌,任明迅等.垂直流人工湿地系统中水流规律的研究.环境科学学报,2001,21(6):720～725
36 廖新锑,骆世明.人工湿地对猪场废水有机物处理效果的研究.应用生态学报,2002,13(1):113～117
37 籍国东,孙铁珩,李顺.人工湿地及其在工业废水中的应用.应用生态学报,2002,13(2):224～228
38 吴振斌,成水平,贺峰等.垂直流人工湿地的设计及净化功能初探.应用生态学报,2002,13(6):715～718
39 崔理华,朱夕珍,骆世明等.垂直流人工湿地系统对污水磷的净化效果.环境污染治理技术与设备,2002,3(7):13～17
40 朱晓音,樊梅英,常杰等.人工湿地运行过程中有机物质的积累.生态学报,2002,22(8):1 240～1 246
41 崔玉波,宋铁红,王翠兰.潜流人工湿地的设计与经济分析.吉林建筑工程学院学报,2002,19(3):9～11
42 雷志洪,戴知广,陈志诚等.高效复合垂直流人工湿地系统处理效果与污水回用工程.给水排水,2002,28(9):22～24
43 夏汉平.人工湿地处理污水的机理与效率.生态学,2002,21(4):51～59

第5章 膜生物反应器污水处理技术

1969年,美国的Smith等人首次报道了将活性污泥法和超滤膜组件相结合处理城市污水的工艺研究,该工艺大胆地提出用膜分离技术取代常规活性污泥法中的二沉池,这就是膜生物反应器的最初雏形。由于在传统的生化水处理技术中,如活性污泥法,泥水分离是在二沉池中靠重力作用完成的,其分离效率依赖于活性污泥的沉降特性,沉降性越好,泥水分离效率越高。而污泥的沉降性取决于曝气池的运行状况,改善污泥沉降性必须严格控制曝气池操作条件,这限制了该方法的运用范围。由于二沉池固液分离的要求,曝气池的污泥不能维持较高的质量浓度,一般在2 g/L左右,从而限制了生化反应速率。水力停留时间(HRT)与污泥龄(SRT)相互依赖,提高容积负荷与降低污泥负荷往往形成矛盾。系统在运行过程中产生大量的剩余污泥,其处置费用占污水处理厂运行费用的25%~40%。而且易出现污泥膨胀,出水中含有悬浮固体,出水水质不理想。针对上述问题,MBR将分离工程中的膜技术应用于废水处理系统,以膜技术的高效分离作用取代活性污泥法中的二次沉淀池,达到了原来二次沉淀池无法比拟的泥水分离和污泥浓缩的效果,从而可以大幅度提高生物反应器中的混合液浓度,使泥龄增长,通过降低F/M比使剩余污泥量减少,出水水质显著提高,特别是对悬浮固体,病原细菌和病菌的去除尤为显著。该工艺一经提出,立即吸引了许多专家学者的注意,开始了膜生物反应器的研究热潮,人们对膜生物反应器的特性、净化效能、膜渗透速率的影响因素、膜污染的防治及组件的清洗等问题进行了全面、详细的研究,为该项技术在实际工程中的应用奠定了基础。

膜生物反应器的研究和开发只有近30年的历史,真正应用只有10多年。它是废水生物处理技术和膜分离技术有机结合的生物化学反应系统,是一种新型高效的污水处理与回用工艺。膜生物反应器工艺具有出水水质优、占地少、易实现自控等许多常规工艺无法比拟的优势,其在污水处理与回用事业中所起的作用也越来越大,并具有非常广阔的应用前景。

5.1 膜生物反应器(MBR)的原理和分类

膜生物反应器主要由膜组件和膜生物反应器两部分构成。大量的微生物(活性污泥)在生物反应器内与基质(废水中的可降解有机物等)充分接触,通过氧化分解作用进行新陈代谢以维持自身生长、繁殖,同时使有机污染物降解。膜组件通过机械筛分、截留等作用对废水和污泥混合液进行固液分离。大分子物质等被浓缩后返回生物反应器,从而避免了微生物的流失。生物处理系统和膜分离组件的有机组合,不仅提高了系统的出水水质和运行的稳定程度,还延长了难降解大分子物质在生物反应器中的水力停留时间,加强了系统对难降解物质的去除效果。

膜组件部分从构型上可以分为:管式膜生物反应器、板框式膜生物反应器、卷式膜生物反应器、中空纤维式膜生物反应器;根据膜的材料可分为:有机膜膜生物反应器、无机膜膜生物反应器;根据膜过滤的压力驱动方式可分为:加压型和抽吸型;根据膜组件在 MBR 中所起作用的不同,可将 MBR 分为:分离 MBR (膜组件相当于传统生物处理系统中的二沉池,MBR 由于高的截流率,并将浓缩液回流到生物反应池内,使生物反应器具有很高的微生物浓度和很长的污泥停留时间,因而使 MBR 具有很高的出水水质)、无泡曝气 MBR(采用透气性膜对生物反应器无泡供氧,氧的利用率可达 100%,因不形成气泡,可避免水中某些挥发性的有机污染物挥发到大气中)、萃取 MBR(用于提取污染物的萃取,由内装纤维束的硅管组成,这些纤维束的选择性将工业废水中的有毒污染物传递到好氧生物相中而被微生物吸附降解)。

生物反应器部分可分为好氧型和厌氧型。好氧法使用的通常是活性污泥法。活性污泥法是当前世界各国应用最广的一种二级生物处理流程,具有处理能力高、出水水质好等优点。但由于传统活性污泥法一般采用重力式沉淀池作为固液分离部分,这就使曝气池混合液污泥的质量浓度不可能太高,即传统的重力沉淀池限制了活性污泥的体积负荷,而且不可避免地会有污泥流失,也使出水水质变坏。而膜分离技术的引入,克服了传统流程的这些缺点。首先,可大幅度提高曝气池的污泥质量浓度,由传统的 3~5 g/L 提高到 20 g/L,甚至更高。这就使体积负荷大大提高,处理设施的占地面积大大减小;出水水质稳定优质,可直接达到回用水的标准;一些生长缓慢、在传统工艺中易流失的菌种可得到保持,有利于难降解物质的降解。生物膜法是与活性污泥法平行发展起来的一类好氧生物处理方法,其特点是微生物附着生长在一定的介质表面,形成生物膜,使其起到稳定分解废水中有机物的作用。一些学者认为,生物膜法与膜分离技术结合,将会有更大的优势,其主要原因在于正常生物膜法的出水只含少量碎小的脱落的生物膜,与活性污泥混合液相比悬浮固体含量低得多,这就相应减小了膜分离的负担,使膜的运行周期更长。澳大利亚新南威尔士大学膜与分离技术中心的 FaneAG 采用生物滤池与分离式膜分离设备相结合处理生活污水。膜设备为外压式中空纤维微管组件,膜孔径 0.2 μm,考虑用高压空气反冲,该系统处理效果很好。厌氧生物处理技术由于其能耗低、容积负荷高、产泥量少等优点一致受到人们的注意。但传统厌氧消化池的水力停留时间与污泥停留时间相同,大大局限了厌氧技术的应用。而近十年发展的厌氧新工艺,如厌氧接触法、厌氧滤池、UASB 等,都是致力于将水力停留时间与厌氧污泥的停留时间分开,这就大大提高了厌氧反应器的效率,并使其在常温下运行成为可能。而膜分离技术作为一种非常高效的分离手段,并不受混合液中污泥性能的影响,只是机械地根据孔径大小将各种生物菌群落和高分子有机物截留下来。因此,可以设想将膜分技术与厌氧反应器结合,有可能产生一种更高效、低耗、易控制、易启动的新型厌氧膜生物反应器。

根据膜组件和生物反应器的组合位置不同可笼统地将膜生物反应器可将膜生物反应器分为一体式、分置式和复合式三大类。

5.1.1 分置式 MBR 反应器

分置式 MBR 是指膜组件与生物反应器分开设置,相对独立,膜组件与生物反应器通过泵与管路相连接。分置式膜生物反应器的工艺流程示意图如图 5.1 所示。

分置式 MBR,有时也称为错流式 MBR,还有的资料称为横向流 MBR,通常都采用加压型过滤。加压泵从生物反应器抽水,压入膜组件中,膜滤后水排出系统,浓缩液回流至生物反应器。分置式膜生物反应器具有如下特点:

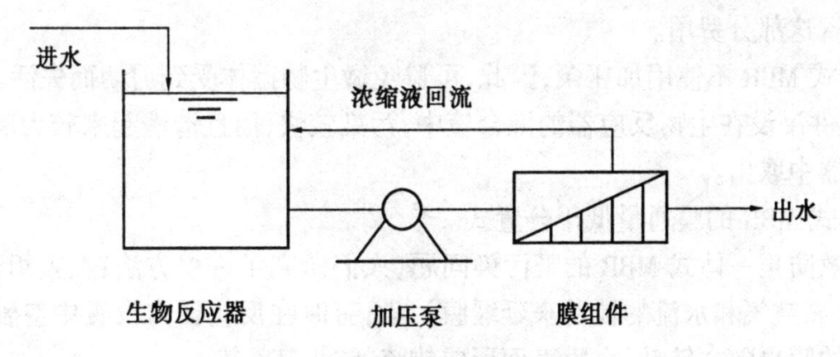

图 5.1　分置式 MBR 工艺流程

1) 膜组件和生物反应器各自分开，独立运行，因而相互干扰较小，易于调节控制。

2) 膜组件置于生物反应器之外，更易于清洗更换。

3) 膜组件在有压条件下工作，膜通量较大，且加压泵产生的工作压力在膜组件承受压力范围内可以进行调节，从而可根据需要增加膜的透水率。

4) 分置式膜生物反应器的动力消耗较大，加压泵提供较高的压力，造成膜表面高速错流，延缓膜污染，这是其动力费用大的原因。

5) 生物反应器中的活性污泥始终都在加压泵的作用下进行循环，由于叶轮的高速旋转而产生的剪切力会使某些微生物菌体产生失活现象。

6) 分置式膜生物反应器和另外两种膜生物反应器相比，结构稍复杂，占地面积也稍大。

目前，已经规模应用的膜生物反应器大多采用分置式，但其动力费用过高，每吨出水的能耗为 2 ~ 10 kWh，约是传统活性污泥法能耗的 10 ~ 20 倍，因此，能耗较低的一体式膜生物反应器的研究逐渐得到了人们的重视。

5.1.2　一体式 MBR 反应器

一体式 MBR 反应器是将膜组件直接安置在生物反应器内部，有时又称为淹没式 MBR (SMBR)，它依靠重力或水泵抽吸产生的负压作为出水动力。一体式 MBR 工艺流程如图 5.2 所示。

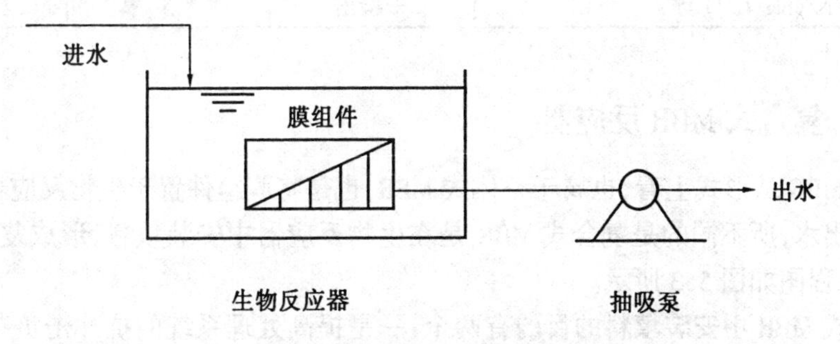

图 5.2　一体式 MBR 工艺流程

一体式 MBR 的主要特点有：

1) 膜组件置于生物反应器之中，减少了处理系统的占地面积。

2) 用抽吸泵或真空泵抽吸出水，动力消耗费用远远低于分置式 MBR，资料表明，一体式 MBR 每吨出水的动力消耗为 0.2 ~ 0.4 kWh，约是分置式 MBR 的 1/10。如果采用重力出水，则可完全节省这部分费用。

3) 一体式 MBR 不使用加压泵,因此,可避免微生物菌体受到剪切而失活。

4) 膜组件浸没在生物反应器的混合液中,污染较快,而且清洗起来较为麻烦,需要将膜组件从反应器中取出。

5) 一体式 MBR 的膜通量低于分置式。

为了有效防止一体式 MBR 的膜污染问题,人们研究了许多方法:在膜组件下方进行高强度的曝气,靠空气和水流的搅动来延缓膜污染;有时在反应器内设置中空轴,通过它的旋转带动轴上的膜也随之转动,在膜表面形成错流,防止其污染。

一体式 MBR 起源于日本,主要用于处理生活污水和粪便污水。近年来,欧洲一些国家也热衷于它的研究和应用,表 5.1 列出了他们的一些主要研究成果。

表 5.1 欧洲一些国家的 SMBR 的研究成果

	德　国	德　国	英　国	法　国
膜组件形式	中空纤维膜	板式膜	板式膜	中空纤维膜
膜孔径	0.2 μm	0.4 μm	0.4 μm	20 000 Daltons
膜面积/m^2	83.4	80	160	12
反应器容积/m^3	4.1(硝化) 2.8(反硝化)	6.3(硝化) 2.75(反硝化)	15.5	0.65(硝化) 0.25(反硝化)
曝气量/($m^3 \cdot h^{-1}$)	138	8	142	—
过滤压力/kPa	30	10	—	—
膜通量/[L·($m^2 \cdot h^{-1}$)]	16	20	21	—
MLSS/($g \cdot L^{-1}$)	12~18	12~16	16	15~25
污泥龄/d	15~20	20~25	45	—
进水 COD/($mg \cdot L^{-1}$)	200~300	200~300	300~800	290~720
出水 COD/($mg \cdot L^{-1}$)	<20	<20	61	13~16
进水 NH_4-N/($mg \cdot L^{-1}$)	40~60*	40~60*	30~70	22.3~50
出水 NH_4-N/($mg \cdot L^{-1}$)	5	未检出	5	1.6~3.2

*以凯氏氮计

5.1.3 复合式 MBR 反应器

复合式 MBR 从形式上看,也属于一体式 MBR,也是将膜组件置于生物反应器之中,通过重力或负压出水,所不同的是复合式 MBR 是在生物反应器中安装填料,形成复合式处理系统,其工艺流程图如图 5.3 所示。

在复合式 MBR 中安装填料的目的有两个:一是提高处理系统的抗冲击负荷,保证系统的处理效果;二是降低反应器中悬浮性活性污泥浓度,减小膜污染的程度,保证较高的膜通量。

有研究表明,生物反应器中的污泥浓度过高或过低都会对膜通量产生不利的影响。污泥浓度过高时,污泥容易在膜表面沉积,形成较厚的污泥层,导致过滤阻力增加,从而使膜通量降低;污泥浓度过低时,反应器内微生物对有机物的降解去除效果减弱,使得混合液中溶

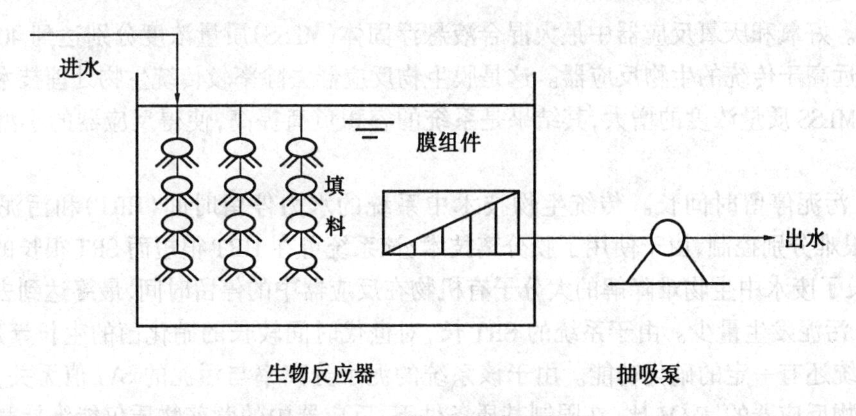

图 5.3　复合式 MBR 工艺流程

解性有机物浓度增加,从而在膜表面和膜孔内吸附,导致过滤阻力增加,影响膜通量。而在生物反应器中安装填料之后,则可以很好地解决这些问题。填料上附着生长的大量微生物,能够保证系统具有较好的处理效果并有抵抗冲击负荷的能力,同时又不会使反应器内悬浮污泥浓度过高,影响膜通量。

5.2　MBR 反应器的工艺特点

5.2.1　MBR 反应器的工艺特点

MBR 反应器作为一种新兴的高效废水生物处理技术,特别是它在废水资源化及回用方面有着诱人的潜力,受到了世界各国环保工程师和材料科学家们的普遍关注。表 5.2 为 MBR 工艺和其他传统水处理工艺的比较。

表 5.2　MBR 工艺和其他传统水处理工艺比较

比较项目	活性污泥(二沉地)深度处理	接触氧化+深度处理	MBR 工艺
占地面积与总池容	占地面积大	占地面积较小,池容较小	占地面积小,池容小
污泥的质量浓度及污泥性状	2 000~5 000 mg/L 需防止污泥膨胀	1 000 mg/L 需后续气浮或沉降	污泥浓度很高,勿需考虑污泥膨胀等
耐冲击负荷	差	可耐受一定冲击	强
运行管理	一般	较方便	自动运行、管理方面

MBR 作为一种新的水处理技术具有的优势是其他处理技术所无法比拟的,它具有以下突出的优点:

1) 固液分离率高。混合液中的微生物和废水中的悬浮物质以及蛋白质等大分子有机物不能透过膜,而与净化了的出水分开。

2) 因为不用二沉池,该系统设备简单,占地空间小。

3) 系统微生物质量浓度高、容积负荷高。由于不用二沉池,泥水分离率与污泥的 SVI

值无关。好氧和厌氧反应器中最大混合液悬浮固体(MLSS)质量浓度分别达到 40 g/L 和 43 g/L,远远高于传统的生物反应器。这是膜生物反应器去除率较传统生物处理技术高的重要原因。MLSS 质量浓度的增大,其结果是系统的容积负荷提高,使得反应器的小型化成为可能。

4) 污泥停留时间长。传统生物技术中系统的水力停留时间(HRT)和污泥停留时间(SRT)很难分别控制,由于使用了膜分离技术,该系统可在 HRT 很短而 SRT 很长的工况下运行,延长了废水中生物难降解的大分子有机物在反应器中的停留时间,最终达到去除目的。

5) 污泥发生量少。由于系统的 SRT 长,对世代时间较长的硝化菌的生长繁殖有利,所以该系统还有一定的硝化功能。由于该系统的泥水分离率与污泥的 SVI 值无关,可以尽量减小生物反应器的 F/M 比,在限制基质条件下,反应器中的营养物质仅能维持微生物的生存,其比增长率与衰减系数相当,则剩余污泥量很少或为零。Angel. Canales 等甚至给分离膜生物反应器设一个连续污泥热处理装置,来加速微生物的死亡和溶解。这种膜生物反应器能在保证系统有较高去除率的同时,减少剩余污泥产量。

6) 耐冲击负荷。由于生物反应器中微生物浓度高,在负荷波动较大的情况下,系统的去除效果变化也不大,处理的水质稳定。

7) 由于系统结构简单,容易操作管理和实现自动化。

8) 出水水质好。由于膜的高分离率,出水中 SS 浓度低,大肠杆菌数少。又由于膜表面形成了凝胶层,相当于第二层膜,它不仅能截留大分子物质而且还能截留尺寸比膜孔径小得多的病毒,出水中病毒数少。这种出水可直接再利用。

5.2.2 MBR 反应器中膜材料的选择和操作条件的控制

5.2.2.1 MBR 反应器中膜选择的技术要点

MBR 从膜分离的角度主要涉及微滤、超滤、纳滤及反渗透。由于无机膜的成本相对较高,目前几乎所有的膜技术都依赖于有机的高分子化合物。应用于 MBR 的膜材料既要有良好的成膜性、热稳定性、化学稳定性,同时应具有较高的水通量和较好的抗污染能力。日本 Mitsubishi Rayon 公司在 MBR 工艺中应用改性的聚乙烯和聚砜膜材料有效地提高了膜组件的通量和抗污染能力。

另一点需要考虑的因素是膜的孔径,由于曝气池中活性污泥是由聚集的微生物颗粒构成,其中一部分污染物被微生物吸收或粘附在微生物絮体和胶质状的有机物质表面,尽管粒子的直径取决于污泥的浓度、混合状态以及温度条件,这些粒子仍存在着一定的分布规律,Masaru Uehara 研究认为考虑到活性污泥状态与水通量,最好选择 0.10～0.40 μm 孔径的膜。

5.2.2.2 MBR 工艺中操作条件的控制

MBR 工艺的操作条件主要包括 MLSS、操作压力、膜面流速和运行温度等。

MBR 最主要的特征之一就是高污泥浓度下运行,Masaru 推荐的 MLSS 在 10 000～20 000 mg/L 之间,过量的高浓度污泥能延长污泥泥龄,也有利于污水处理系统中硝化细菌的截留和生长。

对于操作压力的影响,许多研究者认为存在临界压力值。Marsell 认为,当操作压力低于临界压力值时膜通量随压力的增大而增加;高于此值则会引起膜表面污染加剧,而且膜通量随压力的变化并不明显。不同的膜具有不同的临界压力值,且随膜孔径的增大而减小,微滤膜为120 kPa左右,超滤膜为160 kPa左右。

膜面流速的增加可以增大膜表面的水流扰动,减少污染物在膜表面的积累,提高膜通量。但Devereux等发现,膜面流速并非越高越好,高膜面流速可以使污染层变薄,可能造成膜的不可逆污染。温度升高有利于膜的过滤分离,Magara研究证实温度每升高1 ℃膜通量可以增加2%,这主要是由于温度升高导致混合液的粘度有所降低。

5.2.2.3 MBR反应器的设计思路

1.生物反应器参数的选取

大量试验研究显示,采用MBR工艺处理城市污水,污泥负荷、体积负荷已不再是制约处理效果的重要指标。根据中试运行的经验,可将水力停留时间HRT、污泥停留时间SRT作为MBR工艺生物反应器单元的设计依据,因为这样不仅能确保工艺操作的长期稳定性,而且能简化设计过程。生物反应器内污泥浓度高,剩余污泥量少,但仍然需要定期地少量排泥,排放的剩余污泥进入贮泥池,经浓缩后进入污泥脱水设备,脱水后的泥饼外运或作为肥料。生物反应器内的空气来自鼓风机。

2.泵系统选择

MBR工艺中加压泵的特点是扬程高、流量小;而循环泵则要求扬程低、流量大。考虑到加压泵和循环泵并联工作的需要,两种泵的扬程必须相等,即 $H_2 = H_3$。泵流量的选择,则只需达到膜组件对设计膜面流速的要求即可。在此前提下,为节能起见,循环泵的流量宜大一些,而加压泵的流量宜小一些(至少应满足 $Q_2 > Q$)。

3.膜组件选取

膜组件是MBR工艺的关键组成单元,它的选择对MBR工艺的运行具有决定性的作用。研究表明,以回用为目的的城市污水生物处理应优先选用超滤膜组件。膜通量是膜组件设计中最重要的技术参数之一。当处理能力一定时,设计选择的膜通量越高,所需的膜面积就越小,膜组件部分的固定投资就越少;但另一方面,MBR工艺的运行周期也就会越短,从而增加膜组件清洗的次数和费用。因此,在具体的放大设计中应兼顾工艺的运行周期和膜组件的固定投资两个方面。设计运行周期一般不小于3周。根据废水水质情况选取超滤膜的材料和型号,主要考虑其孔径、截留物质的相对分子质量、化学稳定性等情况。根据废水水质情况选取膜组件式样,膜组件主要包括:管式、平板式、卷式和毛细管式。管式和板式较为常用。

5.3 MBR反应器的研究进展

膜生物反应器最早出现在酶制剂工业中。Blatt等在1965年提出了用膜分离技术进行微生物浓缩,1968年Wang等成功地运用膜生物反应器制取酶制剂。从那以后膜生物反应器在酶制剂工业中应用研究不断发展,现已形成工业化生产规模。

在水处理中应用膜生物反应器技术稍晚于酶制剂工业,可以追溯于1969年美国Dorr-Oliver Inc用超滤膜与活性污泥法生物反应器相结合处理生活污水的研究。1972年Shelf等开始了厌氧型的膜生物反应器的研究工作。但直到 1985 年膜生物反应器的研究仍处于基础研究阶段。

进入 20 世纪 80 年代,膜生物反应的研究工作有了较快的进展。自 1983 年到 1987 年,在日本已有 13 家公司使用好氧膜生物反应器处理废水,经处理后的水做中水回用,处理水量每天达 50 ~ 250 m^3。日本 1985 年开始实施“水综合再生利用系统 90 年代计划”,在该项计划中研制了处理 7 类污水的膜生物反应器系统。包括:酒精发酵废水处理系统(5 m^3/d)、造纸厂废水处理系统(10 m^3/d)、淀粉工厂废水处理系统(5 m^3/d)、油脂、蛋白工厂废水处理系统(7.5 m^3/d)、小规模城市污水处理系统(10 m^3/d)、中等规模城市污水处理系统(20 m^3/d)、屎尿处理系统(0.5 m^3/d),把膜生物反应器的研究在污水处理对象及处理规模上都向前大大推进一步。

1993 年德国 Kh. Krauth 等进行有压活性污泥法反应器与超滤膜构成的膜生物反应器研究。1992 年 Yuichi Suwa 等进行了活性污泥加微滤膜生物反应器的脱氮研究。在污水处理对象与重点污染物降解方面,膜生物反应器涉及范围不断拓宽。1991 年 Tonelli 等研制了处理汽车制造厂含油污水的膜生物反应器系统。1992 年美国 Rakagoplan Vendatadri 等用中空纤膜生物反应器进行有毒化合物降解研究,结果表明,该技术成果应用于有毒废水的处理很有希望。膜生物反应器的实际应用已不乏实例。除前面提到的日本国中试规模中水回用与厌氧中试规模的膜生物反应器系统外,美国在 Mansfield, Ohio 建造了一套处理规模为 151 m^3/d 某汽车制造厂工业废水处理的膜生物反应器系统。德国已经建成 5 家大规模使用 MBR 的污水处理厂;另外两家污水厂已在规划中,其中一家位于 Kaarst 的污水处理厂设计服务人口为 8 万人,使用膜面积总计为 88 000 m^2,建成后将是世界上最大的使用 MBR 的污水处理厂。日本对于 MBR 的使用较为普遍,主要是用于小区污水的处理与回用及工业(如食品、饮料制造业)废水处理。

随着氮肥与杀虫剂在农业中的广泛应用,饮用水也不同程度受到污染。Lyonnaisedes Eaux 公司在 20 世纪 90 年代中期开发出同时具有生物脱氮、吸附杀虫剂、去除浊度功能的 MBR 工艺,1995 年该公司在法国的 Douchy 建成了日产饮用水 400 m^3 的工厂。出水中氮质量浓度低于 0.1 mg/L,杀虫剂质量浓度低于 0.02 μg/L。

进入 20 世纪 80 年代后,由于新型膜材料技术与制造业的迅速发展,膜生物反应器的开发研究逐渐成为热点。国外已进入实用阶段。目前,在世界范围内,实际运行的 MBR 系统已超过了 500 套,同时许多工程正在计划或者建设中。MBR 在日本的商业应用发展很快,世界上约 66%的工程在日本,其余工程主要在北美和欧洲。在这些工程中,98%以上是膜分离工艺与好氧生物反应器相结合,约 55%是膜浸没于生物反应器中,其余则是膜组件置于生物反应器之外。

我国开展这方面的研究起步较晚,但发展十分迅速。20 世纪 90 年代以来,清华大学先后引进日本和法国的膜生物反应器成套设备,进行了膜生物反应器系统污水处理特性及生物反应器运行条件的研究。同济大学在引进日本成套设备的基础上开展了厌氧膜生物反应器的研究工作。1993 年前后,许多高校与研究所加入了膜生物反应器的开发研究工作。

周建仁等通过试验证明,膜生物反应器对高浓度生活污水中的有机污染物具有很高的去除效率,在进水 COD_{cr}质量浓度为 1 250 ~ 13 500 mg/L 时,出水 COD_{cr}质量浓度仅为 58 ~

592 mg/L,去除率高达 94.1% ~ 98.6%,BOD_5 去除率可高达 98%以上,SS 去除率可达到 96%以上。对生活污水中的氨氮、总氮污染物具有很好的处理效果。何义亮等采用厌氧膜生物反应器处理高浓度食品废水。在厌氧膜生物反应器负荷较低时,膜出水 COD 去除率可达 90%以上;当 COD 负荷在 2 ~ 3 kg/(m^3·d)时,膜出水 COD 去除率在 80% ~ 90%之间;当 COD 负荷超过4.5 kg/(m^3·d)时,膜出水 COD 去除率降至 70%,对 SS、色度及细菌的去除率分别可达 100%、98%和 99.9%。刘超翔等采用规模为 10 m^3/d 左右的一体式膜生物反应器对毛纺厂印染废水的处理进行了中试研究,整个系统在现场实际条件下连续运行了 160 d。实验结果表明,用此装置处理印染废水,出水水质稳定良好,系统出水 COD < 20 mg/L,无 SS,色度小于 4 度,水质明显优于该毛纺厂现有接触氧化处理工艺出水。目前,膜生物反应器的应用研究在不断进展,如用于洗浴污水、制药废水、黄泔废水、粪便废水、造纸废水等处理。

在 MBR 中,由于膜对硝化菌的截留作用,世代时间较长的硝化菌能够在 HRT 较小的条件下生存富集,故大多数 MBR 工艺对 NH_3-N 的去除效果非常好,去除率大于 90%。但由于厌氧环境不充分,对 TN 的去除不理想,出水硝态氮含量较高。通过在生物反应器前增加厌氧段,或将膜生物反应器按照缺氧/好氧的工况序批式运行,可将 TN 的去除率提高至 60% ~ 80%。在 MBR 中,由于较高的污泥浓度使氧传递速率减小,在好氧菌胶团内部存在厌氧环境,有利于反硝化的进行。邹联沛等研究了 MBR 中 DO 对同步硝化反硝化的影响,得出结论为 DO 在 1 mg/L 时,最高 NH_3-N 和 TN 的去除率为 95%和 92%。短程硝化反硝化在 MBR 脱氮研究中也得到体现,如李春杰、耿淡等在用一体化序批式 MBR 处理焦化废水时获得了稳定、高效的短程硝化作用,并通过试验证实是由于泥龄太长所产生的微生物代谢产物抑制了硝化反应过程中的硝酸盐细菌的结果,但过长的泥龄也会影响亚硝酸盐细菌的活性,影响系统整体的脱氮效果

除磷是 MBR 工艺中的难点,从大多数 MBR 工艺运行结果来看,出水磷浓度难以达标,常常采用投加絮凝剂以共沉淀模式来提高磷的去除效果,研究表明,在进水总磷质量浓度为 11.9 g/L 条件下,添加 $Al_2(SO_4)_3$ 和 $FeCl_3$ 可使出水中磷下降到 1 mg/L。

综合国内研究现状,其主要研究内容可以分为以下几个方面:① 探索不同生物处理工艺与膜分离单元的组合形式,生物反应处理工艺从活性污泥扩展到接触氧化法、生物膜法、活性污泥与生物膜相结合的复合式工艺、两相厌氧工艺等;② 影响处理效果与膜污染的因素、机理及数学模型的研究,探求合适的操作条件与工艺参数,尽可能减轻膜污染,提高膜组件的处理能力和运行稳定性;③ 扩大 MBR 的应用范围,MBR 的研究对象从生活污水扩展到高浓度有机废水(食品废水、啤酒废水)与难降解工业废水(石化废水、印染废水等),另外,也有少数研究者采用硅橡胶膜生物反应器对废水中的挥发性有机化合物(VOC)进行生物处理的传质动力学研究。

结合目前 MBR 工艺的研究现状,以后 MBR 工艺研究方向如下。

1.膜分离新材料的研制

在 MBR 废水处理技术中,由于生物降解(活性污泥)技术已基本成熟,因此,研究与开发具有通量大、强度高、耐酸碱与微生物腐蚀、耐污染、低成本的微滤或超滤膜材料与组件已成为 MBR 规模化应用的关键。目前,美国、加拿大、法国、日本等国家已成功地把 PE(聚乙烯)、PES(聚醚砜)、PVDF(聚偏氟乙烯)等材料制备的微滤/超滤膜应用到 MBR 中。我国一

些从事环保专业的人员在研究 MBR 时多采用价格较高的进口膜材料及组件,限制了 MBR 的推广应用。我国对膜材料的研究已取得阶段性成果的有:浙江大学的 PP(聚丙烯)中空纤维微滤膜组件、天津工业大学的 PVDF 及中科院生态环境研究所的 PS(聚砜)等中空纤维超滤膜组件。由于 PE、PP 等聚烯烃材料属于通用型大品种塑料,用其制得的中空纤维膜具有强度高、通量大、耐酸碱、耐污染、耐生物腐蚀、成本低等特点,是较适合 MBR 应用的膜材料。此外,超薄有机/多孔无机复合膜、有机/无纺布复合平板膜的研制与应用也是当前 MBR 的研究热点之一。

2.制膜新方法的研究材料

本身的结构与性能决定了可以选用的制膜方法以及膜的形态及结构,相同的材料采用不同的制膜工艺也可以制得不同的结构与性能的膜。以 PVDF 为例,当采用相转变法时可以制备超滤膜与微滤膜,但存在强度低、成本高等缺点。又如,采用复合技术把 PVDF 复合到无纺布或多孔烧结管上制备平板膜、管式膜;采用"熔纺、拉伸"法,通过在应力场下控制分子链的取向与结晶来制备 PVDF 微孔膜;同时,还可以采用"热致相分离法"来制备孔径均匀的 PVDF 微孔膜。20 世纪 80 年代初,Castro 提出的"热诱导相分离法"(thermally induced phase separation,TIPS)制备微孔膜,解决了结晶性聚合物不能用"溶剂致相分离法"制膜的困难。通过改变 TIPS 条件可得到结构可控的微孔膜,拓宽了膜材料的应用范围且易实现连续化制膜。这些制膜新方法已成为当前 MBR 研究开发和产业化的热点,美国的 3M 公司以及日本的旭化成等公司已用 TIPS 法制备了热稳定性好、耐化学腐蚀的 PP、PVDF 平板膜和中空纤维膜。此外,最近还有采用"水蒸气冷凝诱导相分离"的方法制备微孔膜,所得到的微孔结构呈非常规整的蜂窝状六角形排列。

3.对现有膜材料进行表面改性与复合

通过表面改性来制备各种新型膜材料是提高现有膜材料使用性能的重要手段。如 Ullbricht 等对 PAN 超滤膜改性后,膜表面对水的接触角大大降低,对蛋白质的吸附也减少,因而不易产生蛋白质污染膜的现象,已成功用于蛋白质的分离。无机材料具有耐高温、耐有机溶剂、抗微生物腐蚀、孔径大小易控制、寿命长、结构稳定等优点,大大弥补了有机膜在这些方面的不足,但同时也存在材质较脆、加工困难等不足之处。20 世纪 80 年代中期,Kaiser 等开始对有机/无机复合分离膜的研究,将二者的优点融于一体,它既具有无机多孔膜的稳定性,又具有机膜的选择分离性能,如耐污染的有机/无机超薄复合管式膜、平板膜等。总之,通过膜材料"表面改性与复合"来改变膜的亲水性、荷电性与表面形态(拓扑结构)等是最经济、有效的方法,已成为膜材料科学发展的主要方向之一。

4.膜组件的研究

膜组件是 MBR 的重要组成部分,直接决定着 MBR 的运行方式、成本等。国内外已有多种商品化的 MBR 膜组件。其中最具有代表性的是 Zenon 公司的 ZenoGem 复合膜组件。在中空纤维膜方面,日本的 Mitsunishi Rayon Co. Ltd. 从亲水性 PE 中空纤维微滤膜出发,开发了 Sterapor — L 屏幕式膜组件、Sterapor — HF 集装式膜组件、Sterapor — G 反洗集束式膜组件等 3 个系列的 SMBR 膜组件;在平板膜方面,德国 Hans HuberAG 公司开发出用于 SMBR 的 HABERVRM 系列扇型板框集装式超滤平板膜组件,日本的 Kubota 公司开发出 SMBR 平板复合膜组件;在管式膜方面,美国 USFilter 公司开发出聚合物/陶瓷管式膜组件。

综观上述国外公司的膜组件,一个显著的特点是已实现了高度集装的模块化。目前,国内主要有杭州"浙大凯华"公司研制的PP屏幕式中空纤维微滤器件/组件、天津"膜天"公司研制的PVDF中空纤维膜组件等,采用的膜材料和组件形式相对单一,膜器件的集成度不高,而且性能和规模均落后于国外同类产品。因此在加强膜材料研制的同时,也需要加快新型膜器件结构和模块化膜组件的设计与制造。

5.4 MBR工艺对污染物的净化效能

5.4.1 MBR工艺对有机物的去除

在处理生活污水时,MBR去除有机物的效率要比传统的活性污泥法高得多,对COD的去除效率一般在90%以上,出水可以达到生活杂用水的水质标准。在传统活性污泥法中,由于受到二沉池对污泥沉降特性要求的影响,当生物处理达到一定程度时,要继续提高系统的去除效率很困难,而在MBR中,可以在比传统活性污泥法更短的水力停留时间内达到更好的去除效果,因此MBR在提高系统处理能力和提高出水水质方面表现出一定的优势。另外,MBR对有机物的冲击负荷有较强的抵抗能力。

MBR对有机物的去除效果来自两个方面:一方面是生物反应器对有机物的降解作用,由于膜组件的截留作用,使得反应器内污泥浓度很大,生物降解作用增强;另一方面是膜组件对有机物大分子物质的截留作用,大分子物质可以被截留在好氧反应器内,获得比传统活性污泥法更多的与微生物接触反应时间,并有助于某些专性微生物的培养,提高有机物的去除效率。

有研究认为,膜对溶解性有机物的去除来自三个方面的作用:一是通过膜孔本身的截留作用,即膜的筛滤作用对溶解性有机物的去除;二是通过膜孔和膜表面的吸附作用对溶解性有机物的去除;三是通过膜表面的沉积层的筛滤-吸附作用对溶解性有机物的去除。在这三种作用机理中,各种机理作用对有机物去除的贡献并不相同。膜的筛滤作用只能去除溶解性有机物中相对分子质量大于膜的截留相对分子质量的大分子有机物,而对于大量的相对分子质量小于膜的截留相对分子质量的有机物的去除,主要是通过膜孔和膜表面的吸附作用以及沉积层的筛分-吸附作用去除。

5.4.2 MBR工艺对TN的去除

由于膜组件的截留作用,污泥被全部截留在反应器内,反应器内污泥浓度很高,使得SRT可以很长,这就为世代时间较长的硝化细菌的生长创造了条件,使其数量增加,因此,MBR对NH_3-N的去除效果很好,对生活污水来讲,NH_3-N的去除率大于90%,出水NH_3-N质量浓度低于1 mg/L。

传统的脱氮工艺主要建立在硝化-反硝化机理之上,硝化与反硝化应分别在好氧和厌氧反应器内进行。为了提高脱氮效率,减少体积和降低运行能耗,有研究人员提出了新的脱氮理论,主要包括同步硝化反硝化理论、好氧反氨化理论和短程硝化反硝化理论。

在MBR中,较高的污泥浓度限制了氧的传质,使得在生物反应器内可能存在缺氧或厌氧的环境,为同步硝化反硝化的发生创造了条件。缺氧或厌氧微环境的形成与反应器内溶解氧的高低、污泥絮体的结构有关。在污泥絮体的外表面溶解氧的浓度最高,以异氧好氧菌和硝化菌为主,由于这些细菌对溶解氧的消耗,当溶解氧继续向污泥絮体内部扩散时,使得污泥絮体内部溶解氧越来越少,特别是在污泥絮体较大和较密实时,污泥絮体内部会形成缺氧或厌氧区。在溶解氧较低的情况下,污泥絮体内部也容易产生缺氧或厌氧区,为反硝化创造条件。有研究表明,当控制反应器内的DO在1 mg/L左右时,获得了90%的TN去除率。还有研究表明,在反应器内安装填料,并控制适当的条件,会在生物膜内部形成缺氧区,有利于TN的去除。

5.4.3 MBR工艺对TP的去除

在MBR工艺中,SRT一般都很长,因此会影响TP的去除效果。对于大多数的MBR工艺运行结果看,出水磷的浓度不很理想,出水TP的质量浓度很难降至1 mg/L以下,为此多数MBR工艺还是采用投加絮凝剂的方法除磷。但是如果采用缺氧-好氧MBR工艺运行,则对TP有较高的去除效果。Pedro A.C等利用生物膜-膜反应器进行除磷,获得了85%的最高去除率。

5.4.4 MBR工艺对细菌和病毒的去除

MBR工艺用于生活污水的处理,经过膜组件的截留,可以有效地去除水中的细菌和病毒,省去后续的消毒工艺,显示了其独特的优势,有人将MBR工艺称为消毒工艺中的一项“绿色技术”。

在对MBR工艺的研究中,几乎所有的工艺都取得了对致病菌和病毒的有效去除,出水中肠道病毒、总大肠杆菌、粪链球菌、粪大肠杆菌和大肠埃悉氏杆菌等都低于检测值,甚至达到检不出的水平。研究表明,MBR对细菌和病毒的去除效果主要是通过膜面沉积层的截留作用实现的。

但是应该注意,MBR虽然对细菌和病毒有较好的去除作用,但是如果膜组件长期运行,可能会在出水管内滋生细菌,造成出水细菌的超标,因此应定期对膜组件和出水管内壁进行消毒处理。

5.5 微生物学基础

在膜生物反应器系统中,高膜面流速产生的高剪切力的作用使得污泥絮体的平均尺寸较小,有利于传质过程。但反应器内水流的剧烈紊动会使微生物在种类上有所减少,与活性污泥相比,原生动物的生长受到了一定的限制。采用荧光原位杂交方法对膜生物反应器中的污泥进行分析,结果表明,膜生物反应器中微生物群落含有的细菌细胞远少于常规活性污泥法,且膜生物反应器的低污泥产率来自于微生物的内源呼吸而不是生物捕食。此外,分析结果也表明,MBR中的微生物群落和其多样性也不同于常规活性污泥法。MBR适宜于氨氧化菌的生长,其中的硝化菌通常为不同形状(如卵形、圆形)的串状,小颗粒污泥中的硝化菌含量高于其在大颗粒污泥中的含量。同时,膜生物反应器系统中的生物代谢特性与传统的生物处理工艺有较大的区别。首先,膜的截留作用不但使微生物可以完全保持在反应器内,而且许多进水中的大分子物质或生化反应产生的大分子代谢产物也被截留在反应器内。有些学者认为,这些物质的积累有利于对微生物的驯化,从而使微生物对有机物的去除进一步提高;而另一些研究者认为,代谢产物的积累会对微生物有抑制作用,积累太多会影响微生物的活性,使反应器的运行不稳定。

5.6　MBR反应器中膜污染及防治

在水资源日益紧张的今天,膜生物反应器作为一种新型、高效的水处理技术已受到各国水处理工作者的重视。膜作为泥水分离手段与传统活性污泥过程联用具有以下优点:通过膜组件代替二沉池并在生化反应器中保持高MLSS,减少污水处理设施占地。通过保持低*F/M*(污泥负荷)减少剩余污泥量,出水水质好,可直接回用于非饮用水。特别是1989年Tamamoto等将中空纤维膜应用于活性污泥法以来,使组合工艺运行成本大大降低,实际应用前景广阔。但在MBR运行过程中,由于污染物在膜表面和膜孔内的吸附沉积,会造成膜渗透速率的下降,直接影响膜组件的效率和使用寿命,阻碍了其在实际中的广泛应用。该问题即为膜组件的污染问题。膜污染是MBR应用过程中的遇到的主要问题之一,限制了该项技术的推广应用。

5.6.1　膜污染

MBR在运行一段时间以后,膜组件会被污染堵塞,研究认为,造成膜污染堵塞的主要原因有:膜表面的浓差极化现象、污染物在膜表面和膜孔内的吸附沉积。浓差极化是溶液在压力驱动下,溶质逐渐在膜表面积聚的结果,它使膜表面处的溶质浓度升高,且高出主体溶液中的浓度,从而造成溶质的反向扩散。膜污染是指混合液中的悬浮颗粒、胶体粒子或溶解性大分子在膜表面和膜孔内吸附、沉积造成膜孔径减小或堵塞,使膜渗透速率逐渐减小的现象。膜污染导致膜通量下降,其形成原因概括起来可分为以下几种。

5.6.1.1　膜的性质

膜的性质主要是指膜材料的物化性能,如由膜材料的分子结构决定的膜表面的电荷性、憎水性、膜孔径大小、粗糙度等。

Nakao等发现与膜表面有相同电荷的料液能改善膜表面的污染,提高膜通透量。Reihanian等在对膜分离蛋白质的研究中发现,憎水性膜对蛋白质的吸附小于亲水性膜,因此,能获得相对较高的通透量。易受蛋白质等污染的膜有聚砜等,而具有憎水性质的聚丙烯睛膜和聚烯烃膜等受到的污染程度较轻。

膜孔径对膜通量和过滤过程的影响,一般认为存在一个合适的范围。相对分子质量小于300 000时,随截留相对分子质量大,即膜孔径的增加,膜的通透量增加;大于该截留相对分子质量时,通透变化不大。而膜孔径增加至微滤范围时,膜的通透量反而减少,这就是与细菌在微滤径内造成不可逆的堵塞有关。Shoji等的研究结果表明,膜表面粗糙度的增加使膜表面吸附污染物的可能性增加,但同时另一方面也由于增加了膜表面的搅动程度,阻碍了污染物在膜表面的形成,因而粗糙度对膜通量影响是两方面效果的综合表现。

5.6.1.2　料液性质

料液性质主要包括料液固形物及其性质、溶解性有机物及其组成成分，此外料液的 pH 值等亦影响膜的污染。Magara 和 Itoh 认为，在活性污泥的条件下污泥浓度过高对膜分离会产生不利影响，得出膜通透量与 MLSS 的对数呈线性下降关系。其他许多研究者也证实了这一观点。Pane 等用 PM30 聚砜膜超滤 0.1% 牛血清蛋白，结果显示，在等电点时的蛋白质吸附量最高，膜的透水率最低。

5.6.1.3　膜分离的操作条件

膜分离的操作条件主要包括：操作压力、膜面流速和运行温度。对于压力，一般认为存在一临界压力值。当操作压力低于临界压力时，膜通透量随压力增加而增加；而高于此值时会引起膜表面污染的加剧，通透量随压力的变化不大。

膜面流速的增加可以增大膜表面水流搅动程度，改善污染物在膜表面的积累，提高膜通透量。其影响程度根据膜面流速的大小和水流状态（层流或紊流）而异。但 Devereux 等发现，膜面流速并非越高越好，膜面流速的增加使得膜表面污染层变薄，有可能会造成不可逆的污染。

升高温度会有利于膜的过滤分离过程。Maga－ra 和 Itoh 的试验结果表明，温度升高 1 ℃可引起膜通透量变化 2%。他们认为，这是由于温度变化引起料液黏度的变化所致。

5.6.2　膜污染的控制措施

5.6.2.1　对料液进行有效处理

对料液（原水）采取有效的预处理，以达到膜组件进水的水质指标，如预絮凝、预过滤或改变溶液 pH 值等方法，以脱除一些能与膜相互作用的溶质。

5.6.2.2　选择合适的膜材料

膜的亲疏水性、荷电性会影响到膜与溶质间相互作用大小，通常认为亲水性膜及膜材料电荷与溶质电荷相同的膜较耐污染。有时为了改进疏水膜的耐污染性，可用对膜分离特性不产生影响的小分子化合物对膜进行预处理，如采用表面活性剂，在膜表面覆盖一层保护层，这样就可以减少膜的吸附。但由于表面活性剂是水溶性的，且靠分子间弱作用力与膜粘接，所以很容易脱落。为了获得永久性耐污染特性，人们常用膜表面改性方法引入亲水基团，或用复合膜手段复合一层亲水性分离层，或采用阴极喷镀法在膜表面镀一层碳。

5.6.2.3　选择合适的膜结构

膜结构的选择，对于防止膜污染的产生也很重要。对称结构的膜比不对称结构的膜更容易污染，这是因为对称结构的膜，其弯曲孔的表面开口有时比内部孔径大，这样进入表面孔的颗粒杂质往往会被截留在膜中，不易去除。而不对称结构的膜，杂质主要被截留在膜表面，不易在膜内部堵塞，容易被清洗去除。

5.6.2.4　改善膜面流体力学条件

改善膜面附近料液侧的流体力学条件，如提高进水流速或采用错流等方法，减少浓度差极化,使被截留的溶质及时地被水流带走。

5.6.2.5　采用间歇操作的运行方式

研究表明,对于一体式 MBR 当膜组件工作一段时间以后,膜的过滤阻力急剧上升,说明膜组件的连续工作时间不能超过一定的范围,否则会造成膜的快速污染。因此,膜组件在工作一定时间后,应停止出水,进行空曝气,以减小膜的污染。

在生物反应器中,混合液的成分一般可以分为悬浮固体和溶剂性有机物两大类。悬浮固体对膜面的污染主要与其在膜表面的沉积和脱离过程有关。膜组件在过滤过程中,存在一个从反应器指向膜表面的流速 V_f,使悬浮固体向膜表面运动,并在膜表面沉积。另一方面,由于曝气在膜表面造成剪切力的作用,也存在一个使沉积污泥从膜表面脱落下来的脱离速度 V_b,如图 5.4 所示。当 $V_f > V_b$ 时,悬浮固体将会在膜表面沉积;当 $V_f < V_b$ 时,悬浮固体不会在膜表面沉积,而且已经沉积的污泥也会从膜表面脱落下来。采用间歇出水的操作方式,就是通过定期的停止进水,使 $V_f = 0$,以便沉积在膜表面的污泥在 V_b 的作用下从膜表面上脱落下来,使膜的过滤性能得以恢复。膜组件过滤工作的时间越长,悬浮固体在膜表面累积的程度越大,空曝气的时间越长,膜表面沉积污泥脱落越大,膜过滤性能恢复的也越多。

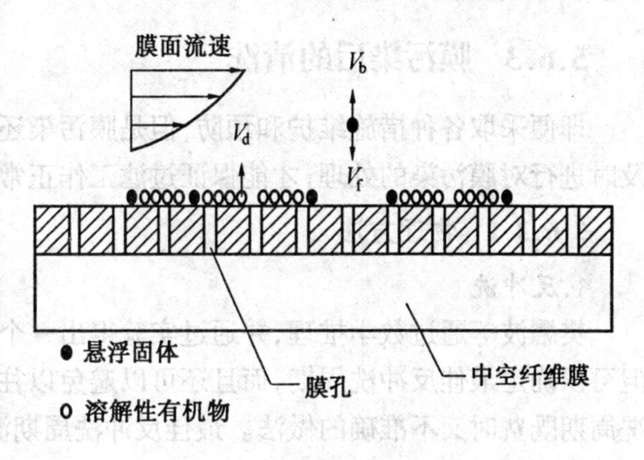

图 5.4　膜污染过程示意图

膜组件在过滤工作过程中,混合液中溶解性有机物由于膜的截留作用,会在膜的表面沉积、浓缩,就是所谓的浓差极化现象。在空曝气过程中,由于扩散作用,膜表面沉积的有机物也会脱离膜表面向反应器内扩散,扩散速度为 V_d。

综上所述,缩短工作时间,延长空曝气时间,并适当增大曝气量有利于减缓悬浮固体和溶解性有机物在膜面的沉积和污染。

5.6.2.6　投加吸附剂改善料液特性

向生物反应器内投加某种吸附剂,如粉末活性炭(PAC),有助于改善污泥混合液的特性,减小过滤的阻力,提高膜的渗透速率,并能提高 MBR 的处理效率。PAC 投入反应器中,可有效地吸附水中的低相对分子质量的溶解性有机物,将其转移至活性污泥絮体中,再利用膜截留去除污泥颗粒的特性,将低相对分子质量的有机物从水中去除,这不但提高了有机物的去除效率,而且减少了有机物在膜表面和膜孔内的吸附沉积造成膜污染的可能性。PAC 吸附在膜表面,形成一层多孔膜,这层膜较为松软,容易被去除,减轻了膜清洗的难度。因此,在生物反应器内投加吸附剂,改善料液特性对于防止膜污染、提高反应器处理效率是有利的。

5.6.2.7 其他事项

在膜过滤设备设计中,还应注意减少设备结构中的死角和死空间间隙,以防止滞留物在此变质,扩大膜污染。为防止微生物、细菌及有机物的污染,应经常使用消毒剂,如氯试剂等清洗。如果膜长期停用(5 d 以上),长期保养时,在设备中需用体积分数为 0.5% 的甲醛溶液浸泡。膜的清洗保养中的最佳原则是不能让膜变干。膜的保存也要针对不同的膜采取不同的方法。如聚砜中空纤维膜须在湿态下保存,并以防腐剂浸泡。另外,根据水质和水处理要求,应注意选择膜材料。

5.6.3 膜污染后的清洗

即便采取各种措施维护和预防,但是膜污染还是不同程度地客观存在。因此,必须不断及时进行对膜污染的处理,才能保证过滤工作正常进行,取得预期效果。

5.6.3.1 物理方法

1.反冲洗

樊耀波等通过数学推理,并通过实验得出一个最佳反冲洗周期测定公式,利用此公式不但可以确定最佳反冲洗周期,而且还可以避免以往完全通过试探性实验方法确定最佳反冲洗周期既费时又不准确的做法。最佳反冲洗周期测定公式还可以作为一个重要的理论依据应用于计算机自动化控制中。

2.采用水和空气混合流体

混合流体在低压下冲洗膜表面 15 min,对初期受有机物污染的膜是有效的。

3.去除污染物

对内压管膜的清洗可以采用海绵球。海绵球的直径比膜管的直径大一些,在管内通过水力控制海绵球流经膜表面,对膜表面的污染物进行强制性地去除。但去除硬质垢时,易损伤膜表面。

4.其他方法

近年来,电场过滤、脉冲清洗、脉冲电解及电渗透反冲洗等方法也相继出现,取得了较好效果。

5.6.3.2 化学方法

化学清洗通常是用化学清洗剂,如稀酸、稀碱、酯、表面活性剂、络合剂和氧化剂等,对于不同种膜,选择化学剂要慎重,以防止化学清洗剂对膜的损害。选用酸类清洗剂,可以溶解除去矿物质,而采用 NaOH 水溶液可有效地脱除蛋白质污染;对于蛋白质污染严重的膜,用含质量分数为 0.5% 蛋白酶的 0.01 mol/L NaOH 溶液清洗 30 min 可有效地恢复透水量。在某些应用中,如多糖等,可用湿水浸泡清洗,即可基本恢复初始透水量。

5.6.3.3 开发耐污染膜

由于各种清洗设备需要不定期停产,导致成本增加,膜寿命缩短,因此,根本和直接的途径则是研制、开发具有更好耐污染性,尤其是耐生物污染的膜,这是当今越来越受关注的课题之一,是膜技术的发展方向之一。目前,该方面的研究主要集中在表面改性领域。

5.7 影响膜生物反应器的控制参数

目前MBR技术的核心目标是提高生化效率、降低能耗、膜污染的控制与再生等。通常采用的主要工艺控制参数有以下几种。

5.7.1 混合液悬浮污泥浓度(MLSS)

污泥浓度是MBR系统的重要参数,不仅影响有机物的去除能力,还对膜通量产生影响。许多研究都表明,污泥浓度与溶解性微生物产物是影响膜通量的重要参数。

由于膜的固/液分离作用替代了传统活性污泥法的二次沉淀池,将活性污泥完全截留,使MBR可以在高的MLSS下运行。Muller等考察MBR运行工艺后,得到在不排泥条件下,污泥质量浓度可达40~50 g/L,能够达到降低污泥产量和稳定的处理效果。Hong等研究表明,污泥质量浓度在3.6~8.4 m/L之间的通量基本不变,说明在其实验的条件范围内MLSS不是膜污染的主要原因。Yammamoo研究得到MLSS临界质量浓度:当超过40 g/L时膜通量迅速下降,但临界质量浓度随操作条件的不同而有所变化。Viswanathan等认为,由于高的MLSS影响到氧的传质效率,为维持污泥活性需要更多氧气供应,导致能耗的增加,不利于MBR的经济运行。同时,当处理废水中有较多不可生物降解或难降解的物质和有毒物质时,这些物质会在MBR中积累,对MBR运行不利,所以在一定期间内要对污泥进行适当的排放。此外,污泥浓度的变化会改变污泥的其他特性,如污泥粘度、颗粒的分布、混合液的可过滤性等,从而影响膜通量。众多研究成果表明,一定条件下污泥浓度越高,膜通量越低。顾平在一体式MBR处理生活污水的研究却发现:当曝气强度足够大时(气水比近似100:1),MLSS由10 g/L变化到35 g/L时,MLSS与膜通量没有明显的相关性;但如果降低曝气强度,MLSS对膜通量可能产生一定的影响。污泥浓度对膜通量的影响程度与曝气强度、膜面循环流速、水力学条件等密切相关。

5.7.2 有机负荷

研究表明,好氧MBR出水受容积负荷与水力停留时间(HRT)的影响较小,而厌氧MBR出水受冲击负荷与HRT的影响较大。吴志超采用好氧MBR处理某酸生产废水发现:COD容积负荷分别为12 kg/(m^3·d)、24 kg/(m^3·d)、36 kg/(m^3·d)、48 kg/(m^3·d)时,出水COD变化不大;且HRT对出水水质无明显的影响。而何义亮用厌氧MBR处理高浓度食品废水却发现:当COD容积负荷从2 kg/(m^3·d)升高到45 kg/(m^3·d),COD去除率从90%下降至70%;且HRT对处理效果有重要影响。对这些研究的比较发现:在好氧MBR中,污泥浓度随容积负荷的增加迅速升高,有机物去除速率加快,污泥负荷基本保持不变,从而抑制出水水质的恶化;而在厌氧MBR中,污泥浓度升高缓慢,因此厌氧MBR出水水质易受容积负荷的影响。李红兵、顾平对MBR处理生活污水的研究表明:冲击负荷对有机物的去除没有显著的影响,但NH_3-N受冲击负荷影响明显,出水NH_3-N的恶化程度与冲击负荷的大小成正比。这一现象可能是由于膜的拦截作用对NH_3-N的去除并无贡献。因此,MBR对氮的去除效果易受生物反应器处理效果的影响。顾平的研究还发现:在冲击负荷条件下,膜通量衰减幅度是正常 COD 负荷的数十倍。通过分析冲击负荷期间进水 COD 和 MLSS 间的关系，发现反应器内 MLSS 的变化规律与最大膜通量的降低有类似之处，COD 冲击负荷使反应器内活性污泥浓度迅速增加，混合液的粘度增加，从而使液固分离困难；同时处于对数增长期的污泥活性高，有大量细胞外聚合物存在，增加了膜过滤阻力，导致膜最大出水量降低。

5.7.3 污泥停留时间和水力停留时间

MBR 的另一个特点是可以实现分别控制污泥停留时间（SRT）和水力停留时间（HRT），使 MBR 工艺控制更灵活。Bouhabila 等在 SRT 分别为 10 d、20 d、30 d 的条件下考察了污泥产量和 COD 去除效果，结果发现，随着 SRT 的延长，COD 去除效率提高，污泥产量下降。Cicek 的研究也发现，过长的 SRT 对微生物的活性不利。因为随着 SRT 的增加，污泥浓度也增加，到一定程度会导致营养的极度匮乏使微生物大量死亡，释放出大量不可生物降解的细胞残留物，并且微生物细胞内源呼吸加剧而产生大量的难降解的溶解性微生物（soluble microbial product，SMP），从而使出水 COD 不稳定，同时也降低氨/氮的去除率。但 Hang－Sik 等研究了 SMP 溶解性微生物的特性，发现随着 SRT 的延长，SMP 逐渐积累，最后有降低趋势，但并未影响到污泥的活性，同时污泥停留时间长使污泥驯化而有部分降解，因此，出水水质稳定。他们认为一部分胶体和微生物在膜表面吸附形成一薄污染层，使膜的孔径变窄增加了膜的截留率，对此还需进一步研究。

5.7.4 溶解氧

对于 COD 不高的有机废水，MBR 法多数采用好氧微生物降解水中的有机物，所以必须保持充足的溶解氧（DO）以维持污泥的活性。樊耀波等对毛纺厂的污水进行处理结果表明，DO 是影响出水效果的一个关键因素，当 DO 为 1 mg/L 时，对 COD 有良好的去除效果（可达 90%以上），但 DO 再增加对 COD 的去除影响不大。在短期缺氧的条件下，也能获得较好的出水效果，但时间过长时出水有异味。为了减少曝气的能耗，DO 应选择合适的值。原因是 MBR 中的 SRT 较长，F/M 值低，形成的絮凝体有利于硝化菌的繁殖和生长；另外溶解氧的增加也会促进硝化菌的增殖，同时膜的截留作用也使硝化菌聚集，大大加强了氨/氮的去除率。为了增加氧的传递效率和利用效率，20 世纪 80 年代以后出现了膜法无泡充氧的方式，由于氧以分子形态扩散进入水中，效率几乎可达 100%。膜法无泡充氧技术提高了氧的利用效率，降低了动力能耗，并且无泡沫产生，同时出水水质也较好。

5.7.5 抗 COD 负荷冲击性

MBR 出水水质稳定，耐 COD 负荷冲击能力强，已得到许多研究者的证实。王连军等采用 MBR 处理水质波动较大的啤酒厂废水时，在较高的 COD 负荷和强冲击下 COD 去除率可达 95%。Muller 等在研究 MBR 对进水 COD 不断变化的生活污水处理时，也得到稳定的 COD 去除率，并认为污泥停留时间长，碳的去除不受异养生物活性下降的影响。在较高的 COD 负荷冲击下，MBR 出水稳定的原因归纳起来主要有以下几个方面：① 较长的 SRT 增强了对难降解有机物的生化能力；② 膜的有效分离作用，保证出水质量的稳定；③ 反应器中污泥浓度高，且随进水 COD 的变化而变化，存在着动态平衡；④ 较大的活性污泥比表面。

5.7.6　pH值的影响

活性污泥微生物最适宜的pH值范围是6.5~7.8,pH值过高或过低时,都将会影响微生物活性,特别是硝化和反硝化细菌的活性。因此,反应器内维持适宜的pH值,对于保证膜生物反应器的处理效果是十分重要的。

5.7.7　温度的影响

温度也是决定膜生物反应器净化效果的重要参数之一,因为温度的高低直接影响生物反应器内微生物的活性。同时,水温的不同,造成生物反应器内污泥的粘度不同,对膜组件的过滤通量的影响也不同,因此,应该确定不同温度条件下,膜生物反应器的去除效果。哈尔滨工业大学的张立秋研究表明,温度的变化对有机物的去除效果影响不大,对NH_3-N的影响较大,随温度的增加,对TN、TP的去除效果都随之增加。因此,我们得到结论,温度的升高,有利于提高膜生物反应器对污染物的去除效果,但是温度的增高,必然要增加能耗,水温应该控制在20~24 ℃为好。

5.7.8　反应器内安装填料对膜生物反应器的影响

在反应器内安装填料,组成复合式膜生物反应器,通过填料上附着的生物膜,来提高反应器内总的生物量,并降低悬浮污泥浓度,可以延缓膜组件的污染。同时,由于安装了填料,增强了系统的抗冲击负荷能力,提高了系统处理效果。

5.7.9　膜污染的影响

膜污染是指那些由于在膜孔内、膜表面上各种污染物的积累导致的膜通量下降的因素和现象。膜污染如何控制与清洗是膜分离过程中不可避免的难题。它影响到系统的稳定运行、能耗、膜的使用寿命等,关系到MBR的经济性,从而制约了MBR在废水处理中的应用。膜污染中有一些污染物可以通过一定的物理、化学方法消除和减轻,是可逆的;另一些污染物则与膜表面发生了不可逆的相互作用而无法消除。在MBR中,膜表面接触的是组成复杂多变的活性污泥混和液,同时由于膜表面的物理特性(亲水性、荷电性、表面形态等)各不相同,操作条件各异等,使得膜的污染过程的分析变得很复杂。国内外在此方面的研究很活跃,膜污染如何有效地控制与清洗一直是MBR技术研究的前沿和热点之一。

5.8　MBR工艺的应用和发展

5.8.1　MBR工艺的应用

MBR工艺因具有处理效率高、占地面积小、剩余污泥量少、出水水质好等优点而受到了研究人员的重视,在城市污水和生活污水处理、洗浴废水、造纸废水、化工废水、食品污水处理等领域有了实际应用。但是由于该工艺的基建投资要高于传统的活性污泥法,并且膜污染的问题还没有彻底得到解决而限制了该工艺的使用规模,只是在水量较小的场合才考虑采用。

5.8.1.1 土地填埋场渗滤液及堆肥沥滤液的处理

土地填埋场渗滤液及堆肥沥滤液含有高浓度的污染物,其水质和水量随气候条件与操作运行条件的变化而变化。MBR技术在1994年前就被多家污水处理厂用于该种污水的处理。通过MBR与反渗透(RO)技术的结合,不仅能去除SS、有机物和氮,而且能有效去除盐类与重金属。最近美国Envirogen公司开发出一种用于土地填埋场沥滤液处理的MBR工艺,并在新泽西建成一个日处理能力为1 500 m^3/d(约40万加仑)的装置,将在2000年底投入运行。该MBR使用一种自然存在的混合菌来分解沥滤液中的烃和氯代化合物,其处理污染物的浓度为常规废水处理装置的50~100倍。能达到这一处理效果的原因是,MBR能够保留高效细菌并使细菌质量浓度达到50 000 g/L。在现场中试中,进液COD质量浓度为100~40 000 mg/L,污染物的去除率达90%以上。

5.8.1.2 城市污水处理及回用

1967年第一个采用MBR工艺的废水处理厂由美国的Dorroliver公司建成,这个处理厂处理水量为14 m^3/d。1977年,一套用于污水回用的MBR系统在日本的一幢高层建筑中得到投入使用。1980年,日本建成了2座处理能力分别为10 m^3/d和50 m^3/d的MBR处理厂。20世纪90年代中期,日本就有39座这样的厂在运行,最大处理能力可达500 m^3/d,并且有100多处的高楼采用MBR将污水处理后回用于中水道。据报道,这些系统的出水已达到深度处理的标准,而且系统占地小,管理方便,系统中的污泥已得到充分的消化,产泥量很小。1997年,英国Wessex公司在英国Porlock建立了当时世界上最大的MBR系统,日处理水量达2 000 m^3,1999年又在Dorset的Swanage建成了13 000 m^3/d的MBR工厂。

5.8.1.3 粪便污水处理

粪便污水中有机物含量很高,传统的反硝化处理方法要求有很高污泥浓度,固液分离不稳定,影响了三级处理效果。MBR很好地解决了上述问题,并且使粪便污水不经稀释而直接处理成为可能。日本的琦玉县越谷市在1985年采用该工艺处理粪便污水,粪便污水经系统处理后,出水不含固形物,COD与色度可大幅度削减,反应器的污泥质量浓度可高达15 000~18 000 mg/L左右,且系统运行稳定。1994年,日本已有1200多套MBR系统用于处理4 000多万人的粪便污水。

5.8.1.4 工业废水处理

20世纪90年代以来,MBR的处理对象不断拓宽,除粪便污水处理以外,MBR在工业废水处理中的应用也得到了广泛关注,如处理食品工业废水、水产加工废水、养殖废水、化妆品生产废水、染料废水、石油化工废水,均获得了良好的处理效果。20世纪90年代初,美国在Ohio建造了一套用于处理某汽车制造厂的工业废水的MBR系统,处理规模为151 m^3/d,该系统的COD负荷达6.3 $kg/(m^3 \cdot d)$,COD去除率为94%,绝大部分的油与油脂被降解。在荷兰,一脂肪提取加工厂采用传统的氧化沟污水处理技术处理其生产废水,由于生产规模的扩大,结果导致污泥膨胀,污泥难以分离,最后采用Zenon的膜组件代替沉淀池,运行效果良好。

5.8.1.5　饮用水生产

随着氮肥与杀虫剂在农业中的广泛应用,饮用水也不同程度受到污染。Lyonnaisedes Eaux 公司在 20 世纪 90 年代中期开发出同时具有生物脱氮、吸附杀虫剂、去除浊度功能的 MBR 工艺,1995 年该公司在法国的 Douchy 建成了日产饮用水 400 m^3 的工厂。出水中氮(NO_2)的质量浓度低于 0.1 mg/L,杀虫剂的质量浓度低于 0.02 μg/L。

5.8.2　MBR 工艺的发展

国际上膜技术产业已初具规模。1998 年,国外的膜和膜设备的生产厂家及经营公司达 452 家。国外的分离膜销售市场以美国、日本、西欧为主。1994 年世界膜销售市场总额为 30 亿美元,1997 年为 40 亿美元,1998 年为 44 亿美元,1999 年为 47 亿美元,年平均增长速率为 10%左右。由此可以推测,到 2010 年将达到 110 亿 ~ 135 亿美元。

根据中国膜工业协会的统计资料表明,我国膜工业产值 1998 年为 12 亿元人民币,1999 年为 202 亿人民币,2000 年为 28 亿人民币。从发展速度看,高于任何一个发达国家。预计到 2010 年我国的膜分离技术市场的产值将达到 50 亿 ~ 80 亿人民币,年增长速度为 10% ~ 15%。

随着我国国民经济的的发展和人们生活水平的提高,膜技术的应用领域也在不断扩大。1995 年中国膜工业协会成立,标志着我国的膜技术产业已经基本形成。进入新世纪,我国的膜技术和膜产业将围绕资源开发、水处理、气体分离、天然气净化、回收有用物质和人类健康等市场需求,建立工业新技术、节能新技术、环保新技术和生物工程新技术。在我国现已成熟并工业化的膜过程,如微滤、超滤、反渗透和气体分离仍将占有相当的市场份额。正在进行中试放大的膜过程,如无机膜、渗透汽化、纳滤以及膜生物反应器将有较大的发展,其市场份额将接近已成熟的膜过程。膜技术已不再是简单的分离手段,它已和其他技术融合在一起,如催化技术、生物工程技术等,在许多领域中起着十分重要的作用,正成为清洁生产和保证工业可持续发展的重要手段。中国的膜市场是巨大的,前景是广阔的,要进一步扩大膜在各行各业中的应用,一是要加快推广膜技术,二是要研制开发新的膜。

5.8.2.1　研制高效、高强度而廉价的膜材料

膜材料的强度、价格是限制膜生物反应器发展的一个重要因素。现在,人们已研制出聚酞胺系列、聚丙酞胺系列等有机膜,以及耐高温、耐高压的无机膜,如 Kubota 公司研制成的陶瓷平板膜系统。近年来,人们开始着眼于仿生膜的制备研究。生物膜解决了合成高分子膜至今难以克服的许多问题。例如,合成高分子膜往往难以兼顾高渗透率和高选择性,而生物膜却有极好的传递性能、分离效率和生物相容性,尤其是高选择特性。如果仿生膜能够实现工业化,膜技术将发生质的飞跃,并将大大提高污水处理效率。随着膜生物反应器越来越多地成功应用,膜技术方面的研究肯定会有重大发展。

5.8.2.2　MBR 和其他废水处理工艺的结合和改进

虽然膜技术的引入是 MBR 的一大优势,但其生物反应器部分仍采用传统的活性污泥法,还有改进的必要和潜力,比如采用一些新型污水处理工艺(如 A^2/O 法、SBR 工艺、氧化沟或生物膜法等),以达到进一步提高其处理效率的目的,也为现行水厂的改造创造条件。

5.8.2.3 MBR对某些特殊废水的处理

MBR可用于某些特殊废水的处理，如用于重金属污染的废水、有毒或难降解的有机工业废水、垃圾渗滤液的处理等，以扩大MBR研究应用的领域。

5.8.2.4 MBR设计规范和操作参数的确定

对MBR的经济性也需进一步研究，以确定MBR工艺适宜的处理规模。MBR数学模式的研究，包括膜污染模型、膜组件模型和动力学模型。

5.8.2.5 膜污染的机理和防治

膜污染是关系到MBR运行可靠性、经济性的关键问题，膜污染物和料液性质之间的相关性还缺乏定量的分析和考察，膜污染数学模型还需进一步研究。此外，膜污染问题还涉及到新型膜材料和膜组件的研制和开发(如无机膜的开发)，预处理工艺的研究(如格栅、混凝沉淀等)，污泥混合液改性的研究(如污泥浓度的确定和各种添加剂的研究等)，工艺参数的优化和膜清洗方法的改进(如特定污染物清洗方法的研究)。

5.8.2.6 无泡曝气膜生物反应器

英国Bath大学为了克服氧的利用率和膜通量不能兼顾的问题，将分离膜生物反应器和无泡曝气采用膜生物反应器组合使用，产生全新概念的处理工艺。采用兼有曝气和分离功能的陶瓷膜处理高浓度工业废水。陶瓷膜经间歇的曝气既能有效地传递氧气又能清洗膜表面，得以维持较高的膜通量。

如上所述，膜生物反应器具有处理效果好、出水水质稳定、设备简单、占地空间省和操作管理方便等优点，在水资源日益紧张的今天，膜生物反应器在废水处理领域，尤其是废水回用方面将会得到极其广泛的应用。

5.9 结　论

MBR以其独特的优点在城市污水、给水处理等方面得到广泛的关注和应用。目前，MBR工艺在高层建筑的中水回用、高浓度有机废水的处理、难降解有机废水的处理和给水处理等领域得到应用。但由于MBR工艺的投资与运行费用较高，在我国的推广应用还有一定困难。但随着水资源短缺的加剧与环境保护的需要，MBR技术也必然会在我国成为一种实用技术而被广泛应用。目前，MBR的研究在膜污染的防治、污泥产生量的减少、节能和降低造价、新型膜过滤技术的开发和高效生化细菌等方面不断深入，MBR的研究正朝着大规模实用化工程的开发方面发展。可以预见，靠静水压力或重力出水的膜生物反应器将是近来研究开发的一个重点。随着膜制备技术的进步，MBR专用膜品种的开发，膜质量的提高和膜制造成本的降低，MBR的设备投资也会随之降低，MBR在水处理中的应用范围必将越来越广。

膜分离技术从产生到现在虽已获得巨大的成功，但仍需不断完善，在理论和应用上仍都要有大量的问题有待解决。此外，它在各国的发展水平相当不同，美国发展得最快，占整个膜工业的55%，其次是西欧占23%，日本占18%。发展中国家占的份额就微乎其微。我国在膜的少数领域也已接近世界水平，如超滤膜技术与国外的差距正日益减小，但绝大部分还远远落后于发达国家。所以我们要走的路还很长,需要所有从事膜科学工作的专家学者共同努力,加快我国膜工业的发展,赶超先进国家。

参考文献

1 樊耀波、王菊思.水与废水处理中的膜生物反应器技术.环境科学,1995(5):26~28

2 邢传宏.超滤膜-生物反应器处理生活污水及其水力学研究.环境科学,1997(9):37~39

3 顾平.中空膜生物床处理生活污水的中试研究.中国给水排水,2000(3):5~8

4 李春杰.膜生物反应器的研究进展.污染防治技术,1999(1):17~18

5 何义亮.厌氧膜生物反应器处理高浓度食品废水的应用.环境科学,1999(11):76~78

6 邹联沛.膜生物反应器中膜的堵塞与清洗的机理研究.给水排水,2000(1):46~49

7 张军.复合淹没式膜生物反应器脱氮除磷效能研究.中国给水排水,2000(1):33~36

8 刘锐.一体式膜-生物反应器的水动力学特性.环境科学,2000(9):47~54

9 何义亮.膜生物反应器生物降解与膜分离共作用特性研究.环境污染与防治,1998(6):24~26

10 邹联沛.MBR中DO对同步硝化反硝化的影响.中国给水排水,2001,17(6):10~14

11 刘锦霞.膜生物反应器脱氮除磷工艺的研究进展.城市环境与城市生态,2001(2)

12 郑祥.影响MBR处理效果及膜通量的因素研究.中国给水排水,2002,18(1):19~22

13 王猛.膜生物反应器处理生活污水无泡供氧研究.环境污染与防治,2002(6):46~48

14 高以恒.膜分离技术基础.北京:科学出版社,1989

15 顾国维.膜生物反应器.北京:化学工业出版社,2002

16 付国楷.膜生物反应器的研究与展望.工业水处理,2003(10):46~48

17 Shimizu Y, et al. Filtration characteristics of hollow fiber microfilt - ration membranes used in membrane bioreactor for domestic wastewater treatment. Wat. Res., 1996, 30(10):2 385~2 392

18 Jungmin Lee, et al. Comparison of the filtration characteristics between attached and suspended growth microorganisms insubmerged membrane bioreactor. Wat. Res.,2001,35(10):2 435~2 445

第2篇　污水厌氧生物处理

污水厌氧生物处理研究开始于19世纪末，从1881年法国人 Louis H. Mouras 采用一种“自动净化器”处理粪便污水至今，废水厌氧生物处理技术的研究与开发已经有120余年的历史。20世纪50年代以前，厌氧生物处理技术主要应用于城市污水污泥的处理，普遍应用的是普通厌氧生物处理法。普通厌氧生物处理法的主要缺点是水力停留时间长、有机负荷低、消化池的容积大及基建费用高，这些缺点限制了厌氧生物处理技术在各种有机废水处理中的应用。

随着城市化、工业化的快速发展，有机废水水量急剧增加，若仍全部采用好氧处理则需要耗费大量的能量。20世纪70年代以后，由于能源危机导致能源价格上涨，厌氧发酵技术以其节能并产能的特点日益受到重视，人们意识到开发高效节能厌氧生物处理技术的重要性。对这一技术在废水处理领域的应用开展了广泛、深入的科学研究工作，开发了一系列效率高的厌氧处理工艺与设备，大幅度地提高了厌氧反应器内污泥的持有量，使废水处理时间大大缩短，处理效率成倍提高，在废水处理领域显示出它的优越性。

近年来，厌氧过程反应动力学和新型高效厌氧反应技术的研究都取得重要进展，厌氧生物处理技术不仅用于处理有机污泥、高浓度有机废水，而且还能有效地处理诸如城市污水这样的低浓度污水，具有十分广阔的发展前景，在废水生物处理领域发挥着越来越大的作用。

第6章　厌氧生物处理基本原理

6.1　厌氧生物处理基本原理

废水的厌氧生物处理(厌氧消化)是指在无氧条件下,借助厌氧微生物的新陈代谢作用分解废水中的有机物质,并使之转变为小分子的无机物质(主要是 CH_4、CO_2、H_2S 等)的处理过程。厌氧消化涉及众多的微生物种群,并且各种微生物种群都有相应的营养物质和各自的代谢产物。各微生物种群通过直接或间接的营养关系,组成了一个复杂的共生网络系统。

从 20 世纪 30 年代开始,有机物的厌氧消化过程被认为是由不产甲烷的发酵细菌和产甲烷的产甲烷细菌共同作用的两阶段过程,两阶段厌氧消化过程示意图见图 6.1。第一阶段常被称做酸性发酵阶段,即由发酵细菌把复杂的有机物水解和发酵(酸化)成低分子中间产物,如形成脂肪酸(挥发酸)、醇类、CO_2 和 H_2 等;因为在该阶段有大量脂肪酸产生,使发酵液的 pH 值降低,所以此阶段被称为酸性发酵阶段或产酸阶段。第二阶段常被称做碱性或甲烷发酵阶段,是由产甲烷细菌将第一阶段的一些发酵产物进一步转化为 CH_4 和 CO_2 的过程。由于有机酸在第二阶段不断被转化为 CH_4 和 CO_2,同时系统中有 NH_4^- 的存在,使发酵液的 pH 值不断上升,所以此阶段被称为碱性发酵阶段或产甲烷阶段。

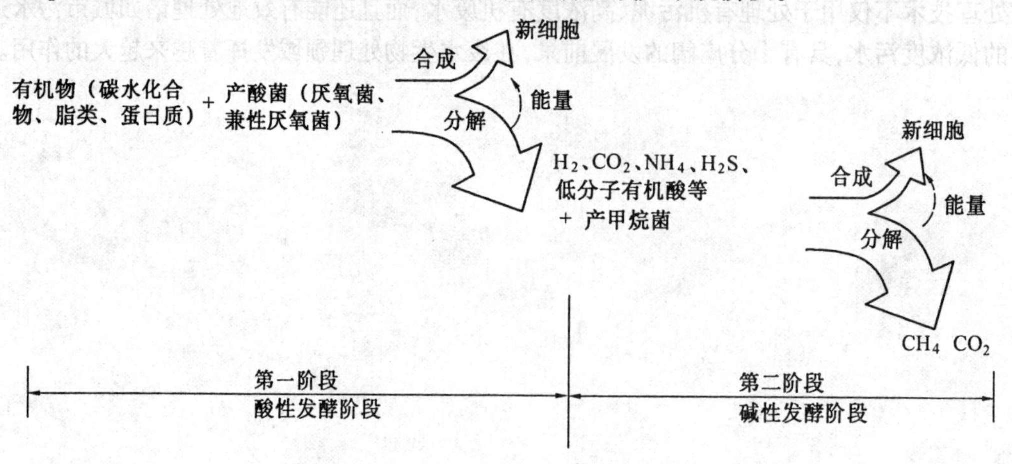

图 6.1　两阶段厌氧消化过程示意图

两阶段理论简要地描述了厌氧生物处理过程,但没有全面反映厌氧消化的本质。研究表明,产甲烷菌能利用甲酸、乙酸、甲醇、甲基胺类和 H_2/CO_2,但不能利用两碳以上的脂肪酸和除甲醇以外的醇类产生甲烷,因此两阶段理论难以确切地解释这些脂肪酸或醇类是如何转化为 CH_4 和 CO_2 的。

1979 年,Bryant 等提出了厌氧消化的三阶段理论。三阶段厌氧消化过程示意图见图 6.2。该理论认为产甲烷菌不能利用除乙酸,H_2/CO_2 和甲醇等以外的有机酸和醇类,长链脂肪酸和醇类必须经过产氢产乙酸菌转化为乙酸、H_2、CO_2 等后，才能被产甲烷菌利用。研究认为乙酸是产甲烷阶段十分重要的前体物质，在厌氧反应过程中大约有70%的 CH_4 来自乙酸的裂解。三阶段理论包括：

第一阶段是水解发酵阶段，在该阶段，复杂的有机物在厌氧菌胞外酶的作用下，首先被分解成简单的有机物，如纤维素经水解转化为较简单的糖类；蛋白质转化为较简单的氨基酸；脂类转化为脂肪酸和甘油等。继而这些简单的有机物在产酸菌的作用下经过厌氧发酵和氧化转化为乙酸、丙酸、丁酸等脂肪酸和醇类等。如多糖先水解为单糖，再通过糖酵解途径进一步发酵成乙醇和脂肪酸，如丙酸、丁酸、乳酸等代谢产物。蛋白质则先被水解成氨基酸，再经脱氨基作用产生脂肪酸和氨。

第二阶段是产氢产乙酸阶段，在产氢产乙酸菌的作用下，把除乙酸、甲酸、甲醇以外的第一阶段的产物，如丙酸、丁酸等脂肪酸和醇类转化为乙酸和 H_2/CO_2。产氢产乙酸细菌将有机酸氧化形成的电子，使质子还原而形成氢气，因此该类细菌又称为质子还原的产乙酸细菌。

第三阶段，产甲烷细菌利用第一阶段和第二阶段产生的乙酸和 H_2/CO_2 转化为 CH_4。产甲烷细菌利用不同的基质，即利用 H_2、CO_2 和其他一碳化合物，如CO、甲醇、甲酸、甲基胺等以及分解利用乙酸盐形成甲烷。形成的甲烷中，约30%的甲烷来自氢的氧化和二氧化碳的还原作用，70%的甲烷来自乙酸盐。因此乙酸盐的降解形成甲烷，是甲烷形成过程的一个很重要的途径。

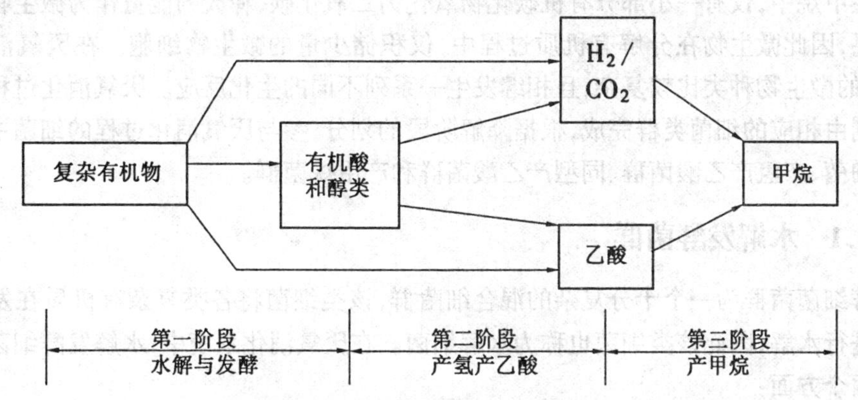

图6.2 三阶段厌氧消化过程示意图

几乎与 Bryant(1979)提出三阶段理论的同时，Zeikus(1979)等人在第一届国际厌氧消化会议上提出了厌氧消化的四阶段理论，在三阶段理论的基础上增加了同型产乙酸过程，即由同型产乙酸细菌把 H_2/CO_2 转化为乙酸。但这类细菌所产生的乙酸往往不到乙酸总产量的5%。图6.3表达了四种群学说关于复杂有机物的厌氧消化过程。

从两阶段理论发展到三阶段理论和四阶段理论的过程，是人们对有机物厌氧消化不断深化认识的过程。这也从侧面反映出，有机物厌氧消化过程是一个由许多不同微生物菌群协同作用的结果，是一个极为复杂的生物化学过程。

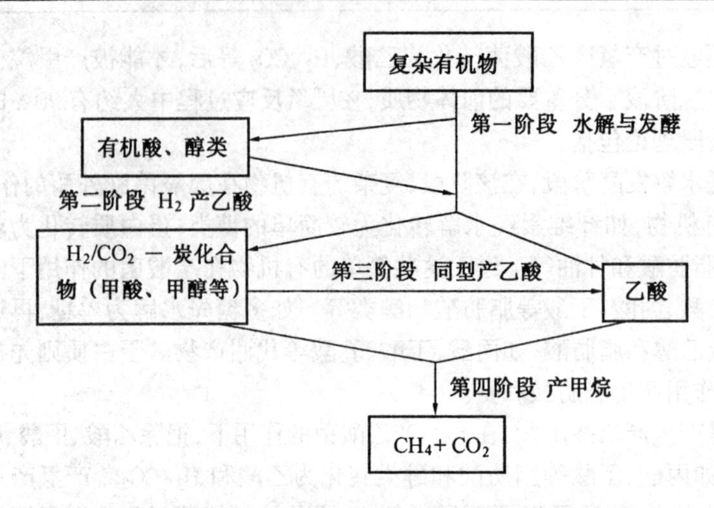

图 6.3 四种群学说关于复杂有机物的厌氧消化过程

6.2 参与厌氧消化过程的微生物

厌氧消化的过程就是有机质在特定的厌氧条件下，微生物将有机质进行分解，其中一部分碳素物质转化为甲烷和二氧化碳，在这个转化过程中，被分解的有机碳化物中的能量大部分储存在甲烷中，仅有一小部分有机碳化物氧化为二氧化碳，释放的能量作为微生物生命活动的需要，因此微生物在分解有机质过程中，仅积储少量的微生物细胞。在厌氧消化过程中，参与的微生物种类比较复杂，且相继发生一系列不同的生化反应。厌氧消化过程的各个阶段分别由相应的细菌类群完成，根据降解阶段的划分，参与厌氧消化过程的细菌主要有水解发酵细菌、产氢产乙酸菌群、同型产乙酸菌群和产甲烷菌群。

6.2.1 水解发酵菌群

发酵细菌菌群为一个十分复杂的混合细菌群，该类细菌将各类复杂有机质在发酵分解前首先进行水解，因此该类细菌也称为水解细菌。在厌氧消化系统中，水解发酵细菌的功能表现在两个方面：

1) 将大分子不溶性有机物在水解酶的催化作用下水解成小分子的水溶性有机物；

2) 将水解产物吸收进细胞内，经过胞内复杂的酶系统催化转化，将一部分供能源使用的有机物转化为代谢产物，如脂肪酸和醇类等，排入细胞外的水溶液中，成为参与下一阶段生化反应的细菌菌群(主要是产氢产乙酸细菌)可利用的物质。

水解发酵细菌主要是专性厌氧菌和兼性厌氧菌，属于异养菌，其优势种属随环境条件和基质的不同而有所差异。在中温条件下，水解发酵细菌主要属于专性厌氧菌，包括梭菌属(*Clostridium*)、拟杆菌属(*Bacteriodes*)、丁酸弧菌属(*Butyrivibrio*)、真菌菌属(*Eubacterium*)、双歧杆菌属(*Bifidbacterium*)等。按分解产物分类主要包括纤维素分解菌、半纤维素分解菌、淀粉分解菌、脂肪分解菌和蛋白质分解菌。高温条件下则有梭菌属和无芽孢的革兰氏阴性菌。酸化细菌对环境条件如温度、pH 值、ORP 等的变化有较强的适应性。

酸化细菌进行的生化反应主要有两方面的制约因素：

1）基质的组成及浓度；

2）代谢产物的种类及其后续生化反应的进行情况。

以产酸相的水解发酵(中温)而言，其适应性较强，具有较宽的生态幅度，如pH值的生态幅度为3.0~7.0，氧化还原电位为-400~+100 mV，温度为5~45 ℃。产酸相的微生物，在不同的运行条件下，由不同的微生物群在竞争中占据优势地位，从而表现出不同的发酵类型，形成不同的发酵末端产物，也就是说，不同的发酵微生物群落，对相同的生态因子，其耐性限度存在着差异。

研究表明，乙醇型发酵菌落的最适温度、pH值和ORP范围分别为30~40 ℃、4.0~5.0和-300~-200 mV，丙酸型发酵类型发酵菌落最适温度、pH和ORP范围分别为30~40 ℃、4.5~5.5和-300~+50 mV，丁酸型发酵类型最适温度和ORP范围分别为30~40 ℃和-350~-50 mV，而对pH值的耐性有更大的幅度。

6.2.2　产氢产乙酸菌群

1967年布赖恩特等认为奥氏甲烷芽孢杆菌为两种细菌的共生体，阐明产甲烷细菌除利用乙酸、甲酸外，不能利用丙酸以上的其他脂肪酸，认为存在其他种类的产氢产乙酸细菌，将脂肪酸转化为乙酸和氢气。目前产氢产乙酸细菌仅有少数被分离出来，据报道，在每毫升下水道污泥中含有4.2×10^6个产氢产乙酸细菌，这些细菌一般尚未进行鉴定，生理特性也没有详细的描述，仅发现能代谢各种脂肪酸的革兰氏阴性的弯曲杆菌。这些细菌只有和能利用氢的细菌(如脱硫弧菌或亨氏甲烷螺菌)共同培养才能分离出来。

产氢产乙酸细菌能将产酸发酵第一阶段产生的丙酸、丁酸、戊酸、乳酸、和醇类等，进一步转化为乙酸，同时释放分子氢，产氢产乙酸反应主要在产甲烷相中进行。

在第一阶段的发酵产物中除可供产甲烷细菌直接利用的“三甲一乙”(甲酸、乙酸、甲醇、甲基胺类)外，还有许多其他重要的有机代谢产物，如三碳及三碳以上的直链脂肪酸、二碳及二碳以上的醇、酮和芳香族有机酸等。据实际测定和理论分析，这些有机物至少占发酵基质的50%以上(以COD计)。这些产物最终转化为甲烷，就是依靠产氢产乙酸菌群的作用。以乙醇、丁酸和丙酸为例，其反应为

$$CH_3CH_2OH + H_2O \xrightarrow{\text{产氢产乙酸细菌}} CH_3COOH + 2H_2 \quad \Delta G^{\ominus} = +19.2\ \text{kJ/mol}$$

$$CH_3CH_2CH_2COOH + 2H_2O \xrightarrow{\text{产氢产乙酸细菌}} CH_3COOH + 2H_2 \quad \Delta G^{\ominus} = +48.1\ \text{kJ/mol}$$

$$CH_3CH_2COOH + 2H_2O \xrightarrow{\text{产氢产乙酸细菌}} CH_3COOH + 3H_2 + CO_2 \quad \Delta G^{\ominus} = +76.1\ \text{kJ/mol}$$

从以上三种反应可以看出，三者的$\Delta G^{\ominus}$均为正值，所以都很难被产氢产乙酸菌降解，但氢气浓度的降低可以将上述反应导向产物方向。由于各反应的自由能不同，进行反应的难易程度也不一样。以帕斯卡为单位时，当氢分压小于15.20 kPa时，乙醇能自动进行产氢产乙酸反应，丁酸则必须在氢分压小于0.20 kPa下进行，而丙酸则要求在更低的氢分压9.1×10^{-3} kPa。在厌氧消化过程中，降低氢分压必须依靠产甲烷细菌来完成。所以一旦产甲烷细菌受到环境条件的影响而放慢了对分子态氢的利用速率，其结果必定是放慢产氢产乙酸细菌对丙酸的利用，接着依次是丁酸和乙醇，这也说明了为什么厌氧消化系统中一旦发生故

障易出现丙酸的积累。厌氧反应器中氢分压调节着反应器中脂肪酸等中间产物的降解,也影响代谢产物的比例。形成的乙酸和氢气的数量也影响着甲烷的生成,而产甲烷菌也是分子氢的清除者,对产乙酸细菌的生化反应起到重要的调控作用。

6.2.3 同型产乙酸菌群

在厌氧条件下,能产生乙酸的细菌有两类:一类是异样型厌氧细菌,能利用有机基质产生乙酸,另一类是混合营养型厌氧细菌,既能利用有机基质产生乙酸,也能利用分子氢和二氧化碳产生乙酸。前者是酸化细菌,后者就是同型产乙酸细菌。

在厌氧消化反应器中,分子氢的同型产乙酸细菌的确切作用还不十分清楚。据测定,该类细菌在每毫升下水污泥中含有 10^5 ~ 10^6 个。常见的同型产乙酸菌多为中温性的,梭菌属和乙酸杆菌属被认为是氧化氢的同型产乙酸菌的代表属。后一属的种类不形成孢子。这些细菌表现为混合营养代谢型,既能代谢氢和二氧化碳,也能代谢如糖类的多碳化合物等。从厌氧消化器中分离梭菌属的一些种,它们能将 H_2/CO_2 或甲醇代谢为乙酸,或将甲醇和乙酸代谢为丁酸(即进行丁酸发酵)。对利用分子氢的同型产乙酸菌在厌氧消化中形成乙酸的重要性尚有不同的看法。有人认为在肠道中产甲烷菌利用氢的能力可能超过同型产乙酸菌,所以同型产乙酸菌更重要的作用可能在于发酵多碳化合物。有人提出相反的看法,认为某些同型产乙酸菌本身能利用氢气,因此对消化器中的碳素的矿化作用可能不很重要,由于这些同型产乙酸菌能将 H_2/CO_2 代谢为乙酸,为利用乙酸的产甲烷菌提供了形成甲烷的基质,又由于代谢分子氢,使厌氧消化系统中保持低的氢分压,有利于厌氧发酵的进行。

虽然关于同型产乙酸菌在厌氧消化中的重要性尚很难做出恰当的结论,但可以肯定的是,由于同型产乙酸菌能利用分子态氢从而降低氢分压,对产氢的酸化细菌有利,同时对利用乙酸的产甲烷菌也有利。

6.2.4 产甲烷菌群

产甲烷菌是参与厌氧消化过程的最后一类也是最重要的一类细菌群。它们和参与厌氧消化过程的其他类型细菌的结构有显著的差异。产甲烷菌是一个特殊的、专门的生理群,具有特殊的产能代谢功能。也就是说产甲烷菌是能够有效地利用氧化氢时形成的电子,并能在没有光或游离氧和诸如硝酸盐、硫酸盐等外源电子受体的条件下,还原二氧化碳为甲烷的微生物。

6.2.4.1 产甲烷菌的形态和细胞结构

产甲烷细菌的细胞壁中缺少肽聚糖,而含有多糖、多肽或多糖/多肽的囊状物。产甲烷菌从分类学上讲属于古细菌。产甲烷菌迄今已经分离得到了 40 余种,它们的形态各异,常见的有杆状菌、球状菌、八叠球菌和螺旋状菌等,其形态见图 6.4。

1.杆状产甲烷细菌

杆状产甲烷细菌通常呈弯曲态,或链状或长丝状。瘤胃甲烷杆菌(*methanobrevibacter ruiminantium*)和嗜树木甲烷短杆菌(*methanobrevibacter arboriphilus*)等则短而直或成对,在液体培养基中不表现丝状生长。甲酸甲烷杆状菌呈杆状,培养后期出现丝状。所有的甲烷杆菌都有一个窄(15 ~ 20 nm)而平滑的革兰氏阳性细胞壁,具细胞质内膜。甲烷杆菌的细菌质内

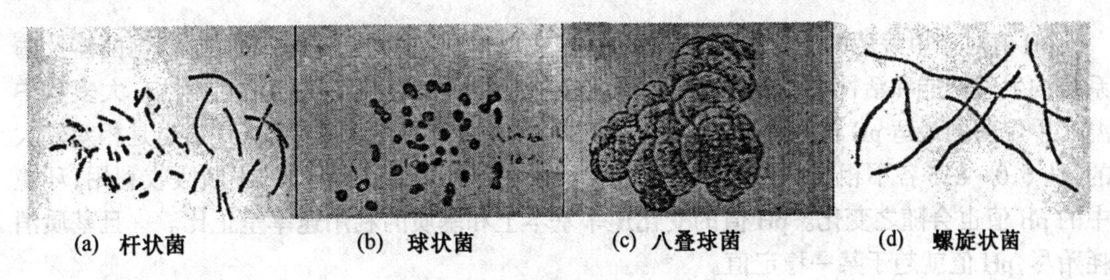

(a) 杆状菌　(b) 球状菌　(c) 八叠球菌　(d) 螺旋状菌

图6.4　产甲烷菌的几种形态

膜向细胞质内折陷，并形成许多紧密排列的邹褶，以造成较大的膜表面。某些产甲烷杆菌能够利用 H_2 和 CO_2 迅速生长，可能与此有关，使它们的能量产生得到与膜密切相关的酶系统的配合。

2.球状产甲烷细菌

球形细胞呈圆球形或椭球形，直径为0.3～5 μm，成对或排列成链状。范尼氏甲烷球菌(*methanobrevibacter vannilii*)的细胞形状间略有不同，有不同直径的圆球形，也有似犁形的细胞。

3.八叠球状产甲烷细菌

甲烷八叠球菌类型的细胞繁殖成规则的、大小一致的类似砂粒的堆积物，很像地嗜皮菌(*geodermatophilus*)的球形细胞。八叠球产甲烷菌具有与其他细菌明显不同的分裂方式，形成具有共同外壁的不相等的子细胞。

4.螺旋状产甲烷细菌

螺旋产甲烷细菌的细胞呈现有规则的弯曲杆状，最后形成螺旋丝状。亨氏甲烷螺菌(*methanobrevibacter hungatei*)单个细胞的钝状尾端，虽不成螺旋丝状，但能运动，其形态学特征是独特的。随后细胞逐渐生长成不能运动的螺旋形丝状体。

一般反应器中常见的产甲烷菌有：产甲烷杆菌属、产甲烷短杆菌属、产甲烷球菌属、产甲烷螺菌属、产甲烷八叠球菌属和产甲烷丝菌属。

6.2.4.2　产甲烷菌的营养特性和产甲烷菌的生理

产甲烷菌能利用的能源物质主要有5种，即 H_2/CO_2、甲酸、甲醇、甲胺基类和乙酸(也有研究认为，甲烷微菌目中的一些菌株还能氧化二碳及二碳以上的醇和酮)。绝大多数产甲烷菌能利用 H_2/CO_2，而且有几种只能利用 H_2/CO_2。根据产甲烷菌对温度的适应范围，可将产甲烷菌分为三类：低温菌、中温菌和高温菌。低温菌的温度适应范围是20～25 ℃，中温菌为30～45 ℃，高温菌为45～75 ℃。在已经鉴定的产甲烷菌中，大多数是中温菌，低温菌较少，高温菌也较多。

产甲烷菌的生长条件十分严格，是专一的严格厌氧菌。这是因为产甲烷菌的细胞内有许多低氧化还原电位的酶系，当体系中氧化态物质的标准电位高和浓度大时，这些酶系将被高电位氧化破坏，使产甲烷菌的生长受到抑制，甚至死亡。一般认为，参与中温消化的产甲烷菌要求环境中氧化还原电位应低于－350 mV；对参与高温消化的产甲烷菌应低于－500～－600 mV。产甲烷菌的增殖速率慢，繁殖世代周期长，甚至达到4～6 d，因此，在一般情况下产甲烷反应是厌氧消化的控制阶段。

pH值对产甲烷菌的生长也有重要影响,这主要体现在以下三个方面:① 影响菌体及酶系统的生理功能和活性;② 影响环境的氧化还原电位;③ 影响基质的可利用性。大多数中温产甲烷菌的最适pH值范围在6.8~7.2之间,但各种产甲烷菌的最适pH值也是相差较大的,从6.0~8.5各不相同。在产甲烷菌的生长代谢过程中,随着基质的不断吸收利用,环境中的pH值也会随之变化。pH值的变化速率基本上和基质的利用速率呈正比。一旦基质消耗殆尽,pH值就趋于某一稳定值。

产甲烷菌最显著的生化特征是具有独特的甲基辅酶体系,包括 F_{420}、F_{430}、C_0M、FB及CDR等。F_{420}是黄素单核苷酸的类似物,是相对分子质量为630的低相对分子质量荧光化合物。它是产甲烷菌特有的辅酶,利用它的某些特征可以鉴定产甲烷菌的存在。

上述的四大类细菌(水解发酵菌群、产氢产乙酸菌群、同型产乙酸菌群和产甲烷菌群)在厌氧消化过程中组成了一个复杂的生态系统。由于前面三大类细菌都产生有机酸,故又将其统称为产酸细菌。表6.1总结了两类不同细菌菌群在厌氧生物处理过程中的各自特性。

表6.1 产酸相细菌和产甲烷细菌的特征

菌种 / 参数	产甲烷菌	不产甲烷菌
种类	相对较少	多
生长速度	慢	快
对pH值的敏感性	非常敏感 最佳pH=6.5~7.6	不太敏感,适宜范围大(4.5~7.8) 最佳pH=5.6~6.0
氧化还原电位 *Eh*	属专性厌氧,*Eh*必须低于-350 mV(中温) 低于-500 mV(高温)	有兼性厌氧和专性厌氧两类菌 *Eh*常低于-150~-200 mV
对温度的敏感性	很敏感,最佳温度为 35~38 ℃(中温) 55~60 ℃(高温)	一般性敏感
对毒物的敏感性	很敏感	一般性敏感
对中间产物氢的敏感性	不太敏感	非常敏感,氢浓度大小直接影响发酵性细菌的中间产物比例,也影响着由产氢产乙酸菌参与的丙酸、丁酸等脂肪酸及醇类的降解
特殊辅酶	有	无

可以看出,产酸细菌和产甲烷细菌之间存在着相互依存、相互制约的关系,这主要表现在:① 产酸细菌通过水解和多层次的发酵,将各类复杂有机物最终转化为产甲烷菌赖以生存的有机物和无机基质,产酸细菌是产甲烷细菌的营养物质供应者;② 产甲烷细菌对产酸细菌代谢产物的吸收利用和转化,为产酸细菌正常新陈代谢奠定了热力学基础。

6.3 厌氧生物处理工艺的发展

厌氧生物处理技术已有了100多年的历史。1860年法国工程师 Mouras 就采用厌氧方法处理废水中沉淀的固体物质。至20世纪40年代,澳大利亚出现了高效的、可加温的消化池,处理效率有所提高。这些反应器可称为最初的厌氧反应器,以厌氧消化池为代表,污水或污泥定期或连续地加入消化池,经消化的污泥和污水分别从消化池底部和上部排出,所产生的沼气从顶部排出。由于厌氧的消化运行条件如温度等均没得到良好的控制,这些初级厌氧处理设备均属于低负荷系统,占地面积较大且出水水质差。

1955年,Schroefer 及其合作者提出了厌氧接触法(AC)用于处理食品包装废水,取得良好的效果。该工艺采用了类似于好氧活性污泥的工艺流程,将出水引入单独的沉淀池,并进行污泥回流,以维持反应器中高浓度的生物量和较长的 SRT,提高反应器的效能。如图6.5所示,厌氧接触系统由一个完全混合的悬浮生长式生物反应器和一个液固分离设备组成。液固分离设备使反应器的出水分离成为相对清洁的工艺出水和受到浓缩的生物污泥,生物污泥回流至反应器。因此,AC 实际是一个厌氧活性污泥系统,工艺运行所需要的 SRT 可通过调整剩余污泥排放量而实现,而与 SRT 相对应的 HRT 的范围则取决于废水的强度和反应器内的生物量。

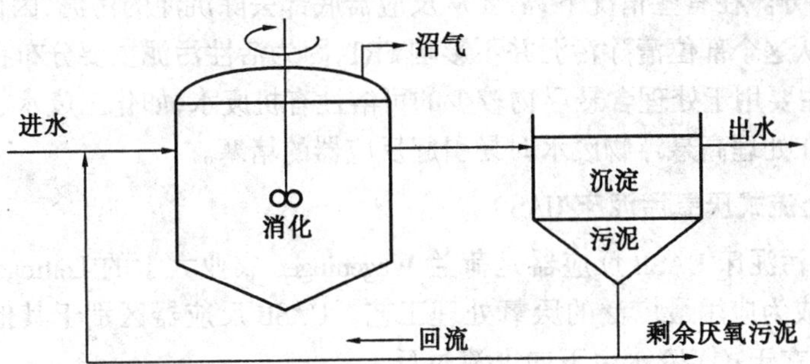

图6.5 厌氧接触工艺

厌氧接触工艺的诞生,标志着厌氧消化工艺的发展进入了一个新的阶段,而20世纪50年代以前开发的厌氧消化工艺常被称为第一代厌氧反应器,其典型代表就是普通厌氧消化池和厌氧接触工艺。

6.3.1 第二代厌氧反应工艺

进入20世纪50年代,随着人们对厌氧工艺机理研究的深入,人们认识到反应器内保持大量的微生物和尽可能长的污泥龄是提高反应效率和反应器成败的关键,开始出现了以提高厌氧微生物浓度和停留时间、缩短液体停留时间为目标的第二代厌氧反应工艺。其典型代表有:厌氧滤器(AF)、上流式厌氧污泥床(UASB)、厌氧流化床(AFB)、厌氧附着膜膨胀床(AAFEB)、厌氧折流板反应器(ABR)等。与早期第一代厌氧工艺相比,第二代厌氧处理工艺更加注重对系统环境条件的控制,反应器中通常增加了温控设施和搅拌装置,通过不同的运行方式在反应器内保持很高浓度的生物量,并使生物在反应器中停留时间很长。

6.3.1.1 厌氧滤器 AF

1969 年,Young 和 McCartyz 等人推出了厌氧滤床工艺,该工艺的特点是反应器中增设了填料床,微生物附着填料表面并在填料表面上生长,并通过水力冲刷作用不断更新。相同的温度条件下,AF 的负荷可高出厌氧接触工艺 2~3 倍。该工艺无需独立的污泥回流系统,简化了结构,降低了运行费用,同时有很高的 COD 去除率,而且反应器内易于培养出适应有毒物质的厌氧污泥。

图 6.6 是 AF 工艺的流程示意图。进水和回流的出水沿反应器整个横截面分布,向上流过滤料层。悬浮态污泥和附着式污泥截留在滤料层内,出水从滤料层上部出来,集中排放。出水一般进行回流,保持合理均匀的水力负荷,避免进水流量的波动变化,从而使反应器内保持均匀的水力学状态。反应器设计水力停留时间一般为 0.5~4 d,而 COD 容积负荷为 5~15 kg/(m^3·d)。生物量一般是由滤料内水流形成的水力状态控制,多余的生物量被冲出系统,

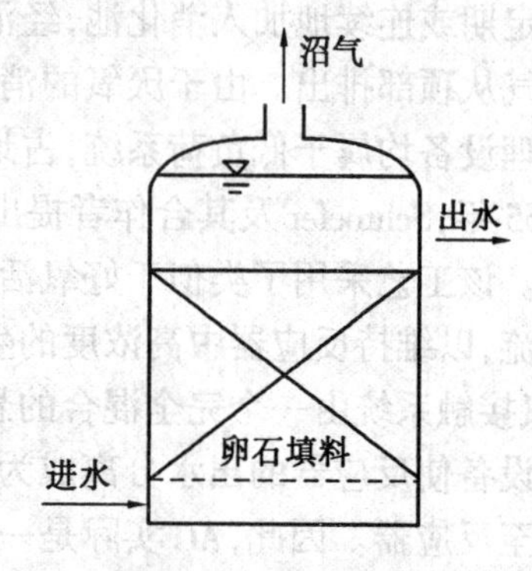

图 6.6 厌氧过滤池

成为出水的一部分。在有些情况下,需要从反应器底部去除沉淀的污泥,因比较重的污泥会积聚在底部,而从这个部位清除污泥并不影响 SRT,因为活性污泥主要分布在滤料层内。

AF 反应器主要用于处理含悬浮物较少的可溶性有机废水,如化工废水、小麦淀粉污水、生活污水等等,在处理高悬浮物废水时易引起反应器的堵塞。

6.3.1.2 上流式厌氧污泥床 UASB

上流式厌氧污泥床 UASB 反应器是荷兰 Wageningen 农业大学的 Lettinga 等人于 1973~1977 年研制的,成为应用最广泛的厌氧处理工艺。UASB 反应器区别于其他厌氧生物处理装置的不同之处在于:① 废水由下向上流过反应器;② 污泥无需特殊的搅拌设备;③ 反应器顶部有特殊的三相分离器。其突出的优点是处理能力大,处理效率高,运行性能稳定。

上流式厌氧污泥床 UASB 见示意图 6.7。废水通过布水系统进入反应器底部,布水系统能够使废水比较均匀地流过由絮状或颗粒污泥组成的污泥床。随着污水与污泥相接触而发生厌氧反应,产生沼气(主要是甲烷和二氧化碳)引起污泥床扰动。在污泥床产生的气体中有一

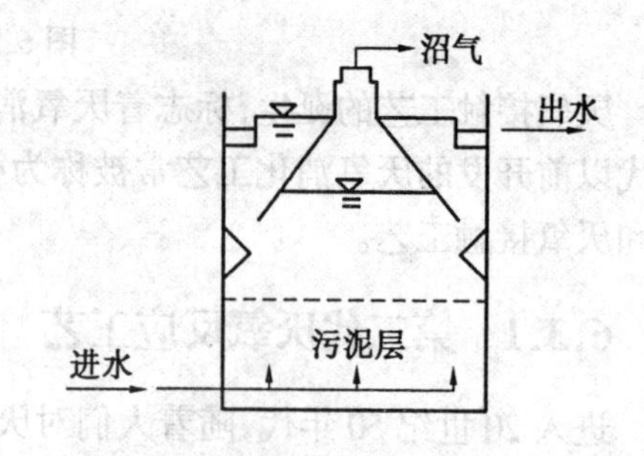

图 6.7 上流式厌氧污泥床反应器

部分附着在污泥颗粒上,自由气泡和附着在污泥上的气泡上升至反应器的顶部。污泥颗粒上升撞击到脱气挡板底部,这引起附着气泡的释放;脱气后的颗粒污泥沉淀回到污泥层表面。自由气体和从污泥颗粒释放的气体被收集在反应器顶部的集气室内。液体中包含一些剩余的固体物和生物颗粒进入到沉淀室内,剩余固体和生物颗粒从液体中分离并通过反射

板落回到污泥层上面。

6.3.1.3 第二代厌氧反应工艺发展

厌氧消化工艺的发展在很大程度上取决于厌氧生物反应器的改进和完善。随着生物发酵工程中固定化技术的发展,人们认识到提高反应器中污泥浓度的重要性。于是,基于微生物固定化原理的高效厌氧反应器得以发展。AF和UASB反应器的发明,推动了以微生物固定化和提高污泥与废水混合效率为基础的一系列新的高效厌氧反应器的研究和发展。如:厌氧流化床(anaerobic fluidized bed reactor,简称AFB)(1979)、厌氧附着膜膨胀床(anaerobic attached flim expanded bed,简称AAFEB)(1978)、厌氧生物转盘(anaerobic rotating biological contactor,简称ARBC)(1980)、挡板式厌氧反应器(anaerobic baffled reactor,简称ABR)(1982)等。他们的最大特点是能维持较长的固体停留时间(SRT)和较高的生物量,从而大大提高了反应器的容积负荷,缩短了反应器体积和废水水力停留时间(HRT)。同时,厌氧生物处理的范围,从仅局限于污水污泥的消化,发展到各种高浓度难降解工业废水甚至低浓度生活污水的处理等更加广泛的区域,并且取得较好的效果。部分第二代厌氧反应器示意图见图6.8。

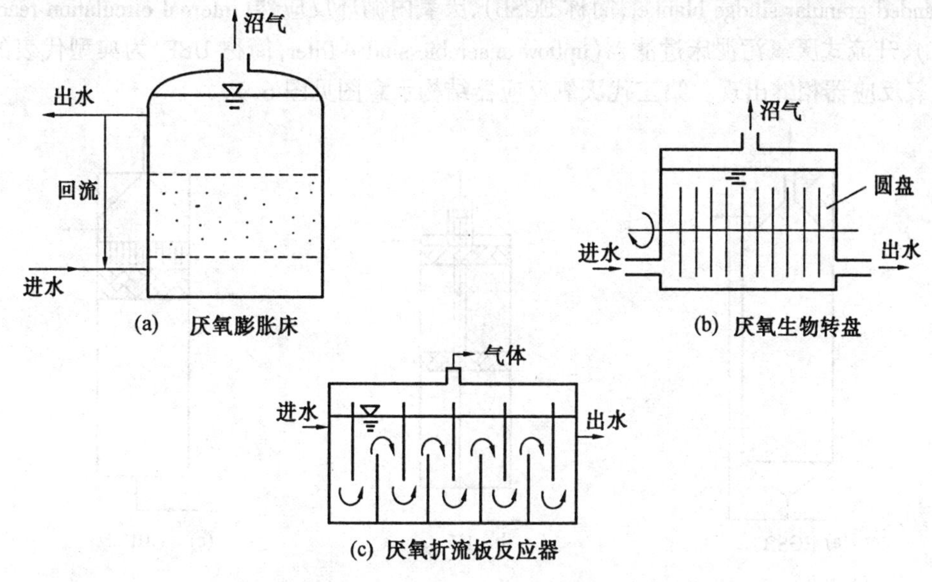

图6.8 部分第二代厌氧反应器示意图

由于第二代厌氧反应器解决了厌氧微生物生长缓慢(厌氧过程本身特点)和生物量易被液体洗出(传统消化池的弱点)等不利于反应器高效运行的关键问题,因此,它们具有一些突出的优点:① 具有相当高的有机负荷和水力负荷,因而反应器的容积比传统装置减少90%以上;② 在不利条件下(低温、冲击负荷、存在抑制物等)仍有很高的稳定性;③ 反应器建造简单,结构紧凑,从而投资小,占地面积小,并适合于各种规模和可作为运行单元被结合在整体的处理技术中;④ 处理低浓度废水的高效率已具备与好氧竞争的能力;⑤ 厌氧处理中产生大量而稳定的沼气可作为能源回收利用。

6.3.2　第三代厌氧反应工艺

高效厌氧处理反应器中不仅要分离污泥停留时间和平均水力停留时间,还应使进水和污泥之间保持充分的接触。厌氧反应器中污泥与废水的混合,首先取决于布水系统的设计,合理的布水系统是保证固液充分接触的基础。与此同时,反应器中液体表面上升流速、沼气的搅动等因素也对污泥与废水的混合起到极其重要的作用。当反应器的布水系统已经确定后,如果在低温条件下运行,或在启动初期(只能在低负荷下运行),或处理较低浓度的有机废水时,由于不可能产生大量沼气的较强扰动,因此,反应器中混合效果较差,从而出现短流,如果提高反应器的水力负荷来改善混合状况,则会出现污泥流失。在实际应用中,UASB还存在着所允许的液体表面上升流速很低、启动并达到稳定状态的时间较长、不适合处理SS含量高的污水等不足。

以上这些问题正是第二代厌氧生物反应器,特别是UASB反应器的不足,这种情况使UASB反应器的应用受到限制。20世纪90年代初在国际会议上,以厌氧膨胀颗粒污泥床(expanded granular sludge blanket,简称EGSB)、厌氧内循环反应器(internal circulation reactor,简称IC)、升流式厌氧污泥床过滤器(upflow anaerobic sludge filter,简称UBF)为典型代表的第三代厌氧反应器相继出现。第三代厌氧反应器结构示意图见图6.9。

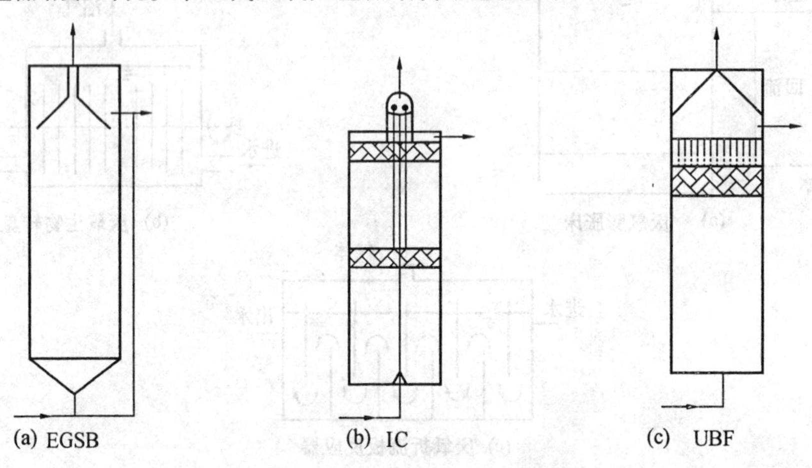

图6.9　第三代厌氧反应器结构示意图

第三代厌氧反应器的共同特点是:微生物均以颗粒污泥固定化方式存在于反应器中,反应器单位容积的生物量更高;能承受更高的水力负荷,并具有较高的有机污染物净化效能;具有较大的高径比,一般在5~10以上;占地面积小。其主要技术指标见表6.2。

这些新型高效厌氧反应器反应工艺的出现,突破了厌氧处理较长的水力停留时间,较高的反应温度和较低的容积负荷的传统模式,极大地促进了厌氧生物处理技术在实践中的应用和发展。

从废水厌氧生物处理工艺的发展过程可以发现,厌氧生物处理工艺与好氧生物处理工艺之间存在着较多联系。厌氧生物处理工艺是建立在好氧处理工艺的基础上,厌氧处理工艺本身也相互存在联系、渗透的关系。图6.10表述了厌氧处理工艺的发展过程及其与好氧工艺之间的关系和厌氧处理工艺之间的内在联系。

表6.2 第三代厌氧反应器的主要技术指标

反应器技术指标	EGSB	IC	UFB
反应器高度/m	12~16	18~24	12~14
流速/($m·h^{-1}$)	2.5~1.5	6~16	2~8
回流比/%	30~300	20~300	5~100
污泥浓度/($g·L^{-1}$)	50~60	45~72	40~75

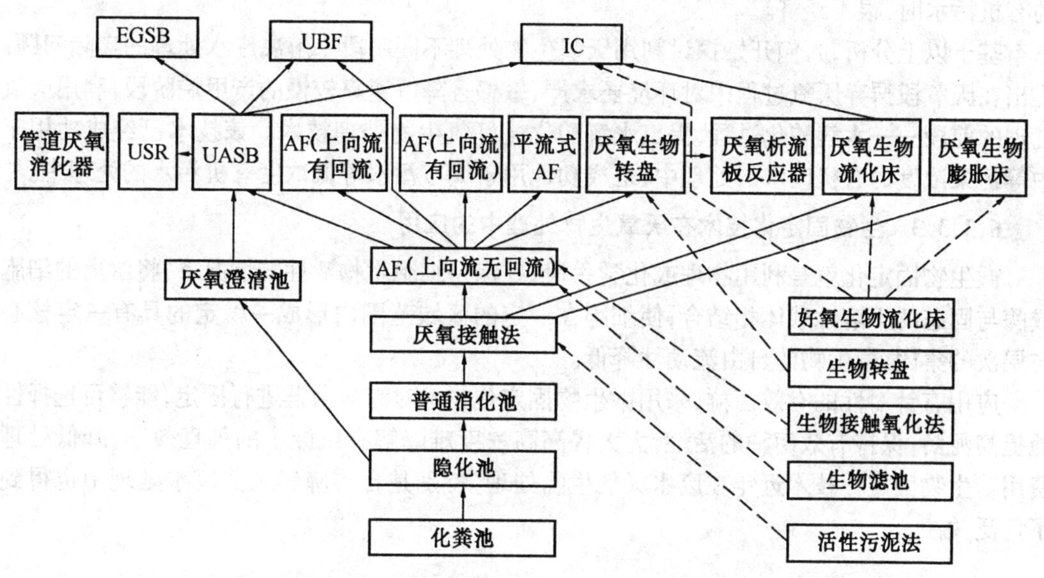

图6.10 厌氧工艺与好氧工艺之间的关系和厌氧工艺之间的内在联系

6.3.3 其他厌氧反应技术

6.3.3.1 两相厌氧生物处理技术

在20世纪70年代,Poland和Ghosh提出了相分离概念,并在此基础上研究开发了两相厌氧消化工艺(Two-phase anaerobic digestion,1982),其本质特征是实现了生物相的分离,使产酸相和产甲烷相成为两个独立的处理单元以便于分别调控,大幅度提高了废水处理能力和反应器的运行稳定性,又进一步提高了厌氧法处理废水的能力和范围。两相厌氧生物处理工艺为目前公认的处理高浓度有机废水的高效新技术,其发展大致经历了三个阶段:

1) 从20世纪70年代初两相厌氧消化提出到80年代中期,研究者主要致力于如何用动力学的方法实现相分离,两相微生物的生理生态特性研究及产酸相和产甲烷相的一些主要参数的确定。

2) 20世纪80年代中期以后,研究方向转移到两相工艺用于实际的污水、污泥处理工程中,获得了大量的实际运行经验,实际运行中遇到的问题又反过来促进了更深入的研究。

3) 进入20世纪90年代,随着对两相厌氧消化概念和厌氧降解机理的进一步理解,如何针对不同的水质并结合各种新型高效厌氧反应器的特点进行产酸相和产甲烷的组合才能达到更好的处理效果成为新的研究方向。

6.3.3.2　水解酸化－好氧生物处理技术

根据厌氧生物处理的原理,人们开发出各种工艺和设备来处理中、高浓度及低浓度有机污水。但采用完整的厌氧生物处理加后续好氧生物处理工艺,存在不少的缺点。由于厌氧处理工艺投资大,操作运行复杂,水力停留时间长,占地面积大,尽管能够获得甲烷,但回收效果和效益仍不尽人意,同时,环境条件的控制要求严格,为保持甲烷菌的最适生长条件,需要加热保温,消耗一定的能源,这与从污水中回收能源不能形成平衡,尤其在处理浓度较低的有机污水时,很不经济。

基于以上分析,人们开始探讨利用厌氧生物处理不同阶段来解决废水处理的实际问题,提出在厌氧段摒弃厌氧过程中对环境要求严、敏感且降解速率较慢的产甲烷阶段,利用厌氧处理的前段——水解酸化过程,提出水解酸化－好氧生物处理技术。该技术已经成功用于中等污染浓度的有机废水的处理中,也成功地用于城市污水等低浓度有机污水的处理中。

6.3.3.3　生物固定化技术在厌氧生物处理中的应用

微生物固定化就是利用物理或化学手段,在保持细胞生物活性的情况下,将游离的细胞或酶与固态的不溶性载体相结合,使细胞在一定的区域范围内形成一稳定的具有一定核心与层次的集团,微生物的自由流动性降低。

应用有针对性的有效菌群,采用微生物固定化技术对有效菌群进行固定,能够可选择性地提高泥龄,保持有效菌种的活性,大大提高高浓度难降解有机废水的处理效率,降低处理费用。生物固定化技术近年在废水厌氧生物处理,特别是含难降解工业废水处理中也得到了广泛关注。

6.4　厌氧生物处理工艺的优缺点

在某些条件下,好氧生物处理仍然是水质处理的较好的选择,但若结合经济优越性和特定高浓度有机废水等情况,传统好氧方法的不经济性,使人们不得不考虑采用厌氧生物处理技术。经过多年的研究和实践,厌氧生物处理得到快速的发展,成为扩充好氧处理之外的一个重要补充工艺。

厌氧工艺的优点可归纳如下:

1) 通过污泥颗粒化等手段可使工艺稳定运行。

2) 由于厌氧微生物增殖缓慢,处理同样数量的废水仅产生相当于好氧法 1/10～1/6 的剩余污泥,减少剩余污泥的处置费用。

3) 厌氧方法对营养物的需求量小,其 COD、N、P 之间的比约为(200～350):5:1,减少了补充氮磷营养的费用。

4) 由于厌氧系统可承受相当高的负荷率,COD 负荷可以达到 3.2～32 kg/(m^3·d),而好氧系统仅仅为 0.5～3.2 kg/(m^3·d),因而设施占地面积小。

5) 产生沼气可作为燃料。

6) 处理含表面活性剂废水无泡沫问题。

7) 可以降解好氧过程中不可生物降解的物质,越来越多的事实证明,某些高氯化脂肪族化合物在好氧情况下生物不能降解却能被厌氧生物转化。

8) 可以转化氯化有机物,减少氯化有机物的生物毒性。

9) 可以处理季节性排放的废水,厌氧生物可以降低内源代谢强度,使厌氧生物在饥饿状态下存活时间长。

在处理某一特定废水时也应该了解厌氧工艺的不足之处。有时废水温度低,或浓度低,或碱度不足,或者出水较高要求等情况都限制了厌氧处理技术的应用。厌氧工艺的缺点可归纳如下:

1) 由于厌氧微生物增殖缓慢,为增加反应器内生物量启动时间较长,一般需要8~12周。

2) 由于厌氧微生物增长缓慢,世代期长,处理低浓度或碳水化合物碱度不足废水时效果不好。

3) 在某些情况下,出水水质不能满足排放要求。厌氧方法虽然负荷高、去除有机物的绝对量与进液浓度高,但其出水COD浓度高于好氧处理,仍需要后处理才能达到较高的处理要求。

4) 水质浓度产生的甲烷的热量不足以使水温加热到35 ℃的厌氧生物处理最佳温度。

5) 含有硫酸根的废水会产生硫化物和气味。

6) 无硝化作用。

7) 氯化的脂肪族化合物对甲烷菌的毒性比好氧异养菌大。

8) 低温下动力学速率低。

在处理高浓度有机废水时,综合近年来的研究和应用情况,直接采用好氧生物处理是不可取的,因为这不仅要耗用大量的稀释水,而且要消耗大量的电能,此时应优先考虑采用厌氧生物处理法,作为去除有机物的主要手段,或提高有机物的可生化性。而对高浓度有机废水,仅通过厌氧生物处理,往往达不到出水的排放标准,还需要采用好氧生物处理作为后处理,才能满足排放的要求。因此,处理高浓度有机废水应采用厌氧处理和好氧处理相配合的技术路线。

参考文献

1 张自杰.排水工程.第四版.北京:中国建筑工业出版社,2000

2 胡纪萃等.废水厌氧生物处理理论与技术.北京:中国建筑工业出版社,2003

3 工业废水的厌氧生物处理技术.李亚新译.北京:中国建筑工业出版社,2001

4 废水生物处理.张锡辉译.北京:化学工业出版社,2003

5 郑平,冯孝善.废物生物处理理论和技术.杭州:浙江教育出版社,1997

6 陈坚.环境生物技术应用与发展.北京:中国轻工业出版社,2001

7 王绍文.高浓度有机废水处理技术与工程应用.北京:冶金工业出版社,2003

8 钱泽澍.沼气发酵微生物学.杭州:浙江科学技术出版社,1986

9 郑元景等.污水厌氧生物处理.北京:中国建筑工业出版社,1988

10 Metcalf, Eddy. Wastewater Engineering: Treatment and Reuse.影印版.北京:清华大学出版社,2003

11 J S Scott, P S Smith. Dictionary of Waste and Water Treatment. London: Butterworths Heinemann, 1981

12 Bruce E Rittmann, Perry L. MacCarty. Environmental Biotechnology: Principles and Applications.影印版.北京:清华大学出版社,2002
13 Alan Scragg. Environmental Biotechnology.影印版.北京:世界图书出版公司,2000
14 J Jeffrey Peirce, Ruth F Weiner P aarne Vesilind, Environmental Pollution and Control.影印版.世界图书出版公司,2000
15 国家环保总局科技司.城市污水处理及污染防治技术指南.北京:中国环境科学出版社,2001
16 杨晓奕.单相厌氧与两相厌氧处理干法腈纶废水的研究.工业用水与废水,2002(2):22~24
17 张振家.两相 UASB 反应器处理糖蜜酒精糟液的试验研究.工业用水与废水,2002,33(4):29~31
18 管运涛.两相厌氧膜-生物系统处理造纸废水.环境科学,2000(7):46~49
19 应一梅.两相厌氧生物处理系统分析.工业用水与废水,2003,34(6):58~60
20 李刚.两相厌氧消化工艺的研究与进展.中国沼气,2001,19(2):25~29
21 徐向阳.高效脱色菌的特性及其在染化废水厌氧处理中的生物强化作用.中国沼气,2001,19(2):3~7,29
22 岳秀萍.聚季铵盐对厌氧生化反应器中微生物自身固定化的促进作用.化工学报,2004,55(3):418~421
23 杨秀山.固定化甲烷八叠球菌研究——甲烷八叠球菌富集分离和固定化.中国环境科学,1997,17(3):268~270

第7章 第二代厌氧生物反应工艺

20世纪70年代以后,随着社会经济和城市的发展,环境污染和能源紧张的问题变得越来越严重,厌氧消化技术作为一种低能耗的有机废水生物处理方法,得到了人们越来越多的重视。随着对厌氧消化理论不断深入地研究,人们相继开发了多种高效厌氧生物反应器,如厌氧滤池(AF)反应器、升流式厌氧污泥床(UASB)反应器、厌氧流化床(AFB)反应器及厌氧折流板(ABR)反应器等,它们被广泛应用于城市废水和各种有机工业废水的处理中,均取得了良好的效果,人们将它们统称为第二代厌氧生物反应器。

第二代厌氧反应器的共同特点是:① 分离了固体停留时间和水力停留时间,反应器的固体停留时间(SRT)较长,从而大大提高了反应器的容积有机负荷,缩短了水力停留时间(HRT)。其固体停留时间可以达到上百天,从而使得高浓度有机废水处理的停留时间从过去的几天或几十天缩短到几小时或几天;② 反应器之所以有相应的结构或运行方式,是由于在反应器内能够保持较高的生物量。如在厌氧滤池、厌氧膨胀床、厌氧流化床中,采用生物固定化技术使微生物附着生长在载体表面,提高生物量并延长SRT;在升流式厌氧污泥床反应器中,微生物互相粘结缠绕,形成紧密的颗粒污泥。颗粒污泥的形成,大大改善了活性污泥的沉降性能,有效地减少了游离于消化液中的微生物个体数量,为保证出水水质和保持反应器内生物量创造了条件,还保持了厌氧消化微生物的良好状态,为发挥其群体活性铺平了道路。

第二代厌氧反应工艺的出现,改变了人们认为厌氧处理效率低、处理周期长的传统观念,为厌氧反应器的推广应用奠定了基础,为有机废水的处理开辟了一个全新的领域。由于第二代厌氧反应器解决了厌氧微生物生长缓慢(厌氧过程本身的特点)和生物量易被液体洗出(传统消化池弱点)等弊端,因此,它们具有一些突出的优点:

1) 具有高的有机负荷和水力负荷,因而反应器的容积比传统装置减少90%以上;

2) 在不利条件下(低温、冲击负荷、存在抑制物等)仍具有较高的稳定性;

3) 反应器建造简单,结构紧凑,从而投资小,占地面积少,适合于各种规模并可作为运行单元被结合在整体的处理技术中;

4) 操作和管理简便,同时产生沼气。

近年来,厌氧消化工艺经过不断的研究、实践,取得了很大的发展和进步,其应用范围越来越广阔,主要包括:① 用于城市废水处理厂污泥的稳定化处理;② 与好氧过程联合,用于高浓度有机工业废水的处理;③ 垃圾渗滤液前处理;④ 低浓度有机废水的处理;⑤ 难降解有机物的工业废水处理等。

7.1 厌氧滤池

20世纪50年代中期,Coulter等人在研究生活污水厌氧生物处理时,曾使用一种充填卵石的反应器,这可谓是厌氧生物滤池工艺的早期尝试。美国斯坦福大学的McCarty等人在总结已有的有机废水厌氧生物处理工作的基础上,对厌氧生物滤池工艺进行了研究,使其取得较大的发展,同时他们从理论上进行了系统的阐述,于20世纪60年代末正式将其命名为厌氧滤池。

传统的好氧生物系统一般的COD容积负荷率在2 kg/(m^3·d)以下,而在McCarty研究发展厌氧滤池之前的厌氧反应器,一般COD容积负荷率在4~5 kg/(m^3·d)以下,但采用厌氧滤池处理溶解性废水时进水COD容积负荷可达到10~15 kg/(m^3·d)。因此,厌氧滤池的发展大大提高了厌氧反应器的处理速率,使反应器容积大大减少,厌氧生物滤池工艺的研究和开发,标志着厌氧消化技术进入了一个新的发展阶段。

7.1.1 厌氧滤池应用概况

数十年来,经众多研究者努力,厌氧滤池在今天成为厌氧生物处理的一种重要工艺,并得到广泛应用。据报道,厌氧滤池系统可处理食品加工、制药、酿酒、屠宰及溶剂生产等工业废水,还可以处理生活污水。表7.1较详细列出了厌氧滤池处理各种污水的应用及运行概况。

表7.1　厌氧滤池处理各种废水的应用概况

废水类型	COD /($g·L^{-1}$)	反应器容积/m^3	COD容积负荷 /[kg·(m^3·d)$^{-1}$]	HRT/d	温度/℃	COD去除率/%	滤池类型
小麦淀粉	5.9~13.1	380	3.8	0.9	中温	65	有回流
淀粉生产	16.0~20.0	1 000	6~10	—	36	80	升流式
制　糖	20.0	1 500×2	5.0~17.0	0.5~1.5	35	55	升流式
甜菜制糖	9.0~40.0	50和100	—	<1.0	35	70	升流式
食品加工	2.6	6.0	6.0	1.3	中温	81	升流式
牛奶厂	2.5	9.0	4.9	0.5	28	82	升流式
牛奶厂	4.0	500	5.8~11.6	1~2.2	30	73~93	下向流
屠宰场	16.5	27.0	6.1	13.0	40	60	升流式
养猪场	24.4	22.0	12.4	2.0	33~37	68	升流式
土豆加工	7.6	205	11.6	0.68	36	60	升流式
土豆烫漂	2.0~10.0	1 700	7.7	0.7	>30	80	升流式
酒　糟	42.0~47.0	150和185	5.4	8.0	55	70~80	升流式
酒　糟	16.5	27.0	6.1	13.0	40	60	升流式
酒糟上清液	9	—	7.26	1.2	28	83.9	部分填充
酒糟上清液	9	—	6.0	1.5	28	87.7	有回流
豆制品	24.0	1.0	3.3	7.3	中温	72	升流式
豆制品	22.0	1.0	9.0	2.4	中温	68	升流式
豆制品	20.3	2.5	11.1	1.8	30~32	78.4	升流式
黑碱液回收冷凝水	7.0~8.0	5.0	7.0~10.0	1.0	中温	65~80	升流式
化　工	16.0	1 300	16.0	1.0	35	65	有回流
化　工	9.14	1 300	7.52	1.2	37	60.3	升流式
制药废水	1.2~16	—	3.4	0.5~1	25	68.4~86.9	升流式
啤酒生产	6~24	—	1.6	3.8~15	35	79	升流式
鱼类加工	5	—	10.0	—	中温	90	下向流

7.1.2 厌氧滤池工艺系统

厌氧滤池是一个内部填充有微生物附着填料的厌氧反应器。构造如图7.1所示,填料浸没在水中,微生物附着在填料上,也有部分悬浮在填料空隙之间。污水从反应器的下部(升流式厌氧滤池)或上部(下向流厌氧滤池)进入反应器,通过固定填料床,在厌氧微生物的作用下,污水中的有机物被厌氧分解,并产生沼气。沼气气泡自下而上在滤池顶部释放出来,进入沼气收集系统,净化后的水排出滤池外。

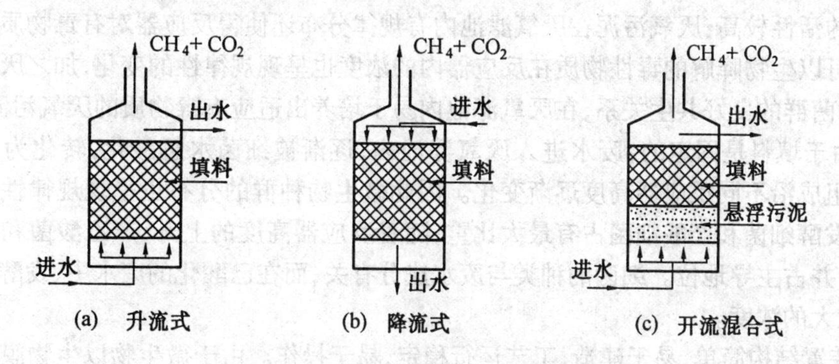

图7.1 几种类型的厌氧生物滤池的构造

厌氧滤池常用滤料与塑料填料见图7.2,其容积表面积一般是100 m^2/m^3,空体积达到90%~95%。滤料可以使微生物附着生长,但是其主要的作用是截留悬浮生长的污泥。可以认为滤料介质是许多微型管状沉淀池,能够提高液-固分离效率,使悬浮态的微生物污泥截留在反应器内,也能够促进气-固分离。有多种类型的滤料已经在厌氧滤池系统得到成功应用,研究表明,横向流形式的滤料具有较强的气-液-固分离能力。

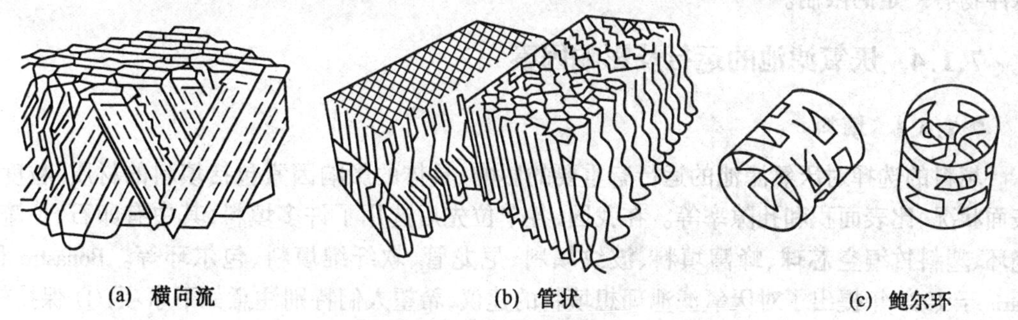

图7.2 厌氧滤池使用的滤料

(Young J.C. Factors affecting the design and performance of upflow anaerobic filters. Water Science and Technology, 1991, 24(8): 133~156. 版权属于 Elservier Science Ltd. 复制得到允许)

厌氧滤池内污泥VSS的质量浓度可达10~20 g/L,滤池内厌氧污泥的保留主要由两种方式完成:① 细菌在厌氧滤池内固定的填料表面形成生物膜;② 在填料之间细菌形成聚集成絮体。高浓度厌氧污泥在反应器内的积累是厌氧滤池具有高速反应性能的生物学基础,在一定的污泥比产甲烷活性下,厌氧反应器负荷与污泥浓度成正比。同时,厌氧滤池内形成的厌氧污泥较厌氧接触工艺的污泥密度大、沉降性能好,因而其出水中的剩余污泥不存在分离困难的问题。由于厌氧滤池内可自行保留高浓度的污泥,也不需要污泥的回流。

7.1.3 厌氧滤池的特点

厌氧滤池的特点是:

1) 依靠填料的作用,反应器内可持留大量的生物体,使污泥停留时间达到 100 d。由于污泥不易流失,无需进行污泥沉淀分离和回流。

2) 各种不同的微生物自然分层固定于滤池的不同部位,使它们的微环境得到自然优化,污泥的活性较高;厌氧污泥在厌氧滤池内有规律分布还使得反应器对有毒物质的适应能力较强,可以生物降解的毒性物质在反应器内的浓度也呈现规律性的变化,加之厌氧生物膜形成各种菌群的良好共生关系,在厌氧滤池内易于培养出适应有毒物质的厌氧污泥。

3) 由于填料是固定的,废水进入厌氧滤池内,逐渐被细菌水解酸化,转化为乙酸和甲烷,废水组成沿不同反应器高度逐渐变化。因此微生物种群的分布也呈现规律性。在底部进水处,发酵细菌和产酸细菌占有最大比重,随着反应器高度的上升,产乙酸菌和产甲烷菌逐渐增多并占主导地位。细菌的种类与废水成分有关,而在已酸化的废水中、发酵与产酸菌不会有太大的浓度。

4) 装置结构简单,易于建造;工艺运行稳定,易于操作。由于微生物以生物膜和颗粒污泥的状态存在,再加上填料的屏障作用,冲击负荷不致引起污泥的大量流失。冲击负荷过后,滤池能很快自动恢复到正常的工作状态。

5) 因承受水力负荷的能力较强,与其他工艺相比,厌氧滤池工艺更适用于浓度较低的有机废水的处理。

6) 因装有填料,不仅造价偏高,而且易于堵塞,特别是滤池底部。因此厌氧滤池对废水悬浮物有一定的限制。

7.1.4 厌氧滤池的运行及影响因素

7.1.4.1 填料

填料的选择对厌氧滤池的运行有重要的影响,具体的影响因素包括填料的材质、粒度、表面状况、比表面积和孔隙率等。在我国,各单位先后选用了许多填料,其中有卵石、炉渣、瓷环、塑料竹编空芯球、蜂窝填料、波纹填料、尼龙管、软纤维填料、包尔环等。Bonastre 和 Paris 于 1989 年提出了对厌氧滤池理想填料的建议,希望人们特别注意如下事项:① 保持较高的容积表面积;② 质地粗糙,可使细菌附着;③ 保证生物惰性;④ 保证一定的机械强度;⑤ 费用较小;⑥ 选择合适的形状、空隙度和填料尺寸。

对于块状填料,应选择适当的粒径,据报道,填料粒径应在 0.2~60 mm 之间选用。粒径较小的填料容易堵塞滤池,因此,实践中多选用 2 cm 以上的填料。

填料的容积表面积对厌氧滤池的行为影响不大,Van den Berg 等研究了多种填料,结果表明 AF 的效果与填料的容积表面积没有太大的关系。Young 和 Dahab 采用容积表面积分别为 98 m^2/m^3 和 138 m^2/m^3 的标准塑料填料进行试验,结果前者的 COD 去除率较高。

填料表面的粗糙度和表面孔隙率会影响细菌的增殖速率。粗糙多孔的表面有助于生物膜的形成。Van den Berg 等用多种材料作填料,发现排水瓦管粘土作为填料启动时反应器启动最快也更稳定。

填料的形状及孔隙大小也是重要因素。为此已有多种空心柱状、环状的填料问世。采用空隙率较大的空心填料可能是有益的,因为厌氧滤池中厌氧菌大部分生长在填料之间的空隙中,在表面生长的膜仅占1/4~1/2,因此大孔隙率有助于保留更多的污泥,同时有利于防止堵塞。

厌氧滤池在0.8 m高度时废水中的绝大多数有机物已去除,高度在1 m以上时COD的去除率几乎不再增加。过多增加填料高度只是增大了反应器的体积,在一定的进水流量和浓度下,反应器容积增加,但COD去除率没有明显变化。因此,一些研究者认为,在一定的容积负荷率下,浅的填料高度可提供更有效的处理。但反应器填料高度小于2 m时,污泥有被冲出反应器的可能,而不能保持高的效率,同时有可能由于出水悬浮物的增多而使出水水质下降。采用完全混合式的厌氧滤池工艺有助于使填料整个高度均匀起作用,因而能够增加厌氧滤池的容积负荷率。

7.1.4.2　温度的影响

大多数厌氧滤池在中温范围内运行,即温度为25~40 ℃,Genung等采用厌氧滤池处理低温低浓度废水,发现在10~25 ℃下仍能有效处理低浓度废水。他同时发现,当温度在10~25 ℃范围变化时,BOD的去除率并未受到影响,长期运行后,厌氧滤池也未堵塞,但是低温运行时反应器负荷较低。在负荷增高后,情况有所不同。特别值得指出的是,不论采用哪种温度范围的厌氧滤池工艺,若反应器温度已经确定,不能直接改变温度而使反应器成为另一种温度范围,因为各温度范围生长的微生物种群是完全不同的。任何温度变动都会对工艺的稳定运行产生不利影响。

7.1.4.3　pH值的影响

厌氧微生物对pH值最为敏感,一般讲,反应器内pH值应保持在6.5~7.8范围内,且应尽量减少波动。稳定运行的厌氧滤池对pH值变化有一定的承受能力,厌氧滤池系统pH值低于5.4时,维持12 h后仍能很快恢复。Genung等中试表明,在处理酸性废水时,当进水pH值低至3并持续8 h,对出水的pH值没有影响。

7.1.4.4　反应器的布水装置

生物滤池底部应设布水装置,使进水均匀地分布至整个底面上,以减轻短流程度。有关参数可参考化工或发酵工程设备,但应当注意,当流速较小时,多孔环管和排管等分布器自身也出现短流,且当悬浮物含量高时,易于堵塞。对直径较小的厌氧滤池可采用支管布水系统,而对于直径较大的厌氧滤池则宜采用可拆卸的多管布水系统(图7.3)。由于装有填料,水流的横向扩散受到限制,因此每个喷口的服务面积不宜过大。经验表明,服务面积为0.5~1.0 m^2时,可取得较好的效果。

7.1.4.5　反应器的启动

厌氧滤池的启动是指通过反应器内污泥在填料上成功挂膜,同时通过驯化并达到预定的污泥浓度和活性,从而使反应器在设计负荷下正常运行的过程。厌氧滤池启动可采用投加接种污泥(接种现有污水厂消化污泥),投加污泥可与一定量的待处理废水混合,加入反应

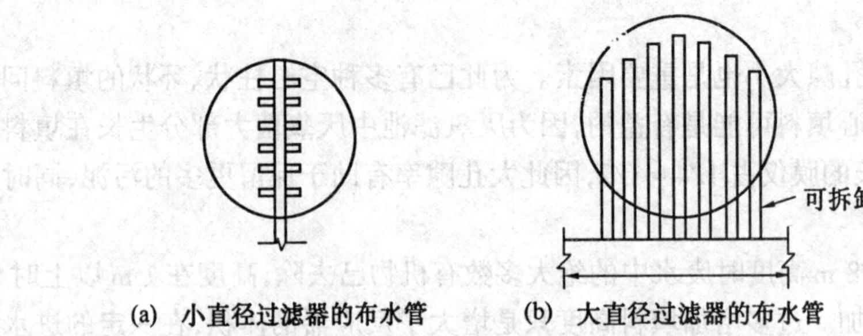

图 7.3　厌氧滤池的进料系统示意图

器中停留 3～5 d，然后开始连续进液。开始时 COD 负荷应低于 1.0 kg/(m^3·d)，对于高浓度和有毒废水要进行适当的稀释，并在启动过程中使稀释倍数逐渐减少。负荷应当逐渐增加，一般当废水中可生物降解的 COD 去除率达到 80% 时，即可适当提高负荷。如此重复进行直到达到反应器的设计能力。厌氧滤池在中断运行长达几个月后，可以很快恢复其原有的处理能力，说明厌氧滤池采用间断运行是可行的。

Bonastre 和 Paris 提出了厌氧滤池启动的效率参数，依照它们的经验应该注意以下几类参数：① 接种物的数量和质量；② 基质的组成；③ 基质的营养和缓冲能力；④ 初始 HRT；⑤ 流向；⑥ 回流率；⑦ 反应器类型；⑧ 投加甲醇以提高甲烷菌的合成速度。

依照 Camilleri 等的经验，亚硫酸盐在酵母废水处理中起到抑制作用，系统启动时必须去除亚硫酸盐，只有去除后才能不会出现重大问题。Salkinoja－Salonen 等为解决接种生物不易在反应器填料上附着的问题，一开始让系统在好氧条件下运行，然后投加分泌粘液的微生物，然后再厌氧运行。

7.1.4.6　反应器的堵塞问题

对于升流式厌氧滤池，由于反应器底部污泥浓度特别高，因此容易引起反应器的堵塞。堵塞问题是影响厌氧滤池应用的最主要的问题之一。据报道，升流式厌氧滤池底部污泥质量浓度可高达 60 g/L，由于堵塞问题难以解决，所以厌氧滤池以处理可溶性的有机废水占主导地位。悬浮物的存在易于引起的堵塞，一般进水悬浮物的质量浓度应控制在 200 mg/L 以下。但是如果悬浮物可以生物降解并均匀分散在水中，则悬浮物对厌氧滤池几乎不产生不利影响。填料的正确选择对含悬浮物的废水处理是很重要的，对含悬浮物的废水应选择粒径较大或孔隙度大的填料。

采用下向流式厌氧滤池也有助于克服堵塞，在升流式厌氧滤池中，微生物以填料间的絮体形式为主要的存在方式，而下向流式中微生物则几乎全部附着在填料上以生物膜的形式存在，这是下向流厌氧滤池不易堵塞的原因，但同时下向流厌氧滤池也具有不易保存高浓度污泥、细菌增殖缓慢等缺点。克服滤层堵塞也可通过改变滤池的运行方式来实现。

7.1.4.7　反应器的运行方式

普通的厌氧滤池中污泥分布不均匀，容易发生进水部位堵塞、滤池空间不能充分利用等问题，因此，许多研究者开发出出水回流的厌氧滤池、部分填充填料厌氧滤池及串联式厌氧滤池等工艺。

Young 和 Yang 建议两个厌氧滤池串联运行来改善分级特性并能周期交换。他们认为多级串联有利于在每个反应设备内维持某些微生物所必需的生态条件,从而充分发挥各类微生物的作用。当第一级滤池运行一段时间堵塞后,定期改变出水和进水方向可以改善运行效果,同时,由于细胞内源分解作用的增加可以使生物体净产量减少。

7.2 升流式厌氧污泥床反应器

升流式厌氧污泥床反应器(UASB)是荷兰学者 Lettinga 等在20世纪70年代开发的。当时他们在研究升流式厌氧滤池时注意到,大部分的净化作用和积累的大部分厌氧微生物均在滤池的下部。于是便在滤池底部设置了一个不装填料的空间来积累更多的厌氧微生物,后来全部取消了池内的填料,并在池子上部设置了一个气、液、固三相分离器,便产生了一种结构简单、处理效能很高的新型厌氧反应器。由于这种反应器结构简单,不用填料,没有悬浮物堵塞问题,因此一出现即引起广大废水处理工作者的注意,并很快被广泛应用于工业废水和生活污水的处理中,成为第二代厌氧反应器的典型代表。

7.2.1 升流式厌氧污泥床反应器应用概况

1973~1977年,在荷兰 Wageningen 农业大学和 Delft 大学的帮助下,荷兰 CSM 甜菜糖业公司先后进行了容积为 6 m^3、30 m^3 和 200 m^3 的半生产性和生产性装置试验。在中温 35 ℃左右的条件下,6 m^3 装置的 COD 容积负荷达到了 36 kg/(m^3·d),生产性装置达到了 15 kg/(m^3·d),COD 的去除率为 70%~90%。其后,联邦德国、比利时和美国的学者用 UASB 装置进行了土豆淀粉加工废水、啤酒和酒精蒸馏废水、食品饮料废水、造纸废水的处理,均取得良好的效果。据统计,到 1985 年 7 月前建成或运行的 UASB 反应器仅 70 余座,到 1988 年,生产性 UASB 已达 130 余座,到 1999 年底,统计已有近 1 400 座 UASB 的生产装置投入运行,其中仅荷兰两家公司于 1994 年前在世界各地已承建的达 200 多座装置。最近有些国家已把 UASB 成功地应用于城市污水处理。国外部分 UASB 反应器的应用情况见表 7.2。

表 7.2　国外部分 UASB 反应器的应用情况

废水类型	使用国家	装置数	COD 设计负荷/[kg·(m^3·d)$^{-1}$]	反应器体积/m^3	温度/℃
甜菜制糖	荷兰	7	12.5~17	200~1 700	30~35
	原联邦德国	2	9.12	2 300,1 500	30~35
	奥地利	1	8	3 040	30~35
土豆加工	荷兰	8	5~11	240~1 500	30~35
	美国	1	6	2 200	30~35
	瑞士	1	8.5	600	30~35
土豆淀粉	荷兰	2	10.3~10.9	1 700,5 500	30~35
	美国	1	11.1	1 800	30~35
玉米淀粉	荷兰	1	10~12	900	30~35
小麦淀粉	爱尔兰	1	9	2 200	30~35
	澳大利亚	1	9.3	4 200	30~35
大麦淀粉	芬兰	1	8	420	30~35

续表 7.2

废水类型	使用国家	装置数	COD 设计负荷/[kg·(m³·d)⁻¹]	反应器体积/m³	温度/ ℃
酒　精	荷　兰	1	16	700	30 ~ 35
	联邦德国	1	9	2 300	30 ~ 35
	美　国	1	7.00	2 100	30 ~ 35
	美　国	2	10.3 ~ 10.8	1 800 ~ 5 000	30 ~ 35
酵　母	沙特阿拉伯	1	10.5	950	30 ~ 35
啤　酒	荷　兰	1	5 ~ 10	1 400	23
	美　国	1	14	4 600	30 ~ 35
	美　国	1	5.7	1 500	20
屠　宰	荷　兰	1	3 ~ 5	600	24
牛　奶	加拿大	1	6 ~ 8	450	24

国内对 UASB 的研究起步于 1981 年,清华大学、北京环境科学研究院、哈尔滨建筑工程学院等单位先后进行了用 UASB 处理多种有机废水的研究。目前已建成并投产运行了一些生产性的 UASB 装置,部分应用情况见表 7.3。

表 7.3　国内部分 UASB 反应器运行情况

序号	单位(企业)名称	UASB 体积/m³	废水量/(m³·d⁻¹)	COD 容积负荷/[kg·(m³·d)⁻¹]	运行状态
1	滕州市计生协会宏大淀粉厂废水治理工程	588	2 100	5	验收
2	枣庄市泰昌玉米淀粉厂废水治理工程	500	500	5	验收
3	滕州市鑫源淀粉厂废水治理工程	240	400	5	验收
4	山东三九味精集团茌平光明淀粉厂废水治理工程	1 471	2 800	6	验收
5	诸城市兴留玉米开发有限公司淀粉厂废水治理工程	3 200	2 000	7	验收
6	诸城市兴贸玉米开发有限公司酵母厂废水治理工程	3 200	2 000	7	验收
7	滨州金汇玉米开发有限公司废水治理工程	6 170	6 000	5	在调
8	沂水玉米制品有限公司废水治理工程	1 950	2 300	5	验收
9	博兴兴粮玉米加工有限公司废水治理工程	1 000	600	5	在调
10	诸城外贸成武淀粉厂废水治理工程	8 540	3 600	5	在调
11	秦皇岛淀粉废水治理工程	5 784	3 780	5	在调
12	诸城市淀粉股份有限公司废水治理工程	3 250	2 000	7	在调
13	河北霸州兴禹玉米有限公司污水治理工程	1 155	800	7	在调
14	沈阳万顺达淀粉有限公司废水治理工程	2 136	1 000	7	在建
15	广东省鹤山淀粉有限公司废水治理工程	1 355	1 000	8	在建
16	广东开平市淀粉有限公司废水治理工程	1 330	2 400	8	在建
17	吉林梨树县飞跃淀粉厂废水治理工程	2 354	1 000	5	在建

7.2.2 UASB反应器的原理

7.2.2.1 UASB反应器的原理

图7.4为UASB反应器示意图。UASB反应器废水被尽可能均匀地引入反应器的底部，污水向上通过包含颗粒污泥或悬浮层絮状污泥的污泥床。厌氧反应发生在废水与污泥颗粒的接触过程。在厌氧状态下产生的沼气(主要是甲烷和二氧化碳)引起内部的循环，这对于颗粒污泥的形成和维持有利。沉淀性能较差的污泥颗粒或絮体，在气流的作用下于反应器上部形成悬浮污泥层。在污泥层形成的一些气体附着在污泥颗粒上，附着和没有附着的气体向反应器顶部上升。当消化液(含沼气、污水和污泥混合液)上升到三相分离器时，气体受反射板的作用折向气室而与消化液分离；污泥和污水进入上部静置沉淀区，受重力作用泥水分离，上清液从沉淀区上部排出，污泥被截留于沉淀区下部，并通过斜壁返回反应区内。三相分离器的工作，可以使混合液中的污泥沉淀分离并重新絮凝，有利于提高反应器内的污泥浓度，而高浓度的活性污泥是UASB反应器高效稳定运行的重要条件。

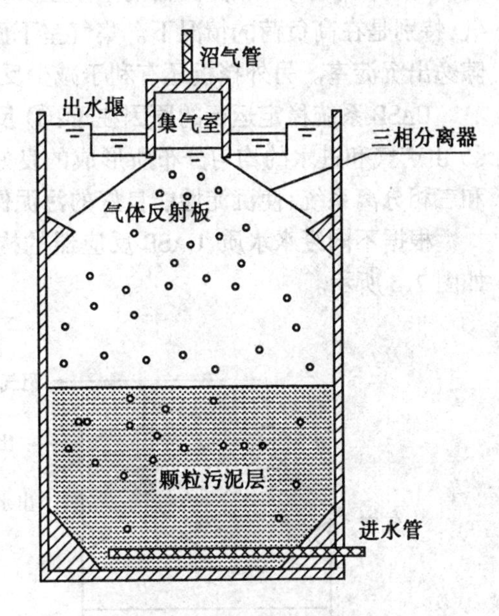

图7.4 UASB反应器示意图

7.2.2.2 UASB反应器的构成

通过上述描述可知，UASB反应器主要由下列几部分组成。

1) 进水配水系统。进水配水系统主要是将废水尽可能均匀地分配到整个反应器，并具有一定的水力搅拌功能。它是反应器高效运行的关键之一。

2) 反应区。其中包括污泥床区和污泥悬浮层区，有机物主要在这里被厌氧菌所分解，是反应器的主要部位。污泥床主要由沉降性能良好的厌氧污泥组成，SS质量浓度可达50～100 g/L或更高。污泥悬浮层主要靠反应过程中产生的气体的上升搅拌作用形成，污泥质量浓度较低，SS一般在5～40 g/L范围内。

3) 三相分离器，由沉淀区、回流缝和气封组成，其功能是把沼气、污泥和液体分开。污泥经沉淀区沉淀后由回流缝回流到反应区，沼气分离后进入气室。三相分离器的分离效果将直接影响反应器的处理效果。

4) 出水系统。其作用是把沉淀区表层处理过的水均匀地加以收集，排出反应器。

5) 气室。也称集气罩，其作用是收集沼气。

6) 浮渣清除系统。其功能是清除沉淀区液面和气室表面的浮渣。如浮渣不多可省略。

7) 排泥系统。其功能是均匀地排除反应区的剩余污泥。

在UASB反应器中，最重要的设备是三相分离器，这一设备安装在反应器的顶部并将反应器分为下部的反应区和上部的沉淀区。为了在沉淀器中取得对上升流中污泥絮体或颗粒的满意沉淀效果,三相分离器的一个主要目的就是尽可能有效地分离从污泥床中产生的沼气,特别是在高负荷的情况下。集气室下面反射板的作用是防止沼气通过集气室之间的缝隙逸出沉淀室。另外挡板还有利于减少反应室内高产气量所造成的液体紊动。

UASB 系统稳定运行的原因在于:① 反应器内形成沉降性良好的颗粒污泥或絮体污泥;② 由产气和进水的均匀分布所形成的良好的自然搅拌作用;③ 设计合理的污泥沉淀系统和三相分离系统,使沉淀性能良好的污泥保持在 UASB 系统内。

根据不同废水水质,UASB 反应器的构造有所不同,主要可分为开放式和封闭式两种。如图 7.5 所示。

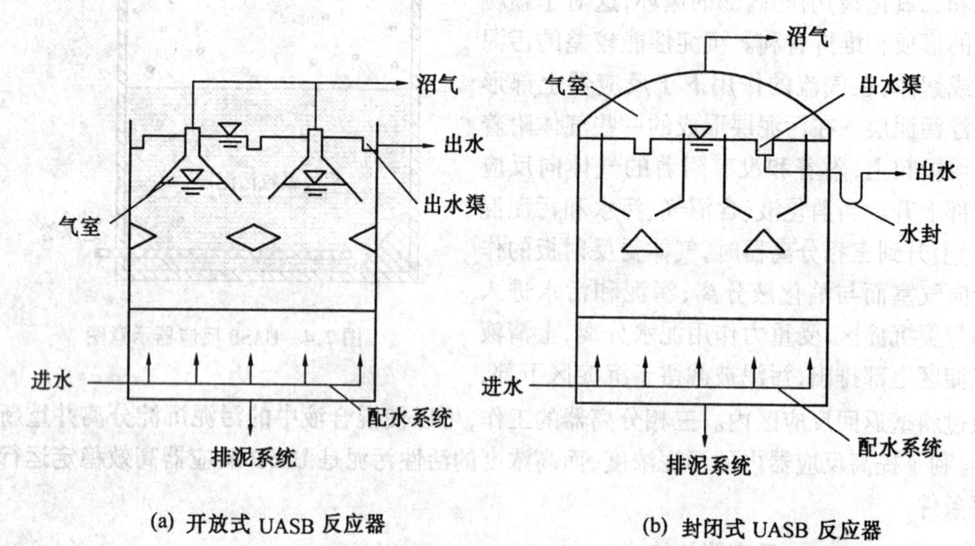

(a) 开放式 UASB 反应器

(b) 封闭式 UASB 反应器

图 7.5 开放式和封闭式 UASB 反应器

敞开式 UASB 反应器的特点是反应器的顶部不密封,不收集沉淀区液面释放出的沼气,有时虽然也加盖,但不一定密封,其目的是为了防止散发臭气。这种 UASB 反应器主要适用于处理中低浓度的有机废水,中低浓度废水经反应区后,出水中的有机物浓度已较低,所以在沉淀区产生的沼气数量较少,一般不回收。这种形式的反应器构造比较简单,易于施工安装和维修。

封闭式 UASB 反应器的特点是反应器的顶部是密封的。三相分离器的构造也与前者有所不同,它不需要专门的集气室,而在液面与池顶之间形成一个大的集气室,可以同时收集到反应区和沉淀区产生的沼气。这种形式的反应器适用于处理高浓度有机废水或含硫酸盐较多的有机废水。因为处理高浓度有机废水时,在沉淀区仍有较多的沼气逸出,必须进行回收,并可较好地防止臭气释放。这种形式的反应器的池顶可以是固定的,也可做成浮盖式的。

UASB 反应器水平截面一般采用圆形或矩形,反应器的材料常用钢结构或钢混结构。采用钢结构时,常为圆柱形池子,当采用钢混结构时,常为矩形池子。由于三相分离器的构造要求,采用矩形池子便于设计、施工和安装。图 7.6 为目前应用的 UASB 反应器几种主要构造形式,可分为两类,一类是周边出沼气,顶部出水的构造形式,如图 7.6(a)所示;另一类为周边出水,顶部出沼气,如图 7.6(b)所示;当反应器容积较大时,也可设多个出水口或多个沼气出口的组合形式,如图 7.6(c)所示。

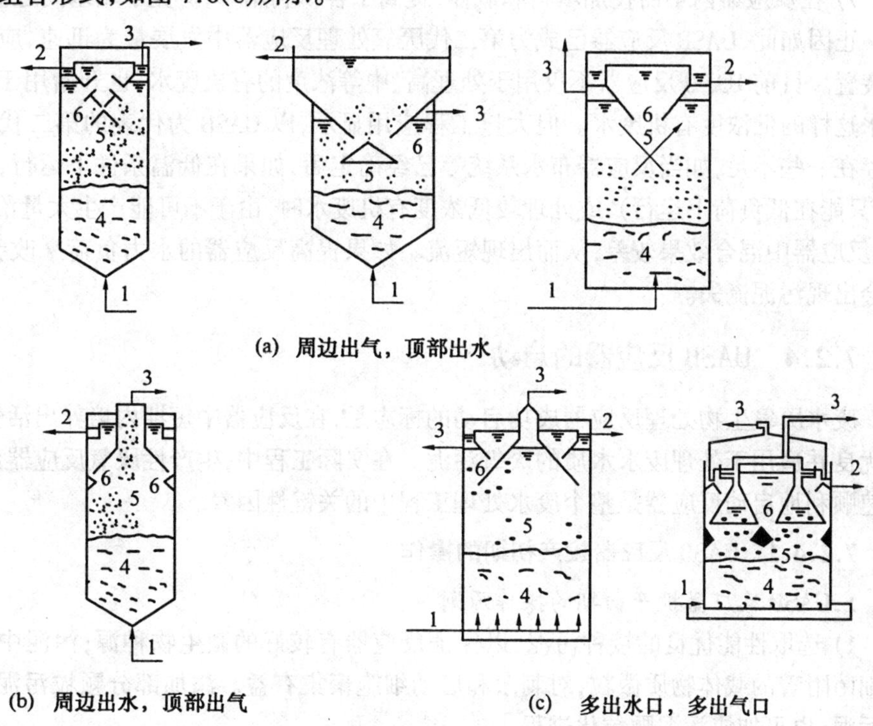

(a) 周边出气，顶部出水

(b) 周边出水，顶部出气

(c) 多出水口，多出气口

图 7.6 不同构造形式的 UASB 反应器

1—进水;2—出水;3—沼气;4—污泥床;5—污泥悬浮层;6—三相分离器

7.2.3 UASB 反应器的特点

由于在 UASB 反应器中能够培养得到一种具有良好沉降性能和高比产甲烷活性的颗粒厌氧污泥,因而相对于其他同类装置,颗粒污泥 UASB 反应器具有一定的优势。其突出特点为:

1) 有机负荷较高,水力负荷能满足要求。

2) 提供一个有利于污泥絮凝和颗粒化的物理条件,并通过工艺条件的合理控制,使厌氧污泥能保持良好的沉淀性能。

3) 通过污泥的颗粒化和流化作用,形成一个相对稳定的厌氧微生物生态环境,并使其与基质充分接触,最大限度地发挥生物的转化能力。

4) 污泥颗粒化后使反应器对不利条件的抗性增强。

5) 用于将污泥或流出液人工回流的机械搅拌一般维持在最低限度,甚至可完全取消,尤其是颗粒污泥 UASB 反应器,由于颗粒污泥的密度比人工载体小,在一定的水力负荷下,可以靠反应器内产生的气体来实现污泥与基质的充分接触。因此,UASB 可省去搅拌和回流污泥所需的设备和能耗。

6) 在反应器上部设置的三相分离器,使消化液携带的污泥能自动返回反应区内,对沉降良好的污泥或颗粒污泥避免了附设沉淀分离装置、辅助脱气装置和回流污泥设备，简化了工艺，节约了投资和运行费用。

7) 在反应器内不需投加填料和载体，提高了容积利用率，避免了堵塞问题。

正因如此，UASB 反应器已成为第二代厌氧处理反应器中发展最为迅速、应用最为广泛的装置。目前 UASB 反应器不仅用于处理高、中等浓度的有机废水，也开始用于处理如城市废水这样的低浓度有机废水。但大量工程应用显示，以 UASB 为代表的第二代厌氧反应器还存在一些不足，如当反应器布水系统等已经确定后，如果在低温条件下运行，或在启动初期(只能在低负荷下运行)，或处理较低浓度有机废水时，由于不可能产生大量沼气的较强扰动，反应器中混合效果较差，从而出现短流。如果提高反应器的水力负荷来改善混合状况，则会出现污泥流失。

7.2.4 UASB 反应器的启动

废水厌氧生物处理反应器成功启动的标志是，在反应器中短期内培养出活性高、沉降性能优良并适用于处理废水水质的厌氧污泥。在实际工程中，生产性厌氧反应器建造完成后，快速顺利地启动反应器是整个废水处理工程中的关键性因素。

7.2.4.1 UASB 反应器投产初期的操作

1.UASB 反应器投产初期的操作原则

1) 选取性能优良的接种污泥，以保证反应器有较好的微生物种源；污泥中存在一些可供细菌附着的载体物质微粒，对刺激和启动细胞聚集有益。添加部分颗粒污泥或破碎的颗粒污泥，也可加快污泥颗粒化进程；

2) 控制合适的反应器环境，以促进厌氧细菌(特别是产甲烷细菌)的增殖；

3) 控制工艺条件，以促进污泥的颗粒化。

2.UASB 反应器启动的要点

1) 接种 VSS 污泥量为 12 ~ 15 kg/m^3(中温性)；

2) 初始污泥 COD 负荷率为 0.05 ~ 0.1 kg/(kg·d)；

3) 当进水 COD 质量浓度大于 5 000 mg/L 时，采用出水循环或稀释进水；

4) 保持乙酸质量浓度约为 800 ~ 1 000 mg/L；

5) 除非 VFA 的降解率超过 80%，否则不增加污泥负荷率；

6) 允许稳定性差的污泥流失，洗出的污泥不再返回反应器；

7) 截住重质污泥。

7.2.4.2 工艺条件的控制

UASB 的启动分为两个阶段：第一阶段是接种污泥在适宜的驯化过程中获得一个合理分布的微生物群体；第二阶段是这种合理分布群体的大量生长、繁殖。

1.接种污泥

接种污泥的数量和活性是影响反应器成功启动的重要因素。不同的污泥接种量宏观的表现为反应器中污泥床高度不同。污泥床厚度以 2 ~ 3 m 为宜，太厚或过浅会加大沟流和短流。Lettinga 认为，中温性 UASB 反应器接种稠密型污泥 VSS 时接种量范围为 12 ~ 15 kg/m^3，接种稀薄型污泥时接种量大约为6 kg/m^{3}左右;高温性UASB反应器最佳接种量范围为6~15 kg/m^3。

2.废水性质

Lettinga认为,低浓度废水有利于UASB反应器的启动,主要是有利于其中污泥的结团,在低浓度下可避免毒物积累。COD质量浓度大于4 000 mg/L时,废水采用出水回流或稀释为宜,以降低局部区域的基质浓度。

启动过程中,悬浮物质量浓度应控制在2 g/L以下。在处理粪便污水时,进水SS质量浓度应控制在3.25~4.02 g/L之间。UASB反应器若采用颗粒污泥接种,随着启动过程的推进,反应器中颗粒污泥逐渐消失,究其原因,除了氨态氮的毒害作用外,悬浮物的影响也较大。

对可生化性较差的废水,启动时适当加入易生化物质是有益的,如北京环保所处理醋酸生产废水和苯二甲酸生产废水时,分别添加了生活污水和淀粉,对UASB反应器的启动起到了很好的加速作用。

3.反应器的升温速率

不同种群产甲烷细菌对其适宜的生长温度范围均有严格要求。研究发现,反应器升温速率太快,会导致内部污泥的产甲烷活性短期下降。较合理的升温速率为2~3 ℃/d,最快不宜超过5 ℃/d。

4.进水pH值控制

在厌氧发酵过程中,环境的pH值对产甲烷细菌的活性影响很大,通常认为最适宜的pH值为6.5~7.5。因此,启动初期进水pH值应控制在7.5~8.0范围内。

5.进水方式

进水方式可在一定程度上影响反应器的启动时间。在反应器的启动初期,由于反应器所能承受的有机负荷较低,可以采用出水回流与原水混合,间歇脉冲的进料方式,反应器可在预定的时间内完成正常的启动,通过对反应器的产气速率进行分析发现,每天进料5~6次,每次进料时间以4 h左右为宜。

6.反应器进水温度控制

影响反应器消化温度的主要因素包括:进水中的热量值、反应器中有机物的降解产能反应和反应器的散热速率。在生产性反应器的启动后期,应采取一定的有效措施,平衡诸影响因素对反应器消化温度的影响,控制和维持反应器的正常消化温度。研究发现,通过对回流水加热,将进水温度维持在高于反应器工作温度8~15 ℃的范围,可保证反应器中微生物在规定的工作条件下进行正常的厌氧发酵。

7.反应器容积负荷增加方式

反应器的容积负荷直接反映了基质与微生物之间的平衡关系。在确定的反应器中,不同运行时期微生物对有机物降解能力存在着差异。反应器启动初期,容积负荷应控制在合理的限度内,否则将会引起反应器性能的恶化。

有机负荷操作控制条件为:当COD去除率大于80%,出水pH值为7.0~7.5,稳定运行4~6 d后,再提高负荷。每次COD负荷提高的幅度为0.5~1.0 kg/(m^3·d)。

8.启动阶段完成的判定

反应器的有机负荷、污泥活性和沉降性能、污泥中微生物群体、气体中甲烷含量等参数在启动过程中均发生不同程度的变化。可以通过分析反应器耐冲击负荷的稳定性来评价反应器启动终止与否。

有机负荷的突然增大,使得反应器出水 COD、产气量和 pH 值都迅速发生变化。但由于反应器中已培养出活性较高、沉降性能优良的厌氧污泥,因此,当冲击负荷结束后,系统就能很快恢复原来状态。说明系统已具有一定的稳定性,此时认为反应器已经完成了启动过程,可以进入负荷提高或运行阶段。

7.2.4.3 缩短 UASB 启动时间的新途径

针对 UASB 反应器启动慢这一限制其广泛利用的因素,环保工作者进行了大量的研究,以获得有效的措施缩短其启动时间。

1.投加无机絮凝剂或高聚物

为了保证反应器内的最佳生长条件,必要时可改变废水的成分,其方法是向进水中投加养分、维生素和促进剂等。Macarie 和 Gryot 研究发现,在处理生物难降解有机污染物亚甲基安息香酸废水时,向废水中投加 $FeSO_4$ 和生物易降解培养基后,可以有效地降低原系统的氧化还原能力,达到一个合适的亚甲基源水平,缩短 UASB 的启动时间。另一项研究表明,在 UASB 反应器启动时,向反应器内加入质量浓度为 750 mg/L 亲水性高聚物(WAP)能够加速颗粒污泥的形成,从而缩短启动时间。

2.投加细微颗粒物

在 UASB 启动初期,人为地向反应器中投加适量的细微颗粒物如粘土、陶粒、颗粒活性炭等,有利于缩短颗粒污泥的出现时间,但投加过量的惰性颗粒会在水力冲刷和沼气搅拌下相互撞击、摩擦,造成强烈的剪切作用,阻碍初成体的聚集和粘结,对于颗粒污泥的成长有害无益。周律在反应器中投加了少量陶粒、颗粒活性炭等,启动时间明显缩短,这部分细颗粒物的体积约占反应器有效容积的 2% ~ 3%。用石化厂含有机氯化物的废水进行对比试验表明,在其他条件相同时,投加粒径小于 0.4 mm 的颗粒活性炭后,启动时间几乎缩短了一半。启动阶段投加的细颗粒物似乎仅起着初期颗粒污泥晶核的作用,这是利用颗粒物的表面性质,在短期内加快那些易于形成颗粒污泥的细菌在细颗粒物表面的富集。另外,初期投加细颗粒物后,系统的稳定性和最大有机负荷都有明显的提高。试验中还发现,启动 UASB 反应器时要求严格的水力负荷和有机负荷控制,在投加细颗粒物后这些控制措施显得并不重要了。

综上所述,足量的高浓度、高活性颗粒污泥的形成是 UASB 启动成功的关键与标志。启动方式对于 UASB 的启动时间长短影响很大,影响 UASB 启动的因素很多,解决问题的方法具有一定的共性,但针对每一种特定的废水,启动的方式应进行适当的调整,对一些加速启动的特殊手段最好能够以实验数据加以指导。

7.2.5 UASB 反应器的运行控制与管理

7.2.5.1 UASB 的调试

UASB 调试之前需对反应器进行气密性试验,确保无泄漏后,配备与所处理废水特性相似的污泥作为接种污泥,VSS种污泥量大于10 kg/m^3,污泥COD负荷为0.05~0.1 kg/(kg·d),污泥量小时可进行复壮和驯化培养。在培养初期,进水应循环升温,升温日平均不超过2 ℃,接近设计温度逐渐进料,初始进料应采用间歇式进料方式,进料COD负荷0.2 kg/(m^3·d),待产沼气高峰过后,视其pH值及挥发酸的高低(VFA质量浓度不大于200 mg/L),增加负荷,稳定运行一阶段,逐步缩短进料间隔时间,保持恒温运行,并注意污泥回流,逐渐达到设计能力。应当注意:废水中原来存在和产生出来的各种挥发酸在未能有效分解之前,不应增加反应器负荷。同一负荷要稳定运行一段时间,视运行状况,再改变负荷量。由于厌氧污泥增殖缓慢,厌氧调试运行时间一般较长,大约需2~6个月的时间,种污泥量大可缩短调试时间。污泥一旦成熟,就可以长期贮存,并且可以季节性或间歇性运转,二次起动的时间也将会大大缩短。运行过程中,反应器内的环境条件应控制在有利于厌氧细菌(产甲烷菌)的繁殖。

7.2.5.2 颗粒污泥的形成过程和环境

有机负荷小于或等于2 g/(m^3·d),起动时间约1~2个月,沉淀性能较好的污泥已不被冲洗流失,随着时间的推移应逐渐增加机负荷,细小污泥会被冲出,较重污泥留在反应器内,最终使粒子成为1~5 mm左右的污泥颗粒,污泥的活性尤其产甲烷能力得到提高。当COD负荷大于5 kg/(m^3·d)时,反应器内的污泥量逐渐增加,颗粒污泥床形成并逐渐增高,去除效率及处理负荷迅速提高。试验及运行实践证明:培养颗粒污泥的运行条件为COD负荷5~6 kg/(m^3·d),污泥COD负荷0.2 kg/(m^3·d)左右,在3~4个月左右的时间,颗粒污泥可能形成。颗粒污泥的种类分为杆菌颗粒、丝菌颗粒,紧密球状颗粒三种。最好的污泥类型当属丝菌颗粒,它主要由松散、互卷的丝状菌组成的大致球形颗粒。颗粒污泥形成后,工艺运行条件若改变,颗粒污泥仍会消失。研究者认为,影响污泥颗粒化的主要因素是反应器的有机负荷(污泥负荷)与运行控制条件。

7.2.5.3 UASB反应器的运行控制与管理

反应器正常运行后,主要观测控制的指标有:进水水质、温度、处理负荷、沼气组分、出水的挥发酸含量与微生物的种类、污泥沉降性能及停留时间等。简单地讲,进水水质要稳定,水量均匀,增加负荷也应逐渐提高,不要有较大波动,运行温度要恒定,每日波动范围不超过2 ℃,同时监测化验出水挥发酸(VFA < 300 mg/L),正确控制有机负荷,这样可以尽快形成较大的颗粒污泥。研究者认为:挥发酸的高低是颗粒污泥形成不同类型的重要因素,控制反应器出水的挥发酸浓度来选择污泥的优势菌种,利用甲烷丝菌基质亲合力较高的特点,维持低的出水乙酸浓度来达到使甲烷丝菌成为主要降解乙酸的产甲烷优势菌的目的。在53 ℃ ± 2 ℃,出水乙酸质量浓度低于200 mg/L,增加负荷率,可培养出含甲烷丝菌为主的颗粒污泥,当出水乙酸浓度高时,增加负荷可培养出含甲烷八叠球菌为主的颗粒污泥。实践证明,控制反应器的有机负荷和提高污泥的沉淀性是控制污泥过量流失的主要手段。

应当注意的是,合理的反应器的碱度及氮磷营养,对正常厌氧消化起重要作用。如果反应器中碱度及缓冲力不够,厌氧消化所产生的有机酸将会使反应器消化液的碱度pH值下降到抑制产甲烷反应的程度,对于缓冲能力很低的反应器适当添加重碳酸钠,有提高沼气产量、控制pH值碱度、沉淀有毒金属、提高污泥的沉淀性能与处理效果等作用。

7.2.5.4 UASB反应器污泥流失的原因及控制对策

虽然UASB反应器设置了三相分离器，但其正常工作有一定的条件制约，当这些条件不能满足时，其工作状态也会失控。在启动过程中，由于污泥尚未颗粒化，因此出水会带出一定量的轻质污泥。但污泥颗粒化是一个连续渐进的过程，每次提高有机质负荷率所引起的污泥流失不应该太多，特别应该防止进水不均匀造成的冲击负荷的影响。通常反应器的污泥流失可分为三种情况：

1) 沉淀室中的悬浮污泥层表面保持在出水堰以下，污泥的流失量低于污泥的增长量；

2) 在有机质负荷率相对稳定的条件下，悬浮污泥层升至出水堰处，此时应及时排放剩余污泥；

3) 由于冲击负荷或水质突变，污泥过度膨胀，导致污泥大量流失。

污泥的过量积累和过量流失均不利于反应器的正常运行，因此必须加以有效控制。对于污泥过量积累，控制的措施较简单，只需排除过量部分即可；但对于污泥过量流失，则需要通过控制工艺条件来加以抑制。通常，调节有机质负荷是控制污泥过量流失的主要方法，而提高污泥沉淀性能则是防止污泥流失的根本途径。从控制上来说，有机质负荷控制容易在短期内见效，而提高污泥沉淀性能则需要较长的时间。为了弥补启动中污泥过量流失的影响，可在UASB反应器后设置停留时间2~3 h的沉淀池，以产生以下效果：

1) 可加速污泥的积累、缩短启动时间；

2) 去除悬浮物，提高出水水质；

3) 遇冲击负荷时，可回收流失的污泥，保持工艺运行的稳定性；

4) 污泥返回反应器进一步分解，可减少污泥排放量。

7.2.6 UASB反应器颗粒污泥的培养

UASB反应器中污泥的存在形式分为絮状污泥和颗粒污泥。在设计与运行负荷都不太高的情况下，絮状污泥完全可以满足要求。但从技术经济角度考虑，颗粒污泥的出现标志着高负荷厌氧反应器的成功设计与运行。在UASB反应器启动过程中，如果有足够的颗粒污泥作为种泥，将为反应器的启动运行提供很多方便，但实际情况是大多UASB反应器在启动初期都采用城市污水污泥作为种泥。

当结束反应器的初始启动以后，污泥已适应废水水质并具有一定去除有机物的能力，此时应及时提高负荷率，把污泥COD负荷提高至0.25 kg/(kg·d)以上或将进水COD容积负荷提高至2.0 kg/(m^3·d)以上，使微生物获得足够的养料。此时在反应器底部可发现细小的颗粒污泥。开始粒径为0.1~0.2 mm左右。由于本阶段污泥以絮状污泥为主，随着有机负荷率的提高，沼气产量增大，会出现絮状污泥流失现象，反应器的污泥浓度会有所减少，新生成的颗粒污泥由于其相对密度较大(1.05左右)可保留在池底。由于颗粒污泥中微生物活性较高，反应器的处理效能不仅不会降低，反而会有所提高。絮状污泥的流失和淘汰，使反应器底部的颗粒污泥能够获得足够的养料，有利于颗粒污泥的增长。从启动初期结束到颗粒污泥出现约4~6周，反应器的污泥COD负荷应已达到0.3 kg/(kgVSS·d)以上，而COD容积负荷率也达到3~5 kg/(m^3·d)左右。为了加速污泥的增殖，随后应尽快把COD负荷率提高至0.4 ~0.5 kg/(kg·d)左右，促使微生物快速生长。反应器内的污泥总量将重新回升。反应器的COD容积负荷以每次1~2 kg/(m³·d)逐步提高,每次提高负荷的条件是反应器的出水COD去除率大于80%,或出水挥发酸质量浓度在200~300 mg/L,经过2~3个月,反应器内的平均污泥质量浓度将从5~10 g/L达到30~40 g/L,反应器稳定运行的进水COD容积负荷可达6~8 kg/(m³·d),最高可达15 kg/(m³·d),这时颗粒污泥培养成功。之后维持UASB反应器污泥量占总体积的1/3~1/2,UASB反应器就可以投入正常性的运行管理。

在培养颗粒污泥阶段,应注意以下条件:

1) 适宜的营养:保持COD:N:P=200:5:1,如废水中缺乏氮磷,则应加以补充;

2) 严格控制有毒物质浓度,使其在允许浓度以下;

3) 保持pH值在6.5~7.5之间,对含碳水化合物为主的有机废水,必须在反应器内保持碱度($CaCO_3$)在1 000 mg/L左右,维持足够的缓冲能力,确保pH值在上述范围内;

4) 为了给微生物提供足够的养料,应在不发生酸化的前提下,尽快把COD污泥负荷率提高到0.5 ~0.6 kg/(kg·d)并保持表面负荷在0.3 $m^3/(m^2 \cdot h)$以上,以加速颗粒化进程;

5) 根据废水的化学性质,考虑是否补充微量元素,如Ca^{2+}、Fe^{3+}、Ni^{2+}、Co^{2+}等。

7.2.7 厌氧颗粒污泥的形成和特性

颗粒污泥是厌氧微生物在不需依赖惰性载体的情况下,依靠自固定化形成的一种结构紧密的污泥聚集体,它是一个具有自我平衡能力的微生物系统,它具有规则完整的外形、很好的沉降性能以及较高的产甲烷活性。颗粒污泥的化学组成和微生物相对其结构和维持起着重要作用。颗粒化过程是一个多阶段过程,取决于废水组成、操作条件等因素。厌氧反应器中颗粒污泥形成的重要性随着厌氧技术的研究和推广应用而被加深认识,污泥颗粒化的优点主要有:

1) 污泥颗粒化可提高其沉降性能,防止污泥流失,保持反应器中高的污泥浓度;

2) 颗粒污泥能长期滞留在反应器中,实现了平均固体停留时间与水力停留时间的相分离,大大延长了污泥龄,使反应器具有更高的处理效能;

3) 颗粒污泥形成后,产甲烷菌主要集中在颗粒的内部,而水解发酵菌和酸化菌主要在颗粒表面,这种结构为产甲烷菌提供了一个保护层或缓冲层,不仅可维持较低的氧化还原电位,有利于甲烷菌的生长,并可提高污泥抗pH值变化和有害物质(如H_2S)的能力,也可提高抗冲击负荷的能力;

4) 颗粒污泥是各种厌氧菌聚集在一起的微生物团粒,是个微小的生态群落,各类细菌间的间距相对较近,可提高种间氢的转移效率,能有效快速地完成有机物转化为甲烷和CO_2等过程,所以颗粒污泥具有较高的产甲烷活性;

5) 颗粒污泥的形成,使膨胀颗粒污泥床和内循环反应器的开发成为可能。厌氧颗粒污泥形成的条件至今人们仅在升流式厌氧反应器内发现和培养出颗粒污泥,说明升流条件是形成颗粒的必要条件。但这并不是充分条件,形成颗粒污泥还有其他因素。快速地形成颗粒污泥的条件一直是研究的主要焦点。

7.2.7.1 厌氧颗粒污泥的形成

UASB反应器的运行稳定性和高效能很大程度上取决于是否能培养出具有优良沉降性和很高的产甲烷活性的厌氧颗粒污泥。与此相反,如果反应器内的污泥以松散的絮状体存在,则往往容易出现污泥流失,反应器不可能在高的容积负荷率下稳定运行,这已为大量的实践所证明。然而最早厌氧颗粒污泥的发现是对自然现象观察的结果,而不是人们原先有意识培养的产物。

1.形成颗粒污泥的主要条件

(1) 废水性质

根据文献报道,处理甜酸菜制糖废水、土豆加工废水、甲醇废水、屠宰废水以及柠檬废水等,均可培养出颗粒污泥。一般处理含糖类废水易于形成颗粒污泥,而脂类废水和蛋白质废水以及有毒难降废水则较难培养出颗粒污泥,或不能培养出颗粒污泥。投加补充适量的镍、钴、钼和锌等微量元素有利于提高污泥产甲烷活性,因为这些元素是产甲烷辅酶重要的组成部分,可加速污泥颗粒化过程。投加钙 25~100 mg/L,有利于带负电荷细菌相互粘接从而有利于污泥颗粒化。

(2) 污泥负荷率

影响污泥颗粒化进程最主要的运行控制条件是可降解有机物污泥负荷率,当污泥 COD 负荷达到 0.3 kg/(kg·d)以上时便能开始形成颗粒污泥,这为微生物的繁殖提供充足的食料,是微生物增长的物质基础。当污泥 COD 负荷达到 0.6 kg/(kg·d)时,颗粒化速度加快,所以,当颗粒污泥出现后,应迅速将 COD 负荷提高到 0.6 kg/(kg·d)左右水平,这有利于颗粒化进行。

(3) 水力负荷和产气负荷升流条件

升流条件是 UASB 反应器形成颗粒污泥的必要条件,代表升流条件的物理量是水流上升流速和沼气的上升流速,即是水力负荷率和产气负荷率,水力筛选在污泥床产生沿旋转运动,有利于丝状微生物的相互缠绕,为颗粒的形成创造一个外部条件。水力筛选作用能将微小的颗粒污泥与絮体污泥分开,污泥床底聚集比较大的颗粒污泥,而较小的絮体污泥则进入悬浮层区,或被淘汰出反应器。因废水是从床底进入,使得颗粒污泥首先获得充足的食料而快速增长,这有利于污泥颗粒化的实现。研究资料表明,当水力负荷为 0.25 m^3(废水)/(m^2·d)时,便可产生水力分级现象。

(4) 碱度

碱度对于厌氧污泥颗粒化有重要影响。刘安波在研究以啤酒废水为基质培养颗粒污泥的关键之一是维持进水碱度(以碳酸钙计)大于 1 000 mg/L。而唐一认为,构成碱的化学组分并不影响污泥的颗粒化,维持一定量碱度的作用在于它的缓冲作用,确保反应器的 pH 值维持在 6.5~7.5 范围,认为形成颗粒污泥的最低碱度为 750 mg/L。

(5) 接种污泥

为了使反应器内快速实现污泥颗粒化,投加一定量的接种物是必要的,一般要求接种污泥具有一定的产甲烷活性。资料表明,厌氧消化污泥是较好的接种污泥,其他凡存在厌氧菌的污泥,如河床底污泥、厌氧塘底泥等,也均可作为接种污泥;胡纪萃等甚至用好氧活性污泥作为种泥培养出了颗粒污泥。GRIN 等采用自接种方法处理生活废水也实现了污泥颗粒化,这是由于生活污水中的 SS 吸附着较多的厌氧菌,可以替代接种污泥,所以虽然未经过专门接种,也实现了污泥颗粒化。然而,对于处理工业废水,接种污泥是必不可少的,这里要强调一点,接种污泥仅仅是作为“种子”,而颗粒污泥的产生是建立在新繁殖厌氧菌的基础上,只有采用颗粒污泥填加到处理同类废水的反应器时，颗粒污泥才能立即发挥作用。有资料表明，处理同类废水时，当接种量为反应器容积的1/4～1/3时，反应器经两周左右的运行就能达到设计负荷。

(6) 环境条件

常温(20 ℃左右)、中温(35 ℃左右)、高温(55 ℃左右)均可培养出厌氧颗粒污泥。一般说，温度越高，实现污泥颗粒化所需的时间越短，但温度过高或过低对培养颗粒污泥都是不利的。此外，保持适宜的pH值(6.8～7.2之间)也是极为重要的。

2.厌氧颗粒污泥的形成机理

以上讲述了厌氧颗粒污泥形成的各种条件，但是有了这些条件为什么就能形成颗粒污泥仍然不是很清楚，所以人们提出了种种假设。有关厌氧粒污泥形成机理和各种假设是根据对颗粒污泥培养过程中观察到的现象的分析提出的。至今仍未有一种较为完善的理论来阐明厌氧颗粒污泥形成的机理。以下将分别介绍各种假说。

(1) 晶核假说

LETTINGA等人提出了“晶核假说”，认为颗粒污泥的晶核来源于结晶过程，在晶核的基础上，颗粒不断发育到最后形成成熟的颗粒污泥。形成颗粒污泥的晶核来源于接种污泥或反应器运行过程中产生的非溶解性无机盐结晶体颗粒。这一假说获得了试验结果的支持，如在培养过程中投加钙等，将有助于实现污泥颗粒化，在镜鉴时可观察到颗粒污泥中有碳酸钙晶体的存在。但是也有不少试验结果发现在成熟的颗粒污泥中并未发现有晶核的存在。ZEEIW等人明确提出，颗粒污泥完全可以通过细菌自身的生长而形成。

(2) 电荷中和假说

细菌细胞表面带负电荷，互相排斥使菌体趋于分散状态。金属离子如钙、镁等带正电荷。细菌细胞表面的负电荷与金属离子的正电荷使二者互相吸引，可减弱细菌间的静电斥力，并通过盐桥作用而促进细胞的互相凝聚，形成团粒。

(3) 胞外多聚物假说

不少研究者认为，胞外多聚物ECP是形成颗粒污泥的关键因素。ECP主要由蛋白质和多聚糖组成，ECP的组成可影响细菌絮体的表面性质和颗粒污泥的物理性质。分散的细菌是带负电荷的，细胞之间有静电排斥力，ECP的产生可改变细菌表面电荷，从而产生凝聚作用。

(4) Spaghetti理论

Spaghetti理论认为，颗粒污泥的形成过程也就是上升流速等物理作用对微生物进行选择的过程，在UASB反应器的接种污泥中存在Methanothrix和Methanosarcina两种细菌，在启动初期，上升流速很小，一旦新生体形成，颗粒即慢慢长大。初生颗粒会由于自身菌体生长或粘附一些零碎的细菌而成长起来。在上升水流和沼气的剪切力作用下，颗粒会长成球形。

3.颗粒污泥的形成过程

由于散状态的厌氧微生物形成一个肉眼可见的由厌氧微生物组成的颗粒是一个十分复杂的物理化学与微生物学的过程。至今，还不能说已经弄清楚了这个过程。不少学者对此问题进行了探讨。

J.E.Schmidt和B.K.Ahring(1995)总结了一些最近的研究成果，提出了颗粒污泥形成的

过程。他们认为颗粒污泥的初始形成可分为四个步骤:

1) 首先是单个细胞转移到一个非菌落的惰性物质或其他细胞表面;

2) 其次是在物理化学力的作用下,在细菌细胞之间或与惰性物质之间发生了可逆吸附;

3) 通过微生物的附肢或胞外多聚物使细菌细胞之间或与惰性物质之间产生不可逆吸附;

4) 附着细胞的不断增殖和颗粒的发育。

根据 DLVO 理论,细胞与附着物之间的吸附作用可分为三种情况:① 弱的可逆吸附:当细胞与附着物之间保持一定距离时,由于结合力较弱,吸附上去的细胞可能会分离开,处于可逆吸附状态;② 相互排斥:当细菌细胞与附着物带有相同电荷时,细胞与附着物之间相互排斥,无法完成吸附作用;③ 非可逆吸附:当范德华力占优势时,吸附上去的细胞不会再与附着物分离。

非可逆吸附是颗粒污泥形成过程中最先的重要的一步。非可逆吸附后,进一步借助细菌的胞外多聚物等建立起稳定的结构。初始颗粒形成过程如图 7.7 所示。颗粒化的过程主要取决于细胞的分裂和新细菌从液相的不断补充。颗粒也可含有被子拦截的固体无机物,如沉淀物等。

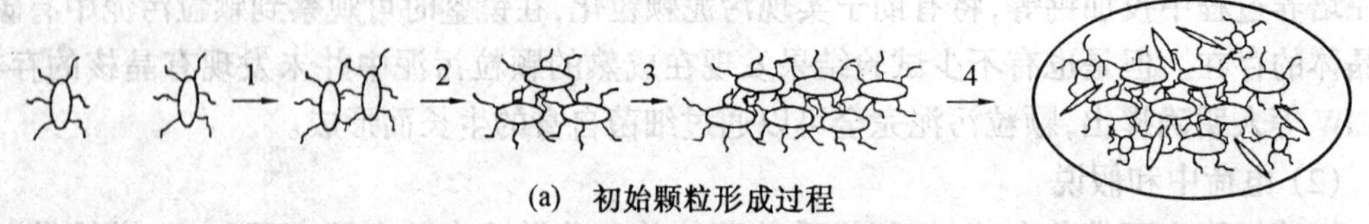

(a) 初始颗粒形成过程

1—两个细菌由可逆吸附变为不可逆吸附,ECP和鞭毛把两个细菌互相粘合在一起; 2— 细胞分裂构成姊妹细胞,并产生ECP相互粘连; 3— 形成微生物菌落; 4— 随着内部微生物菌落中细胞的分裂和液体中细菌的不断补充,初始颗粒形成

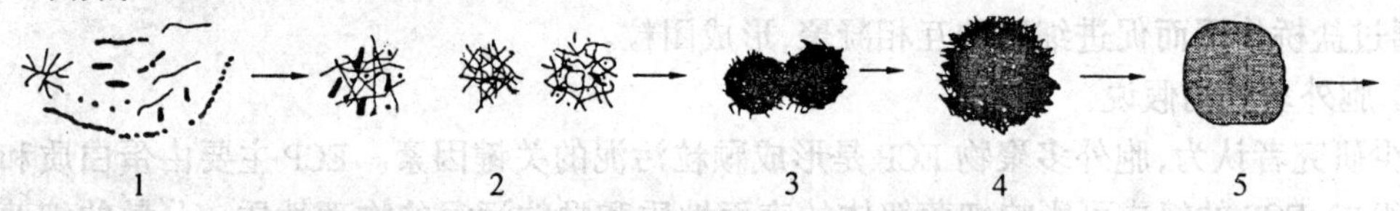

(b) 颗粒污泥形成过程的模型

1—细菌增殖阶段; 2—小颗粒形成; 3—小颗粒聚合; 4—初生颗粒污泥; 5—成熟颗粒污泥

图 7.7 初始颗粒污泥形成过程及颗粒污泥形成过程的类型

7.2.7.2 厌氧颗粒污泥的性质

1.颗粒污泥的物理性能

颗粒污泥外观不规则,一般接近球形,呈灰黑色或褐灰色,肉眼可见表面包裹着的灰白色的生物膜,相对密度一般为 1.01 ~ 1.05。据文献报道,颗粒污泥的沉降速度范围为 18 ~ 100 m/h,但典型值一般为 18 ~ 50 m/h。粒径一般在 0.14 ~ 5 mm,粒径的大小决定于废水的性质、有机物浓度、反应器负荷、运行条件和分析测定的方法。酸化基质如乙酸中培养的颗粒污泥的粒径一般小于葡萄糖基质培养的颗粒污泥。

2.颗粒污泥的化学组成

(1) 有机组分

颗粒污泥中有机组分一般以VSS浓度表达,但其相对含量以VSS/SS比值计。VSS/SS的变化较大。废水水质不同,组成颗粒污泥的有机组分含量亦不同。

(2) 无机组成

厌氧颗粒污泥的无机组分即灰分是无机矿物质,其主要成分是钙、钾和铁等无机物。随废水性质的不同,无机物的质量分数可达10%~60%(干重)。

(3) 胞外多聚物

用显微镜观察,可见到颗粒内的微生物细胞被ECP所包围。颗粒内的ECP主要由蛋白质和多聚糖组成,一般比值为(2~6):1,同时也含有少量脂类。已报道ECP的含量为VSS含量的0.5%~20%。ECP含量取决于被试验颗粒的种类、提取的方法和ECP的测定方法,并受颗粒生长条件的影响,高温下培养的颗粒CEP的含量低于中温下培养的,处理含糖废水的颗粒所含的ECP量比处理含酸合成废水的颗粒多。

3.颗粒污泥的结构

由颗粒污泥外观扫描电镜照片可知,在颗粒的表面常常可观察到洞穴和小孔,洞穴和小孔可能是气体或基质传递的通道。对于粒径较大的颗粒污泥,由于基质传递的限制,位于中心位置的细菌会因得不到足够的养料而死亡。从颗粒剖面切片的电镜照片可知,位于中心的细菌细胞已死亡,残留着细胞壁。由此可见,对于颗粒较大的颗粒污泥的空间结构好像一个空心的多孔丸。

4.颗粒污泥的产甲烷活性

颗粒污泥微生物组成与分布有良好的微生态环境,有利于对基质的代谢,所以颗粒污泥有更高的产甲烷活性。常用最大比产甲烷速率和最大比COD去除速率来表示比产甲烷活性。

7.3 厌氧流化床

固体流态化是一种改善固体颗粒与流体之间接触并使其呈现流体性状的技术。这种技术已被广泛应用于石油、化工、煤炭和冶金等部门。近20年来,它被引入有机废水生物处理领域,并由此形成了流化床污水处理技术,应用于污水的厌氧生物处理中就形成厌氧流化床这种新型高效的有机废水处理技术。应用实践表明,由于流态化技术的使用,厌氧反应器中的传质得到强化,同时小颗粒生物填料具有很大的表面积,流态化避免了固定生物膜反应器会堵塞的缺点,因此污水处理效率高,有机容积负荷率大,占地少。

早在19世纪30年代,就有人提出在流化床中将活细胞固定在颗粒载体上的办法来处理废水的设想,但直到19世纪70年代初期这种方法才被发展起来。好氧生物流化床处理废水的研究最早是由美国环保局在1970~1973年进行的,厌氧生物流化床的研究是由美国的Jerris率先在水污染控制协会上提出的,试验结果表明,在16 min停留时间内,BOD去除率达93%。之后,加拿大、英国、日本和澳大利亚等国也积极开展研究,生物流化床法处理废水的研究便迅速发展起来。

应用生物流化床处理废水日益得到国内外研究者的高度重视,这是由于该法具有如下特点:① 带出体系的微生物较少;② 基质负荷较高时,污泥循环再生的生物量最小;③ 不会因为生物量的累积而引起体系阻塞;④ 生物量的浓度较高并可以调节,同时液-固接触面积较大;⑤ BOD 容积负荷高,处理效果好;⑥ 占地面积少,投资省。

用于处理废水的生物流化床,按其生物膜特性等因素可分为好氧生物流化床和厌氧生物流化床两大类。随着对流化床的不断研究与开发,当前已出现了许多新类型的流化床。例如,磁场生物流化床、复合式生物流化床、厌氧-好氧复合式生物流化床、固定床-流化床生物反应器、好氧流化床-接触氧化床复合反应器、厌氧甲烷发酵流化床膜反应器。本文主要介绍厌氧流化床厌氧处理新技术。

用厌氧法处理高浓度有机废水是近年来研究运用较多并行之有效的工艺。厌氧生物流化床与好氧生物流化床相比,不仅在降解高浓度有机物方面显出独特优点,而且具有良好的脱氮效果。

厌氧生物流化床的特点可归纳如下:① 流化态能最大程度地使厌氧污泥与被处理的废水接触;② 由于颗粒与流体相对运动速度高,液膜扩散阻力较小,且由于形成的生物膜较薄,传质作用强,因此生物化学过程进行较快,允许废水在反应器内有较短的水力停留时间;③ 克服了厌氧滤器的堵塞和沟流;④ 高的反应器容积负荷可减少反应器体积,同时由于其高度与其直径的比例大于其他厌氧反应器,所以可以减少占地面积。其缺点主要为:启动困难,需时长;若载体密度大,则载体的流态化能耗高;生物膜厚度难控制,反应器放大设计困难,工业性操作经验缺乏,系统的设计运行要求高。

7.3.1 原理

厌氧流化床(AFBR)借鉴了化工流态化技术,将微生物固定在小颗粒载体上形成生物粒子,以生物粒子为流化粒料,污水作为流化介质,由外界施以动力,使生物粒子克服重力与流体阻力形成流态化。微生物附着的载体一般粒径为 0.2~8 mm,容积表面积比在 3 300~10 000 m^2/m^3,生物量可达到 10~40 g/L,反应器中的液体流速可达 10~30 m/h,废水中惰性沉积物不能积聚于反应器中,污泥活性很高,效率比普通活性污泥法高 10~20 倍。由于生物质浓度高,因而流化床具有非常高的处理能力。常用的载体有石英砂、无烟煤、颗粒活性炭等。废水通常从底部流入。为使填料层膨胀,需用循环泵将部分出水回流以提高床内水流的上升速度。随着载体颗粒生物膜的生长和变厚,由于生物膜的密度较水小,因而整个载体颗粒的体积质量相应下降,当生物膜长厚到一定程度,由于水力冲刷、上升的沼气气泡搅动等流体动力学因素的作用,使旧生物膜脱落,从而可以保持载体颗粒生物膜的较高活性。

7.3.2 工艺特点

厌氧生物流化床可视为特殊的气体进口速度为零的三相流化床。这是因为厌氧反应过程分为水解酸化、产酸和产甲烷 3 个阶段,床内虽无需通氧或空气,但产甲烷菌产生的气体与床内液、固两相混和即成三相流化状态。厌氧生物流化床工艺如图 7.8 所示。

厌氧生物流化床使用与好氧流化床同样的高表面积的惰性载体,在厌氧条件下,对接种活性污泥进行培养驯化,使厌氧微生物在载体表面上顺利成长。挂膜的载体在流化状态下,对废水中的基质进行吸附和厌氧发酵，从而达到去除有机物的目的。另外，为维持较高的上流速度，流化床反应器高度与直径的比例大，与好氧流化床相比，需采用较大的回流比。厌氧生物流化床反应器内的微粒在一定液速的作用下形成流态化，使微生物种群的分布趋于均一化，这与其他厌氧滤器厌氧生物多在底部有很大不同，在厌氧流化床中央区域生物膜的产酸活性和产甲烷活性都很高，从而使厌氧流化床的有效负荷大大提高。

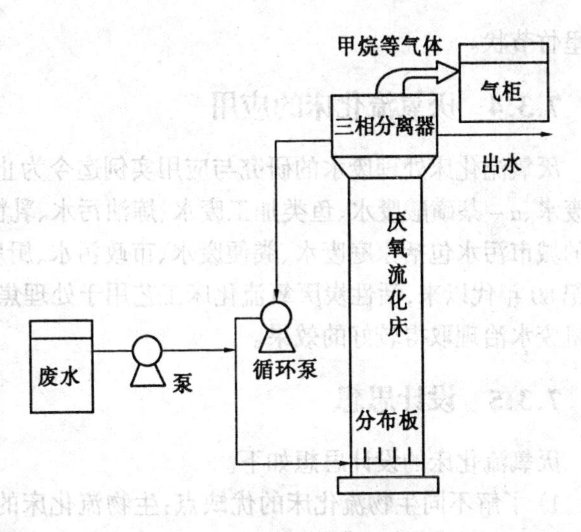

图7.8　厌氧生物流化床工艺

废水生物处理反应器的效率一般受两类基本因素的影响：一类是反应器自身的因素，如持有的生物量、生物种类和活性、混合接触的程度等；另一类是施加的环境因素，如营养比、进水基质浓度、水力停留时间、有机容积负荷、温度、pH值、挥发性有机酸含量、总碱度含量、毒物及抑制剂或促进剂等。

对于一个微生物固定化效果良好的中温厌氧流化床(反应器)而言，影响其效率的主要施加因素有进水基质浓度、水力停留时间、有机容积负荷；影响其效率的主要自身因素有载体的性状、载体的装填率、床层膨胀率及三相分离器的分离性能。有必要对影响其水处理效率的因素进行研究，以期达到最佳的水处理效果，从而指导进一步的理论研究及工程实践。

厌氧流化床处理效率的几种主要影响因素的具体影响方式为：① 容积负荷。有机容积负荷的高低决定了反应器效能高低，有机容积负荷过低，不利于充分发挥AFB反应器的效能；有机容积负荷过高，则会导致有机酸的积累，抑制甲烷生成，破坏整个运行。② 水力停留时间，HRT对AFB反应器处理效果影响较大。在进水浓度保持不变的情况下，HRT长，基质去除效果好，出水水质好；HRT短，COD去除率有所下降。③ 床层膨胀率。AFB反应器在完成菌种驯化与富集和厌氧微生物在载体上固定化后，其运行效率与生物粒子的流化程度有关，可用床层膨胀率来表示。因此，AFB反应器操作时宜保持一定的床层膨胀率，这样可保证较高的COD去除率。

7.3.3　微生物学基础

厌氧流化床是将微生物经过筛选、培养、驯化，然后附着在大表面积的惰性载体上。

将流化床中的生物粒子利用扫描电镜进行生物相分析。SEM发现载体附着厌氧菌种群都很丰富，而且菌种几乎一致，均包括丝菌、球菌和八叠球菌，其中丝菌优势非常明显，其次是八叠球菌。

内孔优势菌几乎全是断裂痕迹明显的短竹节状丝菌这与载体表面生物膜中占优势的长丝状茵完全不同，Zehnder曾描述过产甲烷丝菌的两个形态：长丝状与短竹节状。当生物环境较为恶劣时，如底物营养缺乏，长丝状菌会断裂，呈短竹节状；另外，在丝菌生长初期也可能呈竹节状。

7.3.4 厌氧流化床的应用

厌氧流化床处理废水的研究与应用实例迄今为止已比较广泛,处理的工业废水包括含酚废水、α-萘磺酸废水、鱼类加工废水、炼油污水、乳糖废水、屠宰场废水、煤气化废水等,处理的城市污水包括家庭废水、粪便废水、市政污水、厨房废水等,而且已发挥了显著优势。20世纪80年代以来,活性炭厌氧流化床工艺用于处理焦化、煤气化、石油化工以及农药等毒性有机废水治理取得较好的效果。

7.3.5 设计思想

厌氧流化床的设计思想如下。

1) 了解不同生物流化床的优缺点:生物流化床的设计意图不同,所处理废水的侧重点也不同,只有针对性地选用适宜的反应器,才能达到良好的处理效果。

2) 加强高效优良菌种的筛选:既包括广普高效菌种的筛选,又要重视专一菌种的选择,发挥其特殊降解功能,利用遗传工程获得优良菌种。

3) 生物流化床新设备的开发应注意的事项:优化设计,降低成本,并加强工业化连续处理废水的自动化成分。

生物流化床法处理废水的优越性已从各研究及应用实例中充分表现出来,它的确是一种前景广阔,值得深入研究的高效节能的废水处理方法。但它还有一些问题尚需解决:① 筛选出高效优良的菌种:既包括广普高效菌种的筛选,又要重视专一菌种的选择,发挥其特殊降解功能,利用遗传工程获得优良菌种。② 生物流化床新设备的开发:进一步优化设计,降低成本,研制出高效、廉价的水处理设备装置,并加强工业化连续处理废水的自动化成分。③ 生物流化床法的动力学模型的深入研究及优化:确定有关参数,寻找液、气、固的传质代谢规律,形成完整的理论体系。

7.4 厌氧折流板反应器

厌氧折流板反应器(ABR)是一种新型的厌氧反应器,最初由Stanford大学的McCarty教授于20世纪80年代中期开发研究的最新型、高效污水厌氧生物处理工艺。该技术集当今在全球盛行的上流式厌氧污泥床(UASB)和极有应用前途的分阶段多相厌氧反应技术(SMPA)于一体,不但大大提高了厌氧反应器的负荷和处理效率,而且使其稳定性和对不良因素(如有毒物质)的适应性大为增强,是水污染防治领域一项有效的新技术。

7.4.1 厌氧折流板反应器工作原理

ABR反应器的结构示意图见图7.9,ABR反应器是用多个垂直安装的导流板,将反应室分成多个串联的反应室,每个反应室都是一个相对独立的上流式污泥床系统(UASB),废水在反应器内沿导流板作上下折流流动,逐个通过各个反应室并与反应室内的颗粒或絮状污泥相接触,而使废水中的有机物得以降解。

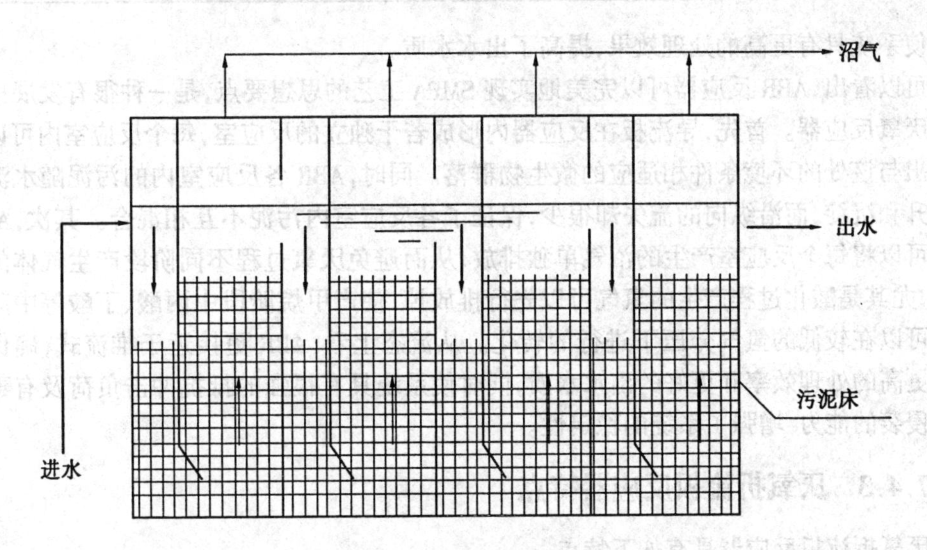

图7.9 厌氧折流板反应器示意图

借助于废水流动和沼气上升的作用,反应室内污泥上下运动,由于污水在折流板的作用下,水流绕其流动而使其流经的总长度加长;再加之折流板的阻挡及污泥的沉降作用,污泥在水平方向上的流速极其缓慢,生物固体被有效地截留在反应器内。从工艺上看,ABR与单个UASB有显著不同。首先,UASB可近似看做一种完全混合式反应器,而ABR是一种复杂混合型水力流态,且更接近于推流式反应器;其次,UASB中酸化和产甲烷两类不同的微生物相交织在一起,不能很好地适应相应的底物组分及环境因子(pH、氢分压),而在ABR中各个反应室中的微生物相是随流程逐级递变的,递变的规律与底物降解过程协调一致,从而确保相应的微生物相拥有最佳的工作活性。

ABR反应器独特的分格式结构及推流式流态使得每个反应室中可以驯化培养出与流至该反应室中的污水水质、环境条件相适应的微生物群落,从而导致厌氧反应产酸相和产甲烷相得到分离,使ABR反应器在整体性能上相当于一个两相厌氧处理系统。而两相厌氧工艺通过产酸相和产甲烷相的分离,两大类厌氧菌群可以各自生长在最适宜的环境条件下,有利于充分发挥厌氧菌群的活性,提高系统的处理效果和运行的稳定性。

7.4.2 分阶段多相厌氧反应技术(SMPA)

分阶段多相厌氧反应技术(SMPA)是G. Lettinga教授提出的,SMPA将厌氧处理过程中不同种群微生物对基质利用的不同生理和生态原理,及以反应动力学为基础的相分离和以反应器中物料流态的水动力学为基础的复合流态概念相结合,代表了高效新型厌氧处理工艺研究和开发的主导方向。其设计思想如下。

1) 在各级分隔的空间中培养适宜的厌氧微生物种群,以适应相应的底物组分及环境因子(如pH、H_2分压等)。

2) 防止在各个单独空间中独立发展形成的污泥相互混合。

3) 各个单独空间所产生的气体相互隔开。

4) 各个单独空间的流态趋于完全混合而工艺流程更接近于推流流态(即具有复合流

态)，使系统具有更高的处理效果，提高了出水水质。

可以看出，ABR 反应器可以完美地实现 SMPA 工艺的思想要点，是一种很有发展前途的高效厌氧反应器。首先，导流板在反应器内形成若干独立的反应室，每个反应室内可以驯化培养出与该处的环境条件相适应的微生物群落。同时，ABR 各反应室内的污泥随水流不停地上升和沉淀，而沿纵向的流失却很少，保证了各反应室内污泥不互相混合。其次，ABR 反应器可以将每个反应室产生的沼气单独排放，从而避免厌氧过程不同阶段产生气体的相互混合，尤其是酸化过程产生的氢气可以先行排放掉，使产甲烷阶段中丙酸、丁酸等中间代谢产物可以在较低的氢气分压下进行的转化。从流态上看，ABR 更接近于推流式，确保系统拥有更高的处理效率和更好的出水水质，同时使系统具有很强的抵抗冲击负荷及有毒有害物质侵袭的能力，增强了系统的稳定性。

7.4.3 厌氧折流板反应器特点

厌氧折流板反应器具有如下特点。

1) 上下多次折流，有良好的水力条件，混合效果良好，反应器死区少，使得废水中有机物与厌氧微生物充分接触，有利于有机物的分解。采用示踪法对厌氧折流板反应器(ABR)在不同条件下的水力特征进行的研究表明，ABR 是一种各格室趋于 CSTR 完全混合流态而整体趋于推流流态的复合流态反应器。进水有机物浓度及 HRT 对水力流态均有影响，而前者为主要因素。进水有机物浓度越高则各格室的混合流态越好，ABR 可在较低的上升流速下运行。当各格室去除有机物量相同时，HRT 越长则其混合流态越趋于完全混合流态。进水底物浓度较低时，反应器的分格数宜控制在 3~4 格；进水底物浓度较高时，宜将分格数控制在 6~8 格。

2) 不需要设置三相分离器，没有填料，不设搅拌设备，反应器构造较为简单。

3) 由于进水污泥负荷逐段降低，沼气搅动也逐段减少，不会发生因厌氧污泥床膨胀而大量流失污泥的现象，出水 SS 较低。

4) 反应器内可形成沉淀性能良好、活性高的厌氧颗粒污泥，可维持较多的生物量。折流板的阻挡减弱了隔室间的返混作用，液体的上流和下流减少了细菌的流出量，使反应器能在高负荷条件下有效地截留活性微生物固体，泥龄增长，污泥产率低。Boopathy 和 Sievers 的研究表明，ABR 反应器网捕小颗粒的性能很高，当 COD 负荷从 2.6 kg/(m^3·d)增加到 13.5 kg/(m^3·d)时，污泥流失没有因为产气量的增大而增加，主要因为随着负荷的提高污泥的沉降性能增加了，减弱了由于产气而引起的污泥流失，反应器内污泥质量浓度高达 117 g/L，污泥停留时间(SRT)长达 42 d。ABR 反应器在低水力停留时间下仍能达到较高的去除效果。据 Stuckey 研究，HRT 为 10 h 时，COD 去除率达到 90%；HRT 为 6 h 时，COD 去除率达到 80%；HRT 为 4 h 时，COD 去除率达到 65%；HRT 为 1.3 h 时，COD 去除率还能达到 40%。在相同负荷条件下，UASB 要达到相同去除率，HRT 要比 ABR 高 40%。

5) 因反应器没有填料，不会发生堵塞。

6) ABR 反应器中有良好的微生物种群分布，反应器中不同隔室内的厌氧微生物易呈现出良好的种群分布和处理功能的配合，不同隔室中生长适应流入该隔室废水水质的优势微生物种群，从而有利于形成良好的微生态系统。

7) 较强的抗冲击负荷能力,ABR较强的抗冲击负荷能力来源于对废水中固体较强的截留能力和微生物种群的合理分布。ABR反应器有利于产酸段和产甲烷段的进行,减弱了由于高负荷条件下引起的低pH值对产甲烷菌的抑制作用,在上流室不同隔室中形成性能稳定、种群良好的微生物链,使反应器具有抗冲机负荷的能力。Nachaiyasit研究表明,当COD负荷从3.5 kg/(m^3·d)增加到28 kg/(m^3·d)时,COD去除率一直稳定在80%。

8) 优良的处理效果,由于ABR具有上述特性,因而具有良好的处理效果。

总地来说,ABR反应器具有构造简单、能耗低、抗冲及负荷能力强、处理效率高等一系列优点。当然,ABR反应器也有其不利的方面,主要表现在以下方面:

1) 为了保证一定的水流和产气上升速度,ABR反应器不能太深;

2) 进水如何均匀分布是一个问题;

3) 与单级UASB反应器相比,ABR反应器的第一格不得不承受远大于平均负荷的局部负荷,这可能会导致处理效率的下降。在ABR的第一室往往是厌氧过程的产酸阶段,pH值易于下降,需采取出水回流措施缓解pH值的下降程度。

7.4.4　厌氧折流板反应器的运行特征

7.4.4.1　厌氧折流板反应器的启动

启动的目标是为需处理的污水培养最适宜的微生物,一旦活性污泥形成,不管是颗粒或絮体,反应器的运行都很稳定。因此,厌氧反应器能否成功地快速启动是决定反应器运行成败的先决条件。影响反应器启动的因素很多,表7.4是ABR反应器启动时的操作条件,研究表明,启动时的最初负荷率应低些,以确保生长缓慢的微生物不会过负荷,气体和液体的上流速度应该低,才会促进絮状、粒状污泥的生长。初始负荷率过高将由于中间产物挥发酸VFA的积累引起反应器的酸化而最终彻底失败。

表7.4　ABR的启动

接种污泥	温度/℃	pH值	COD负荷/(kg·$m^{-3}d^{-1}$)		启动时间/d	备　注
			初始	最终		
消化污泥+牛粪(4.01 gVSS/L)	37	不调节	4.33	12.25	78	30天出现颗粒污泥
混合污泥,VSS/SS=0.4	35±1	不调节	1.07	—	—	3个月出现颗粒污泥
消化污泥,VSS/TSS=0.7	35	—	1.2	4.8	128	—
中温消化污泥	20	7~7.2	1.5	5	50	6周后出现颗粒污泥
混合污泥,VSS/SS=0.408	35±1	调节	0.72	1.97	56	50天出现颗粒污泥

Nachaiyasit和Stuckey于1995年初步研究了ABR反应器的启动情况。启动方式是固定进水COD浓度,HRT由80 h逐步减小到60 h、40 h,最后稳定在20 h。但是几周后反应器发生了过度酸化,启动失败了。Nachaiyasit和Stuckey认为,这是接种污泥活性低和初始污泥负荷[0.75(kg COD/kg VSS)/d]高的缘故。随后,Nachaiyasit降低了污泥负荷[0.07(kg COD/kg VSS)/d],启动获得了成功。

Barber和Stuckey系统研究了ABR的启动特性。Barber等采取了两种启动方式:

1) 固定 HRT(20 h),逐步提高进水基质 COD 质量浓度(g/L)(1→2→4);

2) 固定进水基质 COD 质量浓度(4 g/L),逐步缩短 HRT(h)(80→40→20)。

结果表明,采用方式 2)启动的反应器不论是从 COD 去除率、运行的稳定性,还是从污泥的流失量方面衡量,均优于用方式 1)启动的反应器。

最近的研究表明,保持初始停留时间长,然后在保持基质浓度不变的条件下,逐渐缩短停留时间的启动方式将比最初的停留时间短,有机物浓度逐步加倍的方式使反应器具有更好的稳定性和更优的性能。因为,反应器以较长的停留时间启动时,气体和液体的上流速度低,有利于促进絮状、粒状污泥的生长,能获得较好的固体积累,从而促进产甲烷菌群能从冲击负荷中迅速恢复。启动时的具体操作应结合废水水质进行,处理低浓度废水时 ABR 应以高浓度活性污泥启动,这样可以在尽可能少的时间获得足够高的污泥浓度和更好的气体混合。

7.4.4.2 厌氧折流板反应器的运行

研究表明,ABR 对低浓度、高浓度、含高浓度固体、含硫酸盐废水、豆制品废水、草浆黑液、柠檬酸废水、糖蜜废水、印染废水等均能够有效地处理。

Nachaiyasit 发现,ABR 稳定运行仅两周后,当温度从 35 ℃降到 25 ℃时,总的 COD 去除效率并没有明显的减少,进一步降低温度至 15 ℃,1 个月后整体效率才下降了 20%。

Boopathy 和 Tilche 研究了用 ABR 反应器处理高浓度糖浆废水的情况。当进水 COD 质量浓度为 115 g/L,COD 容积负荷达到 12.25 kg/(m^3·d)时,溶解性 COD 去除率可达到 82%,产气量为 372 L/d。增加进水 COD 质量浓度至 990 g/L,相应的 COD 容积负荷为 28 kg/(m^3·d)时,溶解性 COD 去除率降低到 50%,但产气量却增加了 1 倍多,达到 741 L/d,相当于每单位体积反应器每天产气 5 单位体积。与此同时,反应器内污泥质量浓度也从 40 g/L 增加到 68 g/L。Boopathy 等认为,高产气速率虽然可能会导致污泥膨胀,但污泥沉降性能的提高会抵消高产气速率带来的不利影响。

已有的研究表明,采取适当的工艺措施(出水回流、增加填料),反应器可以处理各种浓度的废水,包括悬浮固体质量浓度很高的养猪场废水(SS 为 39.1 g/L)、酒槽废液(SS 为 21 g/L)等。

Nachaiyasit 和 Stuckey 研究了 ABR 反应器在浓度冲击负荷和水力冲击负荷条件下的运行特性。ABR 反应器稳定运行时,温度 35 ℃,进水 COD 质量浓度 4 g/L,HRT = 20 h,COD 容积负荷 4.8 kg/(m^3·d),COD 的去除率约为 98%。保持 HRT 不变,逐步提高进水 COD 的质量浓度至 8 g/L[容积负荷 9.6 kg/(m^3·d)],COD 的去除率无明显改变;但当进水 COD 的质量浓度提高至 15 g/L[容积负荷 18 kg/(m^3·d)],COD 的去除率下降至 90%。若保持进水 COD 的质量浓度不变(4 g/L),缩短 HRT 至 10 h 并保持 14 d[容积负荷 9.6 kg/(m^3·d)],COD 的去除率下降至 90%;继续缩短 HRT 至 5 h 并保持 24 d[容积负荷 19.2 kg/(m^3·d)],COD 的去除率仅为 52%。当缩短 HRT 至 1 h 并保持 3 h[容积负荷 96 kg/(m^3·d)]时,出水 COD 浓度迅速上升,并接近于进水 COD 浓度。但是,当 3 h 后 HRT 又恢复至原来的数值时,ABR 反应器显示了其运行稳定、耐短期冲击负荷能力强的特点,仅过了 6 h,COD 的去除率就恢复到了原来的值(98%)。

Nachaiyasit 等通过研究认为,ABR 独特的结构设计使得实际运行中的 ABR 在功能上可以沿程分为3个区域:酸化区、缓冲区、产甲烷区。这种功能上的分区避免了ABR反应器在冲击负荷条件下大部分活性微生物暴露于很低的pH值下,从而提高了ABR反应器耐冲击负荷的能力。

7.4.4.3 厌氧折流板反应器中污泥特性

ABR独特的的反应器结构使各格室有各自的生物群体,各格室的微生物组成主要取决于各格室的基质类型和浓度,还包括pH值、温度等外部因素的影响。重要的是,在ABR反应器中不同格室的废水水质的优势微生物种群不同。例如,在位于反应器前端的格室中,主要以水解及产酸菌为主,而在较后面的反应器格室,则以产甲烷菌为主;就产甲烷菌而言,随着格室的推移,其种群由八叠球菌属为主逐渐向甲烷丝菌属、异养甲烷菌和脱硫弧菌属等转变。这样逐室的变化,使优势微生物种群长势良好,废水中的污染物分别在不同的格室中得到降解,因而具有良好的处理效能和稳定的处理效果。

对ABR而言,虽然颗粒污泥的形成并不是其处理效能的主要决定性因素,但该反应其中存在颗粒污泥的形成过程,而且其生长速度是较快的。以制糖废水处理为例,一般情况下,反应器的在运行初期(30~45 d),COD容积负荷为3.0~5.0 kg/(m^3·d)时,即可出现粒径为0.2~0.5 mm的颗粒污泥。此后,颗粒污泥的粒径不断增大,可达2~3 mm,颗粒污泥中有类似于甲烷丝菌属(methanthrix)和甲烷八叠球菌属(methanosarcina)的优势甲烷菌,还有异养甲烷菌和脱硫弧菌等。

高效厌氧反应器的最大特点就是形成沉降性能良好、产甲烷活性高的颗粒污泥,厌氧颗粒污泥的形成使反应器中有较丰富的生物相,从而确保厌氧生化过程稳定高效运行。Boopathy和Tilche启动ABR时,各格室大约在1个月以后出现0.5 mm的颗粒污泥,3个月后长到3.5 mm。颗粒污泥的粒径和形状主要取决于基质的类型,在处理高浓度的糖浆废水时,沿反应器方向颗粒污泥的粒径逐渐减小,第一格室污泥的粒径是5.4 mm,最后一个格室污泥的粒径是1.5 mm。在处理低浓度废水时发现中间格室的污泥的粒径最大,往后逐渐减小。通过显微镜观察颗粒污泥基本上是由利用乙酸的甲烷菌组成,Tilche和Yong发现在基质浓度较高的前面格室中主要是光滑的甲烷八叠球菌絮体形成的颗粒污泥,颗粒污泥的体积较大,密度较小,而且里面充满了空腔,因此,在高负荷条件下由于产气强度较大,使得颗粒污泥会浮在反应器上方。在后面格室中,甲烷毛发菌的纤维状菌絮体连在一起,体积较小。主要原因是:ABR反应器中的折流板阻挡作用,污泥有效地被截留在反应器中,污泥流失减少,同时水流和气流的作用,促进了颗粒污泥的形成和成长。

7.4.5 厌氧折流板反应器的应用

近几年来,有关ABR的特性及其在处理不同废水中效能的研究日趋增多,国内亦已有一定研究报道。表7.5列出了国内外有关ABR处理不同废水研究的运行数据。

7.4.6 厌氧折流板反应器的设计改进

ABR反应器的运行稳定性及高的处理效果,在于其良好的水力条件及生物相的分离,这些特征使得它具有强的抗冲击负荷、进水不连续、温度变化及有毒物质的影响,与其他成熟的处理工艺相比,其进一步运用取决于其结构的进一步改进开发。表7.6列出了ABR处理不同废水时，研究推荐考虑的构造形式、相应的运行方式及应注意的问题。

表7.5　ABR工艺处理不同废水的运行参数

废水基质类型	反应器容积/L	格室数	污泥质量浓度/(g·L⁻¹)	进水COD/(mg·L⁻¹)	COD容积负荷/[kg·(m³·d)⁻¹]	COD去除率/%	HRT/h	温度/℃
未稀释含藻水	9.8	5	—	6 000~36 000	0.4~2.4	—	360	35
经稀释含藻水	10	4	—	67 200~89 600	1.6	—	288~336	35
含烃-蛋白质废水	6.3~10.4	4~8	8.5~30	4 000~8 000	2.5~36	52~98	4.8~84	25~35
猪粪废水	15~20	2~3	—	5 000~6 000	1.8~4	62~75	360	35~37
城市污水	350	3	—	264~906	2.17	90	4.8~15	18~28
生活污水/工业废水	394 000	8	—	315	0.85	70	10.3	15
屠宰废水	—	—	—	510~730	0.67~4.73	75~89	2.5~26.4	—
糖蜜废水	75~150	3	4.01	100 000~990 000	4.3~28	49~88	138~850	37
蔗糖废水	75	11	—	344~500	0.7~2	85~93	6~12	13~16
Whisky精馏废水	6.3	5	—	51 600	2.2~3.5	90	360	30
制药废水	10	5	—	20 000	20	36~68	24	35
含酚废水	—	5	20~25	2 200~3 192	1.67~2.5	83~94	~24	21
葡萄糖废水	6	5	—	1 000~10 000	2~20	72~99	12	35

表7.6　处理不同废水时，考虑的构造形式、相应的运行方式及应注意的问题

启　动	建议采用低的初始负荷，以利于污泥颗粒或絮体的形式 以脉冲方式投加乙酸不仅可促进甲烷菌的生长，并可缓解容积负荷率增高带来的影响 以较高的HRT启动，因其上升流速小可减少污泥的流失，并可增加各格室内甲烷菌属的含量
回　流	回流可稀释进水中的有毒物质，提高反应器前段的pH值，减少泡沫和SMP产物，不过须注意回流所造成的问题
低浓度废水	建议采用较短的HRT，以增强传质效果，促进水流混合，缓解反应器后部污泥的基质不足问题，反应器中主要由异养菌(甲烷丝菌属)完成甲烷化作用
高浓度废水	建议采用较长的HRT，以防止因产气的作用而造成的污泥流失，否则须加填料以减少污泥流失，反应器中主要由甲烷八叠球菌和氢利用细菌完成甲烷化作用
高SS含量废水	建议增大第一格室的容积，以有效地截留进水中的SS
温　度	对易降解废水而言，温度从35 ℃降至25 ℃时，对处理效果的影响不大，但温度过低则影响运行，这是因为潜在毒性和营养负荷的影响及K_S降低的缘故 反应器启动后可以在低温下保持持续良性运行

从上面的介绍和分析可以看出，ABR反应器是一种新型高效厌氧反应器，具有结构简单、投资少、运行稳定、抗冲击负荷能力强、处理效率高等一系列优点，适合处理各种浓度的废水，并且在COD容积负荷为0.4~28 kg/(m³·d)的条件下都取得令人满意的处理效果。但是对ABR反应器的研究仍有许多工作要做，例如，如何解决高有机负荷下污泥的过渡酸化问题；各种中间产物的生成及代谢机理的研究；与其他工艺联用(好氧或厌氧)处理特种废水

的研究;ABR反应器中颗粒污泥的形成条件和机理的研究;大规模应用中工艺设计参数的确定等等。

废水厌氧反应器处理工艺正朝复合流态和多相控制技术的方向发展。采用复合流态可提高反应器的容积利用率、增强适应性,从而提高处理效果。而利用生物相分隔的作用,则可充分发挥不同微生物种群的功能,并能形成良好的微生态环境,提高系统运行的稳定性。ABR反应器作为新型的厌氧处理工艺,可在一个反应器内充分实现上述流态的复合化及微生物优势菌种群的微生态化(相的分离),因而具有比较优良的特点。

参考文献

1　张自杰.排水工程.第四版.北京:中国建筑工业出版社,2000
2　胡纪萃等.废水厌氧生物处理理论与技术.北京:中国建筑工业出版社,2003
3　废水生物处理.张锡辉译.北京:化学工业出版社,2003
4　郑平,冯孝善.废物生物处理理论和技术.杭州:浙江教育出版社,1997
5　陈坚.环境生物技术应用与发展.北京:中国轻工业出版社,2001
6　王绍文.高浓度有机废水处理技术与工程应用.北京:冶金工业出版社,2003
7　孙振世等.UASB的启动及其影响因素.中国沼气,2000,18(2):17~19,31
8　周晓东等.UASB技术处理酒精废水.应用技术研究,2001,(5):10~11
9　张震家等.高浓度有机硫废水的厌氧生物除臭处理.中国环境科学,2000,20(5):414~418
10　张显如.浅析UASB的运行机理与构造要求.安徽科技,2000(11):38~39
11　李维振等.上流式厌氧污泥床(UASB)在高浓度有机废水处理上的应用.山东环境,2000年增刊:126~127
12　孟春等.厌氧-微氧生物法处理味精生产废水的研究.福州大学学报,2000(2):36~38
13　谵建宇等.上流式厌氧污泥床(UASB)在高浓度有机废水处理上的应用.给水排水,2000(4):42~44
14　宋丽杰等.厌氧处理硫酸盐有机废水的微生物学.中国给水排水,2001,17(3):70~73
15　陈春光等.升流式厌氧污泥床反应器结构优化模型及其应用.西南交通大学学报,2000,30(1):14~17
16　刘力凡等.升流式厌氧污泥床处理涤纶废水的研究.哈尔滨建筑大学学报,2000,33(2):62~65
17　潭铁鹏等.有机废水的厌氧处理及其快速技术.环境科学,1998(5):30~33
18　党朝华.厌氧处理技术应用介绍.湖南造纸,2001(3):25~28
19　王凯军等.厌氧处理技术发展现状与未来发展领域.中国沼气,1999,(17)4:14~17
20　汪红生.现代废水厌氧处理技术应用进展.污染防止技术,2002,15(4):15~20
21　邱宇平等.农药生产废水处理方法与资源化技术.环境污染治理技术与设备,2003,4(9):63~67
22　方治华等.新型多孔高分子载体厌氧流化床启动实验研究.应用与环境生物学报,1996,2(2):147~151
23　方治华,柯益华,杨平等.厌氧流化床反应器微生物固定化载体筛选的研究.环境科学学报,1995,15(4):399~406
24　刘峰.预酸析厌氧流化床处理碱法草浆黑液的试验研究:[学位论文],四川联合大学,1997
25　郑礼胜,施汉昌,钱易.内循环三相生物流化床处理生活污水.中国环境科学,1999,19(1):51~54
26　沈耀良.ABR反应器中污泥的特性及其分布.苏州城建环保学院学报,1998,11(2):1~7
27　沈耀良,王宝贞,杨铨大.厌氧折流板反应器处理垃圾渗滤液混合废水.中国给水排水,1999,15(5):10~12
28　R.E.斯皮思.工业废水的厌氧生物技术.北京:中国建筑工业出版社,2001
29　沈耀良,王宝贞.废水生物处理新技术——理论与应用.北京:中国环境科学出版社,1999

30 张希衡等. 废水厌氧生物处理工程. 北京:中国环境科学出版社,1996

31 许保玖. 当代给水与废水处理原理. 北京:高等教育出版社,1992

32 贺延龄. 废水厌氧生物处理. 北京:中国轻工业出版社,1998

33 Boopathy R. Performance of a modified anaerobic baffled reactor to treat swine waste. Trans ASAE, 1991,34(6): 2 573 ~ 2 578

34 Nachaiyasit S. The effect of low temperature on the performance of an anaerobic baffled reactor(ABR). Jour of Chem Technol Biotechnol, 1997,69(2):276 ~ 284

35 Barber W P, et al. The use of the anaerobic baffled reactor(ABR) for wastewater treatment: A review. Wat. Res., 1999,33:1 559 ~ 1 578

36 Bruce E Rittmann, Perry L MacCarty. Environmental Biotechnology: Principles and Applications. 影印版. 北京:清华大学出版社,2002

37 C P Leslie Gradr, Jr Glen T Daigger, Henry C Lim. Biological Wastewater Treatment. Marcel Dekker, Inc, 1999

第8章 第三代厌氧生物反应工艺

高效厌氧反应器中不仅要实现污泥停留时间和平均水力停留时间的分离,还应使进水和污泥之间保持充分的接触。第二代厌氧反应器虽然利用颗粒污泥大大提高了反应器的污泥浓度,但在如何保持泥水的良好接触,强化传质,进一步提高生化反应速率方面却存在一些不足。为了解决这些问题,20世纪90年代初,国际上相继开发出了以上流式厌氧污泥床-滤层反应器(UBF)、厌氧膨胀颗粒污泥床(EGSB)和内循环式厌氧反应器(IC)为典型代表的第三代厌氧反应器。

第三代厌氧反应器的共同特点是:微生物均以颗粒污泥固定化方式存在于反应器中,反应器单位容积的生物量更高,能承受更高的水力负荷,并具有较高的有机污染物净化效能;具有较大的高径比;占地面积少。

8.1 上流式厌氧污泥床-滤层反应器

1984年,加拿大的Guiot在AF和UASB的基础上开发出了上流式厌氧污泥床-滤层(Upflow Anaerobic Bed-Filter,简称UBF反应器)反应器。上流式厌氧污泥床-滤层反应器可以充分发挥厌氧滤池和上流式厌氧污泥床这两种高效反应器的优点,是水污染防治领域中一项极具开发应用前景的生物处理新技术。目前,国内外对UBF反应器的研究和应用正处于一个较热的发展时期。本节通过对UBF反应器工艺特征和研究现状的介绍,推动其理论及应用研究的深入开展,以尽快使其在我国高浓度有机废水的处理中发挥作用。

8.1.1 UBF反应器的构造

UBF反应器是由上流式污泥床(UASB)和厌氧滤器(AF)构成的复合式反应器,反应器的下面是高浓度颗粒污泥组成的污泥床,其混合液悬浮固体浓度可达每升数十克,上部是填料及其附着的生物膜组成的滤料层,其构造和处理流程如图8.1所示。

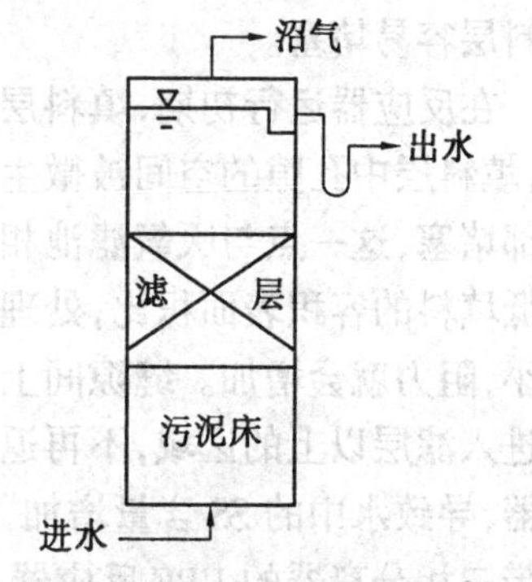

图8.1 UBF反应器构造原理图

UBF系统的突出优点是反应器内水流方向与产气上升方向相一致,一方面减少堵塞的机会,另一方面加强了对污泥床层的搅拌作用,有利于微生物同进水基质的充分接触,也有助于形成颗粒污泥。反应器上部空间所架设的填料,不但在其表面生长微生物膜,在其空隙截留悬浮微生物,利用原有的无效容积增加了生物总量,防止了生物量的突然洗出,而且对COD有20%左右的去除率;更重要的是,由于填料的存在,夹带污泥的气泡在上升过程中与之发生碰撞,加速了污泥与气泡的分离，从而降低了污泥的流失。由于二者的联合作用，使得 UBF 反应器的体积可以最大限度地得到利用，反应器积累微生物的能力大为增强，反应器的有机负荷更高，因而 UBF 具有启动速度快，处理效率高，运行稳定等显著特点。

废水生物处理的负荷能力是由保留在反应器里的生物量来控制的，而截留高活性污泥（颗粒污泥）正是 UBF 反应器的设计目标。Guiot 等的研究证明，UBF 的容积性能（OLR）直接正比于系统的生物量含量。在 UBF 反应器中，可容易控制的操作变量是水力停留时间，而用来控制 OLR 的其他变量就是生物量的含量。一般的 UBF 反应器均为上流式混合型连续流反应器，即废水从反应器的底部进入，顺序经过污泥床、填料层进行生化反应后，从其顶部排出。同 AF 相比，该反应器的特征是大大减小了填料层高度。标准 UBF 反应器的高径（宽）比为 6，且填料填充在反应器上部的 1/3 体积处。虽也有填料填充在 1/2 处、1/7 处和 1/5 处的 UBF 反应器，但经实践证明，填料在 1/3 处的反应器，是既经济又有效可行的构型。UBF 反应器所用的填料可根据废水生物反应特性及水力学特征进行选择，常用的有：聚氨酯泡沫填料、YDT 弹性填料、BIO - ECO 聚丙烯填料、半软性纤维填料、陶瓷希腊环、聚乙烯拉西环、塑料环、活性炭、焦炭、浮石、砾石等。其中应用最多的是聚氨酯泡沫填料，这是因为聚氨酯泡沫的容积表面积比大（2 400 m^2/m^3）、空隙度高（97%），具有网状结构，微生物能在其上密实而迅速地增殖，是厌氧优势菌落的良好基质。Guiot 等试验所用反应器的部分物理性状见表 8.1。

表 8.1　UBF 反应器的部分物理性状

项目	数值
总液相容积	4.51 L
反应器液相容积	4.35 L
反应器的横截面积	72.4 cm^2
填料容积	1.41 L
填料孔隙	0.92 L
填料容积表面积比	235 m^2/m^3
回流比	5.4

UBF 反应器适于处理含溶解性有机物的废水，不适合处理含 SS 较多的有机废水，否则填料层容易堵塞。

在反应器运行初期，填料层具有很大的截留泥的能力，但填料层的生物膜达到足够多时，填料层中孔隙的空间被微生物所填满，存在刚性随机堆放的填料堵塞的可能，更易发生局部堵塞，这一点与厌氧滤池相似。若采用软性纤维填料虽不易堵塞但易于结球，因而大大降低填料的容积表面积比，处理能力就会下降。另外，由于填料孔隙的减少，过水断面相应减小，阻力就会增加。缝隙间上升水流流速的增大，会把生物膜从填料表面冲刷下来，随水流进入滤层以上的区域，不再返回污泥床区，而积累在滤层以上的区域，由于取消了三相分离器，导致水中的 SS 含量增加，影响出水水质。为解决这个问题，哈尔滨工业大学开发了一种带三相分离器的 UBF 反应器，也称复合厌氧反应器，其结构如图 8.2 所示。

这种带三相分离器的 UBF 反应器由于具有三相分离系统，且构造合理，气液固三相分离效果良好，减少了出水的 SS 含量，提高了出水水质。而且反应器顶部的集气罩是可拆卸的，这样就可以把填料从池中取出，以便检修和更换填料。

8.1.2　UBF 反应器的运行特点

8.1.2.1　启动期短

UASB 反应器在启动初期，接种的絮状污泥易于流失，UBF 反应器的填料层具有较强的拦截污泥的能力，使污泥的流失量减少。杨景亮等通过对比试验证明，具有三相分离器的 UBF 反应器 SS 去除率比 UASB 反应器高 18.4%，在反应器运行初期比 UASB 高 50.9%。同时发现，吸附在纤维填料表面的微生物逐步形成絮状生物膜，在沼气及水流的搅动作用下，块状的生物膜从填料表面脱落下沉至污泥床区，可作为新生颗粒污泥的核心而迅速发育成颗粒污泥，从而加快污泥颗粒化的进程。通过小试发现，具有三相分离器的 UBF 反应器出现颗粒污泥的时间比 UASB 反应器提前了 20 d 左右。这就使反应器能较快地积累到足够的生物量，有利于反应器负荷率的快速提高，缩短启动过程。

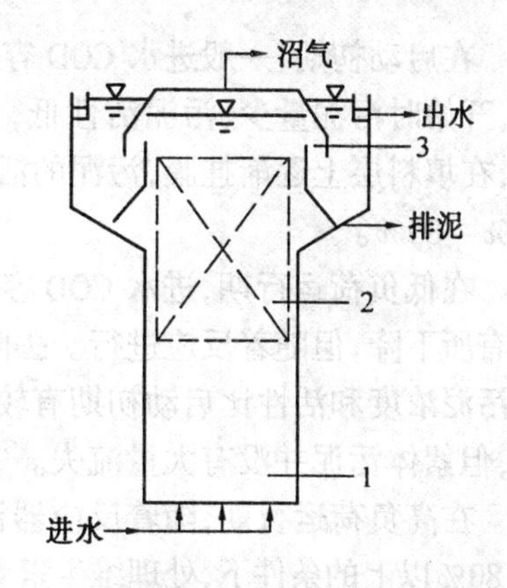

图 8.2　带三相分离器 UBF 厌氧反应器
1—污泥床；2—填料层；3—三相分离器

8.1.2.2　生物量及微生物的分布

UASB 反应器的生物量主要分布在反应器的污泥床区，悬浮层区的污泥浓度相对较低，而 UBF 反应器除保持了污泥床区的污泥量外，在其上部的填料层区也附着大量具有良好活性的生物膜，使反应器微生物的总量比 UASB 反应器有较大的增加。与 UASB 反应器相比，生物量在高度方向的分布发生了变化，这种污泥沿着反应器高度方向的分布趋势，有利于去除因污泥床区发生短路的废水中的有机物，提高出水水质和处理效率，UBF 反应器污泥浓度分布如图 8.3 所示。

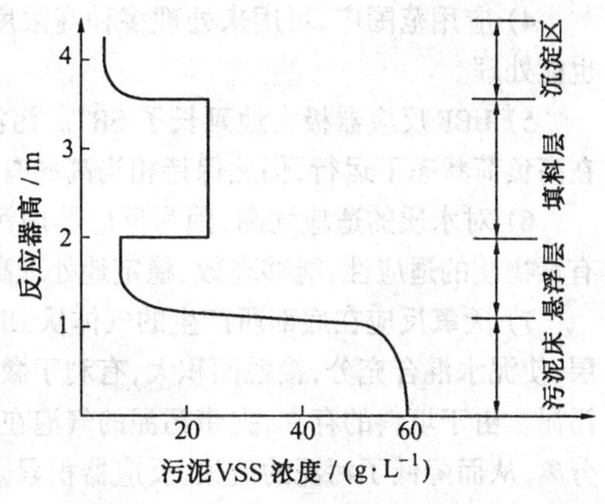

图 8.3　UBF 反应器污泥浓度分布

滤层区污泥量主要取决于填料的高度和容积表面积比。填料层高度大，容积表面积比大，生物膜量也相对多一些。污泥床区污泥量随着污泥颗粒化和床区污泥积累的增多，污泥量增加。祁佩时研究表明，当复合式厌氧反应器高负荷运行期(COD 容积负荷率 10～14 kg/(m^3·d))，纤维填料上附着的生物量约占反应器内生物总量的 68%。填料中产甲烷菌的数量为 4.5×10^6 个/g 泥，污泥床颗粒污泥中产甲烷菌的数量为 1.1×10^7 个/g 泥，这样整个反应器产甲烷菌总数大大增加。这是 UBF 反应器处理效能高的主要原因。

8.1.2.3　启动过程

UBF 反应器的启动过程与一般厌氧反应器的启动过程相同，可分为启动初期，低负荷运行期和高负荷运行期 3 个阶段。

在启动初期,一般进水 COD 容积负荷控制在 1~2 kg/(m^3·d)。该期为污泥培养驯化阶段,开始时污泥量少,污泥活性低,去除有机物能力差。随着运行时间的延长,污泥逐渐积累,在填料层上逐渐挂膜,污泥的活性也慢慢提高,COD 的去除率也逐步达到正常运行时的 70%~80%。

在低负荷运行期,进水 COD 容积负荷提高到 4~5 kg/(m^3·d)。提高初期虽然 COD 去除率有所下降,但随着反应进行。去除率逐渐提高并趋于稳定,产气量也相应增加,反应器内的污泥浓度和活性比启动初期有较大程度的提高。由于填料层的存在,虽然反应器负荷提高,但絮体污泥并没有大量流失。

在高负荷运行期,随着反应器污泥量的增加,可进一步提高负荷。在 COD 去除率保持在 80%以上的条件下,处理维生素 C 废水的中试表明,进水 COD 容积负荷可达10 kg/(m^3·d),处理乳制品废水的中试研究表明 COD 容积负荷率大于 13 kg/(m^3·d),处理啤酒废水小试研究时的 COD 容积负荷率可达 10~15 kg/(m^3·d)。

8.1.3 UBF 反应器的工艺特点

上流式污泥床过滤器复合式厌氧反应器的主要特点为:

1) 有机负荷高,COD 容积负荷为 10~60 kg/(m^3·d)或 BOD 容积负荷为 7~45 kg/(m^3·d),COD 污泥负荷为 0.5~1.5 kg/(kg·d)或 BOD 污泥负荷为 0.3~1.2 kg/(kg·d)。

2) 污泥产量低,污泥产率为 0.04~0.15 kgVSS/kgCOD 或 0.07~0.25 kgVSS/kgBOD。

3) 能耗低,溶解氧质量浓度一般为 0~0.5 mg/L。

4) 应用范围广,可用来处理多种高浓度有机废水,对好氧微生物不能降解的有机废水也能处理。

5) UBF 反应器极大地延长了 SRT。污泥于反应器中的停留时间一般均在 100 d 以上,在高负荷状态下运行,仍然保持相当高的有机物去除率。

6) 对水质的适应性高,因为反应器内污泥的浓度高,增强了反应器对不良因素,例如,有毒物质的适应性,能够高效、稳定地处理高浓度难降解有机废水。

7) 厌氧反应在底部所产生的气体从 UBF 底部上升到气室的过程中形成一个污泥悬浮层,使泥水混合充分,接触面积大,有利于微生物同进水基质的充分接触,也有助于形成颗粒污泥。由于填料的存在,夹带污泥的气泡在上升过程中与之发生碰撞,加速了污泥与气泡的分离,从而降低了污泥的流失,反应器积累微生物的能力大为增强,反应器的有机负荷更高。反应器上部空间所架设的填料既利用原有的无效容积增加了生物总量,又防止了生物量的突然洗出,而且对 COD 有 20%左右的去除率。

8) UBF 启动速度快,处理效率高,运行稳定,且运行管理简单。

8.1.4 UBF 反应器的水力学特性

1985 年,Samson 等用放射性同位素对 UBF 反应器所做的水力示踪(表 8.2)表明,没有污泥的反应器流态为全混流,其死区大小取决于操作条件;出水回流可提高水流的混合程度,它使死区由 19%降低至 5%;反应器稳定运行时,其流态依然保持全混流,死区大小在 10%以下,污泥的大量积累并不显著改善反应器的水力学特性。它表明 UBF 反应器长期运行后,上部的滤器不会出现短流。

表 8.2　UBF 反应器的水力示踪结果

试验组号	操作条件	时间 /d	V_m /%	V_D /%	$\bar{t}_0^a$ /h	$\bar{t}$ /h	延带期[b] (t/h)
1	无污泥,回流	<0	95	5	24.7	25.4	0.03
2	无污泥,不回流	<0	81	19	25.4	29.7	0.13
3	滤器,回流	<0	100	0	9.1	9.1	0.09
4	滤器,不回流	<0	97	3	9.4	9.6	0.09
5	稳态[c],5.11 kgCOD/(m^3·d)	44	95	5	26.3	24.0	0.15
6	稳态[c],22.05 kgCOD/(m^3·d)	104	90	10	12.4	11.3	0.09
7	稳态[c],29.07 kgCOD/(m^3·d)	167	100	0	8.1	7.2	0.15
8	稳态[d],5.11 kgCOD/(m^3·d)	266	94	6	25.1	26.0	0.15

注:a.理论计算的 HRT;b.示踪剂注入至出水中检出的时间;c.HRT 不变,出水回流;d.HRT 不变,无出水回流。

8.1.5　填料厚度和放置方式对持留污泥量的影响

Kennedy(1988)等用折叠式错流聚氯乙烯填料充填 UBF 反应器(表 8.3),比较了填料厚度和堆置角度对反应器持留污泥性能的影响。结果表明,填料堆置角度不同,对污泥滞留的影响较大,堆置角为 40°和 80°时,其相应对污泥滞留能力为 0.95 和 0.79;但填料厚度对污泥滞流影响不大,厚度依次为 5.7 cm、11.5 cm 和 23 cm 时,其相对应污泥滞留能力为 0.88、0.92和 0.89。表 8.3 进一步表明,填料堆置角度对污泥沉淀性能有很大的影响,角度小或随机堆放有助于沉淀性能良好的颗粒污泥的形成,而填料厚度的作用相对较小。

表 8.3　UBF 反应器的物理特性

参　数	UBF_1	UBF_2	UBF_3	UBF_4	UBF_5	UBF_6
反应器高度/cm	79	79	79	79	79	79
总体积/L	22.7	22.7	22.7	22.7	22.7	22.7
填料放置角度/°	66	40	80	66	66	随机
填料厚度/cm	23	23	23	5.7	11.5	11
滤器/总体积/%	29.0	29.0	29.0	7.0	14.5	14.0

8.1.6　UBF 反应器的应用与发展

我国关于 UBF 反应器的研究开始于 20 世纪 80 年代初,1982 年广州能源研究所已经开始采用简单的 UBF 反应器处理糖蜜酒精废水和味精废水的研究,但由于填料层较薄及相关参数不明确,作用不明显。“七五”期间 UBF 反应器的研究被列入国家攻关项目,其研究和应用得到较大的发展。哈尔滨工业大学的陈业刚等采用两相厌氧工艺处理哈尔滨制药总厂的抗生素废水,两相均采用复合厌氧生物反应器,研究结果表明:

1) 采用复合厌氧反应器处理难降解的抗生素废水,是一种行之有效的方法。在复合厌氧法的水解酸化阶段和厌氧消化阶段,非产甲烷菌与产甲烷菌之间相互制约、相互依赖的相互协同作用,使微生态系统对各种冲击负荷、毒性物质、微生物抑制剂等有很好的适应能力。与简单的两相厌氧工艺(不加填料)相比,在复合厌氧法中,水解酸化反应器和厌氧复合反应器中的菌群种类要比单一的产酸相或产甲烷相多,所构成的微生态系统更为稳定,所需要的生态条件也比较容易实现。

2) 在23 ℃条件下,复合厌氧反应器在水力容积负荷为0.61 $m^3/(m^3·d)$,平均COD负荷为2.21 $kg/(m^3·d)$的条件下,难降解废水的平均COD去除率为66.6%,平均BOD去除率为58.6%。

国内UBF反应器的研究与应用情况见表8.4。

表8.4 国内部分UBF反应器研究与应用

废水种类	COD容积负荷率/(kg·$(m^3·d)^{-1}$)	进水COD质量浓度/(mg·L^{-1})	COD去除率/%	沼气产率/($m^3(m^3·d)^{-1}$)	HRT/d	试验温度/℃	规模/m^3	研究单位
味精	5.5	17 150	88.5	2.30	3.15	30~32	3.8	广州能源所
糖密酒精	13.6	34 000	81.1	4.20	2.05	32	100	广州能源所
糖密酒精	17.0	17 000	70.3	6.80	1.00	34	0.009	原哈尔滨建筑工程学院
橡胶乳清	12.0	7 157	82.9	4.1	0.4	常温	17.4	广东红五月农场
苎麻脱胶	6.0	10 000	55.4	1.78	1.67	36~37	0.025	湖南冶金防护所等
甲醇废水	33.4	29 300	95		1.14	35	小试	河北轻化工学院
维生素C	10.8	20 000	95	5.41	1.85	35~37	2	河北轻化工学院
维生素C	10.0	9 050	>80	3.2	0.68	35	150×2	河北轻化工学院
乳品	13	11 000	85~87	4.0	0.85	35	6	原哈尔滨建筑工程学院
啤酒	10~15		80	7.2	0.28		小试	原重庆建筑工程学院

由于UBF反应器内污泥的高浓度,增强了对不良因素(例如有毒物质)的适应性,使之能够高效、稳定地处理高浓度难降解有机废水。SRT的提高还可使HRT缩短为几小时,从而大大减小了反应器的容积。加之UBF内颗粒污泥浓度高,密度大,沉淀性能好,且可回收沼气能源,有效降低了建设费用和运行成本,使之非常适用于工业化的废水处理。因此,UBF反应器技术在我国的有机废水尤其是高浓度难降解有机废水的污染控制中,有很好的研究开发价值和推广应用前景。UBF反应器在实际工程中推广应用之前,仍需进一步开展大量的试验研究,以便更深入地了解和掌握其工艺特征。例如,关于反应器构造的优化设计研究,关于反应器填料的选择研究,关于处理不同高浓度难降解有机废水的工艺设计参数的确定等,均有待于深入探讨。

8.2 EGSB厌氧反应器

膨胀颗粒污泥床(EGSB)反应器是一种新型的高效厌氧生物反应器,是在UASB反应器的基础上发展起来的第三代厌氧生物反应器。与UASB反应器相比,它增加了出水再循环部分,使得反应器内的液体上升流速远远高于UASB反应器,污水和微生物之间的接触加强了。正是由于这种独特的技术优势,使得它可以用于多种有机污水的处理,并且获得较高的处理效率。

8.2.1　EGSB 反应器的产生背景

1981 年 Lettinga 等研究在常温下研究(荷兰,夏季 15 ~ 20 ℃,冬季 6 ~ 9 ℃)UASB 反应器处理生活污水的情况,反应器的容积为 120 L,在温度为 12 ~ 18 ℃,HRT 为 4 ~ 8 h 情况下,COD 总去除率为 45% ~ 75%。随后,他们按比例扩大设计了 6 m^3 和 20 m^3 的反应器,并且用颗粒污泥接种,但研究结果表明,其处理效率比上述的 45% ~ 75%更低。经过分析他们认为,由于污水与污泥未得到足够的混合,相互间不能充分接触,因而影响了反应速率,最终导致反应器的处理效率很低。试验表明,在利用 UASB 反应器处理生活污水时,为了增加污水与污泥间的接触,更有效地利用反应器的容积,必须对 UASB 反应器进行改进。Lettinga 等认为改进的办法有两种:① 采用更为有效的布水系统,即可通过增加每平方米的布水点数或采用更先进的布水设施来实现;② 提高液体的上升流速(V_{up})。但是当处理低温低浓度的生活污水时,改进布水系统的结果仍不理想,因此 Lettinga 等基于上述第二种办法,通过设计较大高径比的反应器,同时采用出水循环,来提高反应器内的液体上升流速,使颗粒污泥床层充分膨胀,这样就可以保证污泥与污水充分混合,减少反应器内的死角,同时也可以使颗粒污泥床中的絮状剩余污泥的积累减少,由此便产生了第三代高效厌氧反应器——膨胀颗粒污泥床(Expanded Granular Sludge Bed,简称 EGSB)反应器。

8.2.2　EGSB 反应器的结构与工作原理

EGSB 反应器是对 UASB 反应器的改进,与 UASB 反应器相比,它们最大的区别在于反应器内液体上升流速的不同。在 UASB 反应器中,水力上升流速 V_{up}一般为 1 m/h,污泥床更像一个静止床,而 EGSB 反应器通过采用出水循环,其 V_{up}一般可达到 5 ~ 10 m/h,所以整个颗粒污泥床是膨胀的。EGSB 反应器这种独有的特征使它可以进一步向着空间化方向发展,反应器的高径比可高达 20 或更高。因此,对于相同容积的反应器而言,EGSB 反应器的占地面积大为减少。除反应器主体外,EGSB 反应器的主要组成部分有进水分配系统、气液固三相分离器以及出水循环部分,其结构图如图 8.4 所示。

8.2.2.1　进水分配系统

进水分配系统的主要作用是将进水均匀地分配到整个反应器的底部,并产生一个均匀的上升流速。与 UASB 反应器相比,EGSB 反应器由于高径比更大,其所需要的配水面积会较小;同时采用了出水循环,其配水孔口的流速会更大,因此系统更容易保证配水均匀。

8.2.2.2　三相分离器

三相分离器仍然是 EGSB 反应器最关键的构造,其主要作用是将出水、沼气、污泥三相进行有效分离,使污泥在反应器内有效持留。与 UASB 反应器相比,EGSB 反应器内的液体上升流速要大得多,因此必须对三相分离器进行特殊改进。改进可以有以下几种方法:

1) 增加一个可以旋转的叶片,在三相分离器底部产生一股向下水流,有利于污泥的回流;

2）采用筛鼓或细格栅，可以截留细小颗粒污泥；

3）在反应器内设置搅拌器，使气泡与颗粒污泥分离；

4）在出水堰处设置挡板，以截留颗粒污泥。

EGSB三相分离器比传统UASB三相分离器可承受更高的水力负荷。对UASB而言，最大液体表面上升流速仅为3~5 m/h，而对EGSB来说，此值至少可达10m/h。工程应用中的一座EGSB实际运行情况显示，当液体表面上升流速高达15 m/h时，仍未发现有污泥被带出三相分离器的现象，这归因于EGSB独特的三相分离器结构。EGSB独特的三相分离器结构可最大限度地将颗粒污泥保持在反应器中，使反应器内有较多的颗粒污泥。EGSB这种独特的水动力学特征使之完全有可能进一步向着空间化方向发展，从而为节省平面占地型污水处理工艺开辟新径。

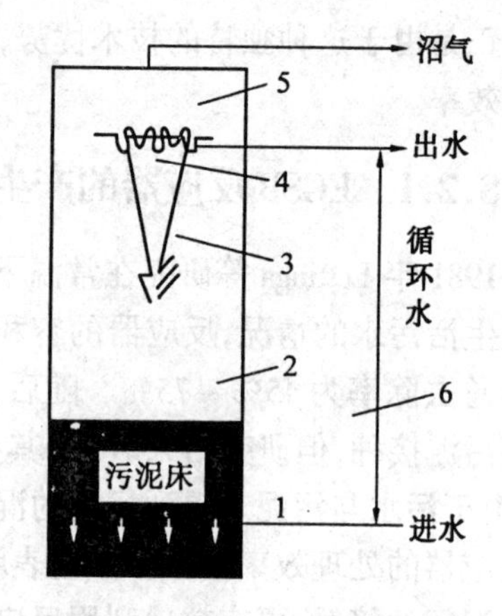

图8.4　EGSB反应器结构示意图

1—配水系统；2—反应区；3—三相分离器；4—沉淀区；5—出水系统；6—出水循环部分

8.2.2.3　出水循环部分

出水循环部分是EGSB反应器不同于UASB反应器之处，其主要目的是提高反应器内的液体上升流速，使颗粒污泥床层充分膨胀，污水与微生物之间充分接触，加强传质效果，还可以避免反应器内死角和短流的产生。

EGSB反应器实质上是固体流态化技术在有机废水生物处理领域应用的典范。根据载体流态化原理，当有机废水及其所产生的沼气自下而上流过颗粒污泥床层时，载体与液体间会出现不同的相对运动，床层呈现不同的工作状态。EGSB的工作区为流态化的初期，即膨胀阶段，进水流速处于较低值，在充分保证进水基质与污泥颗粒接触的条件下，加速生化反应，有利于减轻或消除静态床(如UASB)中常见的底部负荷过重的状况，增加反应器对有机负荷，特别是对毒性物质的承受能力。

8.2.3　EGSB反应器的启动

启动初期，接种污泥由于所处环境的变化，要经过一段时间的适应期。启动初期水力停留时间(HRT)一般为8 h，随着污泥活性的恢复，COD去除率稳定上升，一旦去除率达到稳定时，就可以提高水力负荷，一直到水力停留时间(HRT)为2 h左右，水力负荷也从初始的2.25 $m^3/(m^3·d)$提高到6 $m^3/(m^3·d)$。在改变水力负荷的过程中也会有少量的细小的污泥絮体流出，这是因为污泥被水力冲刷，少量的颗粒污泥破碎后，随水流流出。在这个过程中对污泥进行了一次筛选，保留下了活性和沉淀性能都良好的颗粒污泥。

清华大学左剑恶等采用EGSB反应器处理含氯苯有机废水，在启动期即将结束的28 d，从反应底部取出颗粒污泥，在扫描电镜下对其进行观察，颗粒污泥的扫描照片见图8.5(a)~(f)。可以看出，粒径较小的颗粒基本呈椭圆形，而粒径较大的颗粒则为不规则状，颗粒污泥表面比较光滑，污泥表面有一些孔隙(图8.5(a))，这些孔隙可以认为是营养物质传递的通道，颗粒内部产生的气体也从这些孔隙逸出。

颗粒污泥中细菌种类非常丰富，各种不同类型的细菌以微小菌落的形式分布在颗粒污泥中。细菌排列紧密，菌群中以丝状菌、球菌和短杆菌为主(图 8.5(b)～(f))，另外，还明显可见许多短竹节状的细菌分散或成束生长。

(a) 颗粒污泥外观　(b) 颗粒污泥表面　(c) 颗粒污泥表面，上部放大倍数为下部5倍

(d) 颗粒污泥内部中心　(e) 颗粒污泥内部，距边缘 1/4 处　(f) 颗粒污泥内部边缘

图 8.5　第 28 d 颗粒污泥的扫描电镜照片

8.2.4　EGSB 反应器的工艺特征与运行性能

8.2.4.1　EGSB 的工艺特征

由于出水回流、高水力负荷及独特的三相分离结构等特点。EGSB 的工艺特点与 UASB 反应器相比，EGSB 有以下 5 个显著特点。

1) EGSB 不但能在高负荷下取得高处理效率，在低温条件下，对低浓度有机废水的处理也能取得较高处理效率，如 EGSB 在处理 COD 低于 1 000 mg/L 的废水时仍能有很高的去除率。通过对比实验发现，在处理挥发性有机酸时，为达到相同处理效率，在 10 ℃时，UASB COD 容积负荷为 1～2 kg/(m^3·d)，EGSB 为 4～8 kg/(m^3·d)；在 15 ℃时，UASB COD 容积负荷为 2～4 kg/(m^3·d)，EGSB 为 6～10 kg/(m^3·d)。处理未酸化的废水时，在 10 ℃时，UASB COD 容积负荷为 0.5～1.5 kg/(m^3·d)；EGSB 为 2～5 kg/(m^3·d)；在 15 ℃时，UASB COD 容积负荷为 2～4 kg/(m^3·d)；EGSB 为 6～10 kg/(m^3·d)。

2）EGSB 反应器内有很高的水流表观上升流速。在 UASB 中液流最大上升速度一般为 1 m/h，而 EGSB 其速度可高达 3～10 m/h，最高可达 15 m/h。可采用较大的高径比（15～40）、细高型的反应器构造，有效地减少占地。较大的液体表面上升流速意味着 EGSB 对进水中 SS 含量可承受更高负荷（UASB 限制 SS 为 500 mg/L 左右）。高的液体表面上升流速能将进水中的惰性 SS 自下而上带过污泥床，不至于使之在污泥床中过分沉积而挤占活性微生物的有效空间，从而造成污泥床中活性污泥成分降低。允许有较多的 SS 进入 EGSB 可简化原污水的预处理过程。

3）EGSB 的颗粒污泥床呈膨胀状态，颗粒污泥性能良好。在高水力负荷条件下，颗粒污泥的粒径较大（3～4 mm），凝聚和沉降性能好（颗粒沉速可达 60～80 m/h），机械强度也较高（32×10^4 N/m^2）。

4）EGSB 对布水系统要求较为宽松，但对三相分离器要求较为严格。高水力负荷，使得反应器内搅拌强度非常大，保证了颗粒污泥与废水的充分接触，强化了传质，有效地解决了 UASB 常见的短流、死角和堵塞问题。但在高水力负荷和生物气浮力搅拌的共同作用下，容易发生污泥流失。因此，三相分离器的设计成为 EGSB 高效稳定运行的关键。

5）EGSB 采用了处理水回流技术。对于低温和低负荷有机废水，回流可增加反应器的水力负荷，保证了处理效果；对于超高浓度或含有毒物质的有机废水，回流可以稀释进入反应器内的基质浓度和有毒物质浓度，降低其对微生物的抑制和毒害。这是 EGSB 区别于 UASB 工艺最为突出的特点之一。

综上所述，EGSB 具有如下主要特点：① 高的液体表面上升流速；② 较高的 COD 负荷率；③ 大颗粒状污泥；④ 不需填充介质（填料）；⑤ 可处理 SS 含量高的污水；⑥ 可处理对微生物有毒性作用的污水；⑦ 紧凑的空间设计，极小的平面占地。其不足之处在于需要培养颗粒污泥，启动时间较长，另外为使污泥形成流化状态，需采用出水循环，因而需要较高的动力。

8.2.4.2 EGSB 工艺在几种特殊条件下的运行性能

1.EGSB 工艺对低浓度有机废水有很高的去除效率

进水低基质浓度使得反应器内有机物降解速率减小。基质去除率依赖于反应细菌和基质之间亲和力的饱和常数。本征饱和常数反映了基质从废水进入处于悬浮状态的分散细菌细胞的传质过程阻力，而表观饱和常数则反映了基质先进入生物膜，而后进入细菌体内的传质过程阻力。因为仅有有限的基质进入生物膜，所以表观饱和常数比本征饱和常数的值大。这样，在进行低浓度废水厌氧处理时，就需要通过高水力湍流来获取充分的混合强度以降低表观的值。由于 EGSB 反应器中具有良好的水力湍流条件，减少了传质阻力，在处理低浓度废水时，能够获得较高的基质去除率。

2.进水溶解氧对 EGSB 工艺处理性能影响很小

一般情况下，厌氧处理对溶解氧极为敏感，但厌氧颗粒污泥对溶解氧的承受能力却很高，主要机理在于颗粒污泥中某些兼性菌的有氧呼吸。当无基质供给时，兼性菌有氧呼吸减弱，对产甲烷菌产生毒害作用。但是，即使在无足够基质供给的情况下，产甲烷菌对溶解氧仍有一定的承受能力，说明产甲烷菌存在一个固有的溶解氧承受能力极限值。在正常条件下，与兼性菌消耗的生化需氧量（BOD）相比，进入反应器的溶解氧非常低，EGSB 工艺试验已证实微量溶解氧是无害的。

3.低温状态EGSB的处理能力

厌氧处理中,低温通常意味着低反应器性能。自从EGSB反应器产生以后,大部分的研究都集中于低温低浓度污水的处理。一般认为,在利用厌氧技术处理低浓度污水时,通常会遇到三个问题,即溶解氧的影响、低的基质浓度和低的水温。由于产甲烷菌通常被认为是严格厌氧菌,因此溶解氧的存在会抑制产甲烷菌的活性;低的基质浓度和低的反应温度则会导致微生物活性的降低。EGSB反应器采用了较高的液体上升流速,污水与污泥之间可以充分接触,传质效果良好,且颗粒污泥的形成和大量兼性菌的存在,使得其在处理低浓度污水方面具有很大的优势。利用EGSB工艺在15~20 ℃下处理进水COD质量浓度为666~886 mg/L的低浓度啤酒废水的效果为:水力停留时间(HRT)小于2.4 h,COD容积负荷为10 kg/(m^3·d),COD去除率为70%~91%。这一事实表明,EGSB厌氧工艺在低温下也可以有较高的处理能力。

8.2.5 EGSB反应器颗粒污泥特性

EGSB反应器能够高效运行的主要原因之一就是在其反应区内有大量的颗粒污泥——厌氧颗粒污泥。目前国内外对EGSB反应器所进行的研究一般均以UASB颗粒污泥作为种泥,但是由于与UASB反应器相比,EGSB反应器内的运行条件发生了很大的改变,因此,与UASB反应器内的颗粒污泥相比,EGSB反应器内的颗粒污泥的物化和生化特性也发生了改变。

Seghezzo对EGSB反应器内基质的传输以及厌氧颗粒污泥的结构进行了研究,发现颗粒污泥的形状和结构对基质的传输有重要的影响。图8.6为其研究的EGSB反应器内颗粒污泥的扫描电镜照片。从图8.6中可以看出,EGSB反应器内颗粒污泥表面非常不规则,内部具有众多的孔穴和通道,成团状生长的细菌分散在孔穴和通道附近,这种结构使得它们具有比其他颗粒污泥更高的活性。一方面,不规则的表面结构可以保证颗粒具有极大的比表面积,增加了颗粒与废水的接触面积,降低了外部物质向内扩散的阻力;另一方面,颗粒内部众多的孔穴和通道加剧了基质在颗粒内部的扩散。正是这种结构,才使得颗粒污泥活性的增加。尽管颗粒尺寸在不断增大,但是EGSB颗粒没有出现内部空洞或破裂的现象,基质可以深入到颗粒的中心处,从而保持了整个颗粒都具有活性。

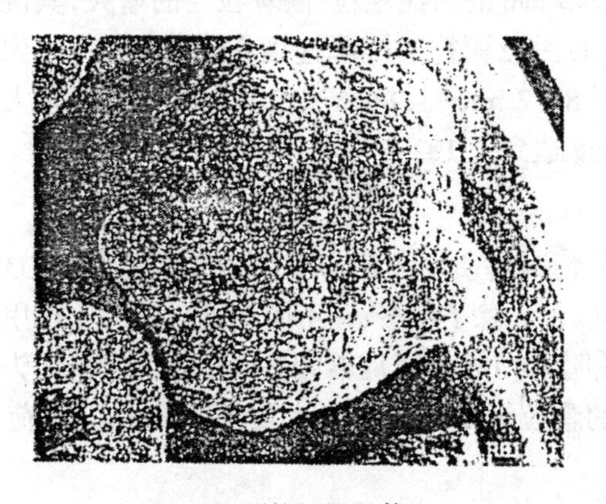

(a) 颗粒污泥整体

(b) 颗粒污泥内部

图8.6　Seghezzo研究的EGSB反应器内颗粒污泥的扫描电镜照片

厌氧颗粒污泥是 UASB 和 EGSB 反应器高效、稳定运行的关键，而两种反应器在结构、性能和运行参数上的不同，必然导致其中的厌氧颗粒污泥性能上的差异。因此，对 UASB 和 EGSB 反应器中厌氧颗粒污泥微生物活性、酶学性质和胞外多聚物进行比较研究，将会为这两种反应器特别是 EGSB 反应器的工业应用提供一定的微生物学理论指导。

8.2.5.1　低温低浓度条件下的颗粒污泥特性

颗粒污泥具有良好的沉降性能，可以防止污泥随出水流失，可以维持反应器内最大限度地滞留高活性污泥，因此反应器在较高的有机负荷和水力负荷条件下仍能有效地去除废水中的有机物。可以说，性能良好的颗粒污泥是保证 EGSB 工艺的高效稳定运行的关键。

通常条件下，颗粒污泥是由多种专性厌氧菌种组成的。其中索氏甲烷菌（*Methanothrix*）是一种丝状菌，很容易吸附；八叠甲烷球菌（*Methanoscamia*）形成的颗粒污泥紧密，具有密度大和沉降性能好等特点。但是在低温低浓度特殊条件下，颗粒污泥的成分有所变化，反应器中的产甲烷菌主要是乙酸营养型甲烷毛发菌属（*Methanosaeto*）的菌种和氢营养型甲烷短杆菌属（*Methanobrevibactor*）的菌种。由于反应器内乙酸浓度很低，因此反应器内的甲烷八叠球菌属的菌种很少，所占比例不到 1%。

EGSB 反应器不仅在处理低温低浓度污水方面有着 UASB 反应器无法比拟的优越性，并且由于它能承受的 COD 容积负荷（最高可达 30 $kg/(m^3 \cdot d)$）比 UASB 反应器的（一般为 10 $kg/(m^3 \cdot d)$）高得多，无疑它在处理高浓度有机废水时具有强大的优势。经实践证明，EGSB 对于处理中、高浓度污水，同样能获得良好的处理效果。德国建的第一座 EGSB 反应器是处理土豆加工过程中产生的污水，该反应器高度为 14 m，体积为 750 m^3。反应器进水 COD 质量浓度为 3 500 mg/L，其去除率可以达到 70% ~ 85%，沼气中甲烷的含量达到 80%。

8.2.5.2　颗粒污泥的沉降性能

良好的颗粒污泥沉降性能是保持反应器在高的进水表面上升流速条件下稳定运行的前提。研究发现，反应器的启动过程首先是污泥颗粒进行重新分布过程，粒径大的颗粒沉入反应器的底部，然后性能较差的污泥颗粒再逐渐被淘汰。通过测定接种污泥和运行 30 d 后颗粒污泥沉降速度可以得出，接种污泥的沉降速度一般在 23.1 ~ 54.6 m/h，平均沉降速度为 41.2 m/h 左右，其中沉降速度最大的为小于 0.45 mm 的污泥颗粒，随着粒径的增大，其沉降速度略有下降。经过启动后，EGSB 反应器中的污泥颗粒的沉降速度有明显增加，达到了 59.8 ~ 102.0 m/h，污泥的平均沉降速度提高到 83.2 m/h，且沉降速度最大的为粒径较大的颗粒，如粒径大于 2.0 mm 的颗粒污泥，沉降速度达到了 102 m/h。

8.2.5.3　厌氧颗粒污泥活性分析

研究表明，EGSB 反应器颗粒污泥在以葡萄糖为基质中的比产甲烷活性显著大于 UASB 反应器颗粒污泥的活性，前者是后者的 1.5 倍以上。除了甲酸，在不同有机酸中的比产甲烷活性也以 EGSB 反应器颗粒污泥高。这充分说明，与 UASB 反应器相比，EGSB 反应器作为第三代高效厌氧反应器确实能培养出更高活性的颗粒污泥，因而可以承受更高的 COD 负荷。

8.2.5.4　厌氧颗粒污泥胞外多聚物

颗粒污泥的胞外聚合物（简称 EPC）是以多糖为主体的具有粘着性的粘质层。由于 EPC 的吸附能力较强，低浓度的有机污染物可通过吸附而富集浓缩，呈微小颗粒或胶体状态的有机污染物还可通过吸附聚集而去除,这些作用均非游离态微生物所能及。研究表明,胞外多聚物的成分影响絮体的表面性质和颗粒污泥的物理性质,分散的菌体带负电,使细胞间存在静电斥力,胞外多聚物的产生可以改变菌体的表面电荷,最后使菌体聚集,因此,胞外多聚物与颗粒污泥的形成和稳定性有密切的关系。分别对新鲜和放置3个月的UASB反应器颗粒污泥和EGSB反应器颗粒污泥中胞外多聚物进行测定,结果表明,EGSB反应器颗粒污泥胞外多聚物含量明显高于UASB反应器颗粒污泥,前者是后者的1.5倍左右。在胞外多聚物中,UASB反应器颗粒污泥中多糖的含量较高,而EGSB反应器颗粒污泥中蛋白质和核酸的含量较高。实验中采用的UASB反应器颗粒污泥和EGSB反应器颗粒污泥的平均粒径分别为0.85 mm和1.78 mm,说明胞外多聚物含量高有利于形成较大粒径的颗粒污泥。

8.2.6 EGSB工艺的影响因素

8.2.6.1 温度对反应器的影响

温度对微生物的活性和生化反应有着显著的影响。但EGSB反应器拥有经过较长期驯化的足够生物量,能够掩盖在一定范围内温度变化对运行效果的影响。

8.2.6.2 pH值对反应器的影响

pH值是影响厌氧生物处理过程的重要因素,是EGSB反应器能否正常运行的重要监测指标。因为反应器中甲烷菌对pH值是十分敏感的,一般要求pH值控制在6.5~8.5。pH值低于6.5时甲烷菌受到抑制,活性下降;pH值低于6.0时,甲烷菌已受到严重抑制,反应器内产酸菌优势生长,此时反应器会严重酸化。在利用厌氧生物处理工艺处理有机废水时,需要投加碱性物质以维持反应器内较高的碱度和中性的pH值,如果EGSB反应器中pH值在6.0以下,不马上进碱水中和酸度提升pH值,就会使反应器内的甲烷菌大量死亡,从而导致COD去除率急剧下降。甲烷菌被酸化后,它的恢复期较长,还不如重新进污泥启动快,因此,pH值监测是判断EGSB反应器运行是否正常的最重要手段。

也有研究表明,在许多自然环境中存在着多种最适生长环境为酸性条件的产甲烷菌。因此,如果能在厌氧反应器中培养出耐酸产甲烷颗粒污泥,在处理酸性或低碱度有机废水时,将厌氧反应器直接控制在酸性条件(pH6.0)下运行,可以节省碱度投加费用;如果在普通厌氧反应器中设法提高其污泥中耐酸产甲烷菌的比例,则可以提高其抵抗酸化的能力,提高运行稳定性,也可以进一步扩大厌氧生物处理技术的应用领域。

8.2.6.3 氯苯等有毒物质对颗粒污泥性质的影响

氯苯是氯代芳香族化合物中的一种,是染料、药品、农药以及有机合成的中间体,其毒性较大且难以生物降解,已被许多国家列为优先控制污染物。氯苯对EGSB反应器内颗粒污泥中的细菌有较强的毒害作用,连续投加低浓度氯苯72 d后,扫描电镜观察可发现颗粒污泥表面和内部细菌均明显受到损害,颗粒污泥表面较不规则,有明显的突起和凹陷,颗粒表面的细菌仍有明显分区生长的现象,且个别细菌的竹节状顶端有破损痕迹,在颗粒污泥内部还可发现少量短杆菌,但它们大多已被破坏。分析认为,这可能是由于氯苯对颗粒污泥中的细菌造成了伤害,导致一些细菌特别是颗粒内部的细菌破损。停止投加氯苯恢复运行30 d和50 d后,仍可观察到颗粒污泥内部细菌受损害的现象,且部分颗粒污泥内部还存在着明显的空洞。随着运行时间的延长,EGSB 反应器内颗粒污泥的粒径有较大程度的增大,但长期接触氯苯导致部分颗粒污泥解体,使得小粒径污泥增多,而大粒径污泥相应减少。氯苯对颗粒污泥的损害还表现在使大粒径颗粒的沉速减小,甚至导致部分颗粒污泥内部形成空洞而上浮。

8.2.7 EGSB 反应器的应用

在我国,由于城市人口的急剧膨胀和国民经济的飞速发展,城市生活污水和工业废水的总量也迅速增加。为了达到可持续性发展的要求,我们必须不断地开发和利用新型高效的反应器。在过去的十多年中,UASB 反应器已经发挥了重要的作用,而作为对 UASB 反应器改进的 EGSB 反应器,其处理范围更广,更为关键的是,EGSB 可以采用较大的高径比,占地面积更小,投资更省,因而更具市场竞争力。

以 EGSB 为代表的第三代厌氧生物反应器必将成为现在和将来厌氧生物处理工艺关注的焦点。EGSB 生物反应器可应用于以下领域:① EGSB 作为一种高效、节能的厌氧生物反应器,采用处理水回流技术,有效地降低了进水中有毒物质的浓度和毒性,可用于处理含有有毒物质的废水。② EGSB 适用于各种浓度工业废水和城市污水的处理。在处理低浓度有机废水时,处理水回流可以获得充足的水力混合强度;在处理超高浓度有机废水时,处理水回流则起到稀释作用。③ EGSB 对水温的适用范围广。尤其在低温条件下,其最低允许进水浓度和处理效果都明显优于其他厌氧处理工艺。④ EGSB 还可应用于生活污水处理系统、垃圾填埋厂的渗滤液处理系统以及农业废物废水处理领域。表 8.5 中列出了国外文献报道的相关研究和应用实例。

表 8.5　EGSB 反应器的研究和应用

处理废水	温度/ ℃	反应器容积/L	进水 COD 质量浓度/$(mg \cdot L^{-1})$	水力停留时间/h	COD 容积负荷率/$(kg \cdot (m^3 \cdot d))$	COD 去除率/%
长链脂肪酸废水	30 ± 1	3.95	600 ~ 2 700	2	30	83 ~ 91
甲醛和甲醇废水	30	275 000	40 000	1.8	6 ~ 12	> 98
低浓度酒精废水	30 ± 2	2.5	100 ~ 200	0.09 ~ 2.1	4.7 ~ 39.2	83 ~ 98
酒精废水	30	2.18 ~ 13.8	500 ~ 700	0.5 ~ 2.1	6.4 ~ 32.4	56 ~ 94
啤酒废水	15 ~ 20	225.5	666 ~ 886	1.6 ~ 2.4	9 ~ 10.3	70 ~ 91
低温麦芽糖废水	13 ~ 20	225.5	282 ~ 1 436	1.5 ~ 2.1	4.4 ~ 14.6	56 ~ 72
蔗糖和 VFA 废水	8	8.6	550 ~ 1 100	4	5.1 ~ 6.7	90 ~ 97

注:甲醛和甲醇废水的处理水回流比为 30 倍。

8.3 IC 厌氧反应器

内循环厌氧反应器(Internal Circulation,简称 IC)是 20 世纪 90 年代由荷兰 Paques 公司开发的专利技术,它是在 UASB 反应器基础上开发出的第三代超高效厌氧反应器,是一种具有容积负荷高、占地少、投资省等突出优点的新型厌氧生物反应器,其特征是在反应器中装有两级三相分离器,反应器下半部分可在极高的负荷条件下运行。整个反应器的有机负荷和水力负荷也较高，并可实现液体内部的无动力循环，从而克服了 UASB 反应器在较高的上升流速度下颗粒污泥易流失的不足。

目前，IC 反应器已成功应用于啤酒生产、食品加工等行业的生产污水处理中。由于其处理容量高、投资少、占地省、运行稳定等特点，引起了各国水处理人员的瞩目，有人视之为第三代厌氧生化反应器的代表工艺之一。进一步研究开发 IC 反应器、推广其应用范围已成为厌氧废水处理的热点之一。

8.3.1　IC 反应器结构和工作原理

8.3.1.1　IC 反应器的结构

IC 反应器是在 UASB 反应器的基础上发展起来的技术，两种反应器中都存在厌氧细菌聚集形成的“颗粒污泥”，因此，两者都是上流式颗粒污泥处理系统。废水在反应器中都是自下而上流动，污染物被细菌吸附并降解，净化过的水从反应器上部流出。事实上，IC 反应器可以简单地理解为两个上下组合在一起的 UASB 反应器，一个是下部的高负荷部分，一个是上部的低负荷部分。IC 反应器与 UASB 的最大不同之处是，废水处理中由 COD 转化产生的生物气的引出分为两个阶段，下部产生的气体产生一个水和污泥的循环回流，由此引起的强烈的搅拌作用和高的上流速度，极大地改善了污染物从液相到颗粒污泥的传质过程，因此有极高的净化效率，这是内循环（internal circulation）一词的由来。

IC 反应器由 5 个基本部分组成：混合区（或进液和混合 - 布水系统）、第一反应室（或污泥膨胀区）、内循环系统、第二反应室（或深度净化反应室）和出水区，其中内循环系统是 IC 反应器工艺的核心构造，由一级三相分离器、沼气提升管、气液分离器和泥水下降管组成。IC 反应器结构示意图见图 8.7。

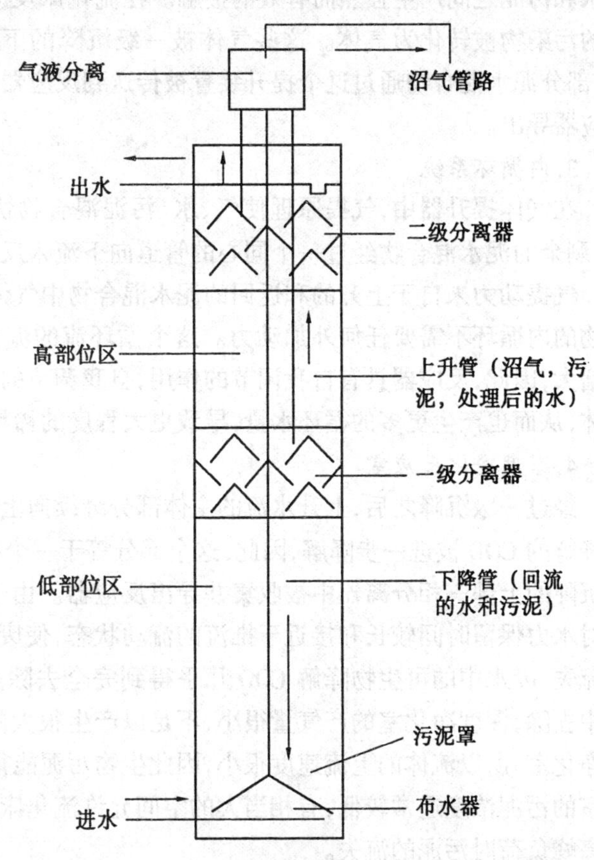

图 8.7　IC 反应器结构示意图

8.3.1.2　IC 反应器的工作原理

IC 反应器的工作原理为：污水直接进入反应器的底部，通过布水系统与颗粒污泥混合，在第一级高负荷的反应区内形成一个污泥膨胀床，在这里几乎大部分 COD 被转化为沼气；沼气被第一级三相分离器所收集，由于采用的负荷高，产生的沼气量很大，在其上升的过程中会产生很强的提升能力，迫使污水和部分污泥通过提升管上升到反应器顶部的气液分离器中；在这个分离器中产生的气体离开反应器，而污泥与水的混合液通过下降管回到反应器的底部，从而完成了内循环的过程。从底部第一个反应室内的出水进到上部的第二个反应室内进行后处理，在此产生的沼气被第二层三相分离器所收集。因为COD浓度已经降低很多，所以产生的沼气量降低，因此，扰动和提升作用不大，从而出水可以保持较低的悬浮物。IC反应器把5个重要的工艺过程集合在同一个反应器内，以下对各部分作简要介绍。

1.混合区(进液和混合－布水系统)

废水通过布水系统泵入反应器内，布水系统使进液与从IC反应器上部返回的循环水、反应器底部的污泥有效地混合，由此产生对进液的稀释和均质作用。为了进水能够均匀地进入IC反应器的流化床反应室，布水系统采用了一个特别的结构设计。

2.第一反应室(污泥膨胀区)

在此部分，废水和颗粒污泥混合物在进水与循环水的共同推动下，迅速进入流化床室。废水和污泥之间产生强烈而有效的接触。在流化床反应室内，废水中的绝大部分可生物降解的污染物被转化为气体。这些气体被一级沉降的下部三相分离器收集并导入气体提升器，部分泥水混合物通过这个提升装置被传送到反应器最上部的气液分离器，气体分离后从反应器导出。

3.内循环系统

在气体提升器中，气提原理使气、水、污泥混合物快速上升，气体在反应器顶部分离之后，剩余的泥水混合物经过一个同心的管道向下流入反应器底部，由此在反应器内形成循环流。气提动力来自于上升的和返回的泥水混合物中气体含量的巨大差别，因此，这个泥水混合物的内循环不需要任何外加动力。这个循环流的流量随着进液中COD的量的增大而自然增大，因此，反应器具有自我调节的作用，自我调节的原因是在高负荷条件下，产生更多的气体，从而也产生更多的循环水量，导致更大程度的稀释。这对于稳定的运行意义重大。

4.深度净化反应室

经过一级沉降之后，上升水流的主体部分继续向上流入深度净化室，废水中残存的生物可降解的COD被进一步降解，因此，这个部分等于一个有效的后处理过程，产生的气体在二级沉降的上部三相分离器中被收集并导出反应器。由于在深度净化室内的污泥负荷较低、相对水力保留时间较长和接近于推流的流动状态，使废水在此得到有效处理并避免了污泥的流失，废水中的可生物降解COD几乎得到完全去除。由于大量的COD已在流化床反应室中去除，深度净化室的产气量很小，不足以产生很大的流体湍动，内循环流动也不通过深度净化室，所以流体的上流速度很小，因此生物污泥能很好地保留在反应器内。由于深度净化室的污泥浓度通常较低，有相当大的空间允许流化床部分的污泥膨胀进入其中，这就防止了高峰负荷时污泥的流失。

5.出水区

经第一、二反应室处理的污水经溢流堰由出水管导出，进入后续的处理工艺。经IC反应器处理后的污水COD去除率一般在80%以上。

8.3.2　IC 反应器的工艺思想

UASB 反应器虽然利用污泥颗粒化实现了水力停留时间与污泥停留时间的分离,从而延长了污泥龄,保持了高浓度污泥,但如何保持泥水的良好接触,强化传质过程,最大限度地利用颗粒污泥的生化处理能力,减轻由于传质的限制对生化反应速率产生的负面影响,则是另一课题。

8.3.2.1　利用已有的工艺成果

1) 利用微生物细胞固定化技术——污泥颗粒化。一方面,污泥颗粒化使微生物细胞更适应水中温度与 pH 值的变化,减轻不利因素如重金属离子对污泥活性的影响;另一方面,颗粒污泥为提高污泥浓度和污泥回流创造了条件。

2) 采用污泥回流,进一步加大生物量,延长泥龄。事实上,水处理工程中利用污泥回流提高污泥浓度已是成熟的方法。IC 反应器是在高的 COD 容积负荷条件下,依据气体提升原理,在无需外加能源的条件下实现了内循环污泥回流。

3) 引入分级处理,并赋予其新的功能。分级处理同样是水处理工程中常用的方法。IC 反应器通过膨胀床去除大部分进水中的 COD,通过精处理区降解剩余 COD 及一些难降解物质,提高出水水质。更重要的是,由于污泥内循环,精处理区的水流上升速度(2 ~ 10 m/h)远低于膨胀床区的上升流速(10 ~ 20 m/h),而且该区只产生少量的沼气,创造了污泥颗粒沉降的良好环境,解决了在高 COD 容积负荷条件下污泥被冲出系统的问题。此外,精处理区为膨胀污泥床区由于高的进水负荷导致的过度膨胀提供缓冲空间,保证运行稳定。

8.3.2.2　采用内循环技术

IC 反应器通过采用内循环技术,大幅度提高了 COD 容积负荷,实现了泥水间的良好接触。沼气产量高,使颗粒污泥处于膨胀流化状态,强化了传质效果,达到了泥水充分接触的目的。据相关研究报道,处理高浓度有机废水(5 000 ~ 9 000 mg/L)相应的 COD 容积负荷达 35 ~ 50 kg/(m^3·d),膨胀床区水流上升速度可达 10 ~ 20 m/h。可见内循环技术不但增加了生物量,也改善了泥水接触条件,尽最大可能挖掘了生化处理能力,抓住了厌氧废水处理的关键,从而体现了从根本上提高生化反应速率这一原则,实现了大幅度提高处理容量的目的。应当指出,目前许多 IC 反应器进水必须经过温度和 pH 值调节也是为提高生化反应速率、充分利用生化处理潜力创造条件。

8.3.2.3　IC 反应器利用较大的高径比,采用了同一反应器内分段处理的工艺

通过第一反应室去除进水的大部分 COD,通过第二反应室降解剩余 COD 及一些难降解物质,提高出水水质。由于第二反应室产气量较少,创造了颗粒污泥沉降的良好环境,较好地解决了在高的容积负荷下污泥流失的问题。

8.3.3　IC 反应器的工艺特点

8.3.3.1　优点

通过前面的论述可以知道,IC 反应器具有很多优点,主要优点如下。

1.具有很高的容积负荷率

IC 反应器由于存在着内循环,传质效果好,生物量大,污泥龄长,其进水有机负荷率远

比普通的UASB反应器高,一般可高出3倍左右。处理高浓度有机废水,如土豆加工废水,当COD质量浓度为10 000~15 000 mg/L时,进水COD容积负荷率可达30~40 kg/(m^3·d)。处理低浓度有机废水,如啤酒废水,当COD质量浓度为2 000~3 000 mg/L时,进水COD容积负荷率可达20~25 kg/(m^3·d),HRT仅为2~3 h,COD去除率可达80%。

2.节省基建投资和占地面积

由于IC反应器比普通UASB反应器有高出3倍左右的容积负荷率,则IC反应器的体积为普通UASB反应器的1/4~1/3左右,所以可降低反应器的基建投资。IC反应器不仅体积小,而且有4~8倍的高径比,高度可达16~25 m,所以占地面积特别小,非常适用于占地面积紧张的厂矿企业采用。

3.沼气提升实现内循环,不必外加动力

厌氧流化床载体的流化是通过出水回流由水泵加压实现,因此必须消耗一部分动力。而IC反应器是以自身产生的沼气作为提升的动力实现混合液的内循环,不必另设水泵实现强制循环,从而可节省能耗。但对于间歇运行的IC反应器,为了使其能够快速启动,需要设置附加的气体循环系统。

4.抗冲击负荷能力强

由于IC反应器实现了内循环,处理低浓度废水(如啤酒废水)时,循环流量可达进水流量的2~3倍。处理高浓度废水(如土豆加工废水)时,循环流量可达进水流量的10~20倍。因为循环流量与进水在第一反应室充分混合,使原废水中的有害物质得到充分稀释,大大降低有害程度,从而提高了反应器的耐冲击负荷能力。

5.具有缓冲pH的能力

由于采用了内循环技术,IC工艺可充分利用循环回流的碱度,有利于提高反应器缓冲pH变化的能力,从而节省进水的投碱量,降低运行费用。

6.出水的稳定性好、启动快

因为IC反应器相当于上下两个UASB反应器的串联运行,下面一个UASB反应器具有很高的有机负荷率,起“粗”处理作用,上面一个UASB反应器的负荷较低,起“精”处理作用。IC反应器相当于两级UASB工艺处理。一般情况下,两级处理比单级处理的稳定性好,出水水质较为稳定。由于内循环技术的采用,致使污泥活性高、增殖快,为反应器的快速启动提供了条件。IC反应器启动期一般为1~2个月,而UASB的启动周期达4~6个月。

7.污泥产量小

剩余污泥少,约为进水COD的1%。由于厌氧菌种采用颗粒污泥,具有表面积大,沉降效果好的特点,大大提高了有机污染物COD与污泥接触的机会,污泥得到充分养分,维持一定的大小和沉降性,使反应器污泥产量有效减少。IC厌氧反应器每天产生的厌氧污泥可作为厌氧反应器的生物启动菌种。

根据以上特点,可以对IC反应器进水水质特点作一简单分析。IC反应器效能高,HRT短,为了能形成内循环,废水COD值宜在1 500 mg/L以上;进水碱度宜高些,这样易保证系统内pH值在7左右,维持厌氧处理的适宜环境因素;进水SS值不宜过高,虽然不同废水的SS中易降解、难降解和不可降解物质所占比例不同,但从长期运行稳定的角度看,SS值应偏低一些。

8.3.3.2　不足

综上所述，IC 厌氧反应器具有高效、占地少等优点，并在土豆加工、啤酒等废水的处理中都有出色表现，这些资料说明该项技术已经成熟。而从理论研究的角度看，IC 厌氧反应器已拥有水力模型，可用于指导设计和调试运行。然而，IC 厌氧反应器仍有不少有待研究改进的地方。

1.从构造上看

由于采用内循环技术和分级处理，所以 IC 反应器高度一般较高，而且内部结构相对复杂，增加了施工安装和日常维护的困难。高径比大就意味着进水泵的能量消耗大，运行费用高，当然，由于 IC 反应器水力负荷较高，所以动力消耗还需结合实际综合考察。

2.水力模型的合理性和实用性有待研究

该水力模型的原型是气升式反应器的水力模型，这个模型建立的基础是不考虑循环过程中的壁面磨损以及只考虑废水从升流管向降流管和从降流管向升流管流动处的局部损失。这种简化在气升式反应器中由于升流管和降流管的直径较大，是可以接受的，并且也获得了试验的证明，但 IC 厌氧反应器的升流管和降流管的直径十分有限，这种简化就不尽合理。从 IC 厌氧反应器的模型上看，Pereboom 等只考虑了气体提升作用，即升流管与降流管间的液位差 ΔH 对反应器水力特征的影响，并未做出相应的理论证明或试验验证，所以模型本身有待进一步研究。从模型的实用性上考虑，计算过程需用迭代法而比较复杂，计算参数的确定也有难度。

3.局限于易降解有机废水

IC 厌氧反应器由于有回流的稀释作用，比 UASB 反应器更适于处理难降解有机物，但目前只有处理高含盐废水（菊苣加工废水）的报道，绝大部分 IC 厌氧反应器仍局限于处理易降解的啤酒、柠檬酸等废水，所以 IC 厌氧反应器的应用领域有待开拓。

4.颗粒污泥在 IC 厌氧反应器中仍占有重要地位

它与处理同类废水的 UASB 反应器中的颗粒污泥相比，具有颗粒较大、结构较松散、强度较小等特点，对 IC 厌氧反应器颗粒污泥的研究可能会成为现有颗粒污泥理论的有力证据或有益补充，具有较大的学术价值。国内引进的 IC 厌氧反应器均采用荷兰进口颗粒污泥接种，出于降低工程造价的目的，也需进一步掌握在 IC 厌氧反应器的水力条件下培养活性和沉降性能良好的颗粒污泥的关键技术。

5.增加了 IC 反应器以外的附属处理设施

为适应较高的生化降解速率，许多 IC 反应器的进水需调节 pH 值和温度，为微生物的厌氧降解创造条件。从强化反应器自身功能的程度看，这无疑增加了 IC 反应器以外的附属处理设施，尽管目前大多数厌氧工艺也需要调节进水的温度和 pH 值。污泥分析表明，IC 反应器比 UASB 反应器内含有较高浓度的细微颗粒污泥（形成大颗粒污泥的前体），加上水力停留时间相对短和较大的高径比，所以与 UASB 反应器相比 IC 反应器出水中含有更多的细微固体颗粒，这不仅使后续沉淀处理设备成为必要，还加重了后续设备的负担。

8.3.4　IC 反应器内的颗粒污泥

通过对处理相同废水的大规模 UASB 和 IC 反应器内颗粒污泥性质的比较，Pereboom 等考察了颗粒污泥的生长及影响颗粒污泥生长和生物量滞留的因素。颗粒污泥的性质包括：

粒径分布、强度、沉降速度、密度、灰分含量和产甲烷活性，其中物理特性主要取决于生物学因素。实验数据表明，IC反应器中的颗粒污泥比UASB反应器中颗粒污泥大，强度则相对低，这可能是由于IC反应器的有机负荷比较高。UASB与IC反应器颗粒污泥特性见表8.6。研究表明，启动过程中颗粒污泥的活性发生了较大变化，启动过程中污泥产甲烷活性在不断地增加，启动结束时，污泥产甲烷活性可达到接种污泥的4倍；VSS/TSS由接种颗粒污泥的66.7%增加为91.8%。产生这种变化的原因在于反应器内液体内循环促进了基质和颗粒污泥的接触，提高了传质效果，促进了产甲烷细菌的繁殖和增长。

表8.6 UASB与IC反应器颗粒污泥特性

项　　目	啤酒废水		土豆加工废水	
	UASB	IC	UASB	IC
容积 V/m^3	1 400	50	2×1 700	100
HRT/h	6.4	22	5.5	20
进水 COD/$(kg\cdot m^{-3})$	1.7	1.6	12	6~8
COD去除率/%	80	85	95	85
污泥活性/$[g\ COD\cdot(g\ VSS\cdot d)^{-1}]$	1.10	1.40	1.08	1.83
平均直径 d/mm	0.60	0.84	0.51	0.87
相对强度	0.83	0.32	0.71	0.53

同时，Pereboom等还对大型UASB反应器和IC反应器中产甲烷颗粒污泥的粒径分布分阶段进行了比较研究，根据这些数据并结合实验室规模反应器的研究，建立了粒径分布模型。试验结果表明，颗粒破碎并不十分影响粒径分布，且剪切力对于颗粒粒径的分布没有影响。如果进水中的悬浮颗粒多，则污泥颗粒的粒径分布范围小；相反，如果进水中的悬浮颗粒几乎很少或没有，则颗粒的粒径分布范围大。建立的颗粒粒径分布模型能很好地描述IC反应器中较大颗粒的分布。产甲烷颗粒污泥的密度与灰分含量密切相关。反应器接种后的几个月中颗粒污泥的性质即得到优化。

东华大学对IC厌氧反应器分别进行产气强制性内循环启动和常规启动试验研究，结果表明，强制性内循环启动的反应器充分利用了内循环缓冲pH值和抗冲击负荷的能力，创造良好的微生物生长环境，最终只用了54 d就完成整个启动，比常规方式启动缩短近一个月，是一种值得借鉴的启动方式。

王林山等对生产性IC反应器的启动和运行进行了研究，启动周期约65 d。哈尔滨工业大学的李鹏、任南琪研究发现，在启动过程中出水回流可加快反应器的启动，启动结束后，反应器内颗粒污泥的粒径明显增大。在特定的水力环境下，颗粒污泥粒径分布更趋于均匀，由上到下逐渐增大，底部颗粒污泥直径可达5 mm，但平均相对密度从接种平均相对密度1.056降低到1.053。启动后的污泥产甲烷活性可达366.64 mL/(gVSS·d)，为接种污泥(113.7 mL/(gVSS·d))的3.2倍左右。研究发现，颗粒污泥的微生物组成为表面大量的丝状菌相互缠绕，产甲烷杆菌和球菌集中在内部，组成合理的食物链式微生物结构。IC反应器中颗粒污泥及其表面典型结构的SEM(扫描电镜)照片见图8.8。

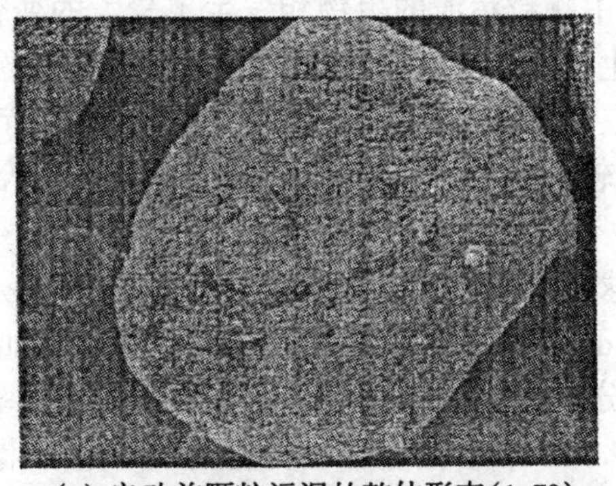

(a) 启动前颗粒污泥的整体形态(1:70)

(b) 启动后颗粒污泥的整体形态(1:70)

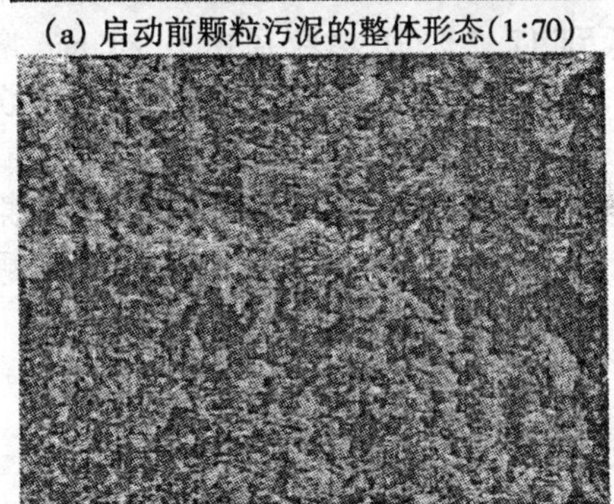

(c) 启动前颗粒污泥内部的菌群(1:10 000)

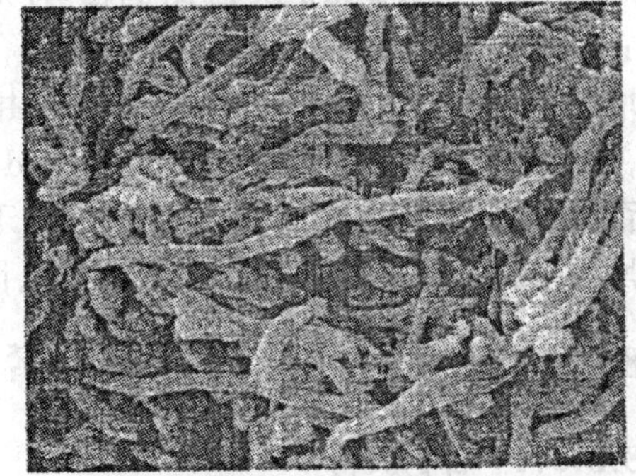

(d) 启动后颗粒污泥内部的菌群(1:10 000)

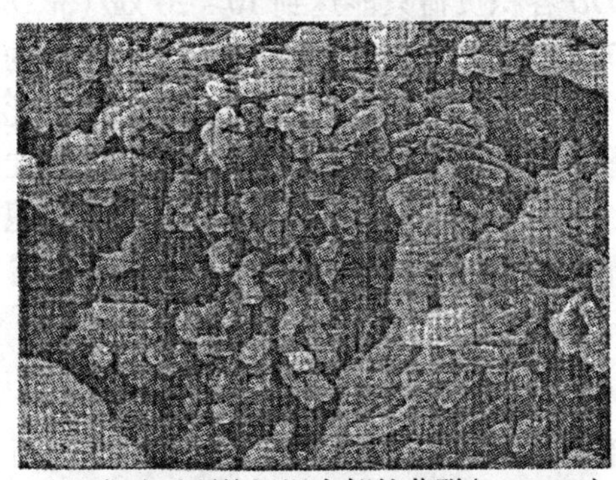

(e) 启动后颗粒污泥内部的菌群(1:10 000)

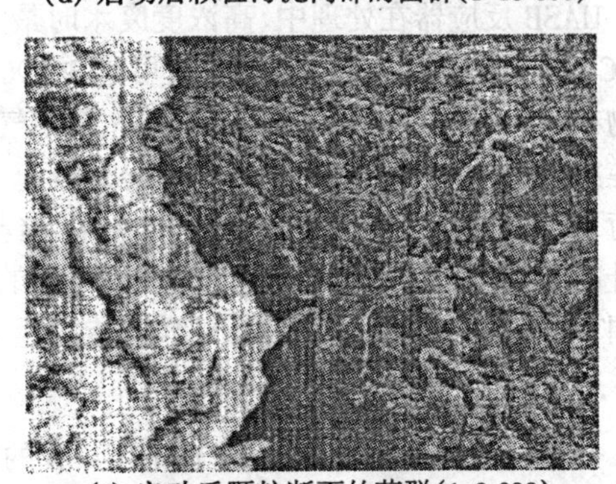

(f) 启动后颗粒断面的菌群(1:3 000)

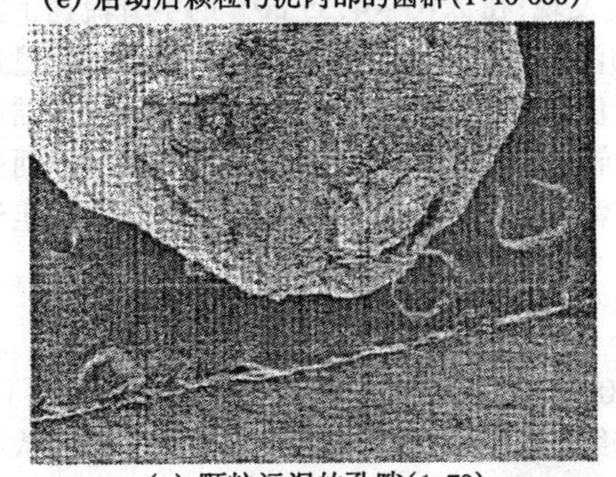

(g) 颗粒污泥的孔隙(1:70)

(h) 颗粒污泥的孔隙内壁(1:5 000)

图 8.8　IC 反应器颗粒污泥扫描电镜照片

通过对颗粒污泥的 SEM 照片分析,启动过程中颗粒污泥的生物相发生了较大的变化。启动前,接种污泥中的生物量较少,启动结束后,生物量大大增加,颗粒污泥表面被致密的丝状菌群包裹着,其中夹杂少量的杆菌和球菌;而在颗粒污泥的内部,丝状菌明显减少,而杆菌、球菌和链球菌较多,大量的微生物聚集成一个较好的微生态系统,相互间协同作用大大提高了对有机物的利用程度。

另一启动试验数据为:接种颗粒污泥为黑色球体,直径 0.35~2.5 mm,密度 1.045 kg/L。反应器启动第 15 d,颗粒污泥青灰色增多,20 d 后颗粒污泥基本为灰色,密度增加到 1.065 kg/L;至启动结束,反应器中颗粒污泥粒径分布与接种污泥相比发生明显变化,2 mm 以上的颗粒污泥含量由 0.81%增加到 11.6%,1.2~1.6 mm 的颗粒污泥比例由 24.7%增为 29.4%,而 0.9~1.2 mm 所占比例由 47%降低到 17.2%;平均粒径由 0.88 mm 增为 1.25 mm,最大粒径达到 3 mm;接种污泥沉降速度 17.6~92.05 m/h,而启动后颗粒污泥沉降速度增加到 31.95~105.17 m/h,这可能是由于启动后颗粒污泥的粒径和密度增加的原因。此外,还测定了接种颗粒污泥和启动第 24 d 反应器中颗粒污泥的胞外多聚糖含量,结果表明,后者胞外多聚糖含量(58.48 mg/g)远大于前者(30.14 mg/g)。据此推测,启动结束颗粒污泥增大可能是由于胞外多聚糖分泌增加,因此菌体间更易吸附。

8.3.5 IC 反应器运行的影响因素

8.3.5.1 容积负荷

UASB 反应器在处理中、高浓度废水时最大 COD 容积负荷只能达到 10~20 kg/(m^3·d),而 IC 反应器的最大 COD 容积负荷可达 36.96~37.52 kg/(m^3·d),这是因为 60%~70%的有机物在第一反应室得到降解,产生的大量沼气被一级三相分离器收集后排出反应器,因此不会在第二反应室中产生很高的气体上升流速,对颗粒污泥的流失影响较小。IC 反应器在高负荷下运行仍能达到很高的 COD 去除率,这与反应器具有液体内循环密切相关,当容积负荷升高时产生的沼气量增加,推动液体形成的内循环流量增大,进水得到了更大程度的稀释和调节,第一反应室内液固充分接触,传质速率增加,使有机物易于得到降解。

8.3.5.2 混合液的上升流速

一般认为,以颗粒污泥为主体的 UASB 的混合液上升流速宜控制在 0.5~1.5 m/h,而 IC 反应器的混合液上升流速为 2.5~10 m/h。研究发现,在 2.65~4.35 m/h 的上升流速下第一反应室的沼气产量明显增加,造成气提管中的液体通量明显增大和中间回流管的流量加快,这说明通过增加进水量的方式可明显提高反应器中的循环比例(一方面可改善反应器底部对进水 COD 负荷的承受能力,提高反应器的抗冲击负荷能力;另一方面可提高流速而强化传质过程,避免了反应中可能出现的局部基质浓度过高现象,确保了反应器能正常稳定地运行)。

8.3.5.3 进水 COD 浓度

在进水 COD 质量浓度分别为 1 300 mg/L、2 000 mg/L、4 500 mg/L、9 897 mg/L 的条件下,控制反应器的上升流速为 4.0 m/h,沿反应器高度取样并测定 COD 浓度,在不同的进水浓度条件下反应器中的 COD 浓度在高度上呈梯度分布,第一反应室中 COD 浓度下降较快,而第二反应室中 COD 浓度变化相对缓慢。因此,在设计 IC 反应器时要充分考虑进水浓度、上升流速和反应器高度间的关系。

8.3.5.4　进水 pH 值

对比反应器在较高 COD 容积负荷(35.0 kg/(m^3·d))、不同进水 pH 值条件下的去除率。

当进水 pH < 8.0 时 COD 去除率为 65% ~ 75%,在 pH = 8.5 时 COD 去除率达到最大值 89%,随着 pH 值的进一步升高则 COD 去除率逐步下降,但至 pH = 8.9 时下降幅度趋缓。笔者得到的进水最佳 pH 值为 8.5,显然高于普通厌氧反应器中的最佳 pH 值 7.5 ~ 7.8,这是由于当 IC 反应器的 COD 容积负荷(以总体积计算)为 35 kg/(m^3·d) 时第一反应室的 COD 容积负荷(以第一反应室的体积计算)高达 72.0 kg/(m^3·d),虽然进水在布水系统处得到稀释和缓冲,但仍会使产酸菌产生过多的有机酸,在此区域内对产甲烷菌的活性会产生一定程度的抑制作用,导致反应器底部 pH 值明显下降。与进水 pH = 7.5 时相比,pH = 8.5 的进水 pH 值下降速度慢,最低下降到 7.1,随后趋于稳定,因此 IC 反应器的处理效果明显优于普通厌氧反应器。

8.3.6　IC 反应器的应用及发展

IC 反应器最早应用于高浓度的土豆加工生产废水(COD 为 10 000 ~ 15 000 mg/L)的处理,后来又成功地应用于低浓度的啤酒生产废水(COD 为 2 000 ~ 3 000 mg/L)的处理。从 IC 反应器的工程实践看,国内沈阳、上海率先采用了 IC 工艺处理啤酒生产废水。以沈阳华润雪花啤酒有限公司采用的 IC 反应器为例,反应器高 16 m,有效容积 70 m^3,每天处理平均 COD 浓度为 4 300 mg/L 的啤酒废水 400 m^3,在 COD 去除率稳定在 80% 的条件下,容积负荷高达 25 ~ 30 kg/(m^3·d)。公司在解决处理生产废水问题的同时,经济上也获得较大收益——每年节省排污费 75 万元,沼气回收利用价值 45 万元。相比之下,反应器年运行费用仅为 62 万元。可见,IC 工艺达到了技术经济的优化。

IC 工艺在国外的应用以欧洲较为普遍,运行经验也较国内成熟许多,不但已在啤酒生产、土豆加工、造纸等生产领域内的废水处理上有成功应用,而且正日益扩展其应用范围,规模也越来越大。荷兰 SENSUS 公司就建造了容积为 1 100 m^3 的 IC 反应器处理菊苣生产废水,而据估算,如采用 UASB 反应器处理同样废水,反应器容积将达 2 200m^3,投资及占地也将大大增加,1995 年该反应器初期运行时,日处理 COD 质量浓度约为 7 200 mg/L 的废水 3 960 m^3,COD 水力负荷达 30 kg/(m^3·d),COD 去除率稳定在 70% ~ 80%。部分 IC 反应器研究应用情况见表 8.7。

表 8.7　部分 IC 反应器研究应用情况

废水类型	反应器体积/m^3	进水 COD 浓度/(mg·L^{-1})	COD 容积负荷/(kg·(m^3·d)$^{-1}$)	总 COD 去除率/%
土豆加工废水	17	3 000 ~ 8 000	20 ~ 30	80 ~ 95
菊糖废水	1 100	7 900	31	60 ~ 85
奶酪废水	400	1 550	8 ~ 24	40 ~ 60
食品加废水	400	4 500	5 ~ 42	70 ~ 90
啤酒废水	200	13 000	20 ~ 40	70 ~ 90
啤酒废水	70	4 300	25 ~ 30	80

8.3.6.1　IC 反应器研究要素

IC 反应器很大程度上解决了 UASB 的相对不足,大大提高了单位反应器容积的处理容量。根据 IC 反应器的实际应用,在工程设计中逐渐形成了一些共性的因素,应予以重视。

1. 高径比的控制

对于特定的废水,在一定的处理容量条件下,高径比的不同将直接导致反应器内水流状况的不同,并通过传质速率最终影响生物降解速率。能否控制合适的高径比,还将直接影响沉淀区出水效果。高径比过大,将不利于沉淀。

2. 进水的配水要均匀

由于 IC 反应器效能高,所以进水与内循环液的均匀混合就显得非常重要,均匀的配水与良好的混合将为充分发挥颗粒污泥性能,为提高生化降解速率创造条件。

3. 三相分离器的设计应注意事项

因反应器内水流是上向流,并通过分离器,故应考虑该处的实际过流断面,避免局部水流速度过大。既要达到良好的分离效果,又要防止水流状态不均的现象。

8.3.6.2　IC 反应器的变形工艺

在 IC 反应器的基础上,又出现了附加气循环 IC 反应器、多级内循环(MIC) 厌氧反应器以及 IC - CIRCOX 工艺。

1. 附加气循环 IC 反应器

由于 IC 反应器工艺要求产气量大,处理低浓度有机废水时常出现内循环气量不足,循环量小,甚至无法形成循环。附加气循环 IC 反应器采用附加气循环的方法,克服了 IC 工艺在低浓度有机废水处理中的上述缺点,从而提高了处理效率。它与原 IC 反应器的主要区别是,原 IC 反应器内循环气源为主反应区厌氧过程产生的沼气,而附加气循环 IC 反应器同时采用了脉冲进液与附加供气系统,额外增加了内循环的气量,所增加气体来源于两方面,一方面通过脉冲发生器进水的夹气作用,另一方面通过脉冲进液管上水射器的吸气作用,使气水分离箱中大量气体重新回到主反应区参与循环。后者的作用为主,其吸气时间与脉冲发生时间同步,过程均为间隙式。因此反应器的内循环系统表现为间隙式工作,在气水分离箱中提升管出口处,间隙产生强烈喷液现象,喷液时间滞后进液时间 22 s。

2. 多级内循环(MIC)厌氧反应器

苏州科技学院在承担“江苏省环境保护基金”项目中,采用 IC 的技术原理,克服 IC 应用中可能存在的问题,成功地开发了 1 000 m^3 生产规模的 MIC(多级内循环) 厌氧反应器,并将其应用于高浓度柠檬酸废水处理中。所开发的 MIC 反应器直径 8 m,高 23 m,总容水体 1 100 m^3,有效反应体积 800 m^3。由两个反应室垂直串联组成,第一反应室为高负荷反应室,其底部为进水区和回流出水区,上部为低负荷的第二反应室,在两室之间有沼气集气器,在第二反应室中上部设有三相分离器,反应器的顶部有三相分离包。两反应室和三相分离包用提升管和回流管相联(图 8.9)。

辅助设施有进水流量监测与记录、温度测量与记录、取样管、梯与护栏等。反应器外壳用碳钢现场制作,配件部分为不锈钢材料,现场安装。所有的碳钢件内外进行防腐处理。该反应器目前应用于处理宜兴协联生化有限公司产生的柠檬酸污水。

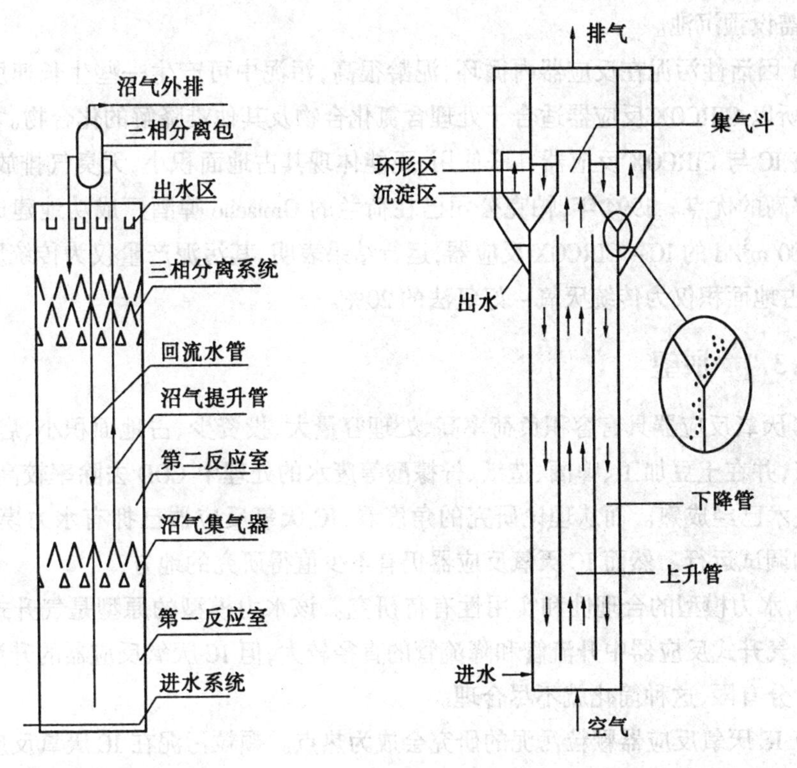

图8.9　多级内循环(MIC)厌氧反应器　　图8.10　IC－CIRCOX工艺

3.IC－CIRCOX工艺

帕克公司于1990年开发了封闭式空气提升(CIRCOX)好氧反应器,它是基于好氧生物流化床的原理,它由外部下降筒体和内部上升管组成,进水由底部进入反应器,与压缩空气一起从上升管向上流,使进水与微生物充分接触。微生物粘附在载体(细砂类的物质)表面,形成生物膜,使得活性污泥有良好的沉降性能,不易被出水带离反应器,而在系统内循环(图8.10)。然后,气、水和污泥的混合液进入反应器上部“帽状”的三相分离区进行分离:气体从上面离开反应器,澄清水从出水口流出,污泥则经过沉降区返回到反应器底部。

CIRCOX反应器与以往的好氧处理工艺相比,有以下特点:

1) 高度与直径比大,占地面积小。

2) BOD容积负荷与微生物(VSS)浓度高,前者为4～10 kg/(m^3·d),后者为15～30 kg/m^3。

3) 水力停留时间短,一般为0.15～4 h。

4) 剩余污泥少,污泥产量小于进水COD的5%。

5) 污泥的回流在同一反应器内完成,不需外加动力。

6) 因该反应器是封闭的系统,可以很容易地控制污水中易挥发物质,可根据需要设置生物过滤器或活性炭过滤器处理废气。

7) 因反应器内液体的流速很高,约为 50 m/h,载体通过相互碰撞摩擦而自动脱膜,不需另设脱膜装置。另外,污水中的悬浮物很容易从反应器内冲出,允许进水悬浮物的浓度较高,不需设预沉池。

8) 因活性污泥在反应器内循环,泥龄很高,污泥中可产生一些生长速度很慢的硝化细菌等,所以 CIRCOX 反应器适合于处理含氮化合物及其他难降解的化合物。

将 IC 与 CIRCOX 反应器并联使用,更能体现其占地面积小,无臭气排放,污泥量少和处理效率高的优点。1994 年,帕克公司已在荷兰的 Grolsche 啤酒厂成功地建成了一套处理能力 3 000 m^3/d 的 IC - CIRCOX 反应器,运行结果表明,其污泥产量仅为传统厌氧 - 好氧法的 10%,占地面积仅为传统厌氧 - 好氧法的 20%。

8.3.7 展望

IC 厌氧反应器具有容积负荷率高、处理容量大、投资少、占地面积小、启动快、运行稳定等特点,并在土豆加工、啤酒、造纸、柠檬酸等废水的处理中 COD 去除率较高,这些资料说明该项技术已经成熟。而从理论研究的角度看,IC 厌氧反应器已拥有水力模型,可用于指导设计和调试运行。然而 IC 厌氧反应器仍有不少值得研究的地方:

1) 水力模型的合理性和实用性有待研究。该水力模型的原型是气升式反应器的水力模型。气升式反应器中升流管和降流管的直径较大,但 IC 厌氧反应器的升流管和降流管的直径十分有限,这种简化就不尽合理。

2) IC 厌氧反应器颗粒污泥的研究会成为热点。颗粒污泥在 IC 厌氧反应器中仍占有重要地位。一方面可能会成为现有颗粒污泥理论的有力证据或有益补充,另一方面会进一步掌握在 IC 厌氧反应器的水力条件下培养活性和沉降性能良好的颗粒污泥的关键技术。

3) IC 厌氧反应器的应用领域有待开拓。IC 反应器由于回流的稀释作用应该更适于处理难降解有机物,但目前只有处理高含盐废水(菊苣加工废水),以及处理易降解的啤酒、柠檬酸、造纸等废水的报道。

8.4 几种新型厌氧反应器特点比较

厌氧反应器的处理效率主要决定于反应器所能保持的微生物浓度及其生化反应速率,而传质条件对生化反应速率起着重要的作用。新型厌氧反应器的开发和研究主要是为了解决这两方面的问题,因此,这些反应器具有一些共同的特性:① 微生物均以颗粒污泥固定化的方式存在于反应器中,单位容积的微生物持有量更高;② 能承受更高的水力负荷,具有较高的有机污染物净化效能;③ 具有较大的高径比,占地面积小,动力消耗小;④ 颗粒污泥与有机物之间具有更好的传质,使反应器的处理能力大大提高。由于各种厌氧反应器在结构上有差异,因此,各自的处理范围以及处理能力也不尽相同。表 8.8 总结了 UBF、EGSB、IC 等几种新型厌氧反应器的主要特点,同时指出了它们各自的不足。

表 8.8　新型厌氧反应器特点比较

反应器类型	特　点	不　足
UBF	水流与产气上升方向一致,堵塞机会小,有利于进水同微生物充分接触,也有利于形成颗粒污泥 反应器上部的填料层既增加了生物总量,又可防止生物量的突然洗出,还可加速污泥与气泡的分离,降低污泥流失 反应器积累微生物能力大为增强,有机负荷更高 启动速度快,处理率高,运行稳定 高径比较高,一般为 5~6	填料价格昂贵
EGSB	较大的高径比,可达到 20 或更高 采用出水循环,更适合处理含悬浮固体和有毒物质的废水 极高的上升流速(5~10 m/h)和 COD 负荷(约为 40 kg/(m^3·d)) 具有高活性、沉降性能良好的颗粒污泥,且粒径较大,强度较好,SRT 较长 颗粒污泥床层充分膨胀,污泥与污水充分混合,可用于处理低温低浓度废水 具有三相分离器,使出水、沼气和污泥三相有效分离,使污泥在反应器中有效持留 紧凑的空间结构使占地面积大为减少	需要培养颗粒污泥,启动时间较长 为使污泥膨胀,采用出水循环,需要更高的动力
IC	高径比较大,占地面积小,建设投资省 有机负荷率高,液体上升流速大,水力停留时间短 出水稳定,耐冲击负荷能力强 适用范围广,可处理低、中、高浓度废水以及含有毒物质的废水	启动时间较长　反应器内平均剪切速率较高 颗粒污泥的强度相对较低

参考文献

1　左剑恶,王妍春,陈浩,左宜,申强.EGSB 反应器的启动运行研究.给水排水,2001,27(3):26~30
2　季民.霍金胜.厌氧颗粒污泥膨胀床(EGSB)的工艺特征与运行性能.工业用水与废水,1999,30(4):1~4
3　贺延龄.废水的厌氧生物处理.北京:中国轻工业出版社,1998
4　张自杰,林荣忱,金儒霖.排水工程.下册.北京:中国建筑工业出版社,1996
5　王凯军.厌氧工艺的发展和新型厌氧反应器.环境科学,1998(1):94~96
6　左剑恶.膨胀颗粒污泥床(EGSB)反应器的研究进展.中国沼气,2000,18(4):3~8
7　周洪波,陈坚,任洪强,丁丽丽,华兆哲.UASB 和 EGSB 反应器中厌氧颗粒污泥生物学特性的比较.应用与环境生物学报,2000,6(5):473~476
8　黄广宇.探讨采用 EGSB 厌氧反应器处理米酒酿造废水的适应能力.LIQUOR MAKING,2003,30(2):84~87
9　王妍春,左剑恶,肖晶华.EGSB 反应器处理含氯苯有机废水的试验研究.环境科学,2003,24(2):116~120
10　刘志杰等.厌氧污泥胞外多聚物的提取.测定法选择.环境科学,1992,15(4):23~26

11 杨鲁豫,王琳,王宝贞.适宜中小城镇的水污染控制技术.中国给水排水,2001;17(1):23~25
12 李克勋,徐智华,郭晓燕,张振家.常温 EGSB 处理生活污水的研究.全国城市污水再生利用经验交流和技术研讨会,2003,10(28)
13 王凯军.厌氧(水解)处理低浓度污水.北京:中国环境出版社,1992
14 钱易,米祥友编.现代废水处理新技术.北京:中国科技出版社,1993
15 钱泽澍等.硫酸盐浓度与不同机制有机废水厌氧消化的关系.中国沼气,1993,11(1):7~2
16 王凯军,秦人伟.发酵工业废水处理.北京:化学工业出版社,2000
17 颜智勇,胡勇有,凌霄厌.氧颗粒污泥膨胀床中三相分离器的优化设计.工业用水与废水,2004,34(4):3~8
18 Lettinga G,et al. Advanced Anaerobic Wasterwater Treatment in the Near Future F[J]. Wat. Sci. Tech.,1997,35(10):5~12
19 Zoutberg G R,et al. Anaerobic treatment of potato processing Wasterwater [J]. Wat. Sci. Tech .,1999,40(1):297~304
20 胡纪萃编著.废水厌氧生物处理理论与技术.北京:中国建筑工业出版社,1999
21 王凯,买文宁,郭成超.厌氧内循环反应器研究进展.工业水处理,2003(12):4~8
22 王凯军.厌氧内循环(IC)反应器的应用.给水排水,1996,22(1):54~56
23 王凯军.厌氧工艺的发展与新型厌氧反应器.环境科学,1998(1)
24 吴静,陆正禹,胡纪萃,顾夏声.新型高效内循环(IC)反应器.中国给水排水,2001,17(1):26~29
25 吴允,张勇,刘红阁,戴桓,张世江.啤酒生产废水处理新技术.技术开发,1997(9):18~19
26 丁丽丽,任洪强,华兆哲,陈坚.内循环厌氧反应器的运行特征.中国给水排水,2002,18(11):46~48
27 裘湛,张之源.高速厌氧反应器处理城市污水的现状与发展.合肥工业大学学报(自然科学版),2002,25(1):117~122
28 贺延龄.废水厌氧处理技术的新发展——IC 反应器在造纸工业上的应用.环境保护,2001(11)
29 张晓彦.IC 厌氧工艺处理味淋酒废水的应用.酿酒科技,2002(4):77~78
30 邓良伟,陈铬铭.IC 工艺处理猪场废水试验研究.中国沼气,2001,19(2):12~15
31 张忠波,陈吕军,胡纪萃.IC 反应器技术的发展.环境污染与防治,1997(9):39~41
32 何晓娟.IC - CIRCOX 工艺及其在啤酒废水处理中的应用.工业给排水,1997(13)
33 胡纪萃.试论内循环反应器.中国沼气,1999,17(2):3~6
34 Habets L H A. Anaerobic treatment of inuline effulent in an internal circulation reactor[J]. Water Science and Technology,1997,35(10)
35 J H F Pereboom. Methanogenic Granule development in full scale internal circulation reactors[J]. Water Science and Technology,1994,30(8)
36 J H F Pereboom. Size distribution model for methanogenic granule from full scale UASB and IC reactors. Water Science and Technology,1994,30(12)
37 王林山,吴允,张勇,刘红阁.生产性 IC 反应器处理啤酒废水启动研究.环境导报,1998(4):22~24
38 陈广元.附加气循环 IC 反应器处理低浓度有机废水.中国沼气,2002,20(4):22~24
39 高小萍,陈吕军,胡纪萃.厌氧反应器的发展.江苏环境科技,1999,12(3):32~34

第9章 其他厌氧生物处理技术

9.1 两相厌氧生物处理技术

9.1.1 两相厌氧生物处理技术的提出

在传统的厌氧消化工艺中,产酸菌和产甲烷菌在同一个反应器内完成厌氧消化的全过程,由于二者的特性有较大的差异且对环境条件的要求不同(产酸菌与产甲烷菌特性差异见表9.1),无法使它们都处于最佳的生理生态环境条件,因而影响了反应器的效率。1971年,Ghosh和Pohland根据厌氧生物分解机理和微生物类群的理论提出了两相厌氧消化的概念,将产酸菌和产甲烷菌分别置于两个串联的反应器内并提供各自所需的最佳条件,使这两类细菌群都能发挥最大的活性,有利于提高容积负荷率,增加运行稳定性,提高反应器的处理效率。这两个串联的反应器分别称为产酸反应器(产酸相)和产甲烷反应器(产甲烷相)。

表9.1 产酸菌和产甲烷菌的特性

参　数	产甲烷菌	产酸菌
种类	相对较少	多
世代时间	长(0.5~7.0 d)	短(0.125 d)
细胞活力/[g COD·(g VSS·d)$^{-1}$]	5.0~19.6	39.6
对pH值的敏感性	敏感	不太敏感
最佳pH值	6.8~7.2	5.5~7.0
氧化还原电位/mV	<-350(中温),<-560(高温)	<-150~200
最佳温度/℃	30~38,50~55	20~35
对毒物的敏感性	敏感	一般性敏感

产酸相与产甲烷相的分离使得它们的分工更加明确,产酸相的主要功能是改变基质的可生化性,为产甲烷相提供适宜的基质,COD的去除主要由产甲烷相来完成。许多研究者对两相厌氧消化工艺和单相厌氧消化工艺进行了对比试验研究,研究结果表明,两相厌氧消化系统的产甲烷活性明显高于单相厌氧消化的产甲烷活性,这说明两相厌氧消化工艺确实比单相系统具有优良的性能。

9.1.2 两相厌氧生物处理技术的发展

两相厌氧生物处理技术的研究,早期主要集中在应用动力学控制法实现相分离方面,所采用的试验装置多是完全混合反应器。众多研究结果表明,控制水力停留时间或有机负荷能够成功地实现相分离。20世纪80年代,从产甲烷阶段为限速步骤出发,从微生物、动力学角度开展研究，寻求系统高效处理的条件。从国内外的两相厌氧系统研究采用的工艺形式看，主要有两种：一种是两相均采用 UASB 反应器，一种是产酸相为接触式反应器，产甲烷相采用 UASB 反应器。关于何种废水适合采用两相厌氧生物处理工艺，观点不一，Massey 和 Poland 认为，可溶性底物较多的废水适合于两相厌氧生物处理；Kisaalita 等认为，对于易于酸化的有机废水采用两相厌氧处理工艺更易于控制运行的稳定性；Hobson 则认为，如果发酵的第一步是聚合物的水解，则两相厌氧工艺不太适合，因为转化需要延长停留时间；而任南琪认为，复杂有机污染物的发酵确实需要较多时间，限速步骤为产酸阶段，当采用相分离时，可以创造有利于发酵细菌的生态环境，会提高系统的处理能力，相对缩短水力停留时间，使之优于单相厌氧生物处理工艺。总之，普遍认为两相厌氧生物处理工艺适于处理易于酸化的可溶性有机废水。

20 世纪 90 年代，产酸相的研究工作集中在对末端发酵产物的分析，其主要目的是探讨产酸相的末端产物对产甲烷相反应器运行特性的影响，研究产甲烷相的运行稳定性。Cohen 等提出有机废水产酸发酵存在丁酸发酵和丙酸发酵两种类型。任南琪等在研究中发现了一种新的发酵类型——乙醇型发酵，认为这种发酵类型具有较强的稳定性，并在试验中也证明乙醇型发酵产物在产甲烷相反应器是最快被转化的底物，从系统的处理效率的角度提出产酸相的最佳发酵类型应为乙醇型发酵。

众多研究认为，产酸相发酵类型和末端产物决定了产甲烷相的处理效率和系统的处理能力。研究工作在近年来也集中在末端发酵产物的分析和控制上，利用微生物学、传质动力学、生理学、生态学等手段，人为调控产酸相的发酵类型，对产酸相反应器的主要运行参数如水力停留时间、有机负荷、温度、氧化还原电位、pH 值等进行了大量的研究，以获得较好的产酸相末端产物，提供给产甲烷相最适底物，从而提高系统的整体处理水平。

就本质而言，两相厌氧生物处理系统是一个人工构建的微生物生态系统，反应器中微生物的活性、数量、组成、代谢途径以及存在方式等因素直接影响系统的处理能力。刘艳玲认为，不同发酵类型取决于不同生态环境下出现的优势种群的代谢特征，产酸相反应器种群落的定向演替直到最终顶级群落的形成及其发酵类型的形成和稳定性，完全取决于反应器启动初期建立的初始生态系统。研究还认为，不同发酵类型的形成受众多生态因子的制约，而容积负荷(或污泥负荷)为最重要的生态因子，pH 值和 ORP 为两个限制型生态因子。

近年来，随着对两相厌氧消化概念和厌氧降解机理的进一步理解，随着各种新型厌氧反应器的出现，如何针对不同的水质并结合各种新型高效厌氧反应器的特点进行产酸相和产烷相的组合才能达到更好的处理效果成为新的研究方向。如祁佩时采用一体化两相厌氧反应器处理抗生素废水，试验表明，反应器对各种抑制物质和冲击负荷均表现出很好的适应性。刘建广等利用固定化厌氧微生物技术，处理高浓度四环素废水，产甲烷相的 COD 去除率显著高于单相产甲烷相的 COD 去除率且稳定性高。管运涛等提出中间加膜的两相厌氧工艺，即产酸反应器 + 膜分离单元 + 产甲烷反应器，该系统在处理高浓度淀粉废水试验中的 COD 去除率始终大于 95%。华中医药集团抗生素废水处理工程以厌氧折流板反应器作为产酸器，以厌氧复合床作为产甲烷器，COD 和 BOD 的去除率分别达到了 90% 和 94.5%。

9.1.3　相分离的方法

两相厌氧生物处理系统本质的特征是相的分离,这也是研究和应用两相厌氧生物处理工艺的第一步。一般来说,所有相分离的方法都是根据两大类菌群的生理生化特征的差异来实现的。目前实现相分离的途径可以归纳为物理化学法和动力学控制法。

9.1.3.1　物理化学法

在产酸相中,通过某种条件对产甲烷菌进行选择性抑制,如投加抑制剂、控制微量氧、调节氧化还原电位和 pH 值等。可以在产酸反应器中投加产甲烷抑制剂(如氯仿和四氯化碳)来抑制产甲烷菌的生长;或者向产酸反应器中供给一定量的氧气,调整反应器内的氧化还原电位,利用产甲烷细菌对溶解氧和氧化还原电位比较敏感的特点来抑制其在产酸反应器中的生长;或者将产酸反应器的 pH 值调整在较低的水平(如 5.5 左右),利用产甲烷细菌要求中性偏碱的 pH 值的特点,来保证在产酸反应器中产酸细菌占优势。

也可用渗析的方法实现产酸菌和产甲烷菌的分离。采用可通透有机酸的选择半通透膜,使得产酸反应器出水中的多种有机物只有有机酸才能进入后续的产甲烷反应器,从而实现产酸相和产甲烷相的分离。管运涛等采用在产酸相和产甲烷相之间加膜分离单元的方法进行相分离,研究认为,膜孔径和产酸相 HRT 对相分离的效果影响很大,用直径为 0.2 ~ 10 μm的软性微生物过滤膜实现了产酸相和产甲烷相的分离,并通过处理以淀粉为主要基质的试验研究证明产酸相的效率大大提高。

9.1.3.2　动力学控制法

目前最简便、最有效也是应用最普遍的方法是动力学控制法。该方法是利用产酸菌和产甲烷菌在生长速率上差异,控制两个反应器的有机负荷率、水力停留时间等参数,从而实现相的有效分离。由于产酸细菌的生长速率快、世代时间短,而产甲烷菌生长缓慢、世代时间长,因而可以在产酸相反应器中将其水力停留时间控制在一个较短的范围内,使世代时间较长的产甲烷菌难以生存,从而保证在产酸相反应器中选择出以产酸和发酵细菌为主的菌群;而在产甲烷相反应器中控制相对较长的水力停留时间,使得产甲烷细菌在其中生存,同时由于产甲烷反应器的进水来自产酸反应器的高比例有机酸废水,保证了在产甲烷相反应器中产甲烷菌的生长,最终实现相的分离。但须说明的是,两相的彻底分离是很难实现的,只是在产酸相中产酸菌成为优势菌种,而在产甲烷相中产甲烷菌成为优势菌种。

投加抑制剂的方法因对后续反应相有影响而应该慎重使用,动力学控制方法易于实现且不会对后续反应过程有不利影响,目前被普遍采用。研究资料表明,厌氧反应器中相分离的程度和流态有关,推流式可促进相分离,而完全混合式阻碍相分离,但很少有反应器达到理想的推流式或完全混合式,反应器中推流的程度也决定了相分离的程度;如果有回流系统,回流速率也会有影响。回流速率高使得流态接近完全混合式,阻碍相分离,流态介于推流式和完全混合式之间。气体的产生和释放也使得推流式趋于混合。

目前,在研究和工程应用最广的相分离方法是将物理化学法和动力学控制法相结合的方法,通过调控产酸相反应器的 pH 值,同时将水力停留时间 HRT 控制在相对较短的范围。

9.1.4 两相厌氧消化的特点

1) 两相厌氧消化工艺将产酸菌和产甲烷菌分别置于两个反应器内并为它们提供了最佳的生长和代谢条件,使它们能够发挥各自最大的活性,较单相厌氧消化工艺的处理能力和效率大大提高。

2) 两相分离后,各反应器的分工更明确,产酸反应器对污水进行预处理,不仅为产甲烷反应器提供了更适宜的基质,还能够解除或降低水中的有毒物质如硫酸根、重金属离子的毒性,改变难降解有机物的结构,减少对产甲烷菌的毒害作用和影响,增强了系统运行的稳定性。

3) 为抑制产酸相中的产甲烷菌的生长而有意识地提高产酸相的有机负荷,从而提高了产酸相的处理能力。产酸菌的缓冲能力较强,因而冲击负荷造成的酸积累不会对产酸相有明显的影响,也不会对后续的产甲烷相造成危害,能够有效地预防在单相厌氧消化工艺中常出现的酸败现象,出现后也易于调整与恢复,提高了系统的抗冲击能力。

4) 产酸菌的世代时间远远短于产甲烷菌,产酸菌的产酸速度高于产甲烷菌降解酸的速率,在两相厌氧消化工艺中产酸反应器的体积总是小于单相产甲烷反应器的体积。

5) 同单相厌氧消化工艺相比,对于高浓度有机污水、悬浮物浓度很高的污水、含有毒物质及难降解物质的工业废水和污泥的处理,两相厌氧消化工艺具有很大的优势。

表 9.2 厌氧消化两相分离的主要优缺点

优　　点	缺　　点
1.将限速步骤水解(第一相)和甲烷化(第二相)分离并最适化	1.互养关系打破
2.提高了反应器的动力学和稳定性	2.基建、工程和运行较困难
3.每相独立 pH	3.缺乏各种废物处理工程运行经验
4.提高了反应器对冲击负荷的稳定性	4.基质类型和反应器类型之间的不稳定性
5.可选择生长较快的微生物种群	

9.1.5 两相厌氧生物处理系统的适用范围

一种废水是否适宜于两相厌氧消化处理可通过分析废水中的主要成分的转化途径来进行估计。如碳水化合物含量高、脂肪含量低的废水比脂肪含量高、碳水化合物含量低的废水更适宜于两相系统。通常一种废水如果不需互养关系进行酸化的组分含量高,则适宜两相处理;反之,则宜于单相处理。对于在酸化相反应器中可能脱毒的化合物,其两相的适宜性还不是很清楚。中等脂肪酸含量废水的生物降解,两相系统比单相系统处理效率高。对于其他可能产生抑制作用的化合物,包括氯代化合物和芳香族化合物,两相系统可使处理效率提高。由于两相厌氧具有一系列优点,使它具有更广泛的适用范围。

1) 适合处理富含碳水化合物而有机氮含量低的高浓度废水。采用单相厌氧反应器处理废水时,一旦负荷率升高,易产生酸败现象,且一旦发生酸败,恢复正常运行则需要较长的时间。但是在两相厌氧工艺中,由于产酸和产甲烷反应分开在两个反应器中进行,便于控制,不致于影响系统的正常运行。

2) 适合处理有毒性的工业废水。许多工业有机废水中含有浓度较高的硫酸盐、苯甲酸、氰、酚等成分,由于产酸菌能改变毒物的结构或将其分解,使毒性减弱甚至消失,故能有效地消除毒物对产甲烷菌的抑制作用。杨晓奕采用单相和两相厌氧方法,对含有硫酸盐和难生物降解物质的干法腈纶废水的处理进行了试验研究,结果表明,两相厌氧不仅比单相厌氧 COD 去除率高,且运行稳定,硫酸根干扰小,在提高废水的可生化性上显示出明显的优势。张振家针对糖蜜酒精糟液水质特性,采用以 UASB 反应器为主体的两相厌氧消化工艺,试验结果表明,系统对废水中有机物及硫酸盐均有良好的去除效果,酸化段反应器对硫酸盐去除率达到 70%以上,由于产气的气提作用,试验中未发现硫酸根对甲烷菌有抑制作用。

3) 适合处理高浓度悬浮固体的有机废水。由于产酸菌的水解酸化作用,废水中的悬浮固体浓度大大降低,解决了悬浮物质引起的厌氧反应器的堵塞问题,有利于废水在产甲烷反应器中的进一步处理。

4) 适合处理含难降解物质的有机废水。一些大分子物质在单相厌氧反应器中易积累,到一定浓度时对产甲烷菌会产生抑制作用,但在两相厌氧生物处理系统中,产酸菌可以将这些大分子物质水解成小分子物质,便于产甲烷菌进一步的代谢。例如,硫酸盐和亚硫酸盐法草浆造纸黑液用单相厌氧反应器难于处理,但采用两相厌氧反应器处理后,其甲烷相 COD 的最大去除率可高达 86.47%。

9.1.6　两相厌氧工艺的主要流程和运行参数的选择

9.1.6.1　两相厌氧工艺的主要流程

两相厌氧工艺流程及装置的选择主要取决于所处理基质的理化性质及其生物降解性能,在实际工程和实验室的研究中经常采用的基本工艺流程主要有以下 3 种。

1) 图 9.1 所示的两相厌氧工艺流程主要用来处理易于降解的、含低悬浮物的有机废水,其中的产酸相反应器一般可以是完全混合式的 CSTR,或者是 UASB、AF 等不同形式的厌氧反应器,产甲烷反应器则主要是 UASB 反应器,也可以是 UBF、AF 等。

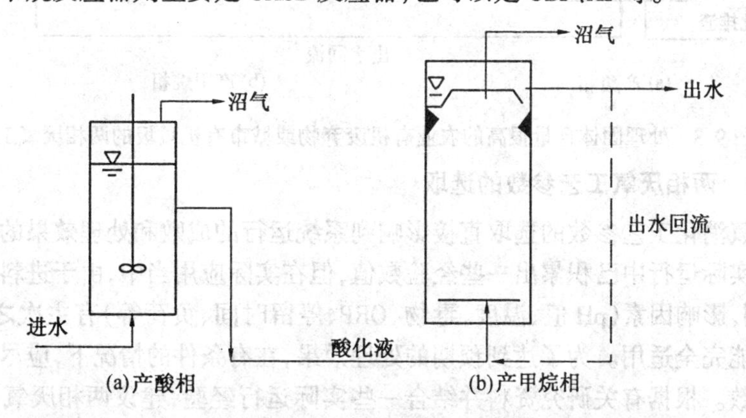

图 9.1　处理易于降解的、含低悬浮物有机废水的两相厌氧工艺

2) 图 9.2 所示则是主要用于难降解、高浓度悬浮物的有机废水或有机污泥的两相厌氧工艺流程,其中的产酸相和产甲烷相反应器均采用完全混合式的 CSTR 反应器,产甲烷相反

应器的出水是否需要回流,则需要根据实际运行的情况而定。

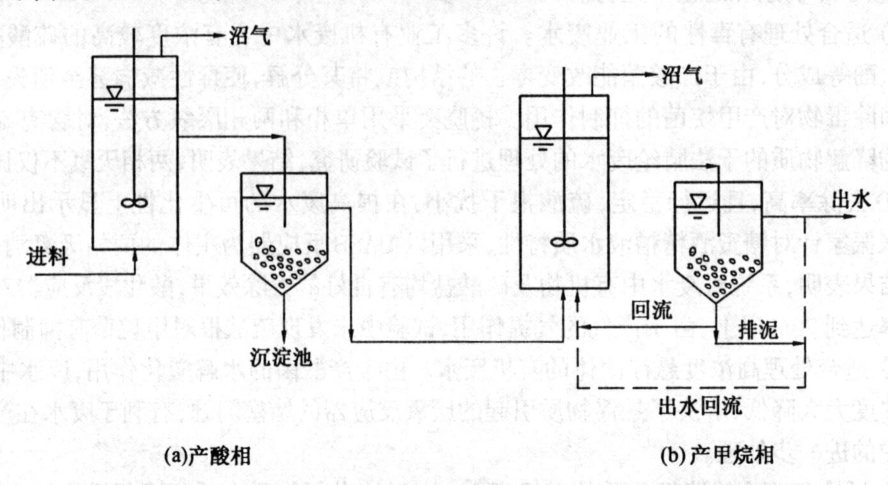

图9.2　处理难降解、高浓度悬浮物的有机废水或有机污泥的两相厌氧工艺

3) 图9.3所示的两相厌氧工艺则主要用于处理固体含量很高的农业有机废弃物或城市有机垃圾,其中的产酸相反应器主要采用浸出床(Leaching Bed)反应器,而产甲烷反应器则可以采用UASB、UBF、AF、CSTR等反应器。产甲烷相反应器的部分出水回流到产酸相反应器,这样可以提高产酸相反应器的运行效果。

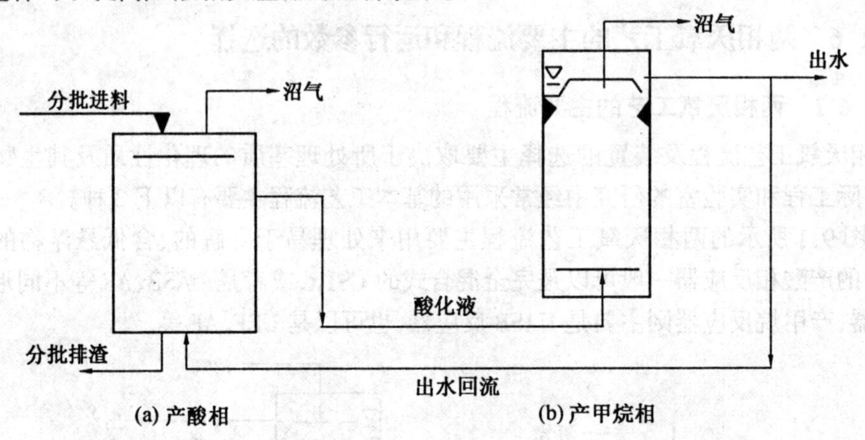

图9.3　处理固体含量很高的农业有机废弃物或城市有机垃圾的两相厌氧工艺

9.1.6.2　两相厌氧工艺参数的选取

两相厌氧消化工艺参数的选取直接影响到系统运行的成败和处理效果的优劣。虽然多年的研究和实际运行中已积累出一些经验数值,但在实际应用当中,由于进料基质(污水、污泥)来源不同,影响因素(pH值、温度、毒物、ORP、停留时间、负荷等)有主次之分,已有的经验参数不可能完全适用。为了达到预期的处理效果,在有条件的情况下,应尽可能通过试验确定这些参数。根据有关研究资料并结合一些实际运行经验,建议两相厌氧工艺考虑采用下列参数值。

1) 产酸反应器与产甲烷反应器容积比为1∶(3~5);

2) 产酸反应器消化液pH值维持在4.0~5.5范围内,发酵温度为25~35 ℃;

3) 产酸反应器消化液 ORP 在 -300~-400 mV 范围,以防止运行初期产酸相中丙酸积累;

4) 产酸反应器废水停留时间为 4~16 h,或 COD 容积负荷为 25~50 kg/(m^3·d);

5) 产甲烷反应器消化液 pH 值维持在 5.0~7.5,发酵温度为 35 ℃;

6) 产甲烷反应器废水停留时间为 12~48 h,或 COD 容积负荷为 12~25 kg/(m^3·d);

7) 系统 COD 去除率为 80%~90%,BOD 去除率大于 90%;

8) 系统沼气产率为 0.45~0.55 m^3/kgCOD。

工艺参数值的选定主要取决于被处理废水的性质和浓度,因此,应尽可能的根据实际测量结果来确定。

9.1.7 两相厌氧生物处理系统及运行中的问题

9.1.7.1 产酸相对产甲烷相的影响

传统观点认为,厌氧生物处理的限速步骤是产甲烷阶段,但是产酸相对系统的稳定运行也起着关键作用。产酸相对产甲烷相的影响主要有:①产酸发酵末端产物组成对产甲烷相的影响。产酸相为乙醇型发酵时,其发酵末端产物以乙醇、乙酸为主,易于被产甲烷相转化利用,没有有机酸积累现象发生。产酸相为混合酸发酵时,产甲烷相对来自产酸相的有机酸的转化不彻底,易造成有机挥发酸的积累,其中以丙酸积累最为显著。丙酸积累是导致产甲烷相酸化的最重要的原因。②产酸相发酵类型对产甲烷相的影响。控制某些运行参数使产酸相发生乙醇型发酵,可提高产甲烷相的效能,从而提高了整个两相厌氧生物处理系统的处理效率和运行稳定性。③产酸相对产甲烷相氢分压的影响。传统单相消化器往往由于冲击负荷或环境条件的变化,使得氢分压增加,从而引起丙酸积累。而相分离后,产酸相有效去除了大量氢,使得产甲烷相的处理效率及运行稳定性增加。

9.1.7.2 产酸相的酸化产物及酸化率

由于产甲烷菌的降解速率慢于产酸菌,因此,产甲烷相成为厌氧消化过程的限制阶段。产甲烷菌的反应速率与产酸相产物的种类有关,产甲烷菌对不同基质的代谢速率是不同的。对产甲烷菌的研究表明,甲酸、甲醇、甲胺和乙酸能够直接为产甲烷菌所利用,而和产甲烷菌互营共生的产氢产乙酸细菌能够很快地将乙醇、丁酸转化为乙酸供产甲烷菌利用,产甲烷菌所产生的甲烷中有70%左右来源于乙酸。产酸相发酵产物中应尽可能避免出现丙酸和乳酸,因为乳酸易转化为丙酸,丙酸的积累容易导致酸败现象。

产酸相基质的部分酸化就能够有效促进产甲烷菌的活性,研究表明,产酸相酸化率与HRT关系密切。在某一时间段内,酸化速率达到最大值,超过这一时段虽然酸化率继续提高,但酸化速率下降。另外,温度和进水基质的浓度对酸化速率的影响也比较大。

9.1.7.3 反应器内的细菌群落

尽管两相厌氧消化工艺实现了有效的相分离,但并非是绝对的,许多的研究表明,产酸相中含有产甲烷菌,产甲烷相中也含有一部分产酸菌。原因是:①不论采用何种方法实现两相分离,都仅仅是抑制产甲烷菌在产酸相中的生长繁殖,使产酸菌占优势,而不是将产甲烷菌全部杀死;②两相厌氧消化工艺的根本目的仍然是去除废水中 COD,无论是产酸消化还是产甲烷消化都与这一目标相一致,两相分离只是为了加快反应过程的进行,提高反应器性能的一种手段而已;③进料基质在产酸相达到完全酸化是不现实的,那需要较长的 HRT,所以总有一部分基质要在产甲烷相中完成水解酸化作用;④产酸相中存在的产甲烷菌能够消耗产酸过程中生成的氢,有利于反应器的运行。

9.1.7.4 过酸状态及调控

在两相厌氧生物处理系统运行中,如果控制不当,造成负荷冲击时,可能会使处理系统的生态环境破坏,尤其是反应系统的 pH 值明显下降,将导致微生物活性受到抑制、产气率下降,这种现象在产甲烷相中通常被称为“酸化”状态。而产酸相反应器在较大负荷的冲击下,也会出现类似于产甲烷相反应器的酸化现象,产酸相的这种状态被称为“过酸状态”。当产酸相受到较大有机负荷冲击时,大量酸性末端产物的生成将导致反应混合液的 pH 值迅速降低,使产酸相微生物群体的代谢活性受到严重抑制,底物转化率显著降低,影响处理效果。产酸相过酸状态的出现,不仅影响其本身的处理效果,更为严重的是可能造成后续产甲烷相的酸化,使整个处理系统运行失败。因此,产酸相过酸状态的有效控制,对两相厌氧生物处理系统的稳定运行有着重要意义。

pH 值和碱度都是产酸相反应器运行中的重要控制参数。研究表明,当环境 pH 值低于厌氧活性污泥耐受下限时,就会导致微生物的活性下降,正常的生理代谢受到抑制,甚至导致微生物的死亡。一定碱度的存在,能有效地缓冲反应体系 pH 值的下降,可增加系统运行的稳定性。过酸状态发生后,为了使反应系统快速恢复,应在降低系统有机负荷的同时加强对进水碱度的调节,这一措施要比仅仅降低负荷更有利于系统 pH 值的迅速恢复,恢复期的适宜进水碱度为 500 ~ 600 mg/L。

产酸相一旦发生过酸状态,其恢复过程是较为缓慢的,而且微生物菌群有可能难以恢复到原有的状态,菌群的结构及其代谢产物将有所改变,从而可能会对后续的产甲烷相的处理效率造成影响。因此避免反应器过酸状态的发生比发生后的调控更为关键。

9.1.7.5 产酸相与产甲烷相的差异

在两相厌氧消化系统中,产酸相和产甲烷相在物理、化学和生物性状上都会有显著的差异,其差异特性见表 9.3。

表 9.3 产酸相与产甲烷相的一些差异

相	最小倍增时间/d	对氧反应	温度/ ℃	pH 值	*Eh* 值/mV	VFA/($mg\cdot L^{-1}$)
产酸相	约 0.5	不敏感	30 ~ 40	4.0 ~ 4.5	100 ~ -100	20 000 ~ 40 000
产甲烷相	2.4(球菌) 4.8(杆菌)	敏感	30 ~ 40(中温) 50 ~ 55(高温)	6.5 ~ 7.5	-150 ~ -400	<3 000

9.2 水解酸化 - 好氧生物处理技术

随着厌氧技术的发展,厌氧处理从开始只能处理高浓度污水发展到可以处理中、低浓度的污水。但采用完整的厌氧生物处理加后续好氧生物处理工艺处理中低浓度污水时,具有投资大、操作运行复杂、水力停留时间长、占地面积大、运行费用高等缺点，尽管能够获得甲烷，但回收效果和效益仍不尽人意。因此，人们提出在厌氧段摒弃厌氧过程中对环境要求严、敏感且降解速率较慢的产甲烷阶段，利用厌氧处理的前段——水解酸化过程，开发出水解酸化－好氧生物处理技术。该技术已经成功地用于啤酒、乳品等中等污染浓度的有机废水的处理中，也成功地用于城市污水等低浓度有机污水的处理中。

9.2.1　水解酸化－好氧活性污泥法处理城市污水

Cille(1969)曾认为，仅仅当污水 COD 质量浓度大于 4 000 mg/L 时，厌氧处理才比好氧处理更加经济，在能源价格不断上涨的同时，污水厌氧处理浓度的低限也在不断的下降，到 1982 年已经认为，当污水 COD 质量浓度为 2 000 mg/L 时，厌氧处理也比好氧处理经济。但在采用厌氧技术处理低浓度的生活污水时，就不太经济，这主要是因为厌氧技术用于低浓度污水时厌氧菌生长缓慢、世代期长、对环境要求高。北京环科院在传统活性污泥法的基础上，用水解池取代了传统的初沉池，开发出水解酸化－好氧活性污泥工艺，成功地用于城市污水的处理。

9.2.1.1　工艺简介

水解酸化－好氧活性污泥工艺是国内自主开发的城市污水处理新工艺。该工艺是在传统的活性污泥工艺的基础上，以水解酸化池代替初沉池。工艺中的水解池是一种新型的厌氧反应器，它是在污水厌氧处理的基础上，采用较短的水力停留时间，从而省去反应停留时间长、要求控制条件高的产甲烷阶段，利用水解过程中产酸菌可以迅速降解水中有机物的特点，形成以水解产酸菌为主的厌氧上流式污泥床。由于水解池集生物降解、物理沉降和吸附为一体，在与初沉池停留时间相近的情况下，有机物去除效果显著高于初沉池，并且能够将污水中的难降解的大分子有机物转化为小分子有机物，提高了污水的可生物降解性，使得后续的好氧处理所需要的停留时间缩短，能耗降低。与此同时，悬浮物固体物质(包括进水悬浮物和后续好氧处理中的剩余污泥)被水解为可溶性物质，降低了污泥产量，并使污泥得到处理，从而取消或减小了传统工艺的污泥消化池，实现了污水和污泥的集中处理。典型的水解酸化－好氧活性污泥工艺处理城市污水的工艺流程图见图 9.4。

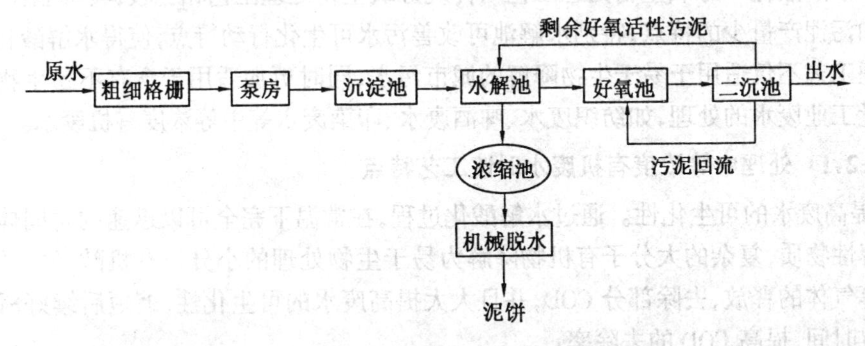

图 9.4　水解酸化－好氧活性污泥处理工艺流程

由图 9.4 可见，水解酸化－好氧活性污泥系统包括预处理部分、沉砂池、水解处理部分、好氧后处理部分和污泥处理部分。首先经水泵提升通过预处理装置后去除悬浮大颗粒物质后,污水进入沉砂池去除砂粒。沉砂池出水进入水解反应器,经水解反应器处理后的出水进入后续的好氧处理装置。如采用传统曝气池时,污水的停留时间较传统工艺可大为缩短,气水比也可大幅度降低。经曝气池处理后的污水进入二沉池,出水即可排放。

9.2.1.2 工艺主要技术参数

1.水解反应器

以细格栅和沉砂池作为预处理设备,其技术参数为:

平均水力停留时间:2.5~3.0 h;

变化系数:$K=1.2\sim1.5$;

最大上升流速:2.5 m/h(持续时间不小于3 h);

反应器深度:4~6 m;

布水管密度:1~2 m^2/孔;

出水三角堰负荷:1.5~3.0 L/(s·m);

污泥床的高度在水面之下1.0~1.5 m;

污泥排放口在污泥层中上部,即水面下2.0~2.5 m。

2.曝气池

BOD污泥负荷:0.15~0.3 kg/(kg·d);

平均水力停留时间:4 h;

气水比:(3~5):1。

9.2.1.3 技术经济指标

通过工程应用,水解-活性污泥工艺和传统活性污泥工艺的技术经济比较表明,单位水量(1 m^3)投资为600~800元/m^3,投资节省了38.4%,总电耗节省了34%,总运行费用可节省36.7%。充分显示了该技术的效率高、能耗低、占地省、投资少、运行费用低和简单易行的优点。

9.2.2 水解酸化-好氧生物处理中等浓度有机污水

由于水解酸化-好氧生物处理工艺与传统好氧生物处理工艺相比较,具有能耗低、停留时间短和污泥产量少的特点,特别水解池可改善污水可生化行动特点,使得水解酸化-好氧生物处理工艺不仅适用于易于生物降解的城市污水,同时更加适用于含有不易生物降解物质的大量工业废水的处理,如纺织废水、啤酒废水、印染废水等中等浓度有机废水。

9.2.2.1 处理中等浓度有机废水时该工艺特点

1) 提高废水的可生化性。通过水解酸化过程,在常温下完全可以迅速的将固体物质转化为溶解性物质,复杂的大分子有机物降解为易于生物处理的小分子有机酸、醇,并通过少量CO_2等气体的释放,去除部分COD,并且大大提高废水的可生化性,缩短后续好氧处理工艺的停留时间,提高COD的去除率。

2) 抗冲击负荷能力强,水质稳定。厌氧污泥起到吸附和水解酸化的双重作用,抗冲击负荷能力强,可为后续的好氧处理提供稳定的进水水质。由于水解阶段微生物可使硫酸盐还原释放出部分硫化氢,减轻了好氧处理的负担,使得整个系统稳定。

3) 运行稳定,费用经济。由于反应控制在水解酸化阶段,反应进行得比较迅速,故使水解酸化池体积缩小,同时还不需要设置三相分离器等,结构简单。

4) 操作简单,易于管理。由于反应只控制在水解酸化阶段,故对环境条件的变化适应性强,运行操作比较简单,易于维护管理。

5) 由于该工艺控制在水解酸化阶段,故出水没有厌氧发酵所具有的强烈刺激性气味,有助于改善废水处理厂的环境。

9.2.2.2　工艺研究

在厌氧水解酸化过程中,废水中的COD和BOD浓度的变化可能有以下三种情况:

1) 降低,但最大不超过20%~30%;

2) 与原水持平(以葡萄糖为水解酸化底物时即出现此情形);

3) 略有升高(高分子复杂有机物的水解酸化时)。

但基于实际废水中基质的复杂性、参与水解酸化过程的微生物的多样性及环境条件的多变性,上述三种情形亦可能同时兼而有之。

水解酸化、混合厌氧和两相厌氧因各自的作用不同、对产物要求及处理程度的不同,对各自的运行和操作要求也不同。

1) *Eh*不同。在混合厌氧消化系统中,须将氧化还原电位*Eh*严格控制在-300 mV以下,以满足甲烷菌的要求,因而其水解酸化菌也是在此*Eh*值下工作的。两相厌氧消化系统则须将产酸相的*Eh*控制在-100~-300 mV之间。而水解酸化工艺,只要将*Eh*控制在+50 mV下即可发生有效的水解酸化作用。

2) pH值要求不同。混合厌氧处理系统中,其pH值通常控制在甲烷菌生长的最佳范围(6.8~7.2)以内。两相工艺中则为控制其产物的形态而将pH值严格控制在6.0~6.5之间。而厌氧水解酸化工艺由于其后续处理为好氧工艺,因而对pH值的要求并不十分严格,且水解酸化菌对pH值的适应性较强,因此其适宜pH值范围较宽(适宜值为3.5~10,最优值为5.5~6.5)。

3) 温度(*T*)不同。混合厌氧系统和两相系统对温度均有严格的要求,要么控制在中温(30~35 ℃),要么控制在高温(50~55 ℃)。而水解酸化工艺则对工作温度无特殊要求,在常温下运行仍可获得满意的效果。研究表明,当温度在10~20 ℃之间变化时,水解酸化反应速率变化不大,说明水解酸化微生物对低温变化的适应能力较强。

4) 参与微生物种群及产物的不同。混合厌氧工艺优势微生物种群为专性厌氧菌,因而完成水解作用的微生物以厌氧菌为主,两相工艺中则因所控制的*Eh*值的不同而以不同菌群存在。如*Eh*较低时,以专性厌氧菌为主,而*Eh*值较高时则以兼性菌为主。水解酸化工艺通常可在兼性条件下运行,因而其微生物菌群多以厌氧和兼氧菌的混合菌群,有时也以兼性菌为主。微生物种群的差异导致不同工艺的产物也不同。

9.2.2.3　工艺应用

20世纪80年代末,轻工部北京设计院与北京环科院一起采用北京环科院开发的厌氧水解-好氧生物处理啤酒废水,由于啤酒废水悬浮性有机物成分较高,水解池可截留废水中较多的悬浮性颗粒物质,所以水解池去除了相当部分的有机物,最高COD去除率可达50%。

哈尔滨工业大学的任南琪采用两级水解酸化工艺处理染料废水,在进水 COD 质量浓度为 400~1 500 mg/L 范围时,出水 COD 在 200 mg/L 以下。两级水解酸化工艺中的水解酸化段与厌氧消化的比较见表 9.4。

表 9.4 两级水解酸化工艺中的水解酸化段与厌氧消化的比较

项目＼工艺	两级水解酸化-好氧中的水解酸化阶段	两相厌氧消化中的产酸相	厌氧消化
Eh/mV	< +50	-100~-300	< -300
pH 值	5.5~6.5	6.0~6.5	6.8~7.2
温度	通常常温	控制	控制
优势微生物	兼性菌	兼性菌+厌氧菌	厌氧菌
产气中甲烷含量	极少	少量	大量
最终产物	水溶性基质(各种有机酸、醇)CO_2	乙酸、少量低碳酸 CH_4/CO_2	CH_4/CO_2

姚君等采用厌氧水解酸化工艺对焦化废水中有机污染物处理后对好氧生物降解性能的影响进行分别的研究。结果表明,萘经厌氧酸化处理后转化为易生物降解物,其生物转化率由原来的 31.2%提高至 51.2%。喹啉和吲哚对好氧处理的抑制作用完全消除,而对联苯和吡啶而言,它们的可生化性不仅得到改善,而且其对生物的抑制作用亦完全消除。

侍广良等采用厌氧水解酸化-好氧工艺对印染废水进行了研究。在水解酸化段的 HRT 为 7~8 h、COD 容积负荷为 1.5~2.5 kg/(m^3·d),好氧段的 HRT 及 COD 容积负荷为分别为 4.5~5 h 和 4.5~5 kg/(m^3·d)的条件下运行时取得了良好的处理效果。目前该工艺已在某市 30 000 m^3/d 的印染废水处理工程中得到应用。

9.3 生物固定化技术在污水厌氧生物处理中的应用

微生物固定化技术是在固定化酶技术的基础上发展起来的新技术,微生物固定化就是利用物理或化学手段,在保持细胞生物活性的情况下,将游离的细胞或酶与固态的不溶性载体相结合,使细胞在一定的区域范围内形成一稳定的具有一定核心与层次的集团,微生物的自由流动性降低。微生物固定化是自然界中的一种普遍现象,是生物细胞适应环境的一种反应。

9.3.1 生物固定化技术的分类

微生物的固定化方式有微生物自固定化和人工强化生物固定化。

微生物自固定化的方式主要有以下两种:

1) 吸附,即微生物通过吸附作用附着在固体表面,形成生物薄膜,在水处理中称为生物膜。

2) 自凝聚,微生物通过自身的凝聚特性形成具有一定形状、结构和层次的颗粒,在水处理中称为颗粒污泥。

微生物也可通过人工强化的方法进行固定,它是在最初起源于生物发酵工业,在20世纪60年代人工固定化酶技术上发展起来的,主要包括:

1) 交联法,利用双功能或多功能试剂直接与细胞表面的反应基团(如氨基酸、羟基、巯基)发生反应,使细胞彼此交联成网状结构,交联剂有戊二醛、架桥树脂等。这种方法化学反应激烈,对细胞活性影响大,而且交联剂价格昂贵,限制了该法的使用。

2) 包埋法,将菌种包埋在半透性的滤膜内,小分子化合物和产物可自由进出而细胞却不会漏出。将包埋剂、细胞与交联剂的水溶液混合成凝胶,则细胞包在凝胶中。天然凝胶有琼脂、海藻酸钙等。该方法生物毒性低,操作简单,费用经济,但强度不大,生物稳定性差。

理想的固定化载体应具有对微生物细胞无毒、传质性能好、性质稳定、使用寿命长、价格低廉等特点。目前常用的载体大致可分为有机载体、无机载体和复合载体3大类。有机载体材料如琼脂、海藻酸钠(CA)、聚乙烯醇(PVA)、聚丙烯酰胺(PAM)等,它们在形成凝胶时可将微生物细胞包埋在凝胶内部从而达到固定细胞的目的,在废水处理中得到较多的研究和应用。无机载体材料如活性炭、多孔陶珠、红砖碎粒等,它们利用本身的多孔结构对微生物细胞的吸附作用和电荷效应来固定细胞。相对于有机载体材料来说,无机载体材料大多具有成本低、使用寿命长、机械强度高和耐酸碱等特性而更具实用性。若将有机载体与无机载体组成复合载体,则可结合它们各自的优点,改进材料的性能。

应用有针对性的有效菌群,采用微生物固定化技术对有效菌群进行固定,能够可选择性地提高泥龄,保持有效菌种的活性,大大提高高浓度难降解有机废水的处理效率,降低处理费用。由于人工强化生物固定化的处理效率高,产泥量少,处理装置占地面积小,并能选择性地固定一些生长缓慢的特殊菌种,近年在废水处理,特别是含难降解工业废水处理中也得到了广泛关注。

9.3.2　生物固定化技术在污水厌氧生物处理中的应用

9.3.2.1　微生物自固定化技术在污水厌氧生物处理中的应用

在厌氧发酵过程中,利用微生物细胞固定化技术可使污泥颗粒化。一方面,污泥颗粒化使微生物细胞更适应水中温度与pH值的变化,减轻了不利因素(如重金属离子对污泥活性影响);另一方面,颗粒污泥为提高污泥浓度和污泥回流创造了条件。在国内,IC、EGSB等反应器曾采用此工艺思想,避免了污泥被过多挟带。

厌氧生化反应器在初次启动时若想培养足量的颗粒污泥需要花费数月甚至1年时间。在厌氧生化反应器启动初期投加高分子聚合物是为了强化和促进微生物的絮凝作用以缩短固定化颗粒污泥的进程,而聚合物的性能、投加量以及投加方式对厌氧微生物的性能产生影响。岳秀萍通过生物化学甲烷势测定原理研究了聚季铵盐的厌氧生物可降解程度,采用厌氧毒性测定(ATA)方法对比了不同浓度下的聚季铵盐对厌氧污泥比产甲烷活性(SMA)和沉降性能的影响。结果表明,适量的聚季铵盐对厌氧微生物自身固定化有促进作用,建议采用间隔9~10 d的多次投加方式,厌氧生化反应器中聚季铵盐浓度介于10~20 mg/L为宜。Wirtz等在厌氧序批式反应器快速启动研究中认为,阳离子聚合物对生物絮凝体颗粒化的促进作用最为突出,与未投加聚合物的反应器相比将污泥颗粒化进程缩短了3个月。

UASB+AF是近年开发的一种新型反应器,兼有上流厌氧污泥床UASB和厌氧滤池AF

的优点。该反应器高效稳定运动的关键，在于培养生成颗粒污泥和高活性生物膜。韩洪军等从新的角度尝试向接触污泥中投入颗粒活性碳和阳离子聚丙烯酰胺，以加快污泥的颗粒化，从而缩短启动时间。试验表明，在 UASB + AF 启动初期投加阳离子聚丙烯酰胺颗粒活性碳，以加速颗粒污泥是可行的。通过聚丙烯酰胺的吸附架桥作用形成絮凝体，颗粒活性碳又为颗粒污泥的形成提供了一级核心，从而实现了快速启动。

厌氧流化床反应器用于高浓度有机废水处理的优越性已为众多研究者所证实，其中载体的选择受到广泛的关注。研究者们都试图寻求性能优良的新型载体，普遍认为 GAC 是厌氧流化床反应器中固定化微生物效果较好的载体。一般认为载体应具有良好的亲生物性、化学稳定性，载体表面粗糙、比表面积大、孔径分布合理、价廉并且密度低，易于流态化。

9.3.2.2　微生物人工强化固定化技术在污水厌氧生物处理中的应用

在 20 世纪 70 年代，人工强化固定细胞开始在水处理中得到应用，ICI 公司首先应用固定化细胞技术处理含氰废水，随后日本、美国、德国等对此作了大量的研究工作。他们固定某些毒物降解菌、脱氮除磷细菌、厌氧产甲烷菌或厌氧污泥来处理氨氮、氰、苯等含难生物处理物质的工业废水。这种工艺的优点是：① 剩余污泥少，约为悬浮微生物法的 1/10；② 有机负荷高；③ 污泥浓度高，且不易流失；④ 载体保护下微生物的耐毒性和耐冲击负荷能力强。其缺点是：① 载体成本和使用寿命尚需研究改进；② 某些载体有一定的毒性。

徐向阳等从活性污泥等微生物源中分离、筛选获得 10 株高效脱色菌，为实现脱色菌的资源化应用，将 4 株脱色菌制成混合培养物和固定化细胞，分别投加于处理染化废水的厌氧反应器中，结果发现，在相同 COD 负荷、水力负荷条件下，投加固定化细胞的反应器，其脱色率可提高 5% ~ 10%，出水苯胺浓度提高 40% ~ 65%。对固定化细胞颗粒进行扫描电镜观察发现，固定化颗粒在投加于反应器之前具有多孔网络结构，表面光滑，电子密度低，附着的脱色菌细胞稀少，内部网格微孔中有球状的脱色菌。来自反应器运行后期的固定化细胞颗粒，因附着生长形成生物膜，表面电子密度大，生物膜中菌体形态以球杆菌为主，颗粒内部有成簇的菌团附着于多孔网格上。由此认为，脱色菌的滞留与增殖是投加固定化脱色菌反应器性能改善的决定因素。

吴晓磊等以聚乙烯醇(PVA)为包埋剂，分别包埋固定活性污泥及厌氧污泥进行了对废水中有机物的好氧及厌氧降解试验，比较了固定化及未固定的污泥、固定化活性及厌氧污泥对废水的处理能力。结果表明，固定化污泥的容积负荷是未固定污泥的 1.3 ~ 2.1 倍，在试验条件下，固定化厌氧污泥与自由厌氧污泥的容积负荷之比明显高于固定化活性污泥与自由活性污泥的比值。综合污泥负荷及单位污泥产气量，说明固定化厌氧污泥比固定化活性污泥更能发挥微生物的处理能力。

甲烷八叠球菌和甲烷丝菌在厌氧消化的甲烷化作用中是最重要的两类产甲烷菌。甲烷丝菌能自然形成颗粒污泥而固定化，使之成为反应器中的优势产甲烷菌，而甲烷八叠球菌则随出水流出反应器。但甲烷八叠球菌比甲烷丝菌在生理特性上有极大的优点，在解决厌氧消化通常出现的酸化大于甲烷化难题中显得格外重要。杨秀山等用聚乙烯醇(PVA)为包埋剂对甲烷八叠球菌固定化，研究发现，固定化细胞球表面完整，内部形成网状结构，其内的甲烷八叠球菌多以包囊形式存在，有利于菌种滞留，增加甲烷八叠球菌菌量，大大提高废水处理效率。

刘建广等采用固定化厌氧微生物的方法处理四环素废水的研究,研究结果表明固定化微生物产甲烷相具有较高的污泥活性和抗冲击负荷能力,其COD的去除率达到65%~75%,高于一般的UASB反应器。

在厌氧-好氧处理高浓度有机废水系统中,厌氧阶段的处理效果直接影响到后续的好氧处理,从而决定废水排放是否能够达标。而在高浓度有机废水的生物处理中,厌氧消化阶段的甲烷化速度为主要限制因素,要提高甲烷化速度,就要加大产甲烷菌的浓度,其中将甲烷八叠球菌固定化,提高其滞留期,增加其浓度是解决这一问题的重要途径。杨小红采用亨盖特厌氧技术,以甲醇为惟一碳源,获得了甲烷八叠球菌的富集培养物。采用直接计数法和MPN(most probable number)法对甲烷八叠球菌的数量进行测定,选择不同包埋剂对甲烷八叠球菌进行固定化,并对其成球效果及产甲烷特性进行了研究。结果表明,以PVA+海藻酸钠为包埋剂对甲烷八叠球菌进行固定化可得到较好的效果。

李海英等将对氯代芳香类有机物具有高效降解作用的混合菌用聚乙烯醇包埋后,在厌氧条件下处理含氯代芳香类有机物的废水,并与自由菌液做比较。结果表明,固定化细胞的酶活性及氯代芳香类有机物去除率均高于自由菌液,菌体包埋量及反应液中湿菌含量是影响固定化细胞处理氯代芳香类有机物废水酶活性的主要因素。在对造纸漂白废水为期1个月的连续处理试验表明,在停留时间为24 h时,其去除率可稳定在65%~81%。

S.R.Guiot等通过对UASB工艺的研究发现,用藻朊酸盐凝胶包埋甲烷细菌联合体后,苯酚及其衍生物的去除率提高2倍以上。

随着基因工程技术的发展,可以培育与创建大量的优势菌种,这为微生物在废水处理中的应用奠定了基础。有研究表明,向处理合成难降解废水的上流式厌氧污泥反应器(UASB)中投加脱氯细菌,能够提高其生物降解能力,所培育的假单孢菌有很强的降解能力,能同时脱色,且需营养物少,在染料废水处理中能够得到较好应用。

9.3.3　废水处理微生物固定化技术的发展趋势

微生物固定化技术以其特有的优点在废水处理领域引起了普遍的关注,虽然目前尚有许多问题,但相信通过不断的深入研究和改进,该技术必将作为一种高效、实用的废水处理技术而得到广泛的应用。

目前,在固定化微生物废水处理技术中,有关吸附法与包埋法等人工固定化技术的研究很多,其研究方法、作用机理和处理效果多在试验研究阶段,要将其应用于废水处理的实际工程领域,则还需要解决以下几个问题。

1) 混合固定化技术的研究和开发。废水中含有的污染物实际是一个十分复杂的混合体系,用单一的菌种进行处理,不仅往往难以达到预期的效果和实际应用的需要,而且还会因复杂的废水成分、微生物不同环境下的诱变等作用而难以保证真正的纯种生长。因此,采用混合菌固定化技术,在反应器中建立混合菌群组成的微生态环境,使各种固定化微生物协同发挥其作用。目前,在废水厌氧生物处理中所开展的颗粒污泥(微生物自固定化)就属于此类技术,已得到实际工程应用。

2) 高效固定微生物反应器工艺的开发。由于固定化微生物处于载体或包埋材料的表面或内部生长,因而如何克服包埋载体材料对基质以及代谢产物的扩散传递阻力,不仅使固定化微生物处于良好的微环境中，同时有利于微生物与基质良好的接触，促进对污染物的降解。20世纪末出现了多级多相厌氧反应技术的研究方向，并促进了许多相关研究工艺的出现。

3) 耐用微生物固定化材料或包埋材料的研发。

4) 与生物工程相结合，充分发挥高效菌种和遗传工程菌的潜力。

5) 目前尚不能明确测定固定化载体中微生物浓度，因此，适于传统生物处理法的设计及动力学处理法不完全适用于固定化微生物系统。

固定化技术可充分发挥高效菌种或遗传工程菌在特种污染废水治理中的降解潜力，为防止因泄露而引起的生态问题提供了十分重要的手段，随着固定化技术的不断发展和生物学技术的不断发展，生物固定化技术在水污染控制中将发挥更大的作用。

参考文献

1 刘艳玲.两相厌氧系统底物转化规律与群落演替的研究:[学位论文].哈尔滨:哈尔滨工业大学,2001

2 李建政,任南琪.中药废水高效生物处理技术的研究.中国给水排水,2000,16(4):5~8

3 王绍文.高浓度有机废水处理技术与工程应用.北京:冶金工业出版社,2003

4 郑平.废物生物处理理论和技术.杭州:浙江教育出版社,1995

5 胡纪萃.废水厌氧生物处理理论与技术.北京:中国建筑工业出版社,2003

6 杨晓奕.单相厌氧与两相厌氧处理干法腈纶废水的研究.工业用水与废水,2002,31(2):27~30

7 张振家.两相UASB反应器处理糖蜜酒精糟液的试验研究.工业用水与废水,2002,33(4):29~31

8 管运涛.两相厌氧膜-生物系统处理造纸废水.环境科学,2000,20(4):7

9 应一梅.两相厌氧生物处理系统分析.工业用水与废水,2003,34(6):58~60

10 李刚.两相厌氧消化工艺的研究与进展.中国沼气,2001,19(2):25~29

11 徐向阳.高效脱色菌的特性及其在染化废水厌氧处理中的生物强化作用.中国沼气,2001,19(2):3~7

12 岳秀萍.聚季铵盐对厌氧生化反应器中微生物自身固定化的促进作用.化工学报,2004,55(3):418~421

13 杨秀山.固定化甲烷八叠球菌研究——甲烷八叠球菌富集分离和固定化.中国环境科学,1997,17(3):268~271

14 王凯军.发酵工业废水处理.北京:化学工业出版社,2000

15 国家环境保护总局科技标准司.城市污水处理及水污染防治技术指南.北京:中国环境科学出版社,2001

16 王莉.两级水解酸化-好氧工艺处理染料生产废水的研究:[学位论文].哈尔滨:哈尔滨建筑大学,1998

17 李海英.固定化微生物处理造纸漂白废水.工业用水与废水,2001,32(5):19~22

18 吴晓磊.好氧及厌氧固定化微生物处理能力的比较研究.环境科学,1994,15(4):50~52

19 刘建广.固定化厌氧微生物处理四环素废水的研究.环境科学研究,1994,7(2):44~48

第3篇　污水深度处理

随着科学技术的不断进步，工业文明的迅猛发展，人口的持续增加，生活用水量和工业用水量都呈快速递增趋势，水资源紧缺已经成为世界性问题。目前全球有60%以上的陆地淡水不足，40多个国家缺水，1/3的人口得不到安全供水。我国也同样面临水资源短缺的问题，全国拥有水资源约为28 000亿 m^3，居世界第六位，但人均占有水资源量仅为2 220 m^3，只有世界平均水平的1/4，平均每公顷占有水资源29万 m^3，仅为世界平均的4/50。近年来黄河下游断流，给下游人民生活和经济发展带来了严重影响，这已逐渐引起全社会的关注。水旱灾害不断出现，水环境遭到人为的破坏，再加上开源节流的投入不足，水利经济没有理顺，不少地区因此出现了剧烈的城乡间、地区间的争水矛盾，使水资源问题日益成为我国社会经济发展的重要制约因素。

水资源短缺问题的产生一方面是源于人类用水量的增加所导致的，另一方面则由于水环境的污染，使水资源的水质恶化和水生态系统遭到破坏。在我国大部分城市和地区，由于资金和技术的原因，污水处理设施严重不足，近80%的污水未经有效处理就直接排入自然水体，已使全国近40%的河段遭受污染，90%以上的城市水域被严重污染，近50%的重点城镇水源不符合饮用水标准。据调查统计，全国设有监测系统的1 200多条河流中，已有850条遭受不同程度的污染，全国约有7亿～8亿人饮用污染超标水。根据国家环保局《2002年环境公报》，2002年，全国工业和城镇生活废水排放总量为439.5亿t，比上年增加1.5%。其中工业废水排放量207.2亿t，比上年增加2.3%；城镇生活污水排放量232.3亿t，比上年增加0.9%。废水中化学需氧量(COD)排放总量1 366.9万t，其中工业废水中COD排放量584.0万t，城镇生活污水中COD排放量782.9万t。工业和城市污水大量任意排放，使水质污染日趋严重，全国主要江河湖库的水质已受到不同程度污染，符合标准的可供水源急剧减少，进一步加剧了城市缺水的矛盾。

进入21世纪，我国人口继续增长，根据有关方面预测，2030年前后，我国人口数将达到16亿高峰，其中城镇人口将占一半左右。根据人口增长、工农业生产发展，初步估计，2030年需增加供水2 000亿～2 500亿 m^3 才能满足各方面的需要。由于我国耕地的开发潜力主要在北方，新增加的供水有相当大的部分将用于北方。除了东北和西北内陆河流域在区域内尚有部分水源可调配外，黄河、淮河、海河三流域2010年以后，随着人口的增加，人均水资源将不足400 m^3，当地水资源已无潜力可挖，缺水只有远距离从长江上、中、下游调水才能得以解决。而远距离调水成本高、投资大，资金筹措困难，并受到社会和环境等因素制约，工程实施难度极大。相比之下，开展污水深度处理，使污水成为稳定的再生水源实现污水资源化，不但解决了水体污染问题，而且可以缓解水资源危机。

第10章 废水生物脱氮除磷技术

10.1 概 述

在污水处理技术发展的初期,人们认识到了有机污染对环境生态的危害,从而把有机物即碳源生化需氧量(BOD_5)和悬浮固体(SS)的去除作为污水处理的主要目标,并没有把氮、磷等无机营养物质考虑在内。随着污水排放总量的不断增加,以及化肥、合成洗涤剂和农药的广泛应用,废水中氮、磷营养物质对环境所造成的影响也逐渐引起了人们的注意。氮、磷对水体环境的影响最为突出的是水体(特别是封闭水体)的富营养化,表现为藻类的过量繁殖及继而引起的水质恶化以致湖泊退化;其次随着藻类的死亡和随之而来的异氧微生物代谢活动,水中的溶解氧降低,从而导致鱼类死亡和水体黑臭;此外,当水体的 pH 值较高时,氨对鱼类等水生生物也具有毒性。水体富营养化是继需氧型污染后又一严重的水环境污染问题。水环境污染和水质富营养化问题的尖锐化迫使越来越多的国家和地区制定严格的氨、氮排放标准。例如如英国不仅对污水处理出水中 COD、BOD_5 和 SS 的排放指标做了严格的定量规定,同时还对氮、磷的排放标准作了严格的规定,对于人口当量在 10 000 ~ 100 000 的污水处理厂,其出水中的总磷不得超过 2 mg/L,总氮不得超过 15 mg/L;对于人口当量大于 100 000 的污水处理厂,其出水中的总磷不得超过 1 mg/L、总氮不得超过 10 mg/L。德国要求到 1995 年有 85%的污水处理厂达到三级处理标准外,还要求到 1999 年污水厂出水每 2 h 取样的混合水样中至少有 80%满足总无机氮小于等于 5 mg/L 的要求。北欧国家为保护北海,要求污水处理厂达到 79%的脱氮效率和出水总磷低于 1 mg/L 的除磷效果。鉴于上述情况,我国于 1996 年重新修订颁布实施的《污水综合排放标准》(GB 8978 – 1996)也明确规定了适用于所有排污单位非常严格的磷酸盐排放标准和较严格的氨氮排放标准,这就意味着今后绝大多数城市污水和工业废水处理厂都需要考虑除磷处理,大部分要考虑氨氮的硝化处理或脱氮处理。因此,近 30 年来,有效地降低废水中氮、磷的含量已成为现代废水处理领域的研究开发和应用热点。

国际水污染控制和研究协会(国际水质协会 IAWQ 的前身)于 1983 年在哥本哈根召开了第一次磷氮去除国际会议。此后,国际水质协会将氮磷营养物的去除列为主要的研究议题之一,还专门设立了氮磷营养物去除委员会来引导和组织学术活动,促进了各种类型的磷氮去除技术国际会议不断举行,使各国的专家学者能更好地交流该领域的最新研究成果和工程实践经验。随着法规的压力和市场的导向加速了污水除磷脱氮技术的发展,出现了各种各样的高效低耗型污水除磷脱氮处理技术和工艺流程,其重大成就是生物除磷脱氮技术的发展,以及生物处理和化学处理的有机结合。

我国是发展中国家,工农业发展程度落后于西方工业化国家,但近年来,我国的社会经济取得了快速的发展,工业化和城市化程度不断提高,而我国的水环境污染和水质富营养化状况也越来越严重,尤其是在太湖、滇池、巢湖及众多湖泊水库等缓流水体中,由于藻类生长旺盛,严重影响了水体功能,破坏了水生生态系统,甚至污染和危害了饮用水水源地。1986 ~ 1990 年对我国 26 个大中型湖泊及水库的调查表明,这些湖泊和水库的总氮浓度范围为 0.08 ~ 3.383 mg/L,其中含量最高的是南四湖、巢湖和蘑菇湖水库。所调查湖泊和水库的总氮平均值为 2 mg/L 以上,总磷含量范围为 0.018 ~ 0.4 mg/L,含量最高的是镜泊湖,其次为南四湖、太湖和呼伦湖。26 个湖泊和水库的总磷几何平均值为 0.165 mg/L。这些数据与 1982 年 OECD 所调查的世界 71 个湖泊的几何平均值及浓度范围相比,均远大于 OECD 的调查结果。上述调查的湖泊及水库中,有 68%的透明度小于 0.6 m,76%的小于 1 m,其中城市湖泊的透明度一般为 0.2 ~ 0.4 m。湖泊及水库中,浮游植物的含量较高,叶绿素年均值的范围为 0.7 ~ 240 mg/L。调查表明,我国大部分湖泊、水库已达到富营养化或超富营养化程度。其中富营养化的湖泊、水库有江苏太湖、安徽巢湖等 9 个;重富营养化的有流花湖、墨水湖、荔湾湖、滇池(草海)、东山湖、南湖、玄武湖和麓湖等 8 个。由此可见,我国大部分湖泊、水库遭受污染,而且近年来有不断上升的趋势。在此情况下,污水除磷脱氮技术被列入"七五"、"八五"和"九五"国家及省市重大科技攻关项目,国内中国市政工程华北设计研究院、华东师范大学、上海市政工程设计院、北京市环境保护科学研究院、天津大学、天津市环境保护科学研究院、同济大学、清华大学、哈尔滨建筑大学、天津市污水研究所、天津市市政工程设计研究院等几十家单位先后开展了污水除磷脱氮技术的研究、开发和工程应用,并取得了一大批具有实用价值的研究成果和工程经验。

10.2 废水生物脱氮机理

氮以有机氮和无机氮两种形态存在于水体中。前者有蛋白质、多肽、氨基酸和尿素等,它们来源于生活污水、农业废弃物(植物秸杆、牲畜粪便等)和某些工业废水(羊毛加工、制革、印染、食品加工等)。这些有机氮经微生物分解后将转化为无机氮。水中的无机氮是指氨氮、亚硝态氮和硝态氮,这三种无机氮统称为氮化合物。它们一部分是由有机氮经微生物分解转化后形成的,还有一部分是来自施用氮肥的农田排水和地表径流,以及某些工业废水(冶金工业的炼焦车间、化肥厂)。废水中的氮主要以氨氮和有机氮形式存在,一般情况下只含有少量或没有亚硝酸盐和硝酸盐形态的氮,在未经处理的污水中,有机氮占总氮量的 40% ~ 60%,氨氮占 50% ~ 60%,亚硝酸盐和硝酸盐氮占 0 ~ 5%。

城市污水脱氮技术可以分为物理化学脱氮和生物脱氮。生物脱氮主要通过同化过程、氨化过程、硝化过程、反硝化过程将氮最终去除。物理化学不包括有机氮转化为氨氮和氨氮转化为硝酸盐氮过程,因此,物化法通常只能去除氨氮。物化法脱氮工艺主要有折点氯化法去除氨氮,选择性离子交换去除氨氮和空气吹脱法去除氨氮,反渗透法也可以用于去除氨氮。对于物理化学法脱氮,目前缺乏成功的工艺设计知识,运行操作复杂,费用昂贵,难以推广应用。而现有的城市污水二级处理系统很容易改建成生物脱氮系统,因此,城市污水脱氮主要是生物脱氮。

废水生物脱氮技术是 20 世纪 70 年代中期美国和南非等国的水处理专家们在对化学、催化和生物处理方法研究的基础上,提出的一种经济有效的处理技术。废水生物脱氮有同化脱氮与异化脱氮。同化脱氮是指微生物的合成代谢利用水体中的氮素合成自身物质,从而将水体中的氮转化为细胞成分而使之从废水中分离。通常所说的废水生物脱氮是指异化脱氮。废水生物脱氮利用自然界氮素循环的原理,在水处理构筑物中营造出适宜于不同微生物种群生长的环境,通过人工措施,提高生物硝化反硝化速率,达到废水中氮素去除的目的。废水生物脱氮一般由三种作用组成:氨化作用、硝化作用和反硝化作用。

10.2.1 生物氨化过程

废水中的有机氮主要有蛋白质、氨基酸、尿素、胺类、氰化物和硝基化合物等。蛋白质是氨基酸通过肽键结合的高分子化合物,氨基酸是羧酸分子中羟基上的氢原子被氨基($—NH_2$)取代后的生成物,可用通式 $RCHNH_2COOH$ 表示。蛋白质可作为微生物基质,在能产生蛋白质水解酶的微生物作用下,逐步水解为氨基酸。蛋白质水解可以在细胞内进行,也可以在细胞外进行。在脱氨基酶作用下,脱氨基后的氨基酸可以进入三羧酸循环,参与各种合成代谢和分解代谢。脱氨基作用既可以在有氧条件下进行,也能在缺氧条件下进行。其反应式为

有氧条件下

$$RCHNH_2COOH + O_2 \longrightarrow RCOOH + CO_2 + NH_3\text{(氧化脱氨基)} \tag{10.1}$$

缺氧条件下

$$RCHNH_2COOH + H_2O \longrightarrow RCH_2OCOOH + NH_3\text{(水解脱氨基)} \tag{10.2}$$

$$RCHNH_2COOH + 2H \longrightarrow RCH_2COOH + NH_3\text{(还原脱氨基)} \tag{10.3}$$

$$CH_2OHCHNH_2COOH \longrightarrow CH_3COCOOH + NH_3\text{(脱水脱氨基)} \tag{10.4}$$

$$\begin{aligned} RCHNH_2COOH + R'CHNH_2COOH + H_2O \longrightarrow RCOCOOH + \\ R'CH_2COOH + 2NH_3\text{(氧化还原脱氨基)} \end{aligned} \tag{10.5}$$

在上述反应中,不论在有氧还是在缺氧条件下,氨基酸的分解结果都产生氨和一种含氮有机化合物。

人和高等动物所排泄的尿中含有尿素,尿素中含氮约 47%,尿素的分解过程是在尿素酶的作用下迅速水解成碳酸胺,后者很不稳定,易分解成氨、二氧化碳和水。生活污水中的氨氮主要来源于尿素的水解。其反应式为

$$CO(NH_2)_2 + 2H_2O \longrightarrow (NH_4)_2CO_3 \tag{10.6}$$

$$(NH_4)_2CO_3 \longrightarrow 2NH_3 + CO_2 + H_2O \tag{10.7}$$

在自然界中,参与氨化反应过程的氨化细菌很多,主要有好氧性的荧光假单胞菌和灵杆菌,兼性的变形杆菌和厌氧的腐败梭菌等。引起尿素水解的细菌称尿素细菌。尿素细菌可分成球菌与杆菌两大类,它们一般是好氧的,但对氧的需求量不大,有些菌种在无氧条件下也能生长。

10.2.2 生物硝化过程

10.2.2.1 生物硝化反应

生物硝化反应是亚硝化菌、硝化菌将氨氮氧化成亚硝酸盐氮、硝酸盐氮。氨氮氧化成硝

酸盐的硝化反应是由一群自养型好氧微生物通过两个过程完成的。第一步先由亚硝酸菌将氨氮(NH_4^+ 和 NH_3)转化为亚硝酸盐(NO_2^-),称为亚硝化反应。其中亚硝酸菌有亚硝酸单胞菌属、亚硝酸螺旋杆菌属和亚硝化球菌属等。第二步由硝酸菌将亚硝酸盐氧化成硝酸盐(NO_3^-)。硝酸菌有硝酸杆菌属、螺菌属和球菌属等。亚硝酸菌和硝酸菌统称为硝酸菌,均是化能自养菌。这类菌利用无机碳化合物如 CO_3^{2-}、HCO_3^- 和 CO_2 作为碳源,从 NH_4^+ 或 NO_2^- 的氧化反应中获取能量。两项反应均需在好氧条件下进行。亚硝酸菌和硝酸菌的基本特性如表 10.1 所示。

表 10.1　硝化菌的基本特征

项　目	亚硝酸菌	硝酸菌
细胞形状	椭球或棒球	椭球或棒球
细胞尺寸/μm	1×1.5	0.5×1.5
革兰氏染色	阴性	阴性
世代期/h	8~36	12~59
自养性	专性	兼性
需氧性	严格好氧	严格好氧
最大比增长速率/($\mu m \cdot h^{-1}$)	0.04~0.08	0.02~0.06
产率系数 Y	0.04~0.013	0.02~0.07
饱和常数 K/($mg \cdot L^{-1}$)	0.6~3.6	0.3~1.7

亚硝酸菌将氨氮氧化成亚硝酸盐和硝酸菌将亚硝酸盐氧化为硝酸盐的硝化反应可表示为

$$NH_4^+ + 1.5O_2 \longrightarrow NO_2^- + 2H^+ + H_2O + (240 \sim 350\ kJ/mol) \quad (10.8)$$

$$NO_2^- + 0.5O_2 \longrightarrow NO_3^- + (65 \sim 90\ kJ/mol) \quad (10.9)$$

大部分硝化细菌都是自养菌,利用二氧化碳作为细胞碳源,硝化菌细胞的化学组成用 $C_5H_7NO_2$ 表示,对于氨氮的氧化的反应式为

$$15CO_2 + 13NH_4^+ \longrightarrow 10NO_2^- + 3C_5H_7NO_2 + 23H^+ + 4H_2O \quad (10.10)$$

对于亚硝酸盐的氧化的反应式为

$$5CO_2 + NH_4^+ + 10NO_2^- + 2H_2O \longrightarrow 10NO_3^- + C_5H_7NO_2 + H^+ \quad (10.11)$$

同时在水体中,CO_2 存在以下平衡关系

$$CO_2 + H_2O \longrightarrow H_2CO_3 \longrightarrow H^+ + HCO_3^- \quad (10.12)$$

方程式(10.8)、(10.10)、(10.11)均有 H^+ 生成,平衡左移,水中 pH 值下降。综合考虑方程式(10.12),则方程式(10.8)、(10.10)、(10.11)分别变为

$$NH_4^+ + 1.5O_2 + 2HCO_3^- \longrightarrow NO_2^- + 2H_2CO_3 + H_2O \quad (10.13)$$

$$13NH_4^+ + 23HCO_3^- \longrightarrow 8H_2CO_3 + 10NO_2^- + 3C_5H_7NO_2 + 19H_2O \quad (10.14)$$

$$NH_4^+ + 10NO_2^- + 4H_2CO_3 + HCO_3^- \longrightarrow 10NO_3^- + C_5H_7NO_2 + 3H_2O \quad (10.15)$$

若已知亚硝化细菌产率系数 $Y_{NH_4^+} = 0.15\ gVSS/gNH_4^+ - N$ 和硝化细菌产率系数 $Y_{NH_2^-} = 0.02\ gVSS/gNO_2 - N$,则可根据上述方程得出氨氮氧化、亚硝酸盐氧化和新细胞合成的总反

应式为

$$55NH_4^+ + 76O_2 + 109HCO_3^- \longrightarrow C_5H_7O_2N + 54NO_2^- + 57H_2O + 104H_2CO_3 \quad (10.16)$$

$$400NO_2^- + NH_4^+ + 4H_2CO_3 + HCO_3^- + 195O_2 \longrightarrow C_5H_7NO_2 + 3H_2O + 400NO_3^- \quad (10.17)$$

将上两式合并得出硝化反应的总方程式为

$$NH_4^+ + 1.86O_2 + 1.985HCO_3^- \longrightarrow 0.021C_5H_7NO_2 + 1.04H_2O + 1.88H_2CO_3 + 0.982NO_3^- \quad (10.18)$$

若不考虑硝化过程中硝化菌的增值,通过对上述反应过程的物料衡算,可以计算出氧化 1 $gNH_4^+ - N$ 为 $NO_2^- - N$ 耗氧 3.43 g,氧化 1 $gNO_2^- - N$ 为 $NO_3^- - N$ 耗氧 1.14 g,所以氧化 1 $gNH_4^+ - N$ 为 $NO_3^- - N$ 共耗氧 4.57 g。亚硝化反应和硝化反应还会消耗水中的重碳酸盐碱度,约合 7.14 $gCaCO_3/gNH_4^+ - N$。

10.2.2.2 生物硝化反应动力学

污水生物处理过程中氨氮的去除是通过两类自养型微生物,即亚硝化细菌和硝化细菌通过亚硝化和硝化两个连续过程完成的,自养细菌的增殖和底物的去除可用 Monod 方程来描述,即

$$\mu = \mu_{max} \frac{S}{K_s + S} \quad (10.19)$$

式中 μ—— 微生物的比增长速率,d^{-1};

μ_{max}—— 微生物的最大比增长速率,d^{-1};

K_s—— 饱和常数,mg/L;

S—— 底物浓度,mg/L。

如前所述,由于亚硝化过程所产生的能量是硝化过程所产生能量的 4 ~ 5 倍,要想获得相同的能量,硝化细菌所氧化的亚硝态氮必须相当于亚硝化细菌所氧化氨氮量的 4 ~ 5 倍,所以在稳态条件下,生物处理系统中一般不会产生亚硝酸盐的积累。而且对于亚硝化反应和硝化反应 Monod 方程中的饱和常数 K_N 均小于 1 mg/L(温度小于 20 ℃时),因此在整个硝化过程中的限速步骤为亚硝化过程,硝化反应可以表示为

$$\mu_N = \mu_{N,max} \frac{N}{K_N + N} \quad (10.19)$$

式中 μ_N—— 亚硝酸菌的比增长速率,d^{-1};

$\mu_{N,max}$—— 亚硝酸菌的最大比增长速率,d^{-1};

K_N—— 亚硝酸菌氧化氨氮的饱和常数,mg/L;

N—— 氨氮浓度,mg/L。

从表 10.2 可知,硝化菌的动力学参数 μ_N 和 K_N 的值较小,μ_N 值小于 1 d^{-1},K_N 值在 1 ~ 5 mg/L之间。由式(10.19) 可知,当 N 比 K_N 大得多时,可以认为 μ_N 与 N 无关,μ_N 与 N 两者之间呈零级反应,此时不可能达到很高的硝化程度。

$NH_4^+ - N$ 氧化速率直接与亚硝酸菌的增长速率有关,而亚硝酸菌的增长速率又与亚硝酸菌的产率系数有关。NH_4^+N 硝化速率与亚硝酸菌增长速率之间的关系可以表示为

$$q_N = \frac{\mu_N}{Y_N} = q_{N,max}\frac{N}{K_N + N} \tag{10.20}$$

式中　q_N—— 氨氮比氧化速率，$gNH_4^+-N/(gVSS \cdot d)$；

$q_{N,max}$—— 氨氮最大比氧化速率，$gNH_4^+-N/(gVSS \cdot d)$；

Y_N—— 亚硝化细菌产率系数，$gVSS/gNH_4^+-N$ 去除。

表10.2　20 ℃条件下硝化菌的Monod参数

底　物	μ_N/d^{-1}	$K_N/(mg \cdot L^{-1})$	文献来源
NN_4^+-N	0.53	3.6	Stratton, McCarty
NN_4^+-N	0.34	1.0	Downing 等
NN_4^+-N	0.65	0.6	Knoles 等
NO_2^--N	0.41	1.1	Stratton, McCarty
NO_2^--N	0.14	2.1	Downing 等
NO_2^--N	0.84	1.9	Knoles 等

由于硝化菌的增殖速率很低，在活性污泥系统中为了充分地进行硝化反应必须有足够长的泥龄 θ_c，θ_c 可定义为系统中生物固体总量除以系统每日排出的生物固体总量，因此，实现硝化所需的最小泥龄 $\theta_c^m = \frac{1}{\mu_{N,max}}$，式中 $\mu_{N,max}$ 为硝化菌比增长速率。

在稳态运行情况下，系统中每日排出生物固体量等于微生物增殖的数量，因此，泥龄与微生物增长速率的关系可以表示为

$$1/\theta = \mu_N - b_N = \mu_N' \tag{10.21}$$

式中　μ_N'—— 硝化菌净比增长速率，d^{-1}；

b_N—— 硝化菌内源代谢分解速率，d^{-1}。

b_N 值要比 μ_N 值小得多，因此在泥龄 θ_c 值的计算上可以忽略 b_N。

10.2.2.3　生物硝化过程的环境因素

影响生物硝化过程的环境因素主要有基质浓度、温度、溶解氧浓度、pH值以及抑制物质含量等。

1. C/N 比

污水中含碳有机物与未氧化含氮物质的浓度比值一般较高（COD/TKN = 10 ~ 15）。可生物降解含碳有机物与含氮物质浓度之比，是影响生物硝化速率和过程的重要因素。BOD_5/TNK 值的不同，将会影响到活性污泥系统中异养菌与硝化菌对底物和溶解氧的竞争，由于硝化菌比增长速率低，世代期长，使硝化菌的生长受到抑制。一般认为处理系统的 BOD 污泥（MLSS）负荷低于 0.15 g/(g · d) 时，处理系统的硝化反应才能正常进行。

在活性污泥系统中，硝化菌占活性污泥微生物中的比例很小，约占5%左右，这是因为与异养型细菌相比，硝化菌的产率低、比增长速率小。活性污泥中硝化菌的比例与污水的 BOD_5/TKN 值有关，硝化菌产生量与活性微生物产生量的比值与城市污水 BOD_5/TKN 比值的关系可用下式表示，即

$$f_N = \frac{1}{\frac{m(BOD_5)}{m(TNK)}\frac{Y_H}{Y_N} + 1} \tag{10.21}$$

式中 f_N—— 硝化菌产生量与活性微生物产生量的比值；

Y_H—— 异氧微生物产率系数，$kgVSS/kgBOD_5$；

Y_N—— 亚硝化细菌产率系数，$gVSS/gNH_4^+ - N$ 去除。

2.温度

温度对硝化过程速率的影响类似于对异养菌好氧生长的影响，生物硝化反应可以在4～45 ℃的温度范围内进行。温度不但影响硝化菌的比增长速率，而且影响硝化菌的活性，亚硝化菌最佳生长温度为 35 ℃，硝化菌的最佳生长温度为 35～42 ℃。表 10.3 列举了亚硝化菌在不同温度条件下的最大比增长速率 μ_N。

表 10.3 亚硝化菌不同温度条件下最大比增长速率

温度/ ℃	μ_N/d^{-1}
10	0.3
20	0.65
30	1.2

从表中所列举的数值可以看出，μ_N 值与温度的关系遵从 Arrhenius 方程，温度每升高 10 ℃，μ_N 值增加 1 倍。在 5～30 ℃范围内，随着温度升高，硝化反应速率增加，但当温度增至 30 ℃时，硝化反应速率的增加幅度开始降低。这是因为温度超过 30 ℃时，蛋白质的变性降低了硝化菌的活性。当温度低于 5 ℃时，硝化菌的生命活动几乎停止。对于同时去除有机物和进行硝化反应的系统，温度低于 15 ℃即发现硝化速率急剧降低。低温对硝酸菌的抑制作用更为强烈，因此，在低温条件下(12～14 ℃)常常会出现亚硝酸盐的积累。

在硝化反应中，温度对亚硝酸菌的最大比增长速率 μ_N 值的影响可表示为

$$\mu_{N,max} = 0.47\, e^{0.098(T-15)} \tag{10.22}$$

温度对亚硝酸菌氧化氨氮的饱和常数的影响可以表示为

$$K_N = 10^{(0.051T-1.158)} \tag{10.23}$$

式中 T—— 硝化反应温度，℃；

K_N—— 硝化反应饱和常数，mg/L；

$\mu_{N,max}$—— 温度 t 时亚硝酸菌的最大比增长速率，d^{-1}。

式(10.22)的适用温度范围为 5～30 ℃，亚硝酸菌氧化氨氮的饱和常数 K_N 与温度关系还可以表示为

对于亚硝酸菌 $$K_{N(t)} = K_{N(15)} e^{0.118(T-15)} \tag{10.24}$$

对于硝酸菌 $$K_{N(t)} = K_{N(15)} e^{0.146(T-15)} \tag{10.25}$$

15 ℃ 时亚硝酸菌的饱和常数 $K_{N(15)} = 0.405$ mg/L，硝酸菌的 $K_{N(15)} = 0.625$ mg/L。

硝化菌的内源代谢分解系数 b_N 与温度的关系可表示为

$$b_{N(T)} = b_{N(20)} 1.04^{(T-20)} \tag{10.26}$$

20 ℃时 b_N 值可取0.04 d^{-1}。

3.溶解氧

硝化反应必须在好氧条件下进行,所以溶解氧浓度也会影响硝化反应速率,硝化菌可以忍受的极限为0.5~0.7 mg/L,一般建议硝化反应中溶解氧质量浓度大于2 mg/L。但有资料表明,当溶解氧质量浓度小于2 mg/L,如果保证过长的污泥停留时间,氮有可也能完全硝化。

在硝化反应中,硝酸菌最大比增长速率 μ_N 值与溶解氧浓度DO的关系可表示为

$$\mu_N = \mu_{N,\max}\frac{DO}{K_o + DO} \tag{10.27}$$

式中 μ_N——运行条件下硝酸菌的比增长速率,d^{-1};

K_o——相对于溶解氧的饱和常数,其值一般在0.15~2.0 mg/L范围内。

4.pH值

在硝化反应中,每氧化1 g氨氮需要7.14 g碱度(以 $CaCO_3$ 计),如果不补充碱度,就会使pH值下降。硝化菌对pH值变化十分明显,硝化反应的最佳pH值范围为7.5~8.5,当pH值低于7时,硝化速率明显降低,低于6和高于10.6时,硝化反应将停止进行。一般污水对于硝化反应来说,碱度往往是不够的,因此应投加必要的碱量以维持适宜的pH值,保证硝化反应的正常进行。

Hultmon提出的,pH值对硝化菌生长速率的影响可表示为

$$\mu_N = \mu_{N,\max}\frac{1}{1 + 0.04[10^{(pH_0 - pH)} - 1]} \tag{10.28}$$

式中 μ_N——运行条件下亚硝酸菌的比增长速率,d^{-1};

$\mu_{N,\max}$——最佳pH值条件下,亚硝酸菌的生长速率,d^{-1};

pH_0——最佳pH值,一般亚硝酸菌增殖最佳范围在8.0~8.4;

pH——运行条件下pH值。

Downing提出,当pH值低于7.2时,亚硝酸菌比增长速率与pH值关系式为

$$\mu_N = \mu_{N,\max}[1 - 0.833(7.2 - pH)] \tag{10.29}$$

5.抑制物质

许多物质会抑制活性污泥过程中的硝化作用,一定程度的抑制作用有可能使硝化反应完全停止。对硝化反应有抑制作用的物质有:过高浓度的 NH_3-N、重金属、有毒物质以及有机物。对硝化反应的抑制作用主要有两个方面:一是干扰细胞的新陈代谢,这种影响需长时间才能显示出来;二是破坏细菌最初的氧化能力,这在短时间里即会显示出来。一般来说,同样毒物对亚硝酸菌的影响较对硝酸菌的影响强烈。

过高浓度的 NH_3-N 对硝化反应会产生基质抑制作用,在培养和驯化硝化菌时,更应注意 NH: - N的浓度,不使其产生抑制。

一些重金也会对硝化反应产生抑制作用。对硝化菌有抑制作用的重金属有:Cu、Zn、Ag、Hg、Ni、Cr、Co、Cd和Pb等。但金属在纯培养液反应系统中对硝化过程抑制与在活性污泥系统中有明显差别。金属自纯培养液中是离子态,而在活性污泥中可以为吸附态或络合态,因而活性污泥中的硝化细菌比在纯培养液中可承受较高的金属离子浓度,如表10.4所

示。

对硝化菌有抑制作用的有机、无机物质主要是一些含氮、硫元素的物质,如有机硫化物、氰化物、苯胺、酚、氟化物、ClO_4、硫氰酸盐、K_2CrO_4、三价砷等。

表 10.4 重金属对硝化过程的抑制作用

重金属	质量浓度/($mg·L^{-1}$)	效应
Cu	0.05~0.56	抑制亚硝化细菌的活性(纯培养液)
	4	在活性污泥中无明显抑制
	150	活性污泥中硝化作用抑制 75%
Ni	>0.25	抑制亚硝化细菌生长(纯培养液)
Cr^{3+}	>0.25	抑制亚硝化细菌生长(纯培养液)
	118	活性污泥中硝化作用抑制 75%
Zn	0.08~0.5	抑制亚硝化细菌生长(纯培养液)
Co	0.08~0.5	抑制亚硝化细菌生长(纯培养液)

10.2.3 生物反硝化过程

10.2.3.1 生物反硝化反应

生物反硝化反应是在缺氧(不存在分子态溶解氧)条件下,将硝化过程中产生的硝酸盐或亚硝酸盐还原成气态氮(N_2)或 N_2O、NO 的过程。它是由一群异氧型微生物完成的生物化学过程,参与这一生化反应的微生物是反硝化菌。反硝化菌在自然环境中很普遍,在污水处理系统中许多常见的微生物都是反硝化细菌,包括假单胞菌属、反硝化杆菌属、螺旋菌属和无色杆菌属等。它们多数是兼性细菌,有分子态氧存在时,反硝化菌氧化分解有机物,利用分子氧作为最终电子受体。在无分子态氧条件下,反硝化菌利用硝酸盐和亚硝酸盐中的 N^{+5} 和 N^{+3} 作为电子受体,O^{2-} 作为受氢体生成 H_2O 和 OH^- 碱度,有机物则作为碳源及电子供体提供能量并得到氧化稳定。

反硝化过程中亚硝酸盐和硝酸盐的转化是通过反硝化细菌的同化作用和异化作用来完成的。异化作用就是将 NO_2^- 和 NO_3^- 还原为 NO、N_2O、N_2 等气体物质,主要是 N_2。而同化作用是反硝化菌将 NO_2^- 和 NO_3^- 还原成 NH_3-N 供新细胞合成之用,氮成为细胞质的成分,此过程可称为同化反硝化。异化作用去除的氮约占总去除量的 70%~75%(质量分数)。反硝化反应中氮元素的转化及其生物化学过程如图 10.1 和式 10.30、10.31 所示。

$$NO_2^- + 3H(\text{电子供体有机物}) \longrightarrow 1/2N_2 + H_2O + OH^- \quad (10.30)$$

$$NO_3^- + 5H(\text{电子供体有机物}) \longrightarrow 1/2N_2 + H_2O + OH^- \quad (10.31)$$

硝酸盐的反硝化还原过程为

$$NO_3^- \xrightarrow{\text{硝酸盐还原酶}} NO_2^- \xrightarrow{\text{亚硝酸盐还原酶}} NO \xrightarrow{\text{氧化还原酶}} N_2O \xrightarrow{\text{氧化亚氮还原酶}} N_2 \quad (10.32)$$

反硝化菌是兼性菌,既可有氧呼吸也可无氧呼吸。当同时存在分子态氧和硝酸盐时,优先进行有氧呼吸。因为有氧呼吸将产生较多的能量,所以为保证反硝化的顺利进行,必须保持缺氧状态。而且,微生物从有氧呼吸转变为无氧呼吸的关键是合成无氧呼吸的酶。反硝

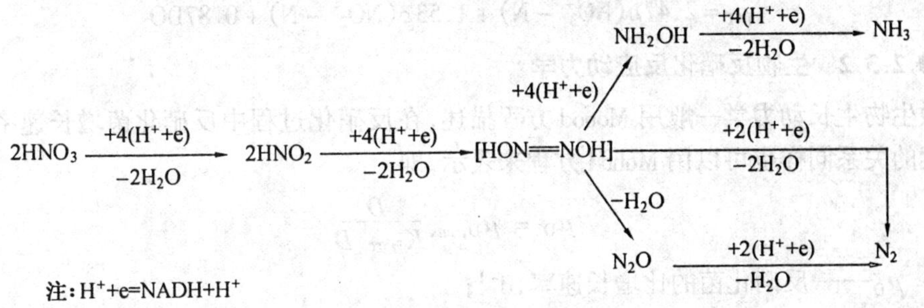

$$NH_2OH \xrightarrow[-2H_2O]{+4(H^+ + e)} NH_3$$

$$2HNO_3 \xrightarrow[-2H_2O]{+4(H^+ + e)} 2HNO_2 \xrightarrow[-2H_2O]{+4(H^+ + e)} [HON{=}NOH] \xrightarrow[-2H_2O]{+2(H^+ + e)} N_2$$

$$[HON{=}NOH] \xrightarrow{+4(H^+ + e)} NH_2OH$$

$$[HON{=}NOH] \xrightarrow{-H_2O} N_2O \xrightarrow[-H_2O]{+2(H^+ + e)} N_2$$

注：$H^+ + e = NADH + H^+$

图10.1 反硝化反应中氮的转化

化过程的产物因参与反硝化反应的微生物种类和环境因素等而有所不同。例如，在反硝化过程中，部分反硝化菌只含有硝酸盐还原酶时，NO_3^- 只能还原至 NO_2^-。

在生物反硝化过程中，污水中含碳有机物作为反硝化过程的电子供体。由式(10.30)可知，每转化 1 g $NO_2^- - N$ 为 N_2 时，需有机物(以 BOD 表示)1.71 g($3 \times 16/(2 \times 14) = 1.71$)；每转化 1 g$NO_3^- - N$ 为 N_2 时，需有机物(以 BOD 表示)2.86 g。同时产生 3.57 g 碱度(以 $CaCO_3$ 计)($100/(2 \times 14) = 3.57$)。

如果污水中含有溶解氧，为使反硝化进行完全，所需碳源有机物(以 BOD 表示)总量的计算式为

$$\rho(BOD) = 2.86\rho(NO_3^- - N) + 1.71\rho(NO_2^- - N) + DO \tag{10.33}$$

式中 C——反硝化过程有机物需要量(以 BOD 表示)，mg/L；

$\rho(NO_3^- - N)$——硝酸盐浓度，mg/L；

$\rho(NO_2^- - N)$——亚硝酸盐浓度，mg/L；

DO——污水溶解氧浓度，mg/L。

如果污水中碳源有机物不足时，应补充投加易于生物降解的碳源有机物。以甲醇为例，则

$$NO_3^- + 5/6CH_3OH + 1/6H_2CO_3 \longrightarrow 1/2N_2 + 4/3H_2O + HCO_3^- \tag{10.34}$$

合成细胞用甲醇的反应为

$$14CH_3OH + 3NO_3^- + 4H_2CO_3 \longrightarrow 3C_5H_7NO_2 + 20H_2O + 3HCO_3^- \tag{10.35}$$

综合式(10.34)和式(10.35)可得反硝化总反应式(反硝化 + 合成)为

$$NO_3^- + 1.08CH_3OH + 0.24H_2CO_3 \longrightarrow 0.056C_5H_7O_2N + 0.47N_2 + 1.68H_2O + HCO_3^- \tag{10.36}$$

如果水中含有 $NO_2^- - N$，则发生的反应为

$$NO_2^- + 0.67CH_3OH + 0.53H_2CO_3 \longrightarrow 0.04C_5H_7NO_2 + 0.48N_2 + 1.23H_2O + HCO_3^- \tag{10.37}$$

由式(10.37) 和(10.36)可以计算，每还原 1 g$\rho(NO_2^- - N)$和 1 g$\rho(NO_3^- - N)$，分别需要甲醇 1.53 g($0.67 \times 32/14 = 1.53$)和 2.47 g($1.08 \times 32/14 = 2.47$)，同时产生 3.57 g 碱度(以 $CaCO_3$ 计)($50/14 = 3.57$)和 0.45 g 新细胞($0.056 \times 113/14 = 0.45$)。当考虑水中有溶解氧存在时，为使反硝化过程进行完全所需投加甲醇的总用量为 ρ_T

$$\rho_T = 2.47\rho(NO_3^- - N) + 1.53\rho(NO_2^- - N) + 0.87DO \tag{10.37}$$

10.2.3.2 生物反硝化反应动力学

微生物生长动力学一般用 Monod 方程描述,在反硝化过程中反硝化菌增长速率和硝酸盐浓度的关系同样也可以用 Monod 方程来表示,即

$$\mu_D = \mu_{D,max}\frac{D}{K_D + D} \tag{10.38}$$

式中 μ_D—— 反硝化菌的比增长速率,d^{-1};

$\mu_{D,max}$—— 反硝化菌的最大比增长速率,d^{-1};

D——$NO_3^- - N$ 质量浓度,mg/L;

K_D—— 相对于 $NO_3^- - N$ 的饱和常数,mg/L。

对于反硝化过程,泥龄 θ_c 和反硝化菌净比增长速率之间的关系为

$$\frac{1}{\theta_c} = \mu \tag{10.39}$$

反硝化菌的比增长速率与一般的好氧异养菌的比增长速率相近,比硝化菌的比增长速率大得多,因此生物反硝化反应器所需的泥龄比硝化反应小得多。

把硝酸盐的去除速率与反硝化菌的比增长速率联系起来,硝酸盐的去除率可以表示为

$$q_D = \frac{\mu_D}{Y_D} = q_{D,max}\frac{D}{K_D + D} \tag{10.40}$$

式中 q_D——$NO_3^- - N$ 去除速率,$gNO_3^- - N/(gVSS \cdot d)$;

Y_D—— 反硝化菌的表观产率系数,$gVSS/gNO_3^- - N$;

$q_{D,max}$—— 最大 $NO_3^- - N$ 去除速率,$gNO_3^- - N/(gVSS \cdot d)$。

考虑到反硝化菌的内源代谢使反硝化菌的净增长速率低于表观增长速率,泥龄与 $NO_3^- - N$ 去除速率的关系可以表示为

$$1/\theta_c = Y_D - q_D - b_D \tag{10.41}$$

式中 b_D—— 反硝化菌的内源代谢分解系数,d^{-1}。

美国环境署建议 $b_D = 0.04\ d^{-1}$,表观产率系数 $Y_D = 0.6 \sim 1.2\ gVSS/gNO_3^- - N$。

由于硝态氮不是微生物生长的控制基质,当反硝化过程中有充足的有机碳源存在时,同时 NO_3^- 的浓度高于 0.1 mg/L 时,反硝化速率与 NO_3^- 浓度成零级动力学反应,即此时的反硝化速率与 NO_3^- 的浓度高低无关,只与反硝化菌的数量有关。此时 $NO_3^- - N$ 的去除率可表示为

$$D_e - D_0 = q_D(X_V)t \tag{10.42}$$

式中 D_e—— 进水中 $NO_3^- - N$ 质量浓度,mg/L;

D_0—— 出水中 $NO_3^- - N$ 质量浓度,mg/L;

X_V—— 挥发性悬浮固体质量浓度,mg/L。

对于前面所给出的反硝化动力学表达式适用于单一的和可快速生物降解的碳源有机物作为电子供体(如甲醇)。如果城市污水或工业废水作碳源,其碳源有机物成分复杂,需用其他的动力学方程来描述。

Barnard 等在处理城市污水的研究中发现,根据不同的有机碳源,反硝化过程存在三种

不同的反应速率(图 10.2)。在反硝化反应开始的 5~15 min 内为反应速率最快的第一阶段,其 NO_3^- - N 反硝化速率为 50 mg/(L·h)。此阶段中,反硝化菌利用挥发性脂肪酸和醇类等易被降解的厌氧发酵产物作为碳源,因而其反应速率较快。第二阶段自第一阶段结束一直延续至所有外部碳源利用完止,此阶段反硝化菌利用不溶或复杂的可溶性有机物作碳源,因此 NO_3^- - N 反应速率较第一阶段慢,约为 16 mg/(L·h)。在第三阶段,由于外碳源的耗尽,反硝化菌便通过内源呼吸作用进行反硝化反应,此时反应速率更低,仅为 5.4 mg/(L·h)。若将第一阶段、第二阶段和第三阶段中被反硝化菌利用的有机基质分别称做第一类、第二类和第三类基质,则反硝菌利用第三类基质进行反硝化的速率仅为第一类基质的 10%。

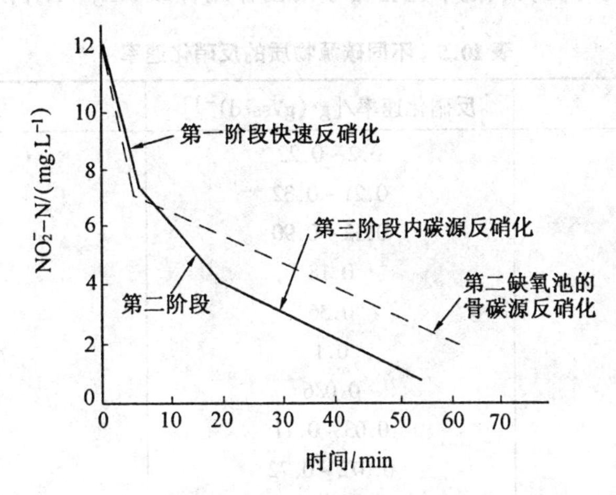

图 10.2　反硝化反应的三个不同速率阶段

Ekama 和 Marais 给出了上述三个阶段反硝化速率 $q_{D(n)}$ 的计算公式为

$$q_{D(1)} = 0.720\theta_1^{(T-20)} \tag{10.43}$$

$$q_{D(2)} = 0.100\theta_2^{(T-20)} \tag{10.44}$$

$$q_{D(3)} = 0.072\theta_3^{(T-20)} \tag{10.45}$$

式中　$q_{D(1)}$——第一反硝化速率,利用快速生物降解有机物作碳源,g/(gVSS·d);

$q_{D(2)}$——第二反硝化速率,利用慢速生物降解有机物作碳源,g/(gVSS·d);

$q_{D(3)}$——第三反硝化速率,微生物内源反硝化,g/(gVSS·d);

θ_1、θ_2、θ_3——温度修正系数,分别为 1.2、1.04 和 1.03;

T——反应温度,℃。

由此可见,当废水中的 BOD 浓度较高时,且多为易降解的有机物基质时,反硝化过程可利用第一类基质,此时反硝化速率较快,其水力停留时间在 0.5~1.0 h 即可;如果废水中的第一类基质浓度较低或 BOD 浓度较低,则为维持一定的反硝化速率,反硝化菌便要利用第二类基质进行反硝化,此时的水力停留时间需要 2~3 h。

10.2.3.3　生物反硝化反应过程环境影响因素

1.碳源有机物

反硝化菌在反硝化过程中在溶解氧浓度极低的条件下利用硝酸盐中的氧作用电子受体,有机物作碳源及电子供体。碳源物质不同,反硝化速率也不同。表 10.5 列举了不同碳源物质的反硝化速率。

从表 10.4 中可以看出见,甲醇是一种较为理想的反硝化碳源物质。城市污水、啤酒污水、挥发性有机物、糖蜜、柠檬酸、丙酮也可以作为反硝化的碳源物质。但城市污水作碳源物质时反硝化速率比使用甲醇作碳源物质时的反硝化速率低得多。内源代谢产物也可作为反硝化的碳源物,即在传统的有硝化作用的活性污泥曝气池和二次沉淀池中间增加一个缺氧池,使反硝化菌利用曝气池出水中的内源代谢物质作为反硝化碳源。从表 10.5 可以看出,内源代谢物质作为反硝化碳源时反硝化速率远远低于甲醇作碳源物时的反硝化速率,从而增大反硝化池容积,同时在缺氧池中也会由于溶菌作用释放 NH_3-N,降低脱氮率。

表 10.5 不同碳源物质的反硝化速率

碳 源	反硝化速率/[g·(gVss·d)$^{-1}$]	温度/ ℃
啤酒废水	0.2~0.22	20
甲醇	0.21~0.32	25
甲醇	0.12~0.90	20
甲醇	0.18	19~24
挥发酸	0.36	20
糖蜜	0.1	10
糖蜜	0.036	16
生活污水	0.03~0.11	15~27
生活污水	0.072~0.72	—
内源代谢产物	0.017~0.048	12~20

2.温度

温度对反硝化过程的影响与对好氧异养过程的影响相似,反硝化速率与温度的关系遵循 Arrheius 方程,可以表示为

$$q_{D,T} = q_{D,20}\theta^{T-20} \tag{10.45}$$

式中 $q_{D,T}$—— 温度为 T ℃ 时,$NO_3^- - N$ 反硝化速率,g/(gVSS · d);

$q_{D,20}$——20 ℃ 时 $NO_3^- - N$ 反硝化速率,g/(gVSS · d);

θ—— 温度系数,1.03 ~ 1.15,设计时可采用 $\theta = 1.09$。

反硝化反应的最佳温度范围为 35~45 ℃,在反硝化过程理论上 50~60 ℃下也可以进行,此时的硝态氮去除速率比 35 ℃时要高 50%,但实际上很少使用。

3.溶解氧

溶解氧会抑制反硝化作用,这主要是因为氧会与硝酸盐竞争电子供体, 热力学数据表明,含碳有机物好氧生物氧化时产生的能量高于厌氧硝化时产生的能量,所以反硝化菌在同时存在分子态氧和硝酸盐时,优先进行有氧呼吸降解含碳有机物而抑制了硝酸盐的还原。同时,反硝化菌是兼性菌,既能进行有氧呼吸,也能进行无氧呼吸,当微生物从有氧呼吸转化为无氧呼吸时,分子态的氧会抑制硝酸盐还原酶的合成及其活性。这表明生物反硝化需要保持严格的缺氧条件。一般认为,活性污泥系统中,溶解氧应保持在 0.5 mg/L 以下,才能使反硝化反应正常进行。但在附着生长系统中,由于生物膜对氧传递的阻力较大,可以允许有

较高的溶解氧浓度。

4.pH值

反硝化过程的最适宜pH值为7.0~7.5,不适宜的pH值影响反硝化菌的增殖和酶的活性。当pH值低于6.0或高于8.0时,反硝化反应受到强烈抑制。反硝化过程中会产生碱度,这有助于把pH值保持在所需范围内,并补充在硝化过程中消耗的一部分碱度。

5.C/N比

在生物反硝化过程中,反硝化菌利用污水中的含碳有机物作为电子供体,理论上将1 gNO_2^--N还原为N_2需要碳源有机物(以BOD_5表示)2.86 g。一般认为,当反硝化反应器污水的BOD_5/TKN值大于4~6时,可以认为碳源充足。在单级活性污泥系统单一缺氧池前置反硝化(A/O)城市污水处理工艺中,由于城市污水中成分复杂,常常只有一部分快速生物降解的BOD可以利用作为反硝化的碳源物,C/N需求可高达8。如果以甲醇作为碳源物,甲醇与NO_3^--N比例为3可达到充分反硝化(95%NO_3^--N还原为N_2)。此值可作为反硝化设计值。附着生长系统比悬浮生长系统所需的甲醇投加量要低些,这是因为在附着生长系统泥龄较长使内源代谢作用高于悬浮生长系统。

6.有毒物质

反硝化菌对有毒物质的敏感性比硝化菌低得多,与一般好氧异养菌相同。在应用一般好氧异养菌的抑制或有毒物质的文献数据时,应该考虑驯化的影响,通过小试得出反硝化菌对抑制和有毒物质的允许浓度。

10.3 废水生物脱氮工艺

根据生物脱氮的硝化和反硝化的机理,当对污水进行生物脱氮处理时,首先在好氧条件下通过生物硝化过程将污水中的有机氮和氨氮氧化为硝态氮,然后在缺氧条件下通过生物反硝化过程将硝态氮还原为氮气。因此生物脱氮工艺是一个包括硝化和反硝化的工艺系统,脱氮系统按含碳有机物的氧化、硝化、反硝化完成的时段和空间不同,可将其分为多级(段)活性污泥脱氮系统和单级(段)活性污泥脱氮系统。多级活性污泥系统是传统的生物脱氮系统,即单独进行硝化和反硝化的工艺系统。单级活性污泥系统是将含碳有机物的氧化、硝化和反硝化在同一个活性污泥系统中实现,并只有一个沉淀池。从碳源的来源来分,可分为外源碳工艺和内源碳工艺。从处理工艺中微生物的存在状态来分,可分为悬浮生长型和附着生长型。随着实际运行及技术上的不断改进,新型的废水生物脱氮处理工艺不断出现,并在实际处理工程中得到推广和应用。现将主要的有关工艺介绍如下。

10.3.1 传统的生物脱氮工艺

传统的生物脱氮工艺是由巴茨(Barth)开创的所谓三级活性污泥法流程,它是以氨化、硝化和反硝化三项反应过程为基础建立的,如图10.3所示。在此流程中,含碳有机物氧化和含氮有机物氨化、氨氮的硝化及硝酸盐的反硝化分别设立在三个处理段反应池中独立进行,并分别设置污泥回流系统。第一级曝气池为一般的二级处理曝气池,其主要功能是去除有机物,使有机氮转化为氨氮,即完成氨化过程。经过沉淀后,废水进入第二级硝化曝气池。

在第二级硝化曝气池进行硝化反应,使氨氮转化为硝态氮。如前所述,在第二段的硝化过程中要消耗碱度,使 pH 值下降,进而降低硝化反应速度。如果原污水碱度不足,需要加碱调节 pH 值。第三级为反硝化池,这里则应维持缺氧条件,不进行曝气,只采用搅拌机械使污泥处于悬浮状态并与污水有良好的混合,硝态氮被还原为氮气。反硝化过程所需的碳源物质采用外加甲醇等外碳源。这种流程的优点是好氧菌、硝化菌和反硝化菌分别生长在不同的构筑物中,均可在各自最适宜的环境条件下生长繁殖,所以反应速度较快,可以得到相当好的 BOD_5 的去除效果和脱氮效果。对于悬浮生长系统而言,由于不同性质的污泥分别在不同的沉淀池中沉淀分离而且各有独自的污泥回流系统,故运行的灵活性和适应性较好。这种流程的缺点是流程长、处理构筑物多、附属设备多、基建费用高、需要外加碳源因而运转费用较高。同时,出水中往往残留一定量的甲醇,形成 BOD_5 和 COD。

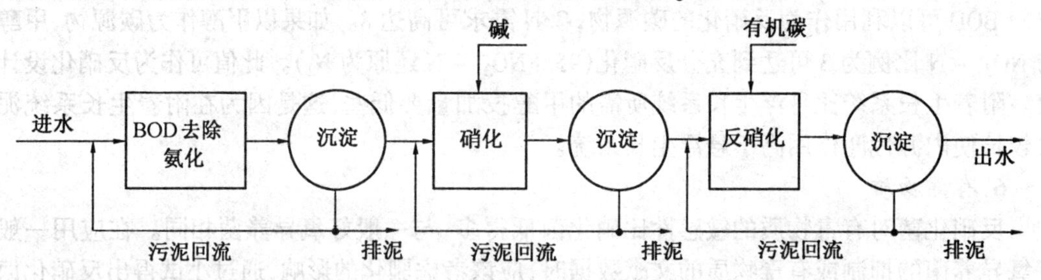

图 10.3 三级活性污泥生物脱氮工艺

除上述三级生物脱氮系统外,在实践中还使用两级生物脱氮系统,如图 10.4 所示。它将含碳有机物的氧化、有机氮的氨化和硝化合并在一个生物处理构筑物中进行,系统中减少了一个生物处理构筑物、一个沉淀池和一个污泥回流系统,仍利用外加碳源。所以,该系统的优缺点与三级活性污泥系统相似。为了保证出水有机物浓度满足要求,可以在反硝化池后面增加一曝气池,去除由于残留甲醇形成的 BOD_5。

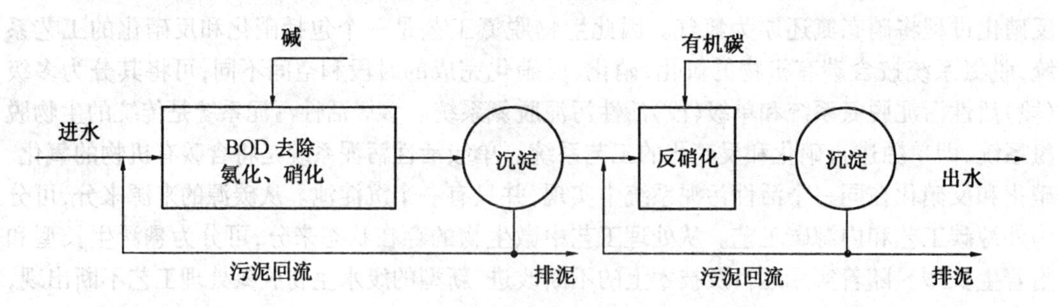

图 10.4 二级活性污泥生物脱氮工艺

图 10.5 所示工艺为将部分原水作为脱氮池的碳源,一方面降低了去碳硝化池的负荷,另一方面省去外加碳源,节约运行费用。但由于原水中的碳源成分复杂,反硝化菌利用这些碳源进行反硝化的速率将比外加甲醇碳源时要低,而且此时出水中的 BOD_5 去除效率也将有所下降。

10.3.2 Wuhmann 脱氮工艺

Wuhmann 脱氮工艺是 1932 年由 Wuhmann 首先提出,以内源代谢物质为碳源的单级活

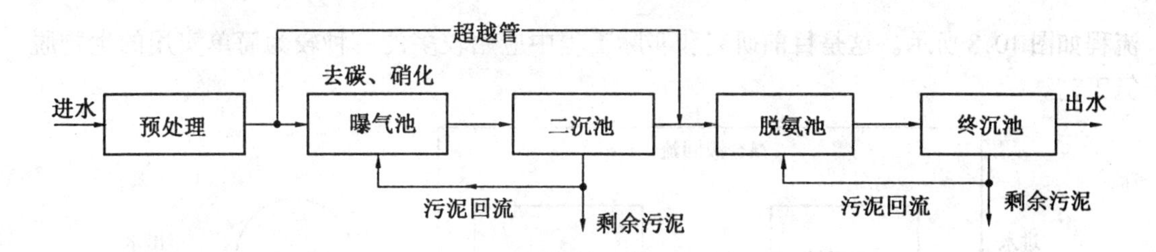

图 10.5　内源碳生物脱氮工艺

性污泥脱氮系统，见图 10.6。该工艺流程由两个串联的活性污泥生化反应器组成，第一个生化反应器为好氧反应器，污水在其中进行含碳有机物、含氮有机物的氧化及氨氮的硝化反应。第二个生化反应器是缺氧反应器。在缺氧反应器中，NO_3^- - N 的还原是利用第一个好氧反应器中微生物内源代谢物质作碳源有机物。这种脱氮工艺流程的优点是不需要投加甲醇作为外加碳源，但由于以微生物内源代谢物质作碳源 NO_3^- - N 反硝化速率很低，使得缺氧池容积变大。该工艺的另一个缺点是在缺氧池中微生物内源呼吸也将有机氮和 NH_4^+ - N 释放到污水中，这部分有机氮和 NH_4^+ - N 会被出水带出，从而降低了系统的脱氮率。为了减小生物溶菌作用释放有机氮和 NH_4^+ - N 的不利影响，可以在缺氧池后再增加一个曝气反应器。Wuhmann 工艺并未在生产上得到实际应用，但 Wuhmann 工艺是单级活性污泥脱氮系统的先驱。

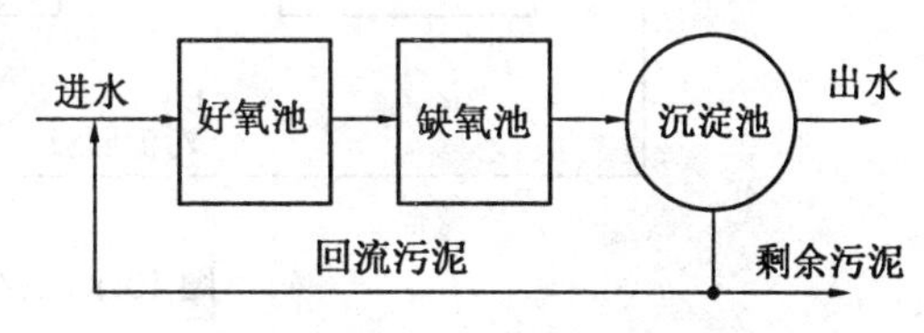

图 10.6　Wuhmann 脱氮工艺

10.3.3　Ludzack - Ettinger 脱氮工艺

1962 年，Ludzack 和 Ettinger 首次提出利用污水中可生物降解的有机物作为反硝化碳源的前置反硝化脱氮工艺。该工艺由两个串联反应器组成。工艺流程见图 10.7，污水在第一个反应器中只搅拌不充氧，维持缺氧状态。第二个反应器进行曝气使含碳有机物氧化并产生硝化作用。两个反应器只是部分分离，两个反应器内流体保持相连。由于两个反应器间的混合作用，使第二个反应器含有硝酸盐的混合液与第一个反应器的缺氧混合液间可以进行液体交换，使进入第一个反应器的 NO_3^- - N 还原成 N_2，但由于两个反应器间的液体交换缺乏控制，这种混合不充分，因此影响脱氮效果。

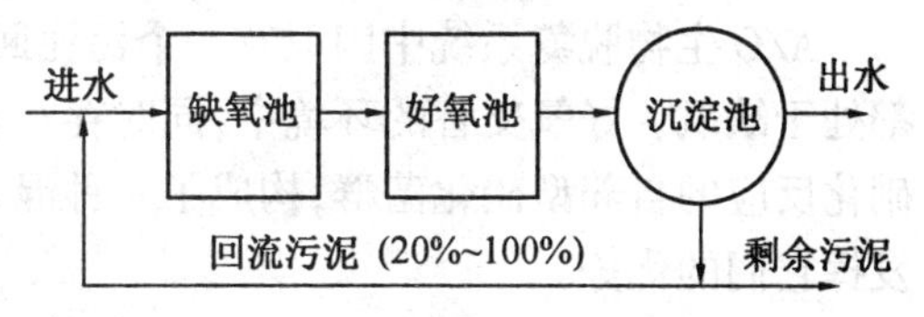

图 10.7　Ludzack - Ettinger 脱氮工艺

10.3.4　A/O 脱氮工艺

1973 年，Barnard 在 Ludzack - Ettinger 工艺的基础上提出了一种改进型，后来被称为 A/O (Anoxic/Oxic)工艺。该工艺将缺氧反硝化池和好氧硝化池完全分开，沉淀池的污泥回流到缺氧反应器，并增加了从好氧反应器至缺氧反应器的混合液回流，既保留了 Ludzack - Ettinger工艺前置反硝化的优点，又克服了其混合不充分的弊端，脱氮效率大为上升，此工艺流程如图 10.8 所示。这是目前研究和实际工程中应用较多的一种较为简单实用的生物脱氮工艺。

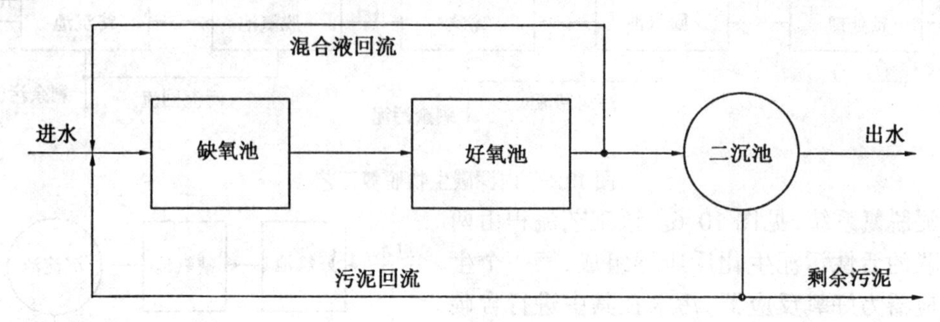

图 10.8　A/O 生物脱氮工艺

其主要工艺特征是:将脱氮池设置在去碳硝化过程的前部,原污水先进入缺氧池,再进入好氧池,并将好氧池的混合液与沉淀池的污泥同时回流到缺氧池。污泥回流及好氧池混合液回流使缺氧池和好氧池中有足够数量的微生物并使缺氧池中得到好氧池中硝化产生的硝酸盐。由于原污水和好氧池混合液直接进入缺氧池,一方面为缺氧池的硝酸盐反硝化提供了充足的碳源有机物,保证反硝化过程 C/N 的要求,省去了外碳源,另一方面则通过硝化池混合液的回流而使其中的 NO_3^- 在脱氮池中进行反硝化。缺氧池进行反硝化反应后,出水在好氧池中可以进行 BOD_5 的进一步降解和硝化作用。将反硝化过程前置的另一个优点是可以借助于反硝化过程中产生的碱度来实现对硝化过程中对碱度消耗的内部补充作用。此工艺中内回流比的控制是较为重要的,因为若内回流比过低,则将导致脱氮池中 BOD_5/NO_3^- 过高,从而使反硝化菌无足够的 NO_3^- 作电子受体而影响反硝化速率;若内回流比过高,则将导致 BOD_5/NO_3^- 过低,同样将因反硝化菌得不到足够的碳源作电子供体而抑制反硝化菌的作用。

A/O 生物脱氮系统中因只有一个污泥回流系统,因而使好氧异养菌、反硝化菌和硝化菌都处于缺氧－好氧交替的环境中,同时存在着降解有机物的异养型菌群、反硝化菌群及进行硝化反应的自养型硝化菌群,构成了一种混合菌群系统,可使不同菌属在不同的条件下充分发挥它们的优势。

A/O 生物脱氮系统的好氧池与缺氧池可以合建在同一构筑物内,用隔墙将两池分开,也可建成两个独立的构筑物。它与传统的多级生物脱氮工艺相比具有如下优点:

1) 流程简单,省去了中间沉淀池,构筑物少,因此大大节省了基建费用,而且运行费用低,占地面积小;

2) 以原污水中的含碳有机物和内源代谢产物作为反硝化的碳源物质,既节省了投加外碳源的费用又可保证较高的 C/N 值,从而达到充分反硝化;

3) 好氧池在缺氧池之后,可进一步去除反硝化残留的有机污染物,改善出水水质;

4) 缺氧池在好氧池之前,由于反硝化消耗了一部分碳源有机物(BOD_5),有利于减轻好氧池的有机负荷,减小好氧池中碳氧化和硝化所需氧量;

5) 缺氧池在好氧池之前,可起生物选择器的作用,有利于改善活性污泥的沉降性能和控制污泥膨胀;

6) 当原污水碱度不足,不能维持硝化阶段所需最佳 pH 值范围时,可利用在缺氧池反硝化过程中所产生碱度,补偿硝化过程中对碱度的消耗;

7) 在脱氮系统中产生的剩余污泥量较少且易于脱水。

10.3.5 Bardenpho 脱氮工艺

1973 年,Barnard 提出在 A/O 生物脱氮工艺好氧池后再增加一套 A/O 工艺,组成两级 A/O 工艺,共四个反应池,这种工艺流程称为四阶段 Bardenpho 工艺,如图 10.9 所示。

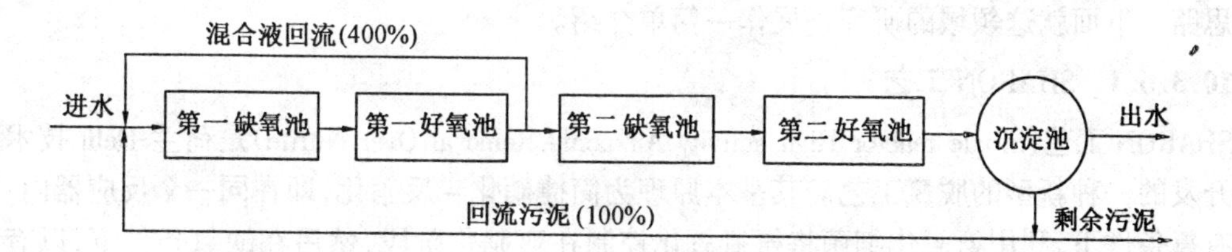

图 10.9 四段 Bardenpho 脱氮工艺

Baidenpho 脱氮工艺是一种由硝化段和反硝化段相互交替组成的工艺。原污水先进入第一缺氧池,第一好氧池混合液回流至第一缺氧池。回流混合液中的 NO_3^- - N 在反硝化菌的作用下利用原污水中的含碳有机物作为碳源物质在第一缺氧池中进行反硝化反应。第一缺氧池出水进入第一好氧池,在第一好氧池中发生含碳有机物的氧化,含氮有机物的氨化及氨氮的硝化作用。第一缺氧池反硝化过程产生的氮气也在第一好氧池经曝气吹脱释出。第一好氧池混合液流入第二缺氧池,反硝化菌利用混和液中的内源代谢物质进一步进行反硝化。第二缺氧池混合液进入第二好氧池,通过曝气作用吹脱释出反硝化作用产生的氮气,从而改善了污泥沉淀性能。溶菌作用产生的 NH_4^+ - N 也可在第二好氧池内被硝化。

由于采两级 A/O 工艺,该工艺可以达到较高的脱氮效率 90% ~ 95%。工艺中的硝化和反硝化可以分别在各个反应器中进行,也可将它们组合在一个传统推流式曝气池中不同区域内,后种情况则是实际工程中较多采用的运行方式。

10.3.6 新型生物脱氮工艺

国内外广泛采用的废水脱氮工艺一直是传统的先硝化后反硝化的生物脱氮工艺,如上述的一些工艺,都能有效地去除废水中的氮。但是,传统的生物脱氮工艺都普遍存在着基建投资和运行费用较高、运行控制较为复杂等不足。其基本原理是首先将废水中的 NH_4^+ - N 转化为 NO_2^- - N 再氧化为 NO_3^- - N,然后再将 NO_3^- - N 转化为 NO_2^- - N,最终转化为氮气(N_2)。因此,在传统的生物脱氮工艺中,废水中的 N 经历了从其最低的 - 3 价到最高的 + 5 价,然后再逐渐回到 0 价的一个长而复杂的过程。由此看出,传统的生物脱氮工艺流程长、控制复杂、运行费用高,影响了其实际应用。

最近,一些新的研究表明,自然界中存在着多种新的氮素转化途径,如好氧反硝化(aerobic denitrification)、异养硝化(heterotrophic nitrification)、厌氧氨氧化(anaerobic ammonium oxidation)或者由自养硝化细菌引起的反硝化(denitrification by autotrophic nitrifying bacteria)等;对这

些新的氮素转化途径的研究又导致了多种新型生物脱氮工艺的出现，如 SHARON 工艺，ANAMMOX 工艺和 OLAND 工艺等。与传统生物脱氮工艺不同的是，这些工艺都力求缩短氮素的转化过程，如 SHARON 工艺是将硝化过程控制在亚硝化阶段，直接从 NO_2^- - N 进行反硝化，ANAMMOX 工艺则是在厌氧条件下利用 NH_4^+ 作为电子供体将 NO_3^- - N 或 NO_2^- - N 转化为 N_2，OLAND 工艺则是在溶解氧受限制的条件下将废水中的部分 NH_4^+ - N 氧化成 NO_2^-，然后利用 NO_2^- 作为电子受体将剩余的 NH_4^+ - N 氧化成 N_2。国内外已有学者对上述新的氮素转化途径和新型生物脱氮工艺进行了综述，为水处理工作者设计处理工艺提供了新的理论和思路。下面就这领域的研究进展作一简单介绍。

10.3.6.1 SHARON 工艺

SHARON 工艺(Single reactor High activity Ammonia Removal Over Nitrite)是荷兰 Delft 技术大学开发的一种新型的脱氮工艺。其基本原理为简捷硝化 - 反硝化，即在同一个反应器内，先在有氧条件下，利用氨氧化细菌将氨氮氧化控制在亚硝化阶段，然后在缺氧条件下，以有机物为电子供体，将亚硝酸盐反硝化，生成氮气，然后进行反硝化，其反应式为

$$NH_4^+ + 1.5O_2 \longrightarrow NO_2^- + 2H^+ + H_2O \tag{10.47}$$

$$NO_2^- + 3[H] + H^+ \longrightarrow 0.5N_2 + H_2O \tag{10.48}$$

该工艺实际上是一种短程生物脱氮工艺，与传统的生物脱氮工艺相比，SHARON 工艺至少具有下述优点：

1) 硝化与反硝化两个阶段在同一反应器中完成，可以简化工艺流程；

2) 可节省反硝化过程所需要的外加碳源，即 NO_2^- - N 反硝化比 NO_3^- - N 反硝化可节省 40%的碳源，同时硝化产生的酸度可部分地由反硝化产生的碱度中和，减少了处理费用；

3) 可以缩短水力停留时间(HRT)，减小反应器体积和占地面积；

4) 只需要将氨氮氧化到亚硝酸盐，可减少 25%左右的供气量，降低能耗。

将硝化阶段控制在亚硝化阶段的成功报道并不多见，这是因为硝化菌(*Nitrobacter*)能够迅速地将亚硝酸盐转化为硝酸盐。SHARON 工艺的成功在于：巧妙地应用了硝化菌和亚硝化菌(*Nitrosomonas*)的不同生长速率，即在较高温度下，硝化菌的生长速率明显低于亚硝化菌的生长速率(图 10.10)，亚硝酸菌的最小停留时间小于硝酸菌这一固有特性控制系统的水力停留时间。

因此，在完全混合反应器中通过控制温度和停留时间，使其介于硝酸菌和亚硝酸菌最小停留时间之间，从而使亚硝酸菌具有较高的浓度而将硝化菌从反应器中冲洗出去，使反应器中亚硝化菌占绝对优势，从而使氨氧化控制在亚硝化阶段。同时通过间歇曝气，可以达到反硝化的目的。由于在一定的较高温度下，硝化菌对氨有较高的转化率，所以该工艺无需特别的污泥停留，缩短了水力停留时间，反应器的容积相应也就可以减少。另外，硝化和反硝化在同一个反应器中完成，减少了投碱量，也简化了工艺流程。目前，第一个生产规模的 SHARON 工艺已经于 1998 年初在荷兰阿姆斯特丹的 Dokhaven 废水处理厂建成并投入运行，该 SHARON 工艺反应器进水氨氮质量浓度为 1 g/L，进水氨氮的总量为 1 200 kg/d，氨氮的去除率为 85%。

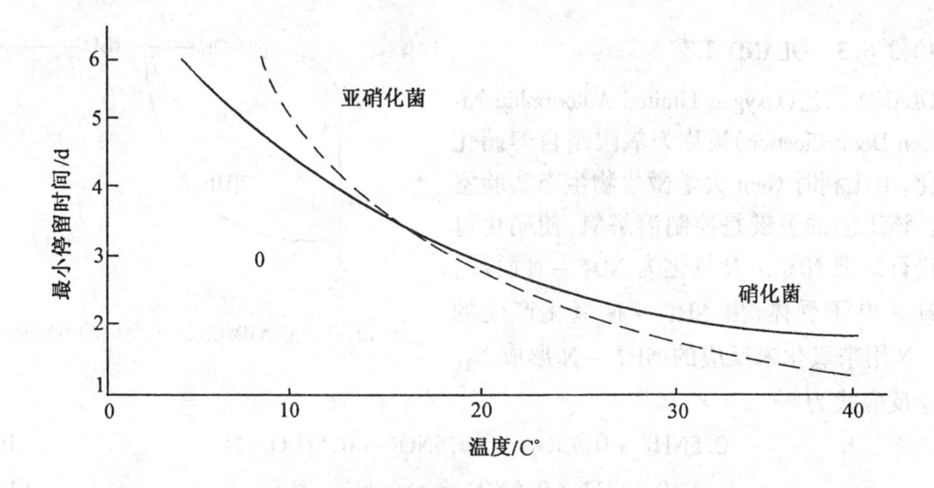

图 10.10　硝化菌、亚硝化菌的生长速率与温度、停留时间的关系

10.3.6.2　ANAMMOX 工艺

ANAMMOX 工艺(Anaerobic AMMonium Oxidation)即厌氧氨氧化工艺,也是荷兰 Delft 大学于 1990 年提出的一种新型脱氮工艺。该工艺的特点是:在厌氧条件下,微生物直接以硝酸盐或亚硝酸盐为电子受体,以氨氮为电子供体,将氨氮氧化生成氮气,硝酸盐和亚硝酸盐还原为氮气。如果说上述的 SHARON 工艺还只是将传统的硝化反硝化工艺通过运行控制缩短了生物脱氮的途径,ANAMMOX 工艺则是一种全新的生物脱氮工艺,完全突破了传统生物脱氮工艺中的基本概念。

ANAMMOX 工艺是 Mulder 和 Graaf 等在一个中试规模的反硝化流化床中发现的。反应器对进水中各种污染物的去除情况有些异常,即除了预期的 $NO_3^- - N$ 在出水中下降到了一定的浓度外,进水中较高的氨氮在出水中也降到了相当低的浓度,这是无法用传统的异养反硝化理论来解释的。由于氨的消失与硝酸盐的消失同时发生,且还成一定的比例关系,他们认为反应器中发生的反应为

$$5NH_4^+ + 3NO_3^- \longrightarrow 4N_2 + 9H_2O + 2H^+ \qquad \Delta G = -297\ \text{kJ/mol}\ (NH_4^+) \qquad (10.49)$$

根据化学热力学理论,上述反应的 $\Delta G < 0$,说明反应可自发进行,厌氧 NH_4^+ 氧化过程的总反应是一个产生能量的反应,从理论上讲,可以提供能量供微生物生长。因此,可以假定厌氧反应器中存在微生物,它可利用氨作为电子供体还原硝酸盐,或者说它可利用硝酸盐作为电子受体来氧化氨。由于在这样的一个厌氧反应器中发生了氨的氧化反应,即所谓的“厌氧氨氧化”,他们因此将其命名为 ANAMMOX 工艺。随后,Graaf 通过间歇试验证明了厌氧氨氧化反应确实是一个由微生物引起的生化反应,最终产物是氮气。Graaf 的进一步研究表明,在 ANAMMOX 中,$NO_2^- - N$ 才是关键的电子受体,而不是式(10.49)中的 $NO_3^- - N$,即厌氧氨氧化的反应是按下式进行的。

$$NH_4^+ + NO_2^- \longrightarrow N_2 + 2H_2O \qquad \Delta G = -358\ \text{kJ/mol}\ (NH_4^+) \qquad (10.50)$$

因此,可以假定厌氧反应器中存在微生物,它可利用氨作为电子供体还原硝酸盐,或者说它可利用硝酸盐作为电子受体来氧化氨,在氨被微生物氧化的过程中,羟氨最有可能作为电子受体,而羟氨本身又是由 NO_3^- 分解而来,其反应的可能途径如图 10.11 所示。

10.3.6.3 OLAND 工艺

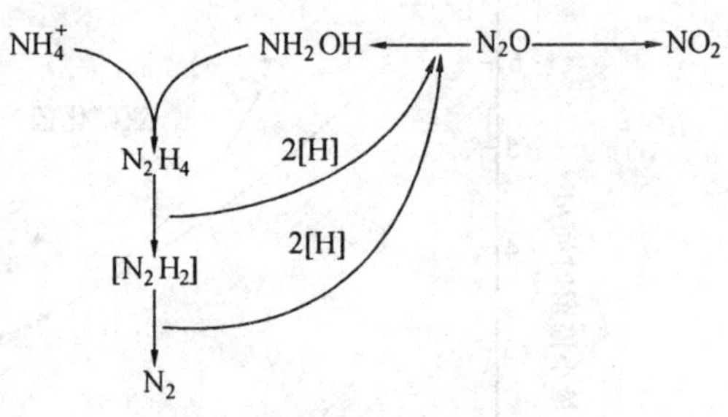

图 10.11 ANAMMOX 工艺反应的可能途径

OLAND 工艺(Oxygen Limited Autotrophic Nitrification Denitrification)被称为氧限制自养硝化反硝化,由比利时 Gent 大学微生物生态实验室开发。该工艺的关键是控制溶解氧,使硝化过程仅进行到把 NH_4^+ – N 氧化为 NO_2^- – N 阶段,用于缺乏电子受体,由 NH_4^- – N 氧化产生的 NO_2^- – N 用来氧化未反应的 NH_4^+ – N 形成 N_2。其化学反应式为

$$0.5NH_4^+ + 0.75O_2 \longrightarrow 0.5NO_2^- + 0.5H_2O + H^+ \tag{10.51}$$

$$0.5NH_4^+ + 0.5NO_2^- \longrightarrow 0.5N_2 + H_2O \tag{10.52}$$

$$NH_4^+ + 0.75O_2 \longrightarrow 0.5N_2 + 1.5H_2O + H^+ \tag{10.53}$$

该反应是由亚硝化菌催化 NO_2^- 的歧化反应,其基本原理为氨的氧化与 NO_2^- 的还原相偶联。研究表明,低溶解氧浓度条件下亚硝酸盐大量积累是由于亚硝酸菌对溶解氧的亲和力较硝酸菌强所造成。低溶解氧下亚硝酸菌增殖速率的加快,补偿了由于溶解氧浓度低所造成的生物代谢活动能力下降,硝酸菌则因受到明显的抑制作用而导致氧化亚硝酸盐的能力下降。OLAND 工艺就是利用了硝酸菌和亚硝酸菌动力学特性上的差异,实现了淘汰硝酸菌,使亚硝酸盐大量积累。与硝化 – 反硝化工艺相比,OLAND 工艺无需电子供体,可节约充氧能耗 65%。

生物脱氮工艺除上述的一些外,SBR 工艺、氧化沟工艺、生物滤池以及具有同时脱氮除磷功能的 A^2/O 工艺、改良的 Bardenpho(Phoredox)工艺、UCT 工艺等也都具有生物脱氮的功能,这些将在其相宜的技术工艺和后面的同步脱氮除磷工艺章节中进行介绍。

10.4 废水生物除磷机理

城市污水所含的磷主要来源于人类活动的排泄物及废弃物、工矿企业、合成洗涤剂和家用清洗剂。所存在的含磷物质基本上都是不同形式的磷酸盐,根据物理特性可将污水中的磷酸盐类物质分成溶解性和颗粒性两类,按化学特性则可分成正磷酸盐、聚合磷酸盐和有机磷酸盐,分别简称为正磷、聚磷和有机磷。由于受众多因素的影响,城市污水含磷量变化幅度较大,一般生活污水中磷的质量浓度为 10 ~ 15 mg/L 左右,其中 70%是可溶性的。常规二级生物处理的出水中,90%左右的磷以磷酸盐的形式存在。

磷元素在生物化学过程中起着重要的主导作用,是微生物正常生长所必需的元素。所有的微生物都含有相当数量的磷,一般占灰分总量的 30% ~ 50%(以 P_2O_5 计),活性污泥微生物也不例外。磷作为微生物细胞的重要组分,用于微生物菌体的合成,在常规活性污泥系统中,微生物正常生长时活性污泥含磷量一般为干重的 1.5% ~ 2.3%,通过剩余污泥的排放仅能获得 10% ~ 30%的除磷效果。但在污水处理厂的运行中,常常会观察到更高的去除率,即微生物吸收的磷量超过了微生物正常生长所需要的磷量,这就是活性污泥的生物超量

除磷现象。污水生物除磷技术的发展正是源于生物超量除磷现象的发现。

10.4.1　废水生物除磷的机理

在20世纪50年代末60年代初,Srinath等在污水处理厂的生产性运行中观察到活性污泥的生物超量除磷现象,但对其原因一无所知。通过多年的研究发现,在废水生物除磷过程中,活性污泥在好氧、厌氧交替条件下时,在活性污泥中可产生所谓的“聚磷菌”,聚磷菌在好氧条件下可超出其生理需要而从废水中过量摄取磷,形成多聚磷酸盐作为贮藏物质。聚磷菌的这种过量摄磷能力不仅与在厌氧条件下磷的释放量有关,而且与被处理废水中有机基质的类型及数量有关。目前,生物除磷的机理的基本情况已经清楚,但还在不断的深入研究、探讨之中。生物除磷的机理可具体描述如下。

10.4.1.1　聚磷菌的厌氧释磷作用

在生物除磷污水处理厂中,都能观察到聚磷菌对磷的转化过程,即厌氧释放磷酸盐-好氧吸收磷,也就是说,厌氧释放磷是好氧吸收磷和最终除磷的前提条件。通过对碳水化合物贮存于厌氧区的生物细胞内和好氧区的含磷异染粒的观察,大多数研究人员认为厌氧状态下细胞内存贮的产物是聚-β-羟基丁酸盐(PHB)。在厌氧区,在没有溶解氧和硝态氧存在的条件下,兼性菌将溶解性BOD转化为低分子发酵产物——挥发性脂肪酸(VFAS),聚磷菌在厌氧条件下其生长受到抑制,因而为了其自身的生长便依靠细胞中聚磷酸盐的水解(以溶解性的磷酸盐形式释放到溶液中)以及细胞内糖的酵解,产生其所需的能量,此时表现为磷的释放,即磷酸盐由微生物体内向废水的转移过程。聚磷菌利用此过程中产生的能量吸收VFAS或来自原污水的VFAS合成胞内碳能源储存物——聚-β-羟基丁酸盐(PHB)颗粒。Timmermam在生物除磷污泥中发现了PHB的存在,Nicholls和Osborn在不动细菌中观测到PHB的存在。Deinema(1980)在一株具有除磷能力的不动杆菌中观测到了PHB。Gaudy描述了PHB的合成和降解。PHB是在厌氧条件下作为细胞内的氢受体由乙酰乙酸生成的。在厌氧条件下,只要有能量来源,进入细菌细胞的乙酸盐就可转化为乙酰辅酶A,由于细胞内的乙酰辅酶A(CoA)数量有限(乙酰辅酶A可以转化为乙酰乙酸),在好氧条件下,PHB被聚磷菌氧化为乙酰辅酶A,并进入三羧酸循环。

除磷系统的关键所在就是厌氧区的设置,可以说,厌氧区是聚磷菌的“生物选择器”。由于聚磷菌能在这种短暂性的厌氧条件下优先于非聚磷菌吸收低分子基质(发酵终产物)并快速同化和储存这些发酵产物,厌氧区为聚磷菌提供了竞争优势。同化和储存发酵产物的能源来自聚磷的水解以及细胞内糖的酵解,储存的聚磷为基质的主动运输和乙酰乙酸盐(PHB合成前体)的形成提供能量。这样一来,能吸收大量磷的聚磷菌群体就能在处理系统中得到选择性增殖,并可通过排除高含磷量的剩余污泥达到除磷的目的。

10.4.1.2　聚磷菌的好氧聚磷作用

当污水及污泥刚进入好氧段时,聚磷菌的活力将得到充分的恢复,由于其体内贮存有大量的PHB而聚磷酸盐含量较低,污水中无机磷酸盐含量则很丰富。聚磷菌在好氧段中以O_2作为电子受体,利用胞内PHB作为碳源及能源进行正常的好氧代谢,从废水中大量摄取溶解态的正磷酸盐,在聚磷菌细胞内合成多聚磷酸盐,如具有环状结构的三偏磷酸盐和四偏磷酸盐、具有线状结构的焦磷酸盐和不溶性结晶聚磷、具有横联结构的过磷酸盐等,并加以积累,能量以聚磷酸高能键的形式捕积存贮。这种对磷的积累作用,大大超过微生物正常生长所需的磷量,可达细胞质量的6%~8%,有报道甚至可达10%。这一阶段表现为微生物对磷的吸收,即磷酸盐由废水向聚磷菌体内的转移,磷酸盐从液相中去除,产生的富磷污泥(新的聚磷菌细胞),将在后面的操作单元中通过剩余污泥的形式得到排放,将磷从系统中除去。

聚磷菌在生物除磷过程中的作用机理过程可以用图10.12表示。

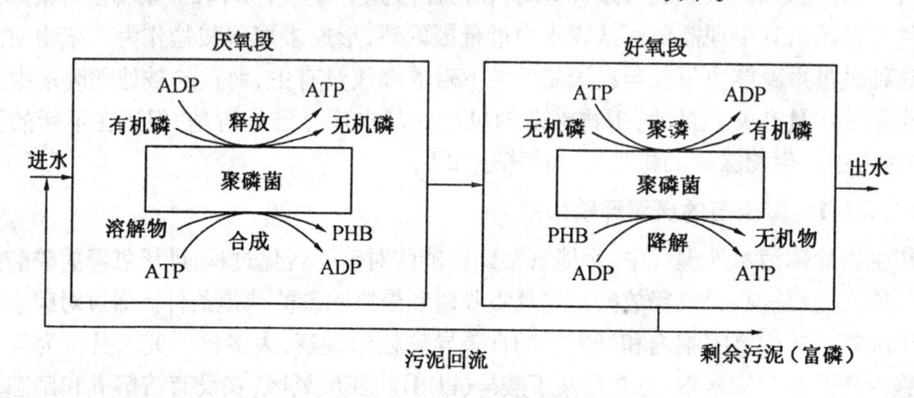

图10.12　聚磷菌的作用机理

由图10.12中可以看出,PHB的合成与降解,作为一种能量的贮存与释放过程,在聚磷菌的摄磷和放磷过程中起着十分重要的作用,即聚磷菌对PHB的合成能力的大小将直接影响其摄磷能力的高低:厌氧状态下合成的PHB越多,则在好氧状态下的聚磷合成量越大,除磷效果也越佳。研究表明,在厌氧条件下,微生物细胞内的PHB含量随时间呈线性增加,且其含量的增加与细胞中聚磷酸盐含量的减少亦成较为明显的线性关系;在好氧条件下,微生物细胞内的PHB则呈指数减少,且PHB的减少同样与聚磷酸盐的增加成良好的线性关系。可见,PHB的合成与降解是与聚磷菌的放磷和摄磷过程密切相关的。这种相关性可用于解释聚磷菌的生长过程,其原因就在于,聚磷菌在厌氧条件下能够将其体内贮存的聚磷酸盐分解,以提供能量摄取废水中溶解性有机基质,合成并贮存PHB,这样,使得其在与其他微生物进行竞争中,其他微生物可利用的基质减少,从而使它们不能很好地生长。在好氧条件下,聚磷菌将贮存的PHB进行好氧分解,同时释放出大量的ATP供其自身生长所需。此时,一部分ATP用于聚磷菌对废水中溶解态磷的摄取,同时将其转化为有机聚磷酸盐而贮存。因而,由于聚磷菌的高能过量摄磷作用,使得活性污泥中其他非聚磷微生物得不到足够的有机基质及磷酸盐,也会使聚磷菌在与其他微生物的竞争中获得优势。正是因为聚磷菌在厌氧好氧交替运行的系统中有释磷和摄磷的作用,才使得它在与其他微生物的竞争中取得优势,从而使除磷作用向正反馈的方向发展。

10.4.2　聚磷微生物及其特性

早期的研究认为,废水生物除磷工艺中的聚磷菌主要是不动杆菌,这种细菌外观为粗短的杆状,革兰氏染色阴性或略保留紫色,对数期细胞大小为1~1.5 μm,杆状到球杆状,静止期细胞近球状,以成对、短链或簇状出现。这种细菌的优先碳源为低分子有机物,其含磷量最高,可占干重的5%~13%。而目前有的研究则认为,不动杆菌只是少数贮磷菌之一,在复杂的活性污泥微生物区系中,不动杆菌不是生物除磷系统中惟一能超量吸收磷的细菌,其个体数量仅占细菌总量的1%~10%。气单胞菌属、假单胞菌属、放线菌属(*Microthrix*)和诺卡氏菌属(*Nocardia*)也能贮存聚磷,其中气单胞菌和假单胞菌可占细菌总量的16%~20%,革兰氏阳性菌多达20%~60%,且其数量随厌氧停留时间的增加而增多。这一发现促使人们尚需对在聚磷菌中是何种菌群占主要地位的问题,进行进一步研究。

由于许多生物除磷系统同时包含硝化作用和反硝化作用,Osborn和Nicholls在硝酸盐异化还原过程中观测到磷的快速吸收现象,这表明某些反硝化菌也能超量吸收磷。Lotter和Murphy观测了生物除磷系统中假单胞菌属和气单胞菌属的增长情况,他们发现这类细菌和不动细菌属的某些细菌能在生物脱氮系统的缺氧区完成反硝化反应。但目前已经有不少研究人员在缺氧区观测到磷的吸收与硝酸盐的异化还原可同时发生,也就是说,聚磷菌可分为两大类,一类只利用氧气作氧化剂,另一类不仅能利用氧气还能利用硝酸盐作为氧化剂。因此,在好氧条件下的吸磷比缺氧条件下的吸磷要迅速得多,这意味着消耗PHB及内源碳的同时过量吸磷的现象不仅发生在好氧条件下,也发生在有NO_3^-存在条件下,即能在反硝化(或缺氧)的条件下发生吸磷。荷兰Delft大学对这种反硝化、除磷现象作了进一步研究,发现反硝化聚磷菌的代谢机理与好氧聚磷菌非常类似,在缺氧段用NO_3^-而非O_2氧化PHB。从实验室和生产性规模的生物脱N除P测试看,有相当一部分磷在缺氧区中吸收,反硝化聚磷菌的除磷效果相当于总磷菌的50%。研究表明,反硝化聚磷菌的存在并不意味着生物脱氮、除磷工艺中可以省去厌氧段,若省去厌氧段,将会使细菌特性从反硝化除磷向传统反硝化转变,而失去意义。

10.4.3 废水生物除磷的影响因素

10.4.3.1 有机物负荷及其性质

废水生物除磷工艺中,厌氧段有机物的种类、含量及其与微生物营养物质的比值(BOD_5/TP)是影响除磷效果的重要因素。污水中所含有机物的不同必然对污泥中生物种类、活性产生影响,从而造成生物除磷效果的差异。根据生物除磷原理,在厌氧段的有机基质的中,聚磷菌将优先吸收相对分子质量较小的易降解的有机物(低级脂肪酸类物质),将体内贮存的多聚磷酸盐分解,释放出磷,并将通过其细胞壁吸收到体内的脂肪酸(易降解的COD)合成多聚合磷酸盐并加以贮存。废水中所含的有机物对磷的释放作用有很大的影响,聚磷菌在利用不同基质的过程中,其对磷的释放速度存在着明显的差异,小分子易降解的有机物诱导磷释放的能力较强,而高分子难降解的有机物诱导释磷的能力较弱。另一方面,就进水中BOD_5与TP的质量比条件而言,聚磷菌所消耗的给定数量的发酵产物,将产生一定数量的新微生物细胞,这些微生物细胞的含磷量相当高,把这些微生物排到系统之外就能达到最终除磷的目的。聚磷菌在厌氧段释放磷所产生的能量,主要用于其吸收进水中小分子有机基质(合成PHB贮存在体内)的能量,以作为其在厌氧条件压抑环境下生存的基础。因此,进水中是否含有足够的有机基质,是关系到聚磷菌在厌氧条件下能否顺利生存的重要因素。研究表明,若要使处理出水中磷的质量浓度控制在1.0 mg/L以下,进水中的$m(BOD_5)$/

$m(TP)$应控制在20～30。一般认为，进水中的$m(BOD_5)/m(TP)$值至少要大于15，才能保证聚磷菌足够的基质需求而获得良好的除磷效果，因为初沉池可去除20%～40%的BOD_5，而对磷的去除率一般只有5%～10%，因而，经过初沉池后的$m(BOD_5)/m(TP)$将降低。为此，在生物除磷工艺中，有时可以采取部分进水或(必要时)省去初沉池的方法，来提高$m(BOD_5)/m(TP)$值；或者是将初沉污泥初步发酵后输入厌氧段中，来获得生物除磷所需要的BOD负荷，提高除磷的效果和稳定性。

进水中的$m(COD)/m(TKN)$值对生物除磷也有一定的影响，一般要求$m(COD)/m(TKN)>14$，比值太低会引起NO_3^-回流至厌氧区，继而在厌氧区发生反硝化作用，争夺聚磷菌生物所需的含碳有机物，从而影响聚磷菌贮藏有机物和释放磷的过程。

10.4.3.2 厌氧区的硝态氮

在生物除磷工艺中，硝酸盐的去除是除磷的先决条件。进入生物除磷系统厌氧区的硝态氮会降低除磷能力。一方面部分聚磷菌具有反硝化能力(如气单胞菌)，硝态氮的存在会使部分聚磷菌生物利用其作为电子受体进行反硝化，从而影响其以发酵中间产物作为电子受体进行发酵产酸，从而抑制了聚磷菌的释磷和摄磷能力及PHB的合成能力。另一方面，厌氧区内硝酸盐还原过程消耗了可供聚磷菌利用的有机基质，降低了进水的$m(BOD_5)/m(TP)$值，抑制了聚磷菌对磷的释放，从而影响在好氧条件下聚磷菌对磷的吸收。

10.4.3.3 溶解氧

由于磷是在厌氧条件下被释放、好氧条件下被吸收而得以去除，所以，溶解氧对磷的去除速率和去除量影响很大。溶解氧的影响体现在厌氧区和好氧区两个方面。首先必须在厌氧区中控制严格的厌氧条件，厌氧条件直接影响到聚磷菌在此段的生长状况、释磷能力及利用有机基质合成PHB的能力。厌氧区若存在溶解氧，一方面溶解氧将会作为最终电子受体而抑制厌氧菌的发酵产酸，妨碍或抑制磷的释放且利于发酵产酸菌的摄磷作用；另一方面，溶解氧的存在将会导致好氧菌的生长而发生其对进水中有机基质的降解，使可供厌氧菌利用的有机基质减少，从而导致发酵产酸菌不能产生足够的小分子低级脂肪酸等物质，减少了聚磷菌所需的脂肪酸产生量，使生物除磷效果差。

为最大限度地发挥聚磷菌的摄磷作用，必须在好氧段供给足够的溶解氧，以满足聚磷菌对其贮存的PHB进行降解(同时对废水中的低级脂肪酸进行降解)时最终电子受体的需求量，实现最大限度地转化其贮存的PHB，释放足够的能量，供其过量摄磷之需，有效地吸收废水中的磷。一般厌氧段DO的质量浓度应严格控制在0.2 mg/L以下，而好氧段的溶解氧的质量浓度应控制在2.0 mg/L左右。

10.4.3.4 温度

温度对除磷效果的影响不如对生物脱氮过程的影响那么明显，在一定温度范围内，温度变化不是十分大时，生物除磷都能成功运行。因为在高温、中温、低温条件下，不同的菌群都具有生物脱磷的能力。虽然除磷能力似乎不受低温运行的影响，但Shapiro(1967)所做的活性污泥样品静态试验结果表明，水温从10 ℃升到30 ℃时磷的释放速率提高了4倍。这一结果意味着低温运行时厌氧区的停留时间要更长一些，以保证发酵作用的完成及基质的吸收。一些实验表明在5～30 ℃的范围内，都可以得到很好的除磷效果。

10.4.3.5 泥龄(固体停留时间)

由于生物脱磷系统主要是通过排除剩余污泥去除磷的,因此,处理系统中泥龄的长短对污泥摄磷作用及剩余污泥的排放量有直接的影响,从而决定系统的脱磷效果。一些研究表明,泥龄越长,污泥含磷量越低,去除单位质量的磷消耗的 BOD_5 也就较多。此外,还会由于有机质的不足而使污泥发生“自溶”现象,致使磷的溶解及排泥量的减少而导致除磷效果的降低。而泥龄越短,污泥含磷量高,排放的剩余污泥量也多,则可以取得较好的脱磷效果。此外,短的泥龄还有利于好氧段控制硝化作用的发生,从而利于厌氧段的充分释磷。因此,仅以除磷为目的的污水处理系统中,一般宜采用较短的泥龄。但过短的泥龄会影响出水的BOD和COD,可能会使出水的 BOD_5 和COD达不到要求。资料表明,以除磷为目的的生物处理工艺污泥龄一般控制在3.5~7 d。

10.5 废水生物除磷工艺

根据生物除磷的机理可知,生物除磷不是物理化学过程,而是一个生物化学过程,它一般包括厌氧释磷和好氧摄磷两个过程。按照磷的最终去除方式和构筑物的组成,现有的除磷工艺流程可以分成主流除磷工艺和侧流除磷工艺两类。侧流工艺以 Levin 首先提出的 Phostrip 工艺为代表,该工艺结合了生物除磷和化学除磷,将部分回流污泥分流到厌氧池脱磷并用石灰沉淀,厌氧池不在污水水流的主流方向上,而是在回流污泥的侧流中。主流除磷工艺的厌氧池在污水水流方向,磷的最终去除通过剩余污泥排放。主流工艺有多个系列,包括 A/O、A^2/O、Bardenpho、SBR 等工艺。

10.5.1 A/O 工艺

A/O 是最基本的除磷工艺,如图10.13所示。A/O 是 Anaerobic /Oxic 的简称。它是美国的研究者 Spector 于1975年在研究活性污泥膨胀的控制问题时,发现厌氧-好氧(A/O)工艺不仅可有效地防止污泥的丝状菌膨胀,改善污泥的沉降性能,而且具有很好的除磷效果。第一座生产性 A/O 装置于1979年建成生产,此后许多污水处理厂在修建或改造过程中采用了 A/O 工艺。

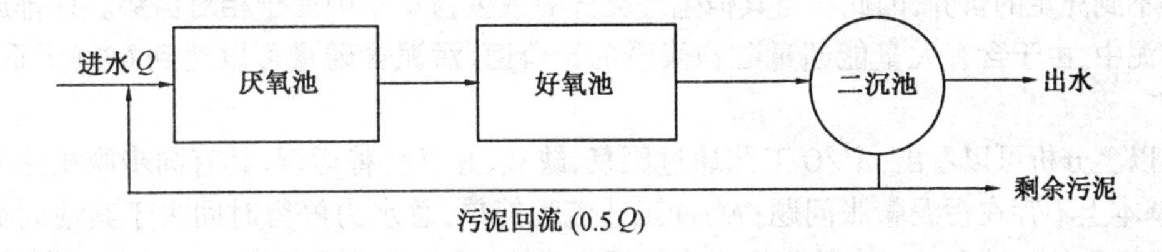

图10.13 A/O 除磷工艺

A/O 除磷工艺是单元组成最简单的生物除磷工艺,由活性污泥反应池和二沉池构成。活性污泥反应池分为厌氧区和好氧区,污水和污泥顺次经厌氧和好氧交替循环流动。回流污泥进入厌氧池,微生物在厌氧条件下吸收去除一部分有机物,并释放出大量磷,然后进入好氧池并在好氧条件下摄取比在厌氧条件下所释放的更多的磷,同时废水中有机物得到好氧降解,部分富磷污泥以剩余污泥的形式排出处理系统之外,实现磷的去除。

A/O 工艺流程简单,不需投加化学药剂,基建和运行费用低。但是 A/O 工艺除磷效率低,在处理城市污水时除磷率为 75%左右。

10.5.2 A^2/O 工艺

A^2/O 工艺是 Anaerobic/Anoxic/Oxic 的简称,它是在 A/O 工艺基础上为了能达到同时脱氮除磷的目的,增设了一个缺氧区,并使好氧区中的混合液回流至缺氧区,使之反硝化脱氮。工艺流程如图 10.14 所示。

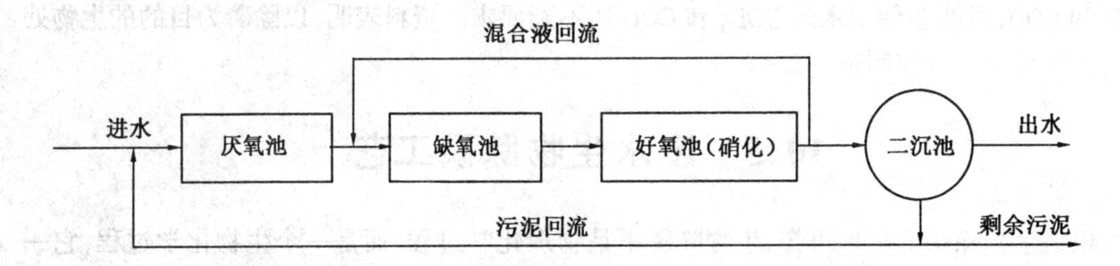

图 10.14 A^2/O 工艺流程图

由图 10.14 可见,污水首先进入厌氧池,可生物降解的大分子有机物在兼性厌氧的发酵细菌作用下转化为挥发性脂肪酸(VFA)。此时聚磷菌将体内贮存的聚磷分解,将产生的能量一部分用于维持细胞生存,另一部分供聚磷菌主动吸收环境中的 VFA 类的低分子有机物,并以 PHB 的形式在除磷菌体内贮存起来。随后污水进入缺氧池,反硝化细菌利用好氧区中经混合液回流而带来的硝态氮作底物,同时利用污水中的有机碳源进行反硝化,达到同时降低有机物和脱氮的目的。之后,污水进入好氧池,聚磷菌在此除了吸收和利用污水中残剩的可生物降解有机物外,主要是分解体内贮存的 PHB,产生的能量一部分供自身生长繁殖,另一部分用来过量吸收环境中的溶解磷并以聚磷的形式贮存起来,使出水中溶解磷浓度降至最低。此时好氧区中的有机物的浓度已相当低,这又有利于硝化菌的生长可将氨氮经硝化作用转化为硝态氮,总的去除效果是使有机物、氨氮、总氮、总磷达到较高的去除率。非除磷的好氧异养菌虽然也在 A^2/O 工艺中能存在,但它在厌氧区中受到严重的压抑,在好氧区又得不到充足的营养,因此在与其他生理类群的微生物竞争中处于相对劣势。在排放的剩余污泥中,由于含有大量能超量贮积聚磷的聚磷菌,污泥含磷量可以达到 6%(干重)以上。

从以上分析可以看出,A^2/O 工艺通过厌氧、缺氧、好氧交替运行,具有同步脱氮除磷的功能,基本上不存在污泥膨胀问题;A^2/O 工艺流程简单,总水力停留时间少于其他同类工艺,并且不需外加碳源,缺氧、缺氧段只进行缓速搅拌,运行费用低。A^2/O 工艺的缺点是:因受到污泥龄、回流污泥中挟带的溶解氧和 NO_3^- - N 的限制,除磷效果不可能十分理想;同时,由于脱氮效果取决于混合液回流比,而 A^2/O 工艺的混合液回流比又不能太高(≤200%),所以脱氮效果不能满足较高要求。

10.5.3 Phostrip 工艺

1973 年纽约的 Senneca Falls 活性污泥法污水处理厂被改造，采用 Phostrip 工艺，这种工艺是在传统活性污泥法的污泥回流管线上增设一个除磷池及混合化学反应沉淀池而构成的，它是将生物除磷法和化学除磷法结合在一起。Phostrip 工艺系统如图 10.15 所示。

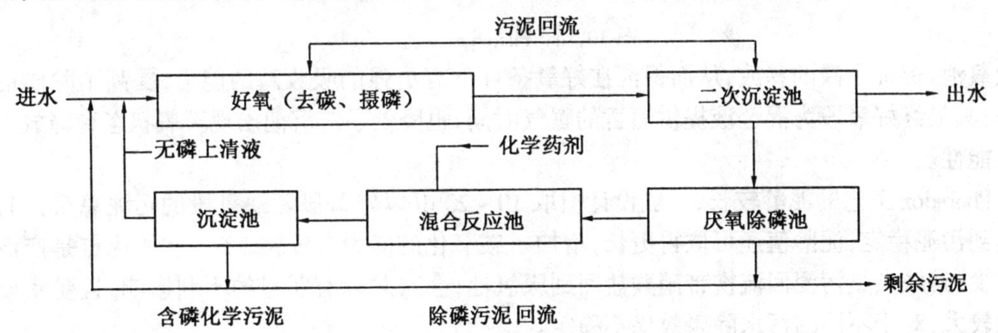

图 10.15 Phostrip 除磷工艺系统

废水首先进入好氧池，去除有机物，同时在好氧状态下过量地摄取磷。在二沉池中，含磷污泥与水分离，回流污泥一部分回流至曝气池，而另一部分分流至厌氧除磷池。在厌氧除磷池中，回流污泥在好氧状态时过量摄取的磷得到充分释放，磷的释放与活性污泥厌氧好氧交替循环系统所发生的过程类似。释磷后的污泥回流到曝气池重新起摄磷作用。由除磷池流出的富磷上清液进入化学沉淀池，投加化学药剂（如石灰）形成 $Ca_3(PO_4)_2$ 等不溶物沉淀，通过排放含磷污泥去除磷。

Phostrip 工艺与 A/O 等其他工艺相比，具有如下优点：①在 Phostrip 工艺中，由于采用了化学沉淀法使磷排出处理系统之外，这与仅仅通过剩余污泥的排放来除磷的生物除磷工艺系统相比，其回流污泥中的磷含量较低，因而其对进水水质波动的适应性较强，即对进水中的 $m(P)/m(BOD)$ 没有特殊的限制。②Phostrip 工艺对富含磷上清液进行化学沉淀处理时，石灰用量少、泥量也少，而且由于此污泥中磷的含量很高，有可能使其进行磷的再利用（如用作肥料或作为污泥脱水的助剂）。③Phostrip 工艺比较适合于对现有工艺的改造，只需在污泥回流管线上增设小规模的处理单元即可，且在改造过程中不必中断处理系统的正常运行。

总之，Phostrip 工艺集物理化学方法所具有的高除磷效率及生物方法所具有的低处理成本和产泥量少的优点于一体，其受外界条件的影响较小，工艺操作较灵活，对碳、磷的去除效果好且稳定，有较好的发展前景。

10.5.4 Phoredox 工艺

Phoredox 工艺是 Bardenpho（四段）脱氮工艺的改进型，它是 Barnard 通过对 Bardenpho 工艺的研究，在 Bardenpho 工艺前端增设了一个厌氧区构成，反应器排列顺序为厌氧、缺氧、好氧、缺氧、好氧，如图 10.16 所示，混合液从第一个好氧区回流到第一缺氧区，污泥回流到厌氧区的进水端，此工艺在南非叫做五段 Phoredox 工艺（或 Phoredox 工艺），在美国称之为改良型 Bardenpho 工艺。

Bardenpho 工艺本身也具有同时脱氮除磷的功能，但 Phoredox 工艺在缺氧池前增设了一

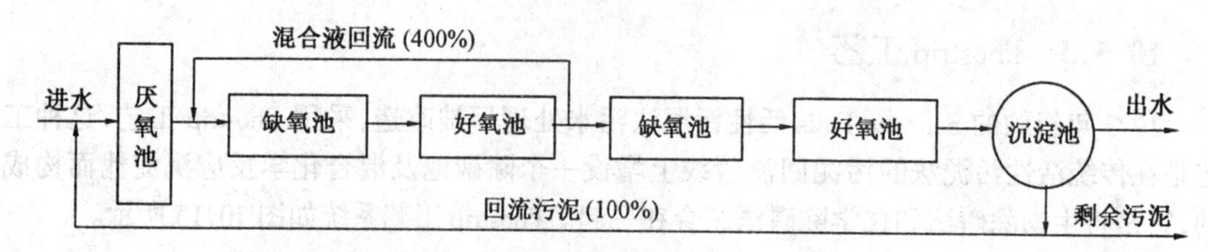

图 10.16 Phoredox 工艺

个厌氧池,保证了磷的释放,从而保证在好氧条件下有更强的吸收磷的能力,提高了除磷的效率;其最终好氧段为混合液提供短暂的曝气时间,也降低了二沉池出现厌氧状态和释放磷的可能性。

Phoredox 工艺的泥龄较长,一般设计值取 10 ~ 20 d(以好氧段和缺氧段的污泥总量计),为达到污泥稳定,泥龄值还可取得更长,增加了碳氧化的能力。Phoredox 工艺的优点是产泥量较少;其缺点是污泥回流携带硝酸盐回到厌氧池,会对除磷有明显的不利影响,且受水质影响较大,对于不同的污水除磷效果不稳定。

10.5.5 UCT 工艺

在改良 Bardenpho 工艺中,进入厌氧反应池的硝酸盐浓度直接与出水硝酸盐浓度有关,而且直接影响到磷的吸收。为了使厌氧池不受出水所含硝酸盐浓度的影响,南非的开普敦大学开发出一种类似于 A^2/O 工艺的 UCT(University of Capetown)工艺,如图 10.17 所示。

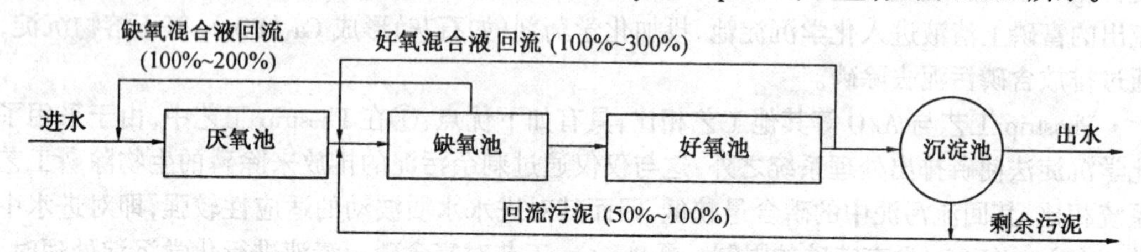

图 10.17 UCT 脱氮除磷工艺

UCT 工艺是在 A^2/O 工艺的基础上对回流方式作了调整以后提出的工艺,其与 A^2/O 工艺的不同之处在于沉淀池污泥是回流到缺氧池而不是回流到厌氧池,同时增加了从缺氧池到厌氧池的混合液回流,这样就可以防止好氧池出水中的硝酸盐氮进入到厌氧池,破坏厌氧池的厌氧状态而影响在厌氧过程中磷的充分释放。由缺氧池向厌氧池回流的混合中 BOD 浓度较高,而硝酸盐很少,为厌氧段内所进行的发酵等提供了最优的条件。在实际运行过程中,当进水中 TKN(总凯式氮)与 COD 的质量比较高时,需要通过调整操作方式来降低混合液的回流比以防止硝酸盐进入厌氧池。但是如果回流比太小,会增加缺氧反应池的实际停留时间,而试验观测证明,如果缺氧反应池的实际停留时间超过 1 h,在某些单元中污泥的沉降性能会恶化。

为了使进入厌氧池的硝态氮量尽可能少,保证污泥具有良好的沉淀性能,简化 UCT 工艺的操作,Capetown 大学又开发了改良型的 UCT 工艺,如图 10.18 所示。在改良型 UCT 工艺中,缺氧反应池被分为两部分,第一缺氧反应池接纳回流污泥,然后由该反应池将污泥回流至厌氧反应池,污泥量比值约为 0.1。硝化混合液回流到第二缺氧反应池,大部分反硝化反应在此区进行。改良型UCT工艺基本解决了UCT工艺所存在的问题，最大限度地消除了向厌氧段回流液中的硝酸盐量对摄磷产生的不利影响，但由于增加了缺氧段向厌氧段的回流，其运行费用较高。

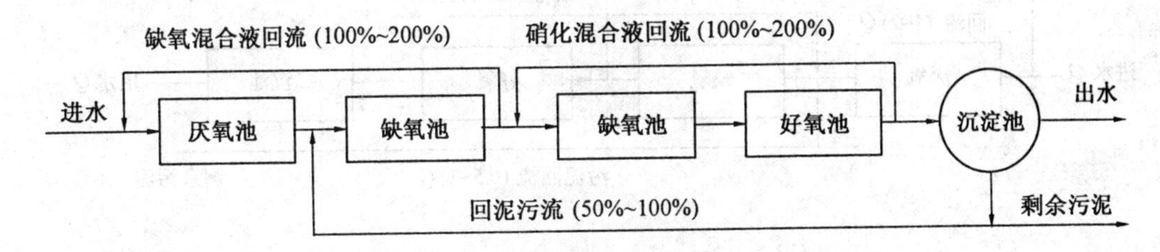

图10.18　改良型UCT工艺

10.5.6　改良的A^2/O工艺

为了避免改良UCT工艺增加一套回流系统引起的厌氧池污泥浓度较低，以及A^2/O抗回流硝酸盐影响能力不够强的弱点，通过综合A^2/O工艺和改良UCT的优点，中国市政工程华北设计研究院开发了改良A^2/O工艺，如图10.19所示，即在厌氧池之前增设厌氧/缺氧调节池，来自二沉池的回流污泥和10%左右的进水进入该池，停留时间为20~30 min，微生物利用约10%进水中的有机物去除所有的回流硝态氮，消除硝态氮对厌氧池的不利影响，从而保证厌氧池的稳定性。测试结果表明，该工艺的处理效果优于改良UCT，并节省了一个回流系统，在工程设计和建设中得到了应用。

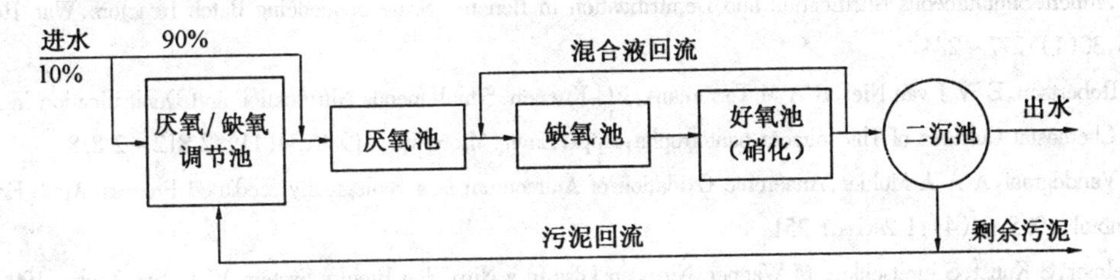

图10.19　改良的A^2/O法

10.5.7　VIP工艺

VIP工艺是美国Virginia州Hampton Roads公共卫生区与CH2MHILL公司于20世纪80年代为该区Lamberts Point污水处理厂的改扩建而设计的，目的是通过生物处理方法取得经济有效的氮磷去除效果。该改建工程被称为Virginia Initiative Plant (VIP)，如图10.20所示。在工艺流程上，VIP工艺与UCT工艺非常类似，两者的差别在于VIP工艺的厌氧段、缺氧段和好氧段的每一部分都有两个以上的池子组成，通常反应池采用分格方式，将一系列体积较小的完全混合式反应格串联在一起。这种形式形成了有机物的梯度分布，充分发挥了聚磷菌的作用，提高了厌氧池磷的释放和好氧池磷的吸收速度，因而比单个大体积的完全混合式反应池具有更高的除磷效果。缺氧反应池的分格使大部分反硝化反应都发生在前几格，有助于缺氧池的完全反硝化，这样在缺氧池的最后一格硝酸盐的量极少，基本上没有硝酸盐通过缺氧池的回流液进入厌氧池，保证了厌氧池严格的厌氧环境。与UCT工艺相比，VIP工艺采用高负荷运行,其污泥龄比 UCT 工艺短,混合液中活性微生物所占的比例较好,因而运行速率高,除磷效果好,所需的相应反应池的容积也较小。

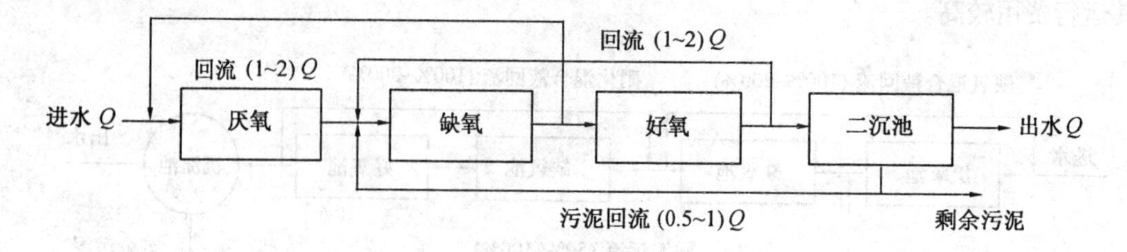

图 10.20 VIP 工艺

参考文献

1 沈耀良,王宝贞.废水生物处理新技术——理论与应用.北京:中国环境科学出版社,1999,167~196

2 M C M van Loosdrecht, M S M Jetten, T Kuba. Microbiological Conversions in Nitrogen Removal. Wat. Sci. Tech., 1998,38(1):1~7

3 钱易,米祥友主编.现代废水处理新技术.北京:中国科学技术出版社,1993,26~37

4 L Kuai, W Verstraete. Autotrophic denitrification with elemental sulphur in small scale wastewater treatment facilities. Environ. Tech., 1999,20(1):201~209

5 M Kshirsagar, A B Gupta, K S Gupta. Aerobic Denitrification Studies on Activate Sludge Mixed with Thiosphaera pantotropha. Environ. Tech., 1995,16(1):35~43

6 E V Munch. Simultaneous Nitrification and Denitrification in Bench - Scale Sequencing Batch Reactors. Wat. Res., 1996,30(1):277~284

7 L A Robertson, E W J van Niel, R A M Torremans, J G Kuenen. Simultaneous Nitrification and Denitrification in Aerobic Chemostat Cultures of Thiosphaera pantotropha. Appl. Envir. Microbiol., 1988,54(11):2 812~2 818

8 L A Vandegraaf, A A A Mulder. Anaerobic Oxidation of Ammonium is a Biologically Mediated Process. Appl. Envir. Microbiol. 1995,64(4):1 246~1 251

9 C Helmer, S Kunst, S juretschko, M Wagner. Nitrogen Loss in a Nitrifying Biofilm System. Wat. Sci. Tech., 1999,39(7):13~21

10 D Patureau, E Helloin, E Rustrian T Bouchez, R Moletta L. Combined Phosphate and Nitrogen Removal in a Sequencing Batch Reactor Using the Aerobic Denitrifier, Microvirgula Aerodenitrificans. Wat. Res., 2001,35(1):189~197

11 C Helmer, S Kunst. Simultaneous Nitrification/denitrification in a Aerobic Biofilm System. Wat. Sci. Tech., 1998, 27(4):183~187

12 A Mulder, A A van de Graaf, L A Robertson, J G Kuenen. Anaerobic Ammonium Oxidation Discovered in a Denitrifying Fluidized Bed Reactor. FEMS Microbiology Ecology., 1995,16(3):177~183

13 E I Bock, R Stueven, D Zart. Nitrogen Loss Caused by Denitrifying Nitrosomonas Cell Using Ammonium or Hydrogen as Electron Donors and Nitrite as Electron Acceptor. Arch, Microbiol., 1995,163:16~20

14 袁林江,彭党聪,王志盈.短程硝化-反硝化生物脱氮.中国给水排水,2000,16(2):29~31

15 S Mike, M Jetten, J Horn, C M Mark van Loosdrecht. Towards a More Sustainable Municipal Wastewater Treatment System. Wat. Sci. Tech., 1997,35(9):171~180

16 C Hellinga, A A J C Schellen, J W Mulder, et al. The SHARON process: An Innovative Method for Nitrogen Removal

from Ammonium – Rich Wastewater. Wat. Sci. Tech., 1998, 37(9): 135 ~ 142
17 J W Mulder, M C M van Loosdrecht, C Hellinga, R van Kempen. Full – scale Application of the SHARON Process for Rejection Water of Digested Slusge Dewatering Dewatering. Wat. Sci. Tech., 2001, 43(11): 127 ~ 134
18 R van Kempen, J W Mulder, C A Uijterlinde, et al. Overview: Full Scale Experience of the SHARON Process for Rejection Water of Digested Slusge Dewatering. Wat. Sci. Tech., 2001, 44(1): 145 ~ 152
19 L Kuai. Ammonium Removal by the Oxygen – limited Autotrophic Nitrification – denitrification System. Envir. Microbiol., 1998, 64(11): 4 500 ~ 4 506
20 王建龙.生物脱氮新工艺及其技术原理.中国给水排水,2000,16(2):25 ~ 28
21 S Masuda, Y Watanabe, M Ishiguro. Biofilm Properties and Simultaneous Nitrification and Denitrification in aerobic Rotating Biological Contactors. Wat. Sci. Tech., 1991, 23: 1 355 ~ 1 363
22 Christine Helmer, Sabine Kunst. Simultaneous Nitrification/denitrification in Anaerobic Biofilm System. Wat. Sci. Tech., 1998, 37(4), 183 ~ 187
23 Elisabeth V Munch, Paul Lant, Jiirg Keller. Simultaneous Nitrification and Denitrification in Bench – Scale Sequencing Batch Reactors. Wat. Res., 1996, 30(2): 277 ~ 284
24 Klangduen Pochana, Jurg Keller. Study of Factors Affecting Simultaneous Nitrification and Denitrification (SND). Wat. Sci. Tech., 1999, 39(6): 61 ~ 68
25 Klangduen Pochana, Jurg Keller, Paul Lant. Model Development for Simultaneous nitrification and denitrification. Wat. Sci. Tech., 1999, 39(1): 235 ~ 243
26 Hyungseok Yoo, Kyu – Hong Ahn, Hyung Jib Lee, et al. Nitrogen Removal From Synthetic Wastewater by Simultaneous Nitrification and Denitrification (SND) via Nitriteinan In an Intermittently – aerated Reactor. Wat. Res., 1999, 33(1): 145 ~ 154
27 杨麒,李小明,曾光明,谢珊,刘精今.SBR系统中同步硝化反硝化好氧颗粒污泥的培养.环境科学,2003,24(4):94 ~ 98
28 Bruce E Rittmann, Wayne E Langeland. Simultaneous Denitrification with Nitrification in Single – channel Oxidation Ditches. Journal WPCF, 1985, 57(4), 300 ~ 308
29 Mervyn C Goronszy, Gunnar Demouiin, Mark Newland. Aerated Nitrification in Full – scale Activated Sludge Facilities. Wat. Res. Tech., 1997, 35(10): 216 ~ 225
30 Priyali Sen, Steven K Dentel. Simultaneous Nitrification – Denitrification in a Fluidized Bed Reactor. Wat. Sci. Tech., 1998, 38(1): 247 ~ 254
31 N Puznava, M Payraudeau, D Thornberg. Simultaneous Nitrification and Denitrification in Biofilters with Real time Aeration Control. Wat. Sci. Tech. 2001, 43(1): 269 ~ 276
32 Kazuaki Hibiya, Akihiko Terada, Satoshi Tsuneda, Akira Hirata. Simultaneous Nitrification and Denitrification by Controlling Vertical and Horizontal Microenvironment in a Membrane – Aerated Biofilm Reactor. Journal of Biotechnology., 2003, 100(1): 23 ~ 32
33 邹联沛,刘旭东,王宝贞,范延臻.MBR中影响同步硝化反硝化的生态因子.环境科学,2001,22(4):51 ~ 55
34 A Mulder, A A van de Graaf, L A Robertson, J G Kuenen. Anaerobic Ammonium Oxidation Discovered in a Denitrifying Fluidized Bed Reactor. FEMS Microbiology Ecology., 1995, 16(3): 177 ~ 183
35 Broda E. Two Kinds of Lithotrophs Missing in Nature. Zeitschrift. Allg. Milkrobiologie., 1977(17): 491 ~ 493
36 Van de Graaf A A, K H Schleifer, M C Schmid. Anaerobic Oxidation of Ammonium is a Biologically Mediated Process. Appl. Environ. Microbiol., 1995, 61(4): 1246 ~ 1251
37 K Egli. Enhancement and Characterization of an Anammox Bacterium from a Rotating Biological Contactor Treating

Ammonium - Rich Leachate. Arch Microbiology, 1997, 175(2): 198 ~ 207

38 E G Srinath, C A Sastry, S C Pillai. Rapid Removal of Phosphorus from Sewage by Activated Sludge. Experientia, 1959, 15(2): 339 ~ 340

39 H A Nicholls, D W Osborn. Bacterial Stress: Prerequisite for Biological Removal of Phosphate. JWPCF, 1979, 51(3): 557 ~ 562

40 A F J Gaudy. Colorimetric Determination of Protein and Carbohydrate. Industrial Water and Wastewater, 1962, 7(2) 17 ~ 22

41 L Buchan. Possible Biological Mechanism of Phosphate Removal. Wat. Sci. Tech, 1983, 15(3/4): 13 ~ 18

42 L P Siebritz, G A Ekama, G V R Marais. A Parmtric Model for Biological Excess Phosphorus Removal. Wat. Sci. Tech., 1983, 15(3/4): 127 ~ 132

43 A Gerber, E S Mostert, C T Winter, R H D Villiers. Interactions between Phosphate, Nitrate and Organic Substrate in Biological Nutriet Removal Process. Wat. Sci. Tech., 1987, 19(2): 183 ~ 194

44 Raymond P Canal, Dong IL Seo Performance, Reliability and Uncertainty of Total Phosphorus Model for Lakers - II Stochastic Analyses. Wat Res., 1996, 30(1): 95 ~ 102

45 T Mino, M C M Van Loosdrecht, J J Heijnen. Microbiology and Biochemistry of the Enhanced Biological Phosphate Removal Process. Wat. Res., 1997, 32(16): 3 193 ~ 3 207

46 B Petrsen, K Hyungjin, R Pagilla. Phosphate Uptake Kinetics in Relation to PHB under Aerobic Conditions. Wat. Res., 1998, 32(1): 91 ~ 100

47 Van Veldhuiz H M, Van Loosdrecht M C M, Heijnen J J. Moselling Biological Phosphate and Nitrogen Removal in a Full Scale Activaed Sludge Process. Wat. Res., 1999, 33(16): 3 459 ~ 3 468

48 Damir Brdjanovic, Van Loosdrecht M C M, Christine M Hooijmans, et al. Innovatiove Methods for Sludge Characterization Biological Phodphorus Removal Systems. Wat. Sci. Tech., 1999, 39(6): 37 ~ 43

49 H A Nicholls, D W Osborn. Bacterial Stress: Prerequisite for Biological Removal of Phosphate. JWPCF, 1979, 51(3): 557 ~ 562

50 K E U Brodisch, S J Joyner. The Role of Microoranisms other than Acinetobater in Biological Phosphorus Removal in Activated Sludge Process. Wat. Sci. Tech., 1983, 15(3/4): 112 ~ 117

51 M Meganck, D Malnou, P Loflohie, G M faup, J M Rovel. The Importance of the Aidogenic Microflora in Biological Phosphorus Removal. Wat. Sci. Tech., 1985, 17(11/12): 153 ~ 159

52 T E Cloete, P L Steyn. The Role of Acinetobater as a Phosphorus Removaing Agent in Activated Sludge. Wat Res., 1988, 22(8): 81 ~ 88

53 K Nakamura, K Masuda, E Mikami. Isolation of a New Type of Polyphosphate Accumulating Bacterium and its Phosphate Removal Charateristics. J. Ferment. Bioeng., 1991, 71(4): 258 ~ 260

54 G J J Kortstee, K J Appeldoorn, Cornelus F C Bonting, Hendrink W van Veen. Biology of Polyphosphate - accumulating Bacteria Involved in Enhanced Biological Phosphorus Removal. FEMS Microbiology Reviews, 1994(15): 137 ~ 153

55 L Stante, C M Cekkamare, F Malaspina, G Bortone. Biological Phosphorus Removal by Pure Culture of Lampropedia SPP. Wat. Res., 1997, 31(6): 1 317 ~ 1 324

56 Che Ok Jeon, Dae Sung Lee, Jong Moon Park. Microbial Communities in Activated Sludge Performing Enhanced Biological Phosphorus Removal in a Sequencing Batch Reactor. Wat Res., 2003, 37(10): 2 195 ~ 2 205

57 T E Cloete, P L Steyn. The Role of Acinetobacter as a Phosphorus Removing Agent in Acticvated Sludge. Wat. Res., 1988, 22(8): 81 ~ 88

58 K E U Brodisch. Interactions of Different Groups of Microorganisms in Biological Phosphate Removal. Wat. Sci.

Tech.,1985,17(11/12):113~118

59 Jens Peter Kerrn-Jespersen, Mogens Henze. Biological Phosphorus Uptake under Anoxic and Aerobic Conditions. Wat. Res.,1993,27(4):617~624

60 Zhi Rong Hu,M C Wentzel,G A Ekama. Anoxic Growth of Phosphate-accumulating Organism(PAOs) in Biological Nutrient Removal Activated Sludge Systems. Wat. Res.,2002,36(9):4 927~4 937

61 郑兴灿,李亚新.污水除磷脱氮技术.北京:中国建筑工业出版社,1998,206~215

62 Klangduen Pochana, Jurg Keller. Study of Factors Affecting Simutanneous Nitrification and Denitrifiction(SND). Wat. Sci. Tech.,1999,39(6):61~68

63 黄翔峰,李春鞠,陈树斌.城市污水生物脱氮除磷技术的发展.中国沼气,2000,18(4):9~15

64 田淑媛,杨睿,顾平,王景峰,李琛琛,何倚.生物除磷工艺技术发展.城市环境与城市生态,2000,13(4):45~47

65 郭劲松,黄天寅,龙腾锐.生物脱氮除磷工艺中的微生物及其相互关系.环境污染治理技术与设备,2000,1(1):8~15

66 T Kuba,M C M van Loosdrecht, J J Heijnen. Phosphorus and Nitrogen Removal with Minimal COD Requirement by Integration of Denitrifying Dephosphatation and Nitrification in Two Sludge System. Wat. Res.,1996,30(7):1 702~1 710

67 George A. Ekama, Mark C Wentzel. Difficulties and Development in Biological Nutrient Removal Technology and Modelling. Wat. Sci. Tech.,1999,39(6):1~11

68 王建芳,涂宝华,陈荣平,张雁秋.生物脱氮除磷新工艺的研究进展.环境污染治理技术与设备,2003,4(9):70~73

第 11 章　污水回用技术

11.1　污水回用概述

11.1.1　国内外污水回用概况

11.1.1.1　污水回用的必然性

水资源是指可供人类直接利用,能不断更新的天然淡水,主要是指陆地上的地表水和浅层地下水。目前全球有 60%以上的陆地淡水不足,40 多个国家缺水,1/3 的人口得不到安全供水。我国也同样面临水资源短缺的现实。人均水资源 2 770 m^3,仅为世界人均占有量的 1/4,水污染所致的缺水量占总缺水量的 60% ~ 70%。

世界上许多城市的生活用水定额都在 230 L/(人·d)之间,其中饮用等与健康密切相关的水量不到总量的 30%,大部分水用在与健康关系不大的冲洗厕所等方面。这些用途的水可以用水质相对较差经过处理的生活污水代替,达到节约新鲜水资源的目的。

城市废水回用就是将城镇居民生活及生产中使用过的水经过处理后回用。而回用又有将污、废水处理到饮用水程度和非饮用水程度两种。对于前一种,因其投资较高、工艺复杂,非特缺水地区一般不常采用。多数国家则是将污、废水处理到非饮用的程度——中水,中水的概念起源于日本,主要是指城市污水经过处理后达到一定的水质标准,在一定范围内重复使用的非饮用的杂用水,其水质介于清洁水(上水)与污水(下水)之间。中水虽不能饮用,但它可以用于一些对水质要求不高的场合。中水回用就是利用人们在生产和生活中应用过的优质杂排水,经过一定的再生处理后,应用于工业生产、农业灌溉、生活杂用及补充地下水。

我国一些城市中水回用的实践证明,利用中水不仅可以获取一部分主要集中于城市的可利用水资源量,还体现了水的优质优用、低质低用原则,利用中水所需要的投资及运行费用一般低于长距离引水所需投资费用,除实行排污收费外,城市污水回用所收取的水费可以使水污染防治得到可靠的经济保障。可以说,中水的利用是环境保护、水污染防治的主要途径,是社会、经济可持续发展的重要环节。

11.1.1.2　国外污水回用概述

在国外,以色列、日本、美国和南非等国的中水回用发展很好。美国的中水回用的范围很广,涉及城市回用、农业回用、娱乐回用、工业回用等多个领域。早在 1925 年,美国大峡谷的旅游点就用处理后的废水来冲洗厕所和灌溉草坪。专家预测,在美国各种节水措施的实施再加上中水回用,能节省的用水量大约为计划用水量的一半以上。

日本是一个饮用水严重缺乏的国家,日本的许多大城市都存在供水不足的问题,因此日本成为开展污水回用研究较早的国家之一,主要以处理后的污水作为住宅小区和建筑生活杂用水。日本各大城市都拥有专门的工业用水道，形成与自来水管网并存的另一条城市动脉。

11.1.1.3　我国污水回用概况

我国在污水回用方面研究起步较晚，目前我国最大的水资源再利用项目——高碑店污水处理厂再生水回用项目已经实施全线贯通，用于园林、环卫、工业等行业。我国在 1985 年才将城市污水处理与利用列入国家科研课题，相继在北京、大连、青岛、太原、泰安、天津、大连、太原、淄博等城市开展了污水回用的试验研究工作，其中有些城市已修建了污水回用试点工程并取得了积极的成果，为全国的中水回用提供了技术依据，积累了一定的实践经验。

北京是我国污水回用发展较快的城市，现已建成 10 座中水处理设施，拥有中水处理能力 10 300 m^3。大连市自 1994 年以来，先后在 12 座大型建筑中配套建设了中水处理设施，日节约淡水 2 000 m^3。宁波市目前仅有一家中水回用单位，即宁波市污水处理厂的中水初级回用工程，污水处理后的出水灌溉厂区的草坪绿化。虽然我国部分城市已开始了中水利用，但是中水资源的利用与开发总体上进展缓慢。

11.1.2　污水回用的对象

城市污水经不同程度的处理后可回用于农业灌溉、工业用水、市政绿化、生活洗涤、娱乐场所、地下水回灌和补充地下水等。

11.1.2.1　污水回用于农业灌溉

世界上许多国家和地区都将污水回用于农田灌溉。大约从 19 世纪 60 年代起，德、英、俄等国就将城市污水用于大面积草地灌溉。现今美国加州等西部一些城市(洛杉矶等)将处理后的污水用于农业灌溉。苏联曾计划在 1980 年底将 50% 的城市污水处理后用于农灌。在以色列，污水回用于农业的比例达 85% ~ 100%。

我国自 20 世纪 60 年代以来，许多地方积极推行污灌，积累了正反两方面丰富经验。20 世纪 90 年代，北京市年利用灌溉农田污水量可达 2.0 亿 m^3。

污水回用往往将农业灌溉推为首选对象，其理由主要有两点：① 农业灌溉需要的水量很大，污水回用于农业有广阔天地。全球淡水总量中大约有 70% ~ 80% 用于农业，用于工业的不到 20%，用于生活的不足 6%。② 污水灌溉对农业和污水处理都有好处。

11.1.2.2　污水回用于工业

每个城市，从用水量和排水量看，工业都占很大份额。一些城市的污水二级处理厂的出水，经适当的深度净化处理后送至工厂用做冷却水、水利输送炉灰渣、生产工艺用水和油田注水等。据统计，美国 357 个城市污水回用总量中的 40.5% 是回用于工业的，伯利恒钢厂几十年来一直利用城市污水作为工业用水；俄罗斯有 36 个工厂利用处理后的城市污水，每天回用量达 555 万 m^3；日本东京三河岛污水处理厂日处理污水 138 万 m^3，其中 11 万 m^3 的出水供应 340 个工厂的工业用水，名古屋市的污水经混凝、沉淀、过滤后供给 12 个工厂再用。

我国大连春柳污水厂污水回用工程是我国的第一个废水回用示范工程，处理规模是 1 000 m^3/d，处理后水质良好，其出水已成为附近大连红星化工厂的冷却水及热电厂、染料厂的稳定水源。太原市北郊污水净化厂污水回用工程自 1992 年运行以来，每年为太原钢铁公司提供循环冷却水 180 万 m^3,实践证明,使用效果良好,各项水质指标均能达到使用要求。

11.1.2.3 污水回用于城市生活

城市生活用水虽然只占城市总用量 20%左右,其中有 1/3 以上是用于公共建筑、绿化和浇洒,其余为居民生活用水。城市道路喷洒、园林绿地灌溉的用水量随着人民生活质量的不断提高在逐年加大,如果不分场合地使用淡水,就会造成不必要的浪费。在人们生活中,不同用途的水对水质的要求也不一样,饮用水要求的水质最高,而对于冲洗厕所用的水质相对要低得多,一般情况下,当有其他水源可以利用时,人们都不愿意用再生的污水作为饮用水源。最慎重的做法是把回收的污水用于非饮用水;用于体育运动(包括和水接触)的游乐用水,必须外观清澈,不含毒物和刺激皮肤的物质,病原菌必须少于规定的数值。回收污水用于游乐用水的适宜性,在很多地区已得到证实,如美国加利福尼亚的阿尔平县的邱第安溪水库就是用污水厂排出的回收污水充满的。对于那些对水质要求不高,又不与人体直接接触的杂用水,则可用中水来代替。

11.1.2.4 污水回用于地下水回灌

当前中国许多城市,尤其是北方城市,由于水资源紧缺和地下水的过量开采,导致地下水位急剧下降。例如,石家庄市的地下水位从 20 世纪 50 年代的 3~5 m 下降至 90 年代的 34~45 m,这正是由于随着用水量的不断增加而过量开采所致。因此,城市污水厂出水用于地下水回灌,通过慢速渗滤进入地下水,既保证了水质,也补充了地下水量,是一种最适宜的地下水补充方式。利用再生水回灌地下水在控制海水入侵上也有许多优点,能增加地下水蓄水量,改善地下水质,恢复被海水污染的地下水蓄水层,节省优质地面水,不必远距离引水等。

11.1.3 污水回用的可行性

11.1.3.1 回用水技术与方法的可行性

与通常的水处理并无特殊差异,只是为了使处理后的水质符合回用水的水质标准,在选择回用水处理工艺时所考虑的因素更为复杂。污水回用技术早在 20 世纪 70 年代以前日本、美国、德国就开始广泛应用,并且能使处理后的污水达到满足生活用水水质要求的程度。

目前,我国的中水回用技术也逐渐得到推广,并且在部分省、市得到了广泛的应用,如一些省市已出台了相关的规定:凡是新建小区规划,没有中水处理设施系统的项目不予审批。

现阶段,污水回用经常使用的处理技术有活性污泥法、生物膜法等。处理的方法可分为以下几种类型:一是以生物处理为主,二是以物理化学法处理为主,三是化学处理法,四是物理处理法。污水回用常用的处理方法及比较见表 11.1 和表 11.2。

11.1.3.2 中水回用的经济可行性

从我国已实施的中水工程项目的实际运行情况来看,实施中水回用的经济效益是相当可观的。

表11.1 污水回用处理方法

方法分类			主要作用
物理方法	筛滤截留		格栅:截流较大的漂浮物
			格网:截流细小的漂浮物
			微滤机及微孔过滤:截流细小漂浮物
			过滤:滤除部分细微悬浮物和部分胶体
	重力分离		重力沉降:分离悬浮物
			气浮:利用气浮体分离出相对密度接近于1的悬浮物
	离心分离法		利用惯性分离悬浮物
	磁分离		利用磁性差异进行分离
化学法	中和		中和处理酸性或碱性物质
	氧化和还原		氧化分解或还原去除水中的污染物质
	化学沉淀		析出并沉淀分离水中的无机物质
	电解		电解分离并氧化还原水中的污染物质
物理化学法	离子交换法		以交换剂中的离子交换水中的污染离子
	气提和吹脱		去除水中的挥发性物质
	萃取		选择性分离水中的溶解性物质
	吸附		以活性炭等吸附剂吸附水中的溶解性物质
	膜分离技术	扩散渗析	依靠渗透膜两侧的压力差分离选择水中的溶质
		超滤	利用超滤膜使水中的大分子物质与水分离
		反渗透	在压力作用下通过半透膜反方向使水与溶质分离
		电渗析	利用直流电场中离子交换树脂选择性的定向迁移而分离去除水中的离子
生物法	活性污泥法		利用水中好氧微生物分解废水中的有机物
	生物膜法		利用附着生长在各种载体上的微生物分解水中有机物
	生物氧化塘		利用稳定塘中的微生物分解废水中的有机物
	土地处理		利用土壤和其中的微生物及植物综合处理水中污染物
	厌氧处理		利用厌氧微生物分解水中的有机物,特别是高浓度有机物

表 11.2 各种中水处理方式的比较

	项　目	物理处理法(膜处理法)	物理化学处理法	生物处理法
1	回收率	70%~85%	90%以上	90%以上
2	原水水质	杂排水	杂排水	杂排水、生活污水
3	负荷改变量	大	稍大	小
4	污泥处理	不需要	需要	需要
5	装置密闭型	好	稍差	不好
6	臭气产生	无	较少	多
7	运行管理	容易	较容易	复杂
8	占地面积	小	中等	大
9	回用范围	冲厕、绿地、空调用水	冲便器、空调用水	冲厕
10	运转方式	连续或间歇	间歇式	连续式

从表 11.3 可以看出中水回用的效益情况。随着水资源的统一管理,城乡供水价格的进一步理顺,其经济效益将更加明显。据有关资料统计,我国工业产值每年因缺水而损失近 3 000亿元,中水工程的推广应用,不仅具有很高的经济价值,而且具有一定的政治意义。在商业和企事业用水行业中,水费开支是一项数额巨大的经营费用,在不影响行业正常经营生产的情况下,大幅减少自来水用量,其节省的费用又可以用于企业扩大再生产。

表 11.3 中水回用项目经济效益分析

项目名称 / 工程名称	山西某机关中水工程	北京劲松宾馆中水工程
土建投资/万元	54.5	4.8
设备投资/万元	54.1	12.2
日处理量/m^3	250	160
运行成本/万元	1.29	0.195
投资回收期/a	6.6	1.8

11.1.4 我国建筑中水设计规范

国标 CEC30-91 推荐工艺流程主要有以下几种。

1.直接过滤工艺流程图

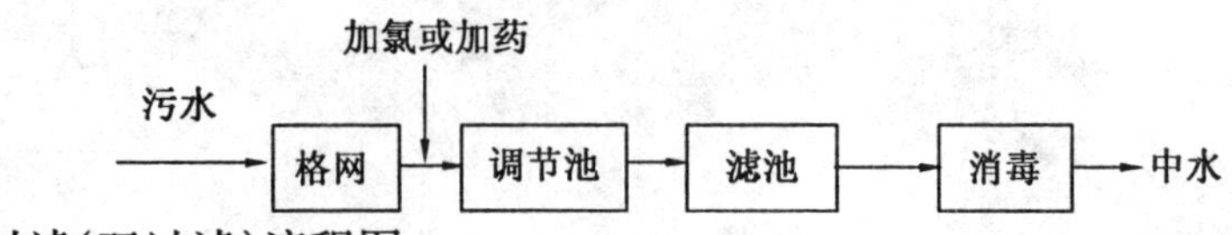

2.接触过滤(双过滤)流程图

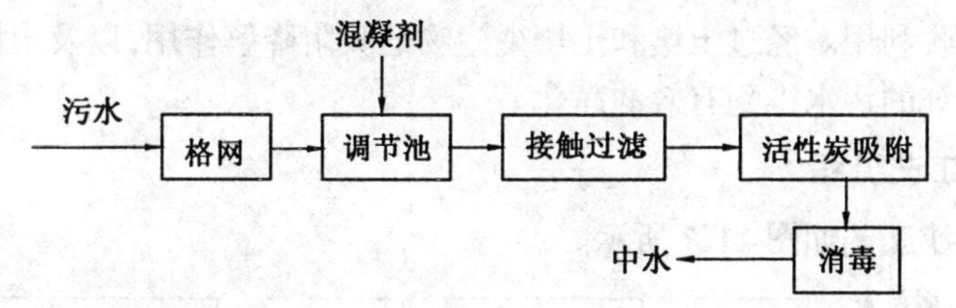

3.混凝气浮工艺流程图

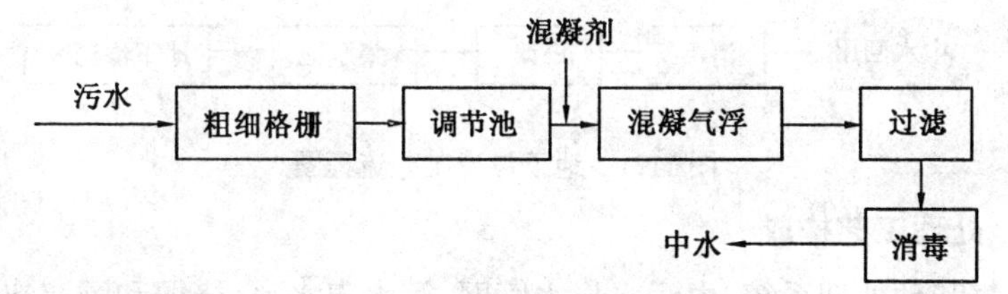

4.接触氧化工艺流程图

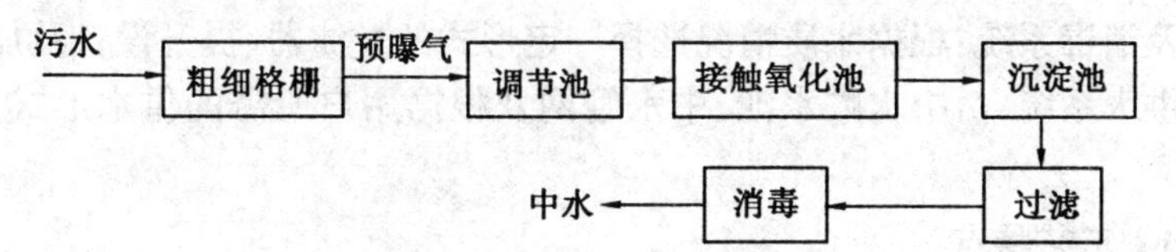

5.二级处理加深度处理工艺流程

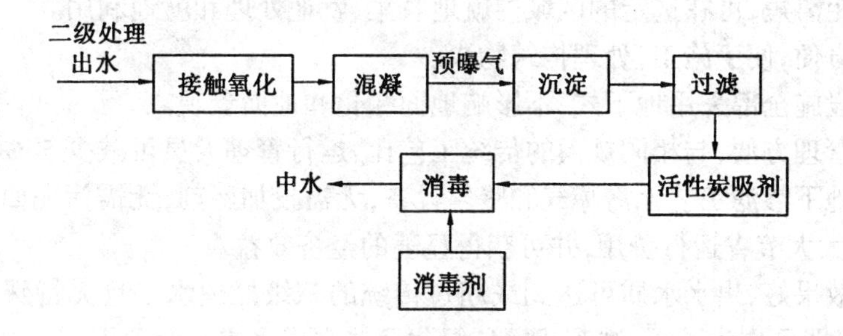

11.2　污水回用新工艺

11.2.1　地下渗滤中水回用技术

11.2.1.1　工艺原理

在渗滤区内,污水首先在重力作用下由布水管进入散水管,再通过散水管上的孔隙扩散到上部的砾石滤料中,然后进一步通过土壤的毛细作用扩散到砾石滤料上部的特殊土壤环境中。特殊土壤是采用一定材料配比制成的生物载体,其中含有大量具有氧化分解有机物能力的好氧和厌氧微生物。污水中的有机物在特殊土壤中被吸附、凝集并在土壤微生物的作用下得到降解,同时,污水中的氮、磷、钾等作为植物生长所需的营养物质被地表植物伸入土壤中的根系吸收利用。经过土壤和土壤微生物的吸附降解作用,以及土壤的渗滤作用,最终使进入渗滤系统的污水得到有效的净化。

11.2.1.2 工艺流程

整个地下渗滤工艺如图 11.1 所示。

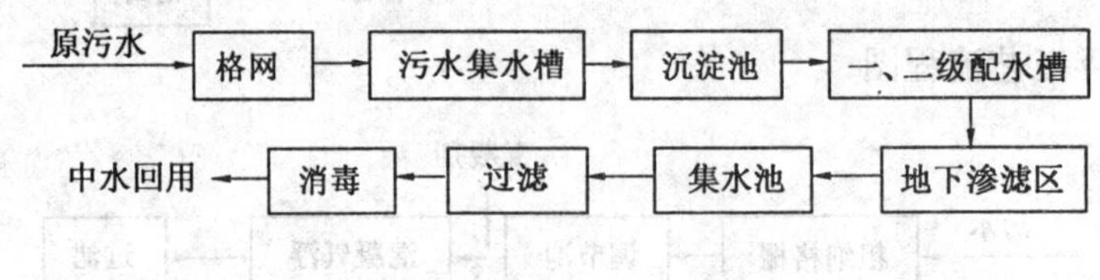

图 11.1 地下渗滤工艺流程图

11.2.1.3 处理工艺构成

1) 污水收集和预处理系统:由污水集水管网、污水集水池、格栅和沉淀池等组成。

2) 地下渗滤系统:由配水井、配水槽、配水管网、布水管网、散水管网、集水管网及渗滤集水池组成。

3) 过滤及消毒系统:根据水质情况选择一定形式的过滤器、提升设备及加氯设备。

4) 中水供水系统:由中水贮水池、中水管网及根据用户所需的供水形式选择的配套加压设备组成。

11.2.1.4 工艺特点

地下渗滤技术与以往所采用的传统工艺相比,具有以下显著特点:

1) 集水距离短,可在选定的区域内就地收集、就地处理和就地利用。

2) 取材方便,便于施工,处理构筑物少。

3) 处理设施全部采用地下式,不影响地面绿化和地面景观。

4) 运行管理方便,与相同规模的传统工艺比,运行管理人员可减少 50%以上。

5) 由于地下渗滤工艺无需曝气和曝气设备,无需投加药剂,无需污泥回流,无剩余污泥产生,因而可大大节省运行费用,并可获得显著的经济效益。

6) 处理效果好,出水水质可达到或超过传统的三级处理水平且无特殊需要,渗滤出水只需加氯消毒即可作为冲厕、洗车、灌溉、绿化及景观用水或工业回用。

当用户对再生水回用有较高要求时,宜采用过滤器过滤,以便进一步去除水中的有机物和悬浮物,获得更好的水质,过滤器的类型可根据目标水质的不同进行选择。如用户无特殊要求时,则无需设过滤装置,渗滤处理出水只需加氯消毒即可直接满足回用要求。

加氯装置选用小型壁挂式 ZLJ 型加氯机,运行管理十分方便。

11.2.2 新型膜法 SBBR 系列间歇充氧式生活污水净化装置

新型膜法 SBBR 系列间歇充氧式生活污水净化装置广泛适用于独立的开发区居民生活小区、城镇污水处理厂以及综合性超市、餐饮、洗浴休闲中心、度假村和医院等废水的处理,能够稳定达到国家污水综合排放标准,处理后的水可作为中水回用。

11.2.2.1 基本原理

新型膜法 SBBR 处理工艺路线为“水解沉淀→生物过滤→SBR 生物接触氧化→沉淀过

滤”的组合工艺，适用于生活污水和可生化性好的有机废水处理。

11.2.2.2　工艺流程

SBBR典型工艺流程如图11.2所示。污水首先经格栅自流入水解沉淀池和生物滤池进行强化性的水解酸化，将污水中的不溶性有机物在微生物的作用下水解为溶解性的有机物，将大分子物质转化为易生物降解的小分子物质，经过处理的污水可生化值有较大提高，十分有利于后序好氧生化处理。装置后段的SBR——生物接触氧化生化处理单元具备传统SBR的主要功能，该单元中“潜水泵＋水下射流曝气系统”的工艺既可对生化定量送水，又可进行曝气充氧，两者合一；池中投放有高效球型悬浮填料，代替了传统的活性污泥，保障池中高浓度的活性微生物不流失，从而保了证较高的去除率和耐冲击性，且无需污泥回流。SBBR工艺具有硝化、反硝化的功能。

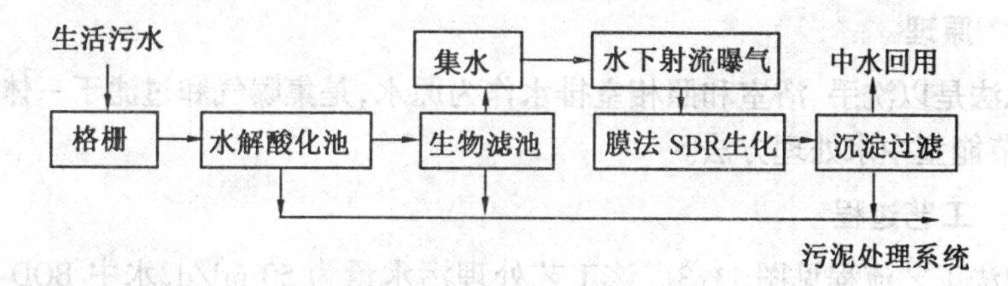

图11.2　膜法SBBR工艺流程图

11.2.2.3　工艺特点

1）SBBR工艺以“水解沉淀＋生物过滤”为专利技术，具有强化水解酸化的作用。在生物滤池中安装有廉价白砾石填料，滤料中间安装有多组导流管和引流管形成滴流状态，从而使生物滤池具有既不易堵塞又具有去除污染物效率高的特点。SBBR工艺也能起到水量调节的作用，不需再设调节池。

2）SBBR生物接触氧化处理装置由集水井中液位计根据液位的高低实现自动控制，控制和管理操作简便，具有硝化和反硝化的作用。

3）水下射流曝气的溶氧率高达20%，省去了鼓风机曝气系统，且无噪音污染。

4）提升泵与射流曝气器组合为一体，利用污水提升的动能同时实现曝气的功能，可节省电耗40%，达到微动力处理要求。

5）由液位计控制泵和曝气器的运行，实现运行与排水高低峰相一致，避免了不必要的动力消耗，代替了传统的SBR所需的PLC程控机和淹水器系统，简化了复杂的处理设备。

6）污泥主要通过厌氧硝化进行分解，多余的少量污泥定期使用环卫吸粪车抽吸外运，省去了污泥处理系统。

7）采用地埋管与高楼落雨管相接方式进行高空稀释排放，避免了臭气污染。

8）生化池中投放球型悬浮填料，具有耐高负荷冲击以及污泥寿命长等优点。

9）在低浓度的条件下也能保持较高的去除率。

SBBR工艺用于处理生活污水水量为720 t/d的工程，主要技术指标见表11.4。

表 11.4 SBBR 工艺主要技术指标

项　目	生活污水/(mg·L^{-1})	排放水/(mg·L^{-1})	去除率/%
COD_{Cr}	400	40	90
BOD_5	180	7	96
悬浮性固体	380	25	93
NH_3-N	40	9	78
动植物油	40	1	98

11.2.3 曝气过滤法应用于中水回用

11.2.3.1 原理

曝气过滤法是以洗手、浴室和照相室排水作为原水，是集曝气和过滤于一体的低污染负荷污水、省地节能型中水处理方法。

11.2.3.2 工艺过程

曝气过滤法工艺流程见图 11.3。该工艺处理污水量为 50 m^3/d，水中 BOD 质量浓度为 74~149 mg/L，SS 质量浓度为 24~73 mg/L，水的浊度为 8~60 度。

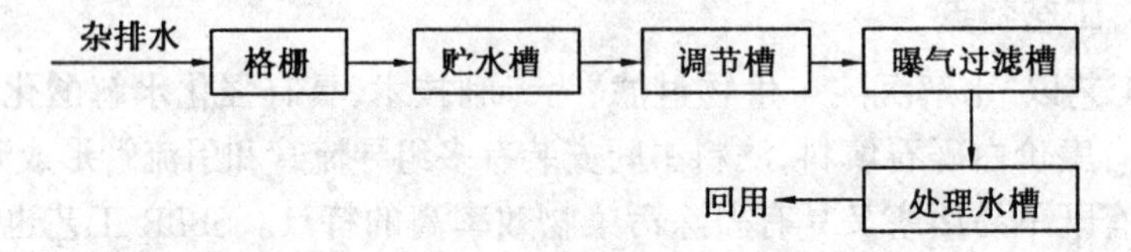

图 11.3 曝气过滤法工艺流程图

曝气槽用泵从调节槽吸水反冲，用鼓风机向调节槽和曝气过滤槽布气，曝气过滤槽的污泥经污泥浓缩池处理后输送到干化厂。

11.2.4 连续微滤－反渗透技术

11.2.4.1 连续微滤技术概述

20 世纪 60 年代，微滤膜技术开始应用于污水处理。微滤属于压力驱动型膜技术，是迄今为止应用最广的膜技术。它是去除水中 0.1~10 μm 颗粒的一种方法，使用具有不同孔径的薄膜，从而使废水中大于膜分离孔的污染物被去除，有用的物质也可以通过膜的截留而保留下来，在处理废水的同时将有价值的物料得以回收。连续微滤(CMF)是膜过滤的新技术，使微滤膜分离工艺的效率和实用性大大提高，是一种极有前途的过滤方式。

11.2.4.2 连续微滤技术原理

连续微滤系统(CMF)是以微滤膜为中心，并配以特殊设计的管路、阀门、自清洗单元、加药单元和自控单元等形成的闭路连续操作系统。当污水在一定压力下通过微滤膜过滤时，就达到了物理分离的目的。连续微滤系统主要是由微滤膜组件、给水泵、管路、电磁阀、调节阀以及控制系统和反冲洗系统等组成，系统还配备外压清洗和气洗工艺。连续微滤系统的操作压力通常为0.3~1.0 kg/cm²,膜寿命约5~7年。

11.2.4.3　连续微滤技术应用

比利时的 Veurne Ambacht 地区采用当今最先进的连续微滤(CMF)和反渗透(RO)技术用于污水再生来补充天然地下水。这是欧洲第一个大规模的中水回用项目,处理能力为每年补充250万 m³ 的饮用水。

该系统以 Veurne Ambacht 地区附近 Wulpen 污水处理厂的出水作为处理对象,经连续微滤–反渗透处理后的水通过紫外线消毒,然后由泵送到缓慢渗漏的2万 m² 的岸边浅沙滩里,再流向蓄水层,然后用泵将滤后水从蓄水层抽出,送至中水回用处。

图11.4是该项目的工艺流程示意图。

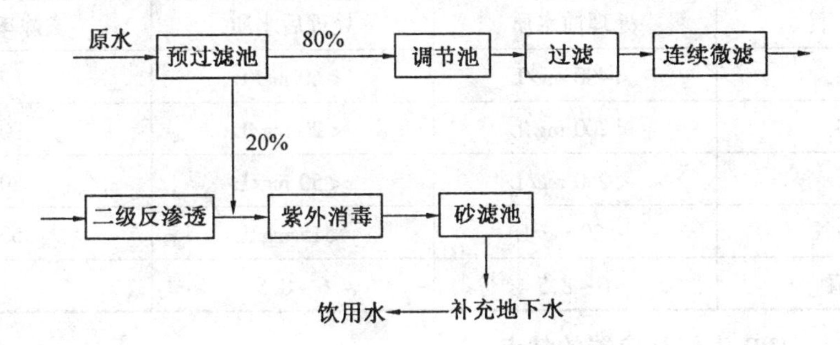

图11.4　微过滤–反渗透工艺流程图

11.2.5　VTBR生化反应塔在水回用领域的应用

11.2.5.1　工艺原理

VTBR生化反应器由2个或2个以上塔式反应器组成,反应器用特定直径的管线以特定的方式连接,使反应器中的气体和液体以相同的方向上下折流,折流次数随反应器个数不同而异,反应器内装填生物固定生长的填料。

11.2.5.2　工艺流程

VTBR生化反应塔的核心工艺为VTBR生化反应器及微电解水净化装置。生活污水经排水管网收集,进入污水处理系统,首先经过机械格栅,去除水中所含大颗粒悬浮物;然后进入调解池,进行均衡水质及水量调节,并进行预曝气,以减少臭气的产生;调解池内的污水由污水泵提升入VTBR生物反应塔,在反应塔内利用微生物完成对有机物的氧化分解过程,去除大部分有机物;经VTBR生化反应处理后的废水进入微电解水净化装置,进行深度处理,进一步分解生化处理后剩余的有机物,最终达到设计排放标准或回用。污水回用工艺流程见图11.5。

11.2.5.3　设计工艺参数

污水处理系统设计停留时间为16~24 h,污水最大处理水量为300 m³/d,污水类型为粪便污水、洗浴污水及经隔油处理的厨房污水。VFBR生化反应器技术指标见表11.5。

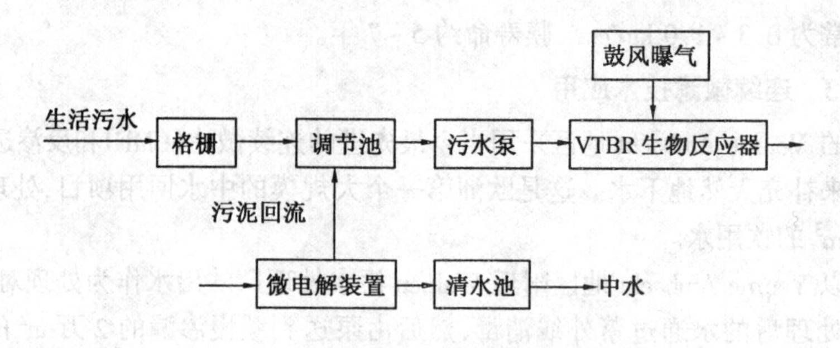

图 11.5 VTBR 生物反应塔工艺流程图

表 11.5 VTBR 生化反应器技术指标

项　目	处理前水质	处理后水质	去除率/%
COD_{Cr}	<400 mg/L	<60 mg/L	85
BOD_5	<200 mg/L	<20 mg/L	90
SS	<250 mg/L	<50 mg/L	80
NH_3-N	<30 mg/L	<15 mg/L	50
pH 值	6~8.5	6~8.5	

11.2.5.4 VTBR 生化反应器的特点

1) VTBR 生化反应器中气液接触时间可调整为几十分钟到 1 h，气液接触间的延长使溶解氧的利用率大大提高。同时，由于相对摩擦运动，提高了气液传质速率，可以更好地满足供氧需求，使好氧处理的 COD 质量浓度上限达到 5 000 mg/L 以上。

2) VTBR 在结构上借鉴了深井曝气的特点，技术性能上超过了深井曝气。VTBR 填料没有太多要求，其单位容积生物量高达 10 g/L，相应的容积脱除 COD 负荷高到 9.15 kg/m^3。

3) VTBR 可构成纯好氧处理工艺、纯厌氧工艺、厌氧好氧串联工艺、厌氧－好氧－厌氧串联工艺等多种工艺，无论哪种工艺均采用密闭的设备，这利于气体收集回用或高空排放，使处理车间无异味。

4)由于采用固定膜式生物反应器，生物内源呼吸过程加强，剩余污泥量减少。

11.2.6 WJZ－H 型生活污水处理及中水回用技术

由北京市四方市政技术开发公司开发、北京市环境保护局推荐的 WJZ－H 型生活污水处理及中水回用技术，适用于住宅区、宾馆、酒店、办公楼、疗养院、学校、工厂及旅游景点等建筑的生活污水处理。该装置采用新型高效填料和曝气装置，设置灵活，运行管理简单，处理效果稳定。其主体材料在增加强度的同时降低了成本，提高了耐腐蚀性，达到了国内同类产品的先进水平。

11.2.6.1 基本原理及工艺过程

WJZ－H 装置为水解、好氧与过滤的组合工艺。生活污水经粗、细两道格栅后进入提升井，提升后进入好氧污泥稳定池进行水解酸化，经污泥吸附、生物絮凝和生物降解等反应过程，去除大部分的 SS，进一步提高污水的可生化性。成熟的污泥结构密实、性质稳定，含水率较低,可定期清掏并直接用做农肥。经水解酸化后的污水进入接触氧化池(采用水下射流曝气机、圆盘曝气机和高效悬浮填料)进行生物氧化,降解去除大部分有机污染物。脱落的生物膜随污水进入拦截沉淀池,被拦截沉淀后回流至水解酸化池,上清液则经消毒后排放或再经 WJZ-H 型生活污水处理系统过滤和消毒后作为中水回用。

WJZ-H 工艺流程见图 11.6。

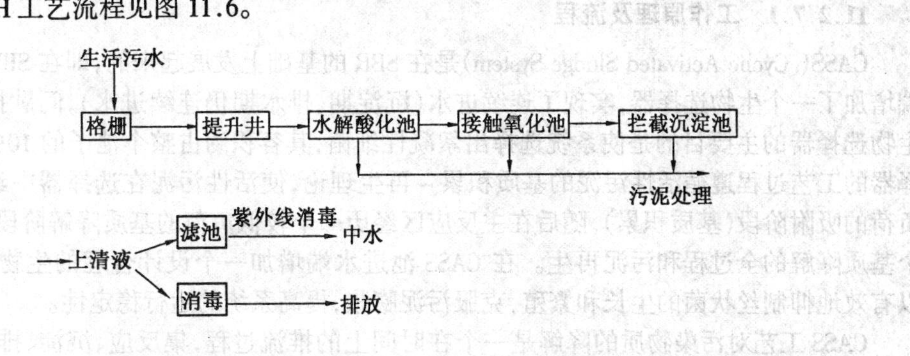

图 11.6　WJZ-H 型中水回用技术工艺流程图

11.2.6.2　技术关键

采用射流曝气机,溶氧率高,埋地运行,无噪音;高效悬浮填料使生物附着力强,易挂膜,更新快,抗冲击负荷能力强;省去了污泥处理系统,降低了系统整体造价和运行成本。紫外线消毒装置使用安全、方便,杀菌力强、作用快,经紫外线消毒后的回用水,满足洗车、冲厕要求,也可满足浇花、养鱼的要求。远程监控自动运行,可实现远程故障报警,可靠性高。主体为钢筋混凝土结构,节省钢材、造价低、耐腐蚀、强度高、寿命长。

11.2.6.3　工程应用

WJZ-H 工艺的日处理水量为 15～1 500 t,其工艺流程见图 11.6,现以日处理水量为 500 t 的工程为例,其主要技术指标见表 11.6,投资情况见表 11.7。

表 11.6　处理水各项指标

比较项目	原污水/(mg·L⁻¹)	回用水/(mg·L⁻¹)	去除率/%
COD_{Gr}	310	≤40	≥87
BOD_5	200	≤6	≥96
SS	260	≤10	≥96
NH_3-N	43	≤12	≥73

表 11.7　投资情况一览表

水　质	达到排放标准	达到回用标准
总投资/万元	52	60
设备投资/万元	31	38
吨水运行费用/元	0.31	0.37
主要设备寿命	池体 30 年 设备 8～12 年	

此工艺年运行费用为41.6万元(主要是电消耗),可节约排污费17.70万元/年,直接经济净效益13.54万元/年,预计四年可收回成本。

11.2.7 CASS工艺处理小区污水及中水回用

11.2.7.1 工作原理及流程

CASS(Cyclic Activated Sludge System)是在SBR的基础上发展起来的,即在SBR池内进水端增加了一个生物选择器,实现了连续进水(沉淀期、排水期仍连续进水),间歇排水。设置生物选择器的主要目的是使系统选择出絮凝性细菌,其容积约占整个池子的10%。生物选择器的工艺过程遵循活性污泥的基质积累-再生理论,使活性污泥在选择器中经历一个高负荷的吸附阶段(基质积累),随后在主反应区经历一个较低负荷的基质降解阶段,以完成整个基质降解的全过程和污泥再生。在CASS池进水端增加一个设计合理的生物选择器,可以有效地抑制丝状菌的生长和繁殖,克服污泥膨胀,提高系统的运行稳定性。

CASS工艺对污染物质的降解是一个在时间上的推流过程,集反应、沉淀、排水于一体,是一个好氧-缺氧-厌氧交替运行的过程,因此具有一定脱氮除磷效果。

采用CASS工艺处理小区污水,出水水质稳定,优于一般传统生物处理工艺,其出水接近《生活杂用水水质标准》(CJ 25.11-89)。通过过滤和消毒处理后,就可以作为中水回用。其典型工艺流程见图11.7。

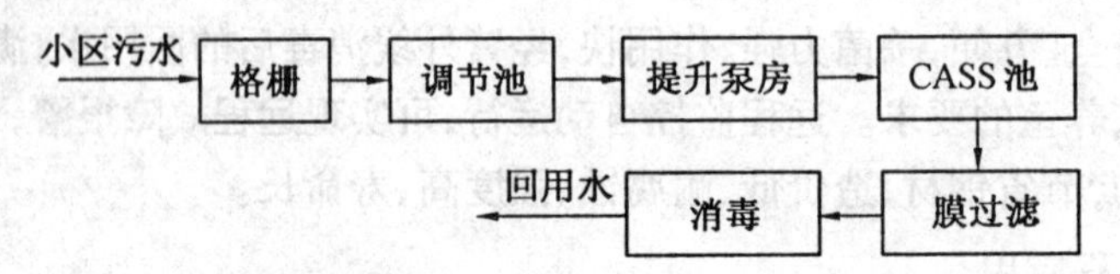

图11.7 CASS工艺中水回用工艺流程图

11.2.7.2 CASS工艺优点

1) 建设费用低。省去了初沉淀池、二沉淀池及污泥回流设备,建设费用可节省20%~30%。

2) 工艺流程简洁,占地面积小。集水池、沉砂池、CASS曝气池、污泥池,布局紧凑,占地面积与传统活性污泥法相比可减少35%。

3) 运行费用省。周期性曝气使溶解氧传递效率高,节能效果显著,运行费用可节省10%~25%。

4) 管理简单,运行可靠,不易发生污泥膨胀。污水处理厂设备种类和数量较少,控制系统简单,运行安全可靠。

5) 有机物去除率高,出水水质好。CASS工艺不仅能有效去除污水中有机碳源污染物,而且具有良好的脱氮、除磷功能。

6) 采用水下曝气机代替传统的鼓风机曝气可有效解决噪音污染。水下曝气机安装、维修方便,使用灵活,可根据进出水情况开不同的台数,经济可靠。

7) 新型的撇水机,可以解决淹水过程中堰口、导水软管和升降控制装置与水流之间形成的动态平衡,使之可随排水量的不同调整浮动水堰浸没的深度,并随水位均匀地升降,将排水对底层污泥的扰动降为最低,保证出水水质稳定。

11.2.7.3　推荐的 CASS 工艺主要设计参数

CASS 工艺的主要设计参数推荐采用以下数值:

BOD 污泥负荷为 0.1～0.2 kg/(kg·d),污泥龄为 15～30 d,HRT 为 12 h,工作周期 4 h,其中曝气 2.5 h,沉淀 0.75 h,排水 0.5～0.75 h。

11.2.8　高效纤维过滤技术应用于污水回用

11.2.8.1　工艺原理

高效纤维过滤技术是采用新型纤维素作为滤元,纤维素单丝直径为几微米到几十微米,过滤比阻小,具有极大的比表面积,弥补了粒状滤料的过滤精度由于滤料精度不能进一步缩小的限制。微小的滤料直径极大地增加了滤料的比表面积和表面自由能,增加了水中滤料的吸附能力和水中污染颗粒与滤料的接触机会,提高了截污效率和过滤容量。纤维素清洗方便,耐磨损,使用寿命长。

11.2.8.2　技术特性

高效纤维过滤设备适用水质范围宽,在 SS 的质量浓度 10～1 000 mg/L 的范围内都可以使用该技术;过滤效率高,对 SS 的去除率可以到到 100%;过滤速度快(20～120 m/h);截污容量大(30～120 kg/m^3);自耗水率低(1%～2%);不需要更换滤元(滤元使用寿命不低于 10 年)。

11.2.8.3　应用领域

高效纤维过滤技术可有效去除水中的悬浮物、有机物、胶体等物质,达到国家杂用水水质标准和景观用水及循环冷却水水质要求,现在被广泛地应用于电力、石油、化工、冶金、造纸、纺织、游泳池等各种工业用水和生活用水的回用处理。

11.2.8.4　工程实例

吉林某热电厂工业废水和生活污水回用工程。

1) 处理水量:10 000 t/d;

2) 回用目的:循环冷却水;

3) 工艺流程:见图 11.8;

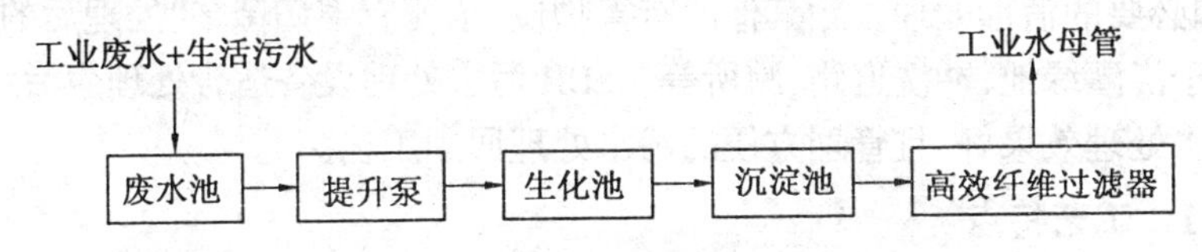

图 11.8　高效纤维过滤工艺流程图

4) 主要技术指标:吨水运行费用为 0.25 元;进出水指标见表 11.8。。

表 11.8　进出水指标

项　目	进　水/(mg·L^{-1})	出　水/(mg·L^{-1})	去除率/%
COD	200～300	<20	>90
BOD_5	80～100	<5	>95
SS	50～100	<5	>90

11.2.9 DGB 地下回灌工艺

近年来,随着工业化进程的加快和经济的迅猛发展,水资源严重短缺已成为制约我国经济社会发展的重要因素,同时我国每年产生大量污水,污水回用成为必然趋势。利用 DGB 吸附剂(一种新的吸附剂)对污水处理厂二级出水进行深度处理的工艺,可以使处理后的水用于地下回灌。

11.2.9.1 工艺原理

DGB 吸附剂(以下简称 DGB)是北京市矿冶研究总院以无机矿物和碳为原料,采用物理和化学相结合的方法研制而成。DGB 本身无毒,不含重金属,失效后可以再生循环使用,也可直接焚烧处理,没有二次污染。其平均粒径约 10 μm,比表面积 0.82 m^2/mg。其吸附去除水中有机物的原理和活性炭相似,主要基于其巨大的比表面积。

11.2.9.2 工艺流程

由于 DGB 粒径很小,难以从水中分离,因此进行了 DGB 与混凝、沉淀协同处理污水的方法,其目的是利用混凝、沉淀作用将 DGB 从水中迅速分离出来。经 DGB 吸附处理后的出水可采用土壤渗滤的方式回灌入地下含水层。

其工艺流程为:二沉池出水→DGB 吸附→聚合氯化铝混凝沉淀→土壤柱。

11.2.9.3 DGB 投加量的确定

对城市污水而言,经过深度处理后,剩下的溶解性有机物多是难于生物降解且对人体有害的,它们数量多,浓度低,控制、测量单一组分较困难,但通过降低 DOC 值可达到控制单一有机物组分的目的,因此 DOC 是回灌水水质标准中最重要的指标之一。参考国外地下水回灌标准和工程运行经验,并结合我国国情,二级生化出水经深度处理后回灌地下,水质应满足 $\rho(DOC) < 3$ mg/L 的建议要求。

11.2.10 SDR 污水处理与回用工艺

SDR 系列污水处理设备是利用经驯化的微生物种群降解污水中的各种有机物质,并通过二级沉淀和必要的消毒处理去除其他的有害物质,杀死有害病菌,使处理后的污水达到排放标准,回用于浇灌绿地,冲洗道路、厕所等。SDR 污水处理设备适合处理生活污水,是一种工艺先进、污水处理效果好,且管理方便的污水处理回用工艺。

11.2.10.1 工艺特点

1) 体积小。主要工艺设备集中于一个罐体内,整个设备可埋入地下。因此,设备运行不需采暖保温,地面可作为绿化或道路用地,不占用地表面积。

2) 结构紧凑。坚固的钢结构池体,易于安装调试,大大缩短施工周期;防腐寿命长,设备可运行 10 年以上。

3) 设备中的 AO 处理工艺,采用推流式生物接触氧化池,对水质的适应性强,耐冲击性能好,出水水质稳定,不会产生污泥膨胀,产泥量少,产生的污泥含水量低,设备正常运行后,一般仅需 90 d 左右排泥一次。

4) 该设备采用全自动电器控制系统及设备故障报警系统,设备可靠性好,平时无需专人管理,只需定期维护与保养。

5) 由于设备埋入地下,对鼓风机采取了消音措施,设备运行时噪音较低,对环境影响小,完全符合居住小区的环境要求。SDR设备具有除臭功能,利用改良土壤进行脱臭处理,即当恶臭成分通过土壤层时,溶解于土壤所含的水分中,进而通过土壤的表面吸附作用及化学反应,最终被其中的微生物分解达到脱臭的目的。

11.2.10.2　工艺流程

SDR污水处理工艺流程见图11.9。

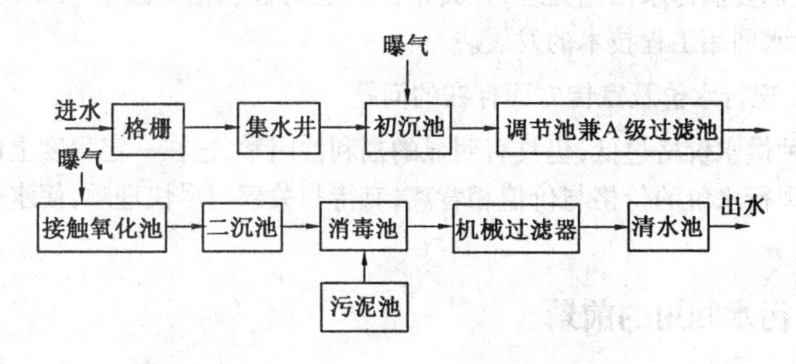

图11.9　SDR污水处理工艺流程

11.2.10.3　工作原理

SDR系列污水处理设备去除有机污染物主要依赖于设备中的AO生物处理工艺。其工作原理是:在A级,由于污水中有机物浓度很高,微生物处于缺氧状态,此时微生物为兼性微生物,它们将污水中的有机氮转化分解成NH_3-N,同时利用有机碳源作为电子供体将NO_2^--N、NH_3-N转化成N_2,而且还利用部分有机碳源和NH_3-N合成新的细胞物质。所以A级池不仅具有一定的有机物去除功能,减轻后序好氧池的有机负荷,以利于硝化作用的进行,而且依靠原水中存在的较高浓度有机物,完成反硝化作用,最终消除氮的富营养化污染。在O级,由于有机物浓度已大幅度降低,但仍有一定量的有机物及较高含量的NH_3-N存在,为了使有机物得到进一步氧化分解,在O级设置有机负荷较低的好氧生物接触氧化池。在O级池中,主要存在好氧微生物及自养型微生物(硝化菌),其中好氧微生物将有机物分解成CO_2和H_2O,自养型微生物(硝化菌)利用有机物分解产生的无机碳或空气中的CO_2作为营养源,将污水中的NH_3-N转化成NO_3^--N、NO_2^--N。O级池的出水部分回流到A级池,为A级池提供电子接受体,通过反硝化作用最终消除氮污染。

11.3　污水回用中存在的问题和污水回用的前景

11.3.1　污水回用技术应用过程中存在的问题

由于污水回用工程项目的投资在现行水价情况下回收期较长,短期效益不明显,在一定程度上制约了该项技术的推广和应用,主要有以下方面原因。

11.3.1.1　管理体制和资金问题

现阶段很多地区没有完全实行水务一体化管理体制,管水部门有水利、城建、环保等,没有形成一个统一部门来统筹考虑水资源的综合利用,也就无法形成水源建设经费的支撑体系。

11.3.1.2　水资源保护方面存在的问题

在污水回用问题上,政府相关部门应出台相应的鼓励性政策,大力提倡污水回用,所有新建企业、小区都要搞污水回用处理,尤其是在新建的智能化小区中,必须规划有污水回用系统,以推动污水回用工程技术的发展。

11.3.1.3　现行水价及宣传方面存在的问题

现行的各种供水价格过低,仍具有明显的福利性因素,这在一定程度上制约了污水回用技术的推广。现行水价的价格与价值相背离,有待相关部门尽快理顺,使水价格更加趋于合理。

11.3.2　污水回用的前景

我国淡水资源贫乏,人均占有量只有世界平均值的1/4,而且这些水资源时空分布不均匀,开发利用难度大,除此之外,原本已经极有限的水源还时时面临着水质恶化及水生态系统破坏的威胁,这使得水资源供需矛盾日益加剧,因而人们便开始寻找见效快、投资成本低的污水回用技术。目前,我国在污水再生回用技术的应用方面已取得了一定程度的进展,污水再生作为一种可利用的第二水源在未来的社会发展以及人们的日常生活中将发挥巨大的潜力,对保护环境、发展经济无疑将产生极其重大的影响。

总的来说,污水回用正处于起步阶段,现在的污水回用基本上只是应用于城市绿化、环卫、清洗马路、园林绿化、江河湖水的补充及保证热电厂、化工厂、蒸汽厂等企业的使用。但是,随着我国一些城市水源紧缺状况的日趋严重,人们对城市污水再生利用的认识不断提高,会逐渐重视污水的再生利用。

参考文献

1　雷乐成等编著.污水回用新技术及工程应用.北京:化学工业出版社,2002
2　肖锦主编.城市污水处理及回用技术.北京:化学工业出版社,2002
3　周彤主编.污水回用决策与技术.北京:化学工业出版社,2001
4　丁亚兰.国内外废水处理工程设计实例.北京:化学工业出版社,2000
5　周金生,耿书良.新型膜法SBR系列间歇充氧式生活污水净化装置.污染防止技术,2003,16(3):61~62
6　赵吉学.中水回用技术前景预测与分析.山西水利,2003(4):52~53
7　北京市四方技术开发公司.WJZ-H型生活污水处理及中水回用技术.中国环保产业CEPI.,2002(10):42~44
8　张统.CASS工艺处理小区污水及中水回用.给水排水,2001,27(1):64~66
9　王彦,陈为民,王连俊.超滤在中水回用中的应用.中国环保产业,2002(6):30~31
10　侯瑞波,安佩武,陈晔.中水回用的分类及水源问题.建筑技术开发,2002,29(10):41~42
11　蒋蕾蕾,张雪妮.宁波市实施中水回用的研究.宁波高等专科学校学报,2002,14(2):19~20

12　张轶.微滤膜技术用于城市中水回用自控系统的特点.给水排水,2003,29(11):88~89

13　A Kraft, et al. Electrochemical water disinfection Part 1: Hypochlorite production from very dilute chloride solutions. Journal of Applied Electrochemistry, 1999(29):861~868

14　邓风.以城市雨水为水源的中水回用途径初探.节能,2002(2):39~40

15　黄江丽,闫广平.住宅小区与公厕污水处理中水回用技术的研究.吉林化工学院学报,2001,18(3):34~36

16　楚广诣,温成林.济南污水处理厂中水回用初探.山东环境,1999(2):25

17　詹国全.论污水处理厂增设中水回用系统的意义.中国环境管理,2001(2):45~46

18　成文,胡永有.中水回用于节水.中国环境管理,2003,22(5):38~43

19　Bbahri A. Agricultural reuse of wastewater and global water management. Water Science and Technology, 1999, 40(4):339~346

20　吕建国,王文正.连续微滤与废水综合利用.甘肃环境研究与监测,2002,16(1):52~53

21　皮运正,吴天宝,蹇兴超.用于城市污水地下回灌的DGB吸附工艺.清华大学学报(自然科学版),2000,40(12):18~20

22　张文渊.SDR系列污水处理设备在新区建设中的应用.环境卫生工程,2000,8(1):20~23

23　解晓强,沙琪,杨俊才.我国中水回用状况的分析与展望.安装,2003(4):17~20

24　张自杰.排水工程.北京:中国建筑工业出版社,1997

25　张得胜等.微电解水处理的实验研究.中国给水排水,1998,14(3):5~7

市政与环境工程系列丛书(本科)

书名	作者	定价
建筑水暖与市政工程 AutoCAD 设计	孙　勇	38.00
建筑给水排水	孙　勇	38.00
污水处理技术	柏景方	39.00
环境工程土建概论(第3版)	闫　波	20.00
环境化学(第2版)	汪群慧	26.00
水泵与水泵站(第3版)	张景成	28.00
特种废水处理技术(第2版)	赵庆良	28.00
污染控制微生物学(第4版)	任南琪	39.00
污染控制微生物学实验	马　放	22.00
城市生态与环境保护(第2版)	张宝杰	29.00
环境管理(修订版)	于秀娟	18.00
水处理工程应用试验(第3版)	孙丽欣	22.00
城市污水处理构筑物设计计算与运行管理	韩洪军	38.00
环境噪声控制	刘惠玲	19.80
市政工程专业英语	陈志强	18.00
环境专业英语教程	宋志伟	20.00
环境污染微生物学实验指导	吕春梅	16.00
给水排水与采暖工程预算	边喜龙	18.00
水质分析方法与技术	马春香	26.00
污水处理系统数学模型	陈光波	38.00
环境生物技术原理与应用	姜　颖	42.00
固体废弃物处理处置与资源化技术	任芝军	38.00
基础水污染控制工程	林永波	45.00
环境分子生物学实验教程	焦安英	28.00
环境工程微生物学研究技术与方法	刘晓烨	58.00
基础生物化简明教程	李永峰	48.00
小城镇污水处理新技术及应用研究	王　伟	25.00
环境规划与管理	樊庆锌	38.00
环境工程微生物学	韩　伟	38.00
环境工程概论——专业英语教程	官　涤	33.00
环境伦理学	李永峰	30.00
分子生态学概论	刘雪梅	40.00

市政与环境工程系列研究生教材

书名	作者	定价
城市水环境评价与技术	赫俊国	38.00
环境应用数学	王治桢	58.00
灰色系统及模糊数学在环境保护中的应用	王治桢	28.00
污水好氧处理新工艺	吕炳南	32.00
污染控制微生物生态学	李建政	26.00
污水生物处理新技术(第3版)	吕炳南	35.00
定量构效关系及研究方法	王　鹏	38.00
模糊-神经网络控制原理与工程应用	张吉礼	20.00
环境毒理学研究技术与方法	李永峰	45.00